医療・診断をささえるペプチド科学
－再生医療・DDS・診断への応用－
Peptide Science for Medical Applications
－Regeneration Medicine, Drug Delivery System, and Diagnosis－

監修：平野義明
Supervisor：Yoshiaki Hirano

シーエムシー出版

巻 頭 言

　ヒトには遺伝子の数に対応して数万種類のタンパク質が存在する。タンパク質はフォールディングして特異的な立体構造を形成し，多彩な生命現象を担う。ペプチドはそのタンパク質の小分子（断片）であると考えられる。もともとはタンパク質からその生理活性部位など必要な配列部分を抜き出したり，模倣して目的とするペプチドを得る手法を用いてきたが，逆に，アミノ酸からボトムアップすれば20^n個（n はアミノ酸の残基数）種類の配列を作り出すことができる。つまりペプチド科学（配列）は無限の可能性を有している分野なのだ。

　ペプチドの研究と言えば，かつてそのほとんどは薬学系を中心とした創薬およびその周辺と合成化学が中心であった。生理活性ペプチドの体内動態や合成化学的に変異を与えたペプチドの構造活性相関，レセプター解析といった研究，言い換えれば医薬品や抗体様ペプチド，ペプチドワクチンといった研究が現在でも展開されている。

　しかし，近年，タンパク質由来のペプチド配列や分子設計したペプチドを基盤にした生医学用材料・工学的指向の研究が注目を浴びてきている。そのきっかけは，1984 年，E. Ruoslahti らによってフィブロネクチンから細胞接着に必要な最小アミノ酸配列 Arg-Gly-Asp-Ser（RGDS）が発見され，バイオマテリアル分野とペプチド科学の融合が始まったことであろう。この発見から長い年月をかけ，現在，盛んに研究展開されているペプチド科学の医療応用は，タンパク質のアミノ酸配列中の重要な活性部位を有効に利用する，分子設計したペプチドで材料化する，などが中心となっている。ペプチド科学を利用した材料のうち臨床の手前まで来ているものもあるということは，研究の成果が実を結び始めていることを示している。

　本書では，ペプチドの基礎を理解して初めてペプチドを自由自在に扱えると考え，ペプチドの合成手法や縮合剤，製造について第Ⅰ編に，第Ⅱ編には機能性ペプチドの設計指針について，第Ⅲ編から第Ⅶ編には生体適合性・再生医療・DDS・診断など医療応用について，第一線で研究しておられる先生方に執筆して頂いた。各編ともそれぞれの分野の世界・日本の動向や執筆者の最新の研究成果，その関連事項，将来展望について述べていただいている。本書が医療・診断分野におけるペプチド科学の重要性を考えていただく機会となれば幸甚である。

　最後に，本書の趣旨を理解し貴重な時間を割いて執筆頂いた先生方に心より感謝申し上げる。また，企画から出版に至るまでご尽力頂いた株式会社シーエムシー出版 編集部 渡邊 翔氏に心より感謝の意を表したい。

　2017 年 10 月

関西大学 化学生命工学部

平野義明

Prefatory note

Peptides, short chains of amino acids that are derived from natural sources or synthesized, have great current utility and future promise in a wide range of medical applications, as described in this book. Peptides can provide significant benefits over the use of entire proteins as therapeutics, including more specifically targeting specific cellular receptors and biological activity, their potential for synthesis routes that allow for rapid, large-scale production with simpler purification, and good chemical stability. The emphasis historically in peptide therapies was their use as direct therapeutics, but increasingly peptides are being explored and utilized as components and building blocks in the fabrication of biomaterial scaffolds and as self-assembling materials with highly controlled architecture and desired functionalities. While peptides and peptide-incorporating materials have already found wide-spread medical use to date, ongoing work is likely to dramatically expand their applications in the near future. For example, the ability to rapidly sequence the mutations underlying cancer in individual patients has opened the possibility of predicting mutated peptides that can serve as anti-cancer antigens, and the creation of patient-specific therapeutic vaccines that utilize multiple of these synthetic peptide antigens. In all applications, a basic understanding of the chemistry and physical properties of peptides must be combined with an understanding of their biology in order to effectively design peptide therapeutics. This book provides an excellent overview of these concepts and principles, combined with expert perspectives on the use of peptides in a wide range of medical applications, yielding an indispensable text for those both experienced and new to the field.

Pinkas Family Professor of Bioengineering   David J. Mooney

Harvard Paulson School of Engineering and Applied Sciences
Wyss Institute for Biologically Inspired Engineering at Harvard University

執筆者一覧（執筆順）

平 野 義 明　関西大学　化学生命工学部　化学・物質工学科　教授

新 留 琢 郎　熊本大学　大学院先端科学研究部　生体関連材料分野　教授

大 髙 　 章　徳島大学大学院　医歯薬学研究部　機能分子合成薬学分野　教授

重 永 　 章　徳島大学大学院　医歯薬学研究部　機能分子合成薬学分野　講師

北 村 正 典　金沢大学　医薬保健研究域　薬学系　准教授

国 嶋 崇 隆　金沢大学　医薬保健研究域　薬学系　教授

中 路 　 正　富山大学　理工学研究部（工学），大学院生命融合科学教育部
　　　　　　　（先端ナノバイオ）　准教授

山 本 憲一郎　長瀬産業㈱　ファーマメディカル部　開発チーム　主任研究員

西 内 祐 二　㈱糖鎖工学研究所　事業部　部長（研究担当）

深 井 文 雄　東京理科大学　薬学部　生命創薬科学科　教授

保 住 建太郎　東京薬科大学　薬学部　病態生化学教室　講師

熊 井 　 準　東京薬科大学　薬学部　病態生化学教室　客員研究員；
　　　　　　　日本学術振興会　特別研究員（PD）

野 水 基 義　東京薬科大学　薬学部　病態生化学教室　教授

堤 　 　 浩　東京工業大学　生命理工学院　准教授

三 原 久 和　東京工業大学　生命理工学院　教授

二 木 史 朗　京都大学　化学研究所　教授

秋 柴 美沙穂　京都大学　化学研究所　大学院生

河 野 健 一　京都大学　化学研究所　助教

富 澤 一 仁　熊本大学　大学院生命科学研究部　分子生理学分野　教授

ベイリー小林菜穂子　東亞合成㈱　先端科学研究所　研究員；慶應義塾大学　医学部
　　　　　　　遺伝子医学　訪問講師

吉 田 徹 彦　東亞合成㈱　先端科学研究所長；慶應義塾大学　医学部
　　　　　　　遺伝子医学　訪問教授

松 本 卓 也　岡山大学　大学院医歯薬学総合研究科　生体材料学分野　教授

鳴 瀧 彩 絵　名古屋大学　大学院工学研究科　応用物質化学専攻　准教授

大 槻 主 税　名古屋大学　大学院工学研究科　応用物質化学専攻　教授

蟹 江　　慧　名古屋大学　大学院創薬科学研究科　助教

成 田 裕 司　名古屋大学医学部附属病院　心臓外科　講師

加 藤 竜 司　名古屋大学　大学院創薬科学研究科　准教授

多 田 誠 一　(国研)理化学研究所　創発物性科学研究センター
　　　　　　　創発生体工学材料研究チーム　研究員

宮 武 秀 行　(国研)理化学研究所　伊藤ナノ医工学研究室　専任研究員

伊 藤 嘉 浩　(国研)理化学研究所　伊藤ナノ医工学研究室　主任研究員，
　　　　　　　創発物性科学研究センター　創発生体工学材料研究チーム
　　　　　　　チームリーダー

馬 原　　淳　(国研)国立循環器病研究センター研究所　生体医工学部
　　　　　　　組織工学研究室　室長

山 岡 哲 二　(国研)国立循環器病研究センター研究所　生体医工学部　部長

柿 木 佐知朗　関西大学　化学生命工学部　化学・物質工学科　准教授；
　　　　　　　(国研)国立循環器病研究センター研究所　生体医工学部　客員研究員

伊 田 寛 之　新田ゼラチン㈱　総合研究所　バイオマテリアルグループ　研究員

塚 本 啓 司　新田ゼラチン㈱　総合研究所　バイオマテリアルグループ
　　　　　　　主任研究員

平 岡 陽 介　新田ゼラチン㈱　総合研究所　バイオマテリアルグループ
　　　　　　　主席研究員

酒 井 克 也　金沢大学　がん進展制御研究所　助教

菅　　裕 明　東京大学　大学院理学系研究科　教授

松 本 邦 夫　金沢大学　がん進展制御研究所　教授

岡 田 清 孝　近畿大学　医学部　基礎医学部門研究室　准教授

濱 田 吉之輔　大阪大学大学院医学系研究科　機能診断学講座分子病理学教室，
　　　　　　　医療経済経営学寄附講座　特任准教授

松 本 征 仁　埼玉医科大学　ゲノム医学研究センター　ゲノム科学　講師

武 田 真莉子　神戸学院大学　薬学部　薬物送達システム学研究室　教授

土 居 信 英　慶應義塾大学　理工学部　生命情報学科，大学院理工学研究科　教授

和　田　俊　一　大阪薬科大学　機能分子創製化学研究室　准教授
浦　田　秀　仁　大阪薬科大学　機能分子創製化学研究室　教授
濱　野　展　人　ブリティッシュコロンビア大学　薬学部　薬物送達・ナノ医療研究室
　　　　　　　　ポストドクトラルフェロー
小　俣　大　樹　帝京大学　薬学部　薬物送達学研究室　助教
髙　橋　葉　子　東京薬科大学　薬学部　薬物送達学教室　助教
根　岸　洋　一　東京薬科大学　薬学部　薬物送達学教室　准教授
中　瀬　生　彦　大阪府立大学　研究推進機構　21世紀科学研究センター
　　　　　　　　特別講師（テニュア・トラック講師）
服　部　能　英　大阪府立大学　BNCT研究センター　講師
切　畑　光　統　大阪府立大学　BNCT研究センター　特認教授
齋　藤　　　憲　新潟大学　大学院医歯学総合研究科　分子細胞病理学分野，
　　　　　　　　医学部　実験病理学分野（病理学第二講座）　准教授
近　藤　英　作　新潟大学　大学院医歯学総合研究科　分子細胞病理学分野，
　　　　　　　　医学部　実験病理学分野（病理学第二講座）　教授
近　藤　科　江　東京工業大学　生命理工学院　教授
口　丸　高　弘　東京工業大学　生命理工学院　助教
門之園　哲　哉　東京工業大学　生命理工学院　助教
長谷川　功　紀　京都薬科大学　共同利用機器センター　准教授
臼　井　健　二　甲南大学　フロンティアサイエンス学部（FIRST）　准教授
南　野　祐　槻　甲南大学　フロンティアサイエンス研究科（FIRST）
宮　﨑　　　洋　㈱ダイセル　研究開発本部　研究員
横　田　晋一朗　甲南大学　フロンティアサイエンス学部（FIRST）
山　下　邦　彦　㈱ダイセル　研究開発本部　上席技師
濱　田　芳　男　甲南大学　フロンティアサイエンス研究科（FIRST）　特別研究員
軒　原　清　史　㈱ハイペップ研究所　代表取締役・最高科学責任者

目　　　次

【第Ⅰ編　ペプチド合成】

第1章　ペプチドの固相合成　　新留琢郎

1　はじめに ……………………………………… 1
2　固相担体の選択 ……………………………… 3
3　手動合成における合成容器と基本操作 … 3
4　Fmoc-アミノ酸 ……………………………… 4
5　最初のアミノ酸（カルボキシ末端のアミノ酸）の樹脂への導入 ………………… 5
6　ペプチド伸長サイクル ……………………… 6
7　Fmoc 基の定量 ……………………………… 8
8　脱樹脂，脱保護 ……………………………… 8
9　ペプチドの精製 ……………………………… 8
10　おわりに …………………………………… 9

第2章　ペプチドの液相合成　　大髙　章，重永　章

1　はじめに ……………………………………10
2　古典的な液相法 ……………………………10
3　液相法の最近の進歩—フラグメント縮合— ……………………………………………11
4　液相法の最近の進歩—長鎖脂肪族構造を有するアンカーの利用— …………………13
5　おわりに ……………………………………15

第3章　アミド結合形成のための縮合剤　　北村正典，国嶋崇隆

1　はじめに ……………………………………17
2　カルボジイミド系縮合剤 …………………18
　2.1　N,N'-Dicyclohexylcarbodiimide（DCC）………………………………………18
　2.2　N-Ethyl-N'-[3-(dimethylamino) propyl]carbodiimide hydrochloride（EDC）または water soluble carbodiimide（WSCI）……………………20
3　添加剤 ………………………………………20
　3.1　1-Hydroxybenzotriazole（HOBt）および 1-hydroxy-7-azabenzotriazole（HOAt）……………………………………20
　3.2　Oxyma …………………………………21
4　ホスホニウム系縮合剤 ……………………21
　4.1　BOP および PyBOP，PyAOP ………21
5　ウロニウム／グアニジウム系縮合剤 ……22
　5.1　HBTU および HATU ………………22
6　COMU ………………………………………23
7　向山試薬 ……………………………………23
8　4-(4,6-dimethoxy-1,3,5-triazin-2-yl)-4-methylmorpholinium chloride（DMT-MM）………………………………24
9　近年開発された脱水縮合法や脱水縮合剤 ……………………………………………24

第4章　遺伝子組換え法によるタンパク質・ポリペプチドの合成とその応用　中路　正

1　はじめに ……………………………29
2　一般的な遺伝子組換え法によるタンパク質・ポリペプチドの合成 …………30
3　多機能キメラタンパク質の合成と細胞の精密制御材料への応用 ……………31
4　タンパク質の細胞への作用時機を制御できるタンパク質放出材料の開発 ………34
5　まとめ ………………………………39

第5章　ペプチド合成用保護アミノ酸　山本憲一郎

1　はじめに ……………………………41
2　アミノ酸の保護体とその合成 ………41
3　アミノ酸側鎖の官能基の保護体 ………41
4　α, α-2置換アミノ酸の合成 …………44
5　α, α-2置換アミノ酸の保護体とその合成 …………………………………46
6　α, α-2置換アミノ酸含有ジペプチド保護体 …………………………………47

第6章　ペプチド医薬の化学合成—ペプチド合成における副反応の概要と抑制策—　西内祐二

1　はじめに ……………………………51
2　ペプチド医薬の化学合成 ……………51
　2.1　ペプチド合成の原理 ……………52
　2.2　コンバージェント法による長鎖ペプチドの合成 ………………………53
3　高純度ペプチドセグメントの調製 ………54
　3.1　欠損／短鎖ペプチドの混入 ………54
　3.2　ペプチド鎖伸長時に伴うアミノ酸のラセミ化 ……………………………55
　3.3　アスパルチミド（Asi）形成 ………56
4　おわりに ……………………………57

【第Ⅱ編　ペプチド設計】

第1章　細胞接着モチーフ（フィブロネクチン）　深井文雄

1　はじめに ……………………………59
2　分子構造 ……………………………59
3　血漿性, 細胞性, および胎児性フィブロネクチン ……………………………60
4　フィブロネクチンマトリックスアセンブリー ……………………………62
5　細胞接着基質としてのフィブロネクチン ……………………………………62
　5.1　細胞接着モチーフ ………………62
　5.2　反細胞接着モチーフ ……………63

第2章　細胞接着モチーフ（ラミニン）　保住建太郎, 熊井　準, 野水基義

1　概要 ……………………………………66
2　ラミニン由来細胞接着ペプチドの網羅的
　　スクリーニング ………………………67
3　細胞接着ペプチドの受容体 …………69
4　細胞接着活性ペプチドのがん転移促進・
　　阻害におよぼす影響 …………………70

5　ラミニン由来活性ペプチドを用いた細胞
　　接着メカニズムの解析 ………………70
6　様々な生理活性を示すラミニン由来活性
　　ペプチド ………………………………71
7　まとめ …………………………………71

第3章　ペプチド立体構造の設計と機能　　堤　浩, 三原久和

1　はじめに ………………………………73
2　α-ヘリックスペプチドの設計, 構造安定
　　化および機能 …………………………73
3　β-シートペプチドの設計, 構造安定化お

　　よび機能 ………………………………78
4　ループペプチドの設計と機能 ………79
5　おわりに ………………………………80

第4章　生体内安定性─N結合型糖鎖修飾を用いた医薬品創製─　　西内祐二

1　はじめに ………………………………82
2　化学修飾による薬物動態の改善 ……82
3　ペプチド／タンパク質の糖鎖修飾 …84
　　3.1　発現法による糖鎖修飾 …………84

3.2　化学合成による糖鎖修飾 …………84
3.3　N結合型糖鎖修飾によるペプチド医
　　　薬の創製 ……………………………86
4　おわりに ………………………………87

第5章　細胞膜透過性　二木史朗, 秋柴美沙穂, 河野健一

1　はじめに ………………………………89
2　膜透過ペプチドを用いる方法 ………90
3　エンドソームの不安定化を誘導する方法
　　………………………………………91

4　ステープルドペプチドを用いるアプロー
　　チ ………………………………………93
5　まとめ …………………………………93

【第Ⅲ編　細胞作製・分化】

第1章　CPP ペプチドを用いた iPS 細胞作製・分化誘導技術　　富澤一仁

1　はじめに …………………………… 95
2　タンパク質導入法 ………………… 95
3　タンパク質導入法による iPS 細胞の作製 …………………………………… 96
4　タンパク質導入法によるインスリン産生細胞への分化誘導 ………………… 98
5　おわりに …………………………… 99

第2章　機能性ペプチドによるゲノム安定性の高い iPS 細胞の判別・選別法　　ベイリー小林菜穂子, 吉田徹彦

1　ゲノム不安定性, がん, 免疫 ……… 101
2　iPS 細胞とがん細胞 ……………… 101
3　iPS 細胞とカルレティキュリン ……… 102
4　ゲノム安定性の高い iPS 細胞の判別法 ………………………………… 102
5　機能性ペプチドによるゲノム安定性の高い iPS 細胞の判別法 ……………… 103
6　ゲノム安定性の高い iPS 細胞の判別・選別法 ……………………………… 104
7　おわりに …………………………… 105

第3章　ラミニン由来活性ペプチドと再生医療　　熊井　準, 保住健太郎, 野水基義

1　はじめに …………………………… 107
2　ラミニン由来活性ペプチド ……… 108
3　ラミニン由来活性ペプチドを用いたペプチド−多糖マトリックス ………… 109
4　ラミニン活性ペプチドを用いたペプチ
ドーポリイオンコンプレックスマトリックス（PCM） ……………………… 111
5　ペプチド−多糖マトリックス上での生物活性に及ぼすスペーサー効果 ……… 111
6　おわりに …………………………… 113

第4章　体外での生体組織成長を促進するペプチド材料　　松本卓也

1　オルガノイド研究の新展開 ……… 114
2　唾液腺組織発生と分岐形態形成（Branching morphogenesis） ……… 115
3　組織成長における周囲化学的環境の整備 ………………………………… 115
4　RGD 配列を導入したアルジネート上での顎下腺組織培養 ………………… 117
5　オルガノイド成長制御研究の今後の展開 ………………………………… 118

第5章　ペプチドを利用した3次元組織の構築　　平野義明

1　はじめに …………………………… 121
2　細胞接着性ペプチドを利用した細胞の
　　3次元組織化 ……………………… 122
3　マイクロ流路を用いた3次元組織体の構

築 …………………………………… 125
4　ペプチドを用いた新規な3次元組織体の
　　構築 ………………………………… 125
5　まとめ ……………………………… 126

【第Ⅳ編　生体適合性表面の設計】

第1章　人工ポリペプチドを用いた生体模倣材料の開発　　鳴瀧彩絵，大槻主税

1　はじめに …………………………… 129
2　軟組織再生のためのポリペプチド …… 129
　2.1　エラスチン類似ポリペプチド …… 129
　2.2　ナノファイバー形成能を持つエラス
　　　　チン類似ポリペプチド ………… 131

　2.3　GPG誘導体による機能性ナノファイ
　　　　バーの創製 ……………………… 133
3　硬組織再生のためのポリペプチド …… 134
4　おわりに …………………………… 135

第2章　移植留置型の医療機器表面に再生能を付与する細胞選択的ペプチドマテリアル　　蟹江　慧，成田裕司，加藤竜司

1　背景～体内埋め込み型医療機器材料の現
　　状～ ………………………………… 137
2　医療機器材料としてのペプチド ……… 137
　2.1　細胞接着ペプチド被覆型医療材料… 137
　2.2　細胞を用いたペプチドアレイ探索… 139
　2.3　細胞選択的ペプチド ……………… 139
3　細胞選択的ペプチドの探索と医療機器材
　　料開発に向けて …………………… 140

　3.1　クラスタリング手法を用いたEC選
　　　　択的・SMC選択的ペプチドの探索
　　　　…………………………………… 140
　3.2　BMPタンパク質由来の細胞選択的
　　　　骨化促進ペプチドの探索 ……… 143
　3.3　ペプチド−合成高分子の組み合わせ
　　　　効果による細胞選択性 ………… 143
4　まとめ ……………………………… 147

第3章　接着性成長因子ポリペプチドの設計と合成　　多田誠一，宮武秀行，伊藤嘉浩

1　はじめに …………………………… 150
2　ムール貝由来接着性ペプチドを利用した

成長因子タンパク質の表面固定化 …… 150
3　進化分子工学を利用した成長因子タンパ

ク質の表面固定化 ……………… 154 ┃ 4　おわりに ……………………… 156

第4章　機能性ペプチド修飾による脱細胞小口径血管の開存化
馬原　淳，山岡哲二

1　はじめに ……………………… 157
2　脱細胞化組織 ………………… 157
3　細胞外マトリックスの機能を担うさまざまなペプチド分子 ………… 158

4　リガンドペプチドを固定化した小口径脱細胞血管 …………………… 160
5　おわりに ……………………… 163

第5章　リガンドペプチド固定化技術による循環器系埋入デバイスの細胞機能化
柿木佐知朗，平野義明，山岡哲二

1　はじめに ……………………… 165
2　循環器系埋入デバイス構成材料 ……… 166
3　リガンドペプチドの固定化による循環器系デバイス基材の細胞機能化 ………… 168

4　チロシンをアンカーとしたリガンドペプチド固定化技術とその応用 ………… 170
5　おわりに ……………………… 171

【第Ⅴ編　再生治療】

第1章　再生医療に向けてのゼラチン，コラーゲンペプチド
伊田寛之，塚本啓司，平岡陽介

1　はじめに ……………………… 175
2　ゼラチンについて …………… 175
　2.1　生体親和性および生体吸収性 …… 176
　2.2　細胞接着性 ………………… 177
　2.3　加工性および分解性 ……… 177
3　医療用途向け素材 beMatrix …… 177

　3.1　beMatrix ゼラチン ………… 177
　3.2　安全性対応 ………………… 178
　3.3　高度精製品 ………………… 179
　3.4　beMatrix コラーゲンペプチド …… 181
4　さいごに ……………………… 181

第2章　環状ペプチド性人工 HGF の創製と再生医療への可能性
酒井克也，菅　裕明，松本邦夫

1　はじめに ……………………… 183
2　HGF-MET 系の生理機能と構造 …… 183

3　RaPID 技術 …………………… 184
4　特殊環状ペプチド性人工 HGF …… 185

5 HGF の臨床開発と特殊環状ペプチド性　｜　人工 HGF の可能性 ……………………… 187

第3章　線溶系活性化作用を持つ新規ペプチドと再生医療応用
岡田清孝

1　はじめに ……………………………… 189
2　血液線溶と組織線溶 ………………… 189
3　SP のプラスミノーゲン活性化促進作用
　 …………………………………………… 191
4　皮膚創傷治癒と組織線溶系 ………… 192
5　SP の皮膚創傷治癒促進作用………… 193
6　おわりに ……………………………… 196

第4章　オステオポンチン由来ペプチドによる血管新生と生体材料への可能性
濱田吉之輔 ……198

第5章　ペプチドを利用した糖尿病・骨代謝疾患の機能再建と再生
松本征仁

1　超高齢化社会の骨代謝疾患と糖尿病の関係性とペプチド製剤による機能再建 … 203
2　CRF ペプチドファミリーのインスリン分泌促進 ……………………………… 205
3　CRF ペプチドファミリーを介する血糖調節とアポトーシス抑制 ……………… 206
4　1 型糖尿病の再生医療の可能性－膵 β 細胞の分化・成熟 ……………………… 207
5　ペプチドホルモンによる膵 β 細胞の成熟促進 ………………………………… 209
6　細胞間コミュニケーションによる品質管理と恒常性維持 ……………………… 210
7　ペプチドを利用した DDS と疾患の機能再建と再生 ………………………… 211
　7.1　骨指向性型ペプチド DDS………… 211
　7.2　ポリカチオン型 P[Ap(DET)]ナノミセル粒子 ……………………………… 212
　7.3　セルフアセンブル（自己組織化）型ペプチド DDS……………………… 213
8　今後の展望 …………………………… 214

【第Ⅵ編　DDS】

第1章　バイオ医薬の経粘膜デリバリーにおける細胞膜透過ペプチド（CPPs）の有用性
武田真莉子

1　はじめに ……………………………… 221
2　CPPs の発見と利用性 ……………… 222
3　CPPs の種類とその特徴 …………… 223
4　CPPs の細胞膜透過メカニズム ……… 223

5 CPPs の機能を利用した前臨床研究 … 225
　5.1 CPPs－薬物架橋型による研究…… 225
　5.2 CPPs 非架橋型薬物送達研究 … 225
　5.3 CPPs 非架橋型薬物送達法における

　　吸収促進メカニズム ……………… 228
6 臨床開発の状況 …………………… 229
7 おわりに ……………………………… 230

第2章　タンパク質の細胞質送達を促進するヒト由来
膜融合ペプチド　　　　　　　　　　土居信英

1 はじめに ……………………………… 232
2 細胞融合に関与するタンパク質の部分ペ
　プチドの利用 ……………………… 232
3 ヒト由来の膜透過促進ペプチドの探索

　　　　　　　　　　　　　　　　… 234
4 ヒト由来の膜透過促進ペプチド S19 の作
　用機序 ……………………………… 236
5 おわりに ……………………………… 237

第3章　核酸医薬のデリバリーを指向した Aib 含有
ペプチドの創製　　　　　　　和田俊一，浦田秀仁

1 はじめに ……………………………… 239
2 細胞膜透過性ペプチド中の Aib 残基の
　重要性 ……………………………… 240
　2.1 Peptaibol 由来 Aib 含有ペプチドの
　　　細胞膜透過性 ………………… 240
　2.2 細胞膜透過性両親媒性ヘリックスペ
　　　プチド中の Aib 残基の重要性 …… 241
3 Aib 含有細胞膜透過性ペプチドの核酸医

　薬のデリバリーツールとしての可能性
　　　　　　　　　　　　　　　　… 243
　3.1 Peptaibol 由来 Aib 含有ペプチドに
　　　よるアンチセンス核酸の細胞内デリ
　　　バリー ………………………… 243
　3.2 MAP（Aib）による siRNA の細胞内
　　　デリバリー …………………… 244
4 まとめ ……………………………… 246

第4章　ペプチド修飾リポソームによる DDS
濱野展人，小俣大樹，髙橋葉子，根岸洋一

1 はじめに ……………………………… 248
2 がんを標的としたペプチド修飾リポソー
　ム ………………………………… 249
　2.1 AG73 ペプチドを利用した遺伝子デ
　　　リバリー ………………………… 249
　2.2 AG73 ペプチドを利用したドラッグ

　　デリバリー ……………………… 250
　2.3 AG73 バブルリポソームを利用した
　　　超音波造影剤と遺伝子デリバリー　251
3 脳を標的としたペプチド修飾リポソーム
　　　　　　　　　　　　　　　　… 252
4 おわりに ……………………………… 254

VIII

第5章　機能性ペプチド修飾型エクソソームを基盤にした細胞内導入技術　中瀬生彦

1　はじめに …………………………… 257
2　エクソソーム …………………… 258
3　エクソソームの細胞内移行におけるマクロピノサイトーシス経路の重要性 …… 259
4　人工コイルドコイルペプチドを用いたエ

クソソームの受容体ターゲット ……… 260
5　アルギニンペプチドのエクソソーム膜修飾によるマクロピノサイトーシス誘導促進と効率的な細胞内移行 ………… 262
6　おわりに ………………………… 263

第6章　創薬研究におけるホウ素含有アミノ酸およびペプチド　服部能英，切畑光統

1　はじめに …………………………… 265
2　プロテアソーム阻害剤 ……………… 265
3　ホウ素中性子捕捉療法（BNCT）に用いるホウ素化合物 ………………… 267

3.1　ホウ素アミノ酸 ……………… 268
3.2　ホウ素ペプチド ……………… 269
4　結語 ……………………………… 270

【第Ⅶ編　診断・イメージング】

第1章　胆道がんホーミングペプチドによる新規腫瘍イメージング技術の開発　齋藤　憲，近藤英作

1　はじめに …………………………… 273
2　がん細胞選択的透過ペプチドの単離 … 274
3　胆管がん選択的透過ペプチドの開発 … 274
4　胆管がん細胞透過ペプチドBCPP-2の in vitro 評価と改良点 …………… 275

5　担がんモデルマウスによるBCPP-2Rペプチドの in vivo 評価 ……………… 276
6　BCPP-2Rペプチドの細胞透過メカニズム ………………………………… 277
7　おわりに ………………………… 277

第2章　機能ペプチドを利用した生体光イメージング　近藤科江，口丸高弘，門之園哲哉

1　はじめに …………………………… 280
2　生体光イメージングの鍵となる「生体の窓」……………………………… 280
3　第1の生体の窓を利用した発光イメージ

ング ……………………………… 281
4　酸素依存的分解機能ペプチド ……… 282
5　細胞膜透過性ペプチド …………… 283
6　ペプチドプローブを使った光イメージン

グ ……………………… 284　｜　ローブ ……………………… 286

7　BRET を用いた生体光イメージングプ　｜　8　おわりに ……………………… 287

第3章　放射性標識ペプチドを用いた分子病理診断・内用放射線治療薬剤の開発
長谷川功紀

1　諸言 ……………………… 289　｜　の開発プロセス ……………… 293

2　イメージングと内用放射線療法 ……… 289　｜　6　放射性ペプチド薬剤を用いた内用放射線

3　ペプチドを放射性薬剤化する利点 …… 290　｜　療法 ……………………… 295

4　放射性元素の利用とペプチドへの標識… 290　｜　7　今後の展望；Theranostics への課題 … 296

5　臨床応用されている放射性標識ペプチド　｜

第4章　ペプチド固定化マイクロビーズを用いたバイオ計測デバイスの開発
臼井健二, 南野祐槻, 宮﨑　洋, 横田晋一朗, 山下邦彦, 濵田芳男

1　はじめに ……………………… 298　｜　ズの開発 ……………………… 300

2　ペプチド固定化担体にマイクロビーズを　｜　4　皮膚感作性試験用ペプチド固定化マイク

　用いる利点 …………………… 299　｜　ロビーズの開発 ……………… 302

3　アミロイドペプチド固定化マイクロビー　｜　5　おわりに ……………………… 304

第5章　ペプチドマイクロアレイ PepTenChip® システムによる検査診断
軒原清史

1　はじめに ……………………… 306　｜　4　アレイ化法の検討とマイクロアレイのた

2　マイクロアレイによるバイオ検出の基盤　｜　めの蛍光検出器の設計製作 ………… 311

　技術と新規な生体計測法 …………… 307　｜　5　これまでの PepTenChip® の基礎的研究

3　バイオチップのための新規基板材料と表　｜　における応用例 ……………… 312

　面化学 ………………………… 309　｜　6　結語 ……………………… 313

【第Ⅰ編　ペプチド合成】

第1章　ペプチドの固相合成

新留琢郎[*]

1　はじめに

　ペプチドの固相合成は固相担体上にアミノ酸を順次カップリングし，ペプチド鎖を得る方法
で，1963年Merrifieldにより報告された[1]。それまで主流であった液相合成に比べ，極めて容易
に，短時間で目的ペプチドを得ることができる。しかし，アミノ酸のカップリングが完全でない
と，1残基あるいは数残基欠失しているペプチドが生成し，この分離が難しく，高純度のペプチ
ドを得るのが難しいと当初は言われた。しかし，現在ではカップリング試薬の発達はもちろん，
樹脂や保護基の改良が進み，さらには，ペプチドの分離，分析方法も進歩し，ほとんどのペプチ
ドは固相法により合成されている。
　固相担体として，架橋ポリスチレンビーズが使われ，α-アミノ基と側鎖官能基が保護された
アミノ酸をカップリングし，α-アミノ基の脱保護後，次のアミノ酸をカップリングするといっ
たサイクルを繰り返し，カルボキシ末端からペプチドを伸長する。その後，固相担体から樹脂を
切り出すと同時に，側鎖保護基も外す（図1）。この固相合成法には，t-ブトキシカルボニル（Boc）
基でαアミノ基を保護したアミノ酸を使うBoc法と，9-フルオレニルメチルオキシカルボニル
（Fmoc）基で保護したアミノ酸を使うFmoc法の2種類がある（図2）。Boc法では，トリフル
オロ酢酸（TFA）によるBoc基の脱保護とアミノ酸の縮合を繰り返し行い，最後にHFといっ
た強酸による側鎖保護基除去と固相担体からの切り離し（脱樹脂）を行う。この方法ではTFA
やHFといった危険な試薬を使い，また，特殊な実験装置も必要であることから，一般の研究者
が合成することは難しかった。そこで，穏和な塩基であるピペリジンで脱保護できるFmoc基を
利用する方法が開発された[2]。その結果，多くの研究者が自分で必要なペプチドを必要な量だけ
合成できるようになり，同時に，自動合成装置の登場や企業によるカスタム合成サービスも多く
見られるようになっている。この方法ではFmoc基でα-アミノ酸を保護したアミノ酸を使い，
ピペリジンによりFmoc基を脱保護する。脱FmocとFmoc-アミノ酸のカップリングを繰り返
し，TFAにより側鎖保護基と固相担体からの切断を行い，目的ペプチドを得る。本章では，
Fmocアミノ酸を使ったペプチド固相合成法について，それに使われる固相担体，Fmoc-アミノ
酸，カップリング試薬等を紹介しながら，手動によるペプチド鎖の伸長や脱保護・脱樹脂，精製
について解説する。自動合成装置を使う場合においても，その原理を理解していれば，トラブル
が起こった際の対応が可能になり，また，特殊なペプチド合成も可能になると期待する。

　＊　Takuro Niidome　熊本大学　大学院先端科学研究部　生体関連材料分野　教授

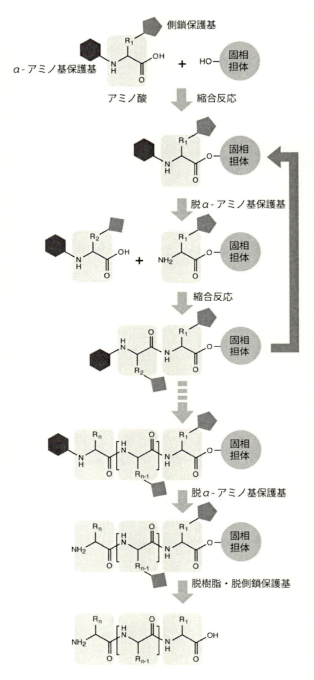

図1 固相ペプチド合成の基本スキーム

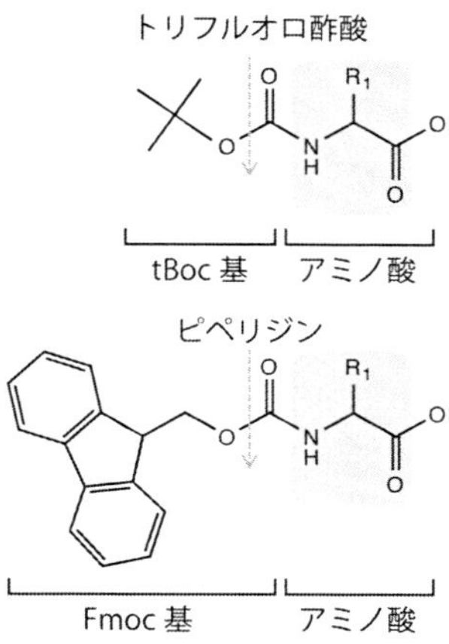

第1章　ペプチドの固相合成

トリフルオロ酢酸

tBoc 基　アミノ酸

ピペリジン

Fmoc 基　アミノ酸

図2　tBoc 保護アミノ酸と Fmoc 保護アミノ酸

2　固相担体の選択

　一般的に架橋ポリスチレンの樹脂ビーズが用いられる。このビーズは DMF 等の合成溶媒で膨潤するため，ペプチド鎖はそのビーズ表面のみならず，内部にも合成される。ポリスチレンにポリエチレングリコール（PEG）鎖を修飾し，その上にペプチド鎖が合成されるものもある。PEG 鎖は溶媒和を向上させ，長鎖ペプチドでも高い合成収率が期待できる。

　伸長させるペプチドと樹脂の間のリンカーの構造により，合成するペプチドのカルボキシ末端の構造が決まる（表1）。4-(ヒドロキシメチル)フェノキシメチル基であれば，カルボキシル基がフリー（-COOH）となり，4-(2',4'-ジメトキシフェニルアミノメチル)-フェノキシメチル基の場合ではカルボキシル基がアミド（-CONH$_2$）となる。2-クロロトリチルクロリド基は希釈した TFA を用いて樹脂から切り出すことができるため，アミノ酸の側鎖保護基はそのままに，保護ペプチドを得ることができる。Sieber アミド樹脂（メルク社）も保護ペプチドを得ることができるが，カルボキシル末端をアミドの形で切り出せる。

3　手動合成における合成容器と基本操作

　手動で合成する場合，市販のゲルろ過用プラスチックカラムを利用する。0.1 mmol スケール以下であれば GE 社から市販されている PD-10 Empty Column が，0.1 から 0.3 mmol スケールについては，バイオラッド社エコノパックカラムが使いやすい（図3）。他にもムロマチテクノス社のムロマックミニカラム（L，M，S）も便利である。

　合成の基本操作は，固相担体をこのカラムの中に入れ，そこに反応物質や溶媒を添加し，攪拌し，ろ過することによって反応物質や溶媒を除き，洗浄することを繰り返す（図4）。アミノ酸

3

医療・診断をささえるペプチド科学―再生医療・DDS・診断への応用―

表1　固相担体上のリンカーの種類と特徴

リンカー	カルボキシ末端の構造	備考
4-(ヒドロキシメチル)フェノキシメチル基 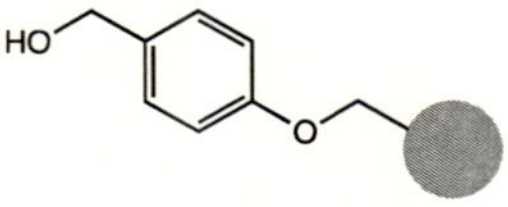 （構造式）	フリー -COOH	Alko(Wang)樹脂，Alko-PEG(Wang-PEG)樹脂，NovaSyn TGA樹脂，HMPA-NovaGel樹脂，など
4-(2',4'-ジメトキシフェニルアミノメチル)-フェノキシメチル基 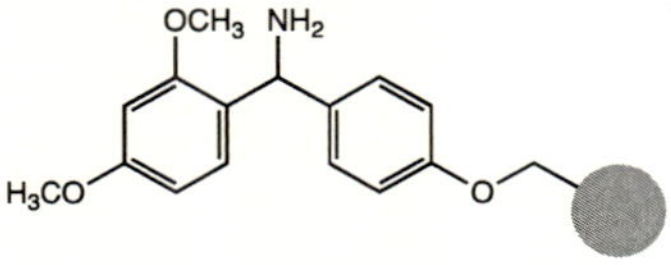 （構造式）	アミド -CONH$_2$	Rinkアミド樹脂，RinkアミドPEGA樹脂，RinkアミドAM樹脂，NovaSyn TGR樹脂，など
2-クロロトリチルクロリド基 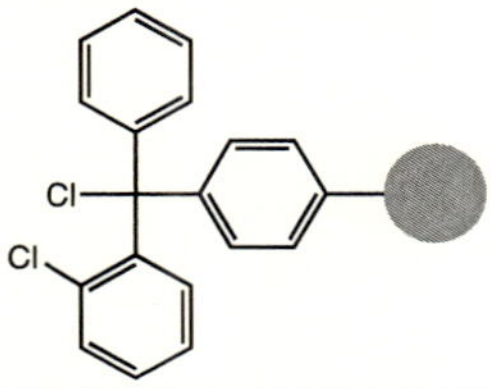 （構造式）	フリー -COOH	2-クロロトリチルクロリド樹脂，NovaSyn TGTアルコール樹脂，など
アミノキサンテン-3-イルオキシ基 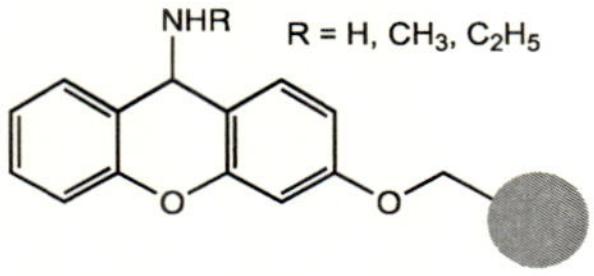 R = H, CH$_3$, C$_2$H$_5$ （構造式）	アミド -CONH$_2$ メチルアミド -CONHCH$_3$ エチルアミド -CONHC$_2$H$_5$	Sieberアミド樹脂，NovaSyn TG Sieber樹脂，など

のカップリングや脱Fmocの際の溶媒としては，N,N-ジメチルホルムアミド（DMF）あるいはN-メチルピロリドン（NMP）が使われ，モレキュラーシーブ等で乾燥させたものがよい。

4　Fmoc-アミノ酸

　ペプチド合成に使われる一般的なFmoc-アミノ酸を表2に示す。リン酸化ペプチド合成にはPO(OBzl)OHがセリンやスレオニン，チロシンの側鎖保護基として使われ，ビオチンラベルしたペプチドの合成にはFmoc-Lys(Biotin)の利用が便利である。また，リジンの1-(4,4-ジメチル-2,6-ジオキソシクロヘキシリデン)-3-メチルブチル(ivDde)基はペプチド鎖伸長後，固相担体上でヒドラジンにより選択的に脱保護できるので，固相担体上でのペプチドの蛍光修飾等に使われる。システインのチオール基の保護基もいくつかあり，選択的なジスルフィド結合形成や化学修飾の際に利用される。

4

第1章 ペプチドの固相合成

図3 合成用カラム
（左）GE 社 PD-10 Empty Column,
（右）バイオラッド社エコノパックカラム。

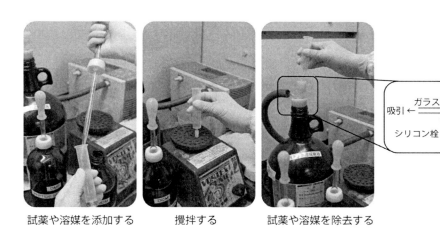

試薬や溶媒を添加する　　攪拌する　　試薬や溶媒を除去する

図4 合成の基本操作

5 最初のアミノ酸（カルボキシ末端のアミノ酸）の樹脂への導入

　カルボキシ末端がフリーとなるペプチドの場合，4-(ヒドロキシメチル)フェノキシメチル基をもつ固相担体を利用するが（表1），その場合，カルボキシ末端のアミノ酸はエステル結合で固相担体へ導入される。一般的にDCCを縮合剤としてFmocアミノ酸をカップリングする。しかし，通常のアミノ酸どうしのアミド結合によるカップリングとは条件が異なるため，自動合成機を使う場合は，既にカルボキシ末端の1残基が導入されている固相担体が市販されているので，これを購入した方がよい。手動で合成する場合は，例えば以下のようにカルボキシ末端のアミノ酸を導入する。

医療・診断をささえるペプチド科学—再生医療・DDS・診断への応用—

表2　Fmoc保護アミノ酸誘導体

アミノ酸	側鎖保護基	アミノ酸	側鎖保護基
アラニン，Ala	–	ロイシン，Leu	–
アルギニン，Arg	Pbf*	リジン，Lys	Boc*, ivDde, biotin, rhodamine
アスパラギン，Asn	Trt*	メチオニン，Met	–
アスパラギン酸，Asp	OtBu*	フェニルアラニン，Phe	–
システイン，Cys	Trt*, Acm, tButhio, Tacm	プロリン，Pro	–
グルタミン，Gln	Trt*	セリン，Ser	tBu*, PO(OBzl)OH
グルタミン酸，Glu	OtBu*	スレオニン，Thr	tBu*, PO(OBzl)OH
グリシン，Gly	–	トリプトファン，Trp	Boc*
ヒスチジン，His	Trt*	チロシン，Tyr	tBu*, PO(OBzl)OH
イソロイシン，Ile	–	バリン，Val	–

*一般のペプチド合成に使われる保護基（TFAで脱保護される）

　25 mLのナスフラスコに0.5 mmolのFmocアミノ酸と0.5 mmolのDCCを入れ，氷冷DMF（3〜5 mL）に溶解し，氷上で30分間撹拌する。これを合成カラム内でDMFで膨潤した樹脂（0.1 mmol（水酸基））に加え，さらに，0.05 mmol（0.1当量）のDMAPを加え，室温で撹拌する（10分おきに10秒程度の撹拌でもよい）。1時間後，DMF 2 mLで3回，ジクロロメタン（DCM）／エタノール（1/1）2 mLで3回，DCM 2 mLで3回，DMF 2 mLで3回，DCM 2 mLで3回洗浄する。その後，未反応の水酸基をマスクするために，0.5 mmolの無水安息香酸とピリジン/DMF（1/4）2 mLを加え，室温で60分撹拌する（10分おきに10秒程度の撹拌でもよい）。そして，DMF 2 mLで3回，DCM 2 mLで3回洗浄する。この後，通常のアミノ酸の伸長へと進むが（後述），最初の脱FmocのステップでFmocの定量を行い，最初のアミノ酸の樹脂への導入率を算出する。

　ペプチドのカルボキシ末端がアミドとなるペプチドの場合は4-(2',4'-ジメトキシフェニルアミノメチル)-フェノキシメチル基をもつ樹脂（Rinkアミド樹脂）やアミノキサンテン-3-イルオキシ基をもつ樹脂（Sieberアミド樹脂）が使われる。通常はFmoc保護された樹脂を使うので，通常のペプチド伸長サイクル（後述）の脱Fmocのステップから始める。

6　ペプチド伸長サイクル

　ペプチド鎖は図1に示したようにカルボキシ末端からアミノ末端に向けて，順次伸長する。Fmoc基が固相担体に結合している場合，まず，20％ピペリジン/DMF溶液で脱Fmocを行う。DMFで洗浄後，Fmocアミノ酸，縮合剤 O-ベンゾトリアゾール-N,N,N',N'-テトラメチルウロニウムヘキサフルオロホスフェート（HBTU），HOBt·H_2O，DIPEA（塩基）を加えアミノ酸を縮合する。このとき，樹脂上のアミノ基に対して，アミノ酸，縮合剤は3当量，DIPEAは6当

第1章 ペプチドの固相合成

表3 ペプチド鎖の伸長サイクル（0.1 mmol スケール）

操作	操作[*1]	時間	目的
1	2 mL 20％ピペリジン/DMF	–	脱 Fmoc
2	2 mL 20％ピペリジン/DMF	10分（2分おきくらいにボルテックス混合，あるいは，振とう機で混合）	脱 Fmoc
3	2 mL DMF，5回	–	洗浄
4	0.3 mmol Fmoc アミノ酸 縮合剤カクテル 0.7 mL[*2] 0.9 M DIPEA 0.7 mL[*3] を加え，必要に応じて DMF を追加し，アミノ酸を溶解させる。	15分（3分おきくらいにボルテックス混合，あるいは，振とう機で混合）	Fmoc アミノ酸の縮合
5	2 mL DMF，5回	–	洗浄
6	Kaiser テスト	–	縮合のチェック
7	2 mL 無水酢酸/DCM（1/3）（2，3回カップリングして，Kaiser テストでポジティブだった場合）	5分（2分おきくらいにボルテックス混合，あるいは，振とう機で混合）	未反応アミノ基のアセチル化

[*1] 表記されている溶液を樹脂に加え，5秒程度ボルテックスで攪拌し，すぐに，あるいは，所定の時間経過後，吸引する。

[*2] 縮合剤カクテル：0.45 M HBTU, 0.45 M HOBt・H_2O の DMF 溶液。分解しやすいので一度の合成で使い切ることが好ましい。

[*3] DIPEA 2.8 mL と NMP 14.2 mL を混合する。

量加えるが（表3），必要に応じて，2当量/4当量，あるいは，5当量/10当量で縮合させてもよい。自動合成機では，10当量/20当量で縮合させる場合もある。表3では，HBTU と HOBt・H_2O をあらかじめ混合したカクテルを使用するプロトコールとなっているが，必要量の縮合剤を粉として合成カラムに入れ，適当な量の DMF あるいは NMP で溶解させてもよい。縮合反応後，DMF で洗浄し，未反応のアミノ基が残っていないかを Kaiser テスト（ニンヒドリン反応）で確認する。Kaiser テストは固相担体の一部をガラスキャピラリーなどを使って試験管に取り出し，3つの Kaiser テスト試薬（国産化学から市販されている）20 μL ずつを加え，沸騰した水中で2〜3分間加熱する。固相担体も溶液側も黄色のままであれば未反応のアミノ基はないと判断される。ビーズあるいは溶液が青い場合は未反応のアミノ基が残っていると判断されるので，表3の操作4に戻って，縮合反応を繰り返す。2回目の縮合反応後でも Kaiser テストで青くなるようであれば，3回目の縮合反応を行ってもよいし，無水酢酸を使ってアセチル化し，その後の伸長を止めてもよい。

　あるいは，縮合剤を HBTU/HOBt より性能のよいものに替えてみる方法もある。*O*-7-アザベンゾトリアゾール-*N*,*N*,*N'*,*N'*-テトラメチルウロニウムヘキサフルオロホスフェート（HATU）/1-ヒドロキシ-7-アザベンゾトリアゾール（HOAt）の組み合わせや，メルク社より市

販されている優れた縮合剤（1-シアノ-2-エトキシ-2-オキソエチリデンアミノキシ）ジメチルアミノモルホリノカルベニウムヘキサフルオロホスフェート（COMU）と添加剤エチル（ヒドロキシイミノ）シアノアセタート（Oxyma）がある[3]。

　順次，アミノ酸を伸長し，アミノ末端となるアミノ酸の Fmoc 基を外し，DMF 2 mL で 3 回，DCM 2 mL で 3 回，メタノール 2 mL で 3 回洗浄し，デシケーター中で乾燥させる。

7 Fmoc 基の定量

　Fmoc 基は 260～320 nm に吸収をもつため，脱 Fmoc した溶液の吸収を測定することにより，固相担体上に存在するペプチド量を見積もることができる。表 3 の操作 1～3 の脱 Fmoc した際のろ液と洗浄液（はじめの 3 回分）を回収し，体積を確認し，それを DMF で適当（100～200 倍）に希釈し，301 nm の吸収値から，モル吸光係数（ε）7,800 として，Fmoc 量を算出する。

8 脱樹脂，脱保護

　Fmoc 固相法において，脱樹脂，脱保護を同時に行う場合は TFA を用いる。ペプチドを伸長し，乾燥させた固相担体を合成用カラムに入れ，含まれるアミノ酸に応じた脱保護カクテル約 3 mL（0.1 mmol スケールの場合）を加える。脱保護カクテルの組成は，ペプチドに Cys（Trt）あるいは Met を含む場合，TFA/ 水 /TIS（triisopropylsilane）/EDT（1,2-ethanedithiol）（94/2.5/1.0/2.5）を，Cys（Trt）や Met を含まない場合は TFA/ 水 /TIS（95/2.5/2.5）を使う。室温で 1 時間反応させるが，このとき，11 分おきくらいにやさしく撹拌する。その後，ろ液を 50 mL の遠心チューブに回収し，1.5 mL の TFA で樹脂を洗浄し，その洗浄液もろ液と一緒にする。この TFA 溶液に 8～10 倍量の氷冷ジエチルエーテルを滴下し，ペプチドの沈殿を得る。あらかじめ TFA 溶液をドラフト内で窒素ガスあるいはエアを吹き付けて容量を減らすことで，良好な沈殿が得られることがある。遠心分離（4 ℃，3,500×g，5 分）で上澄みを除去し，これに氷冷ジエチルエーテルを加え，沈殿をほぐすことを 3 回程度繰り返し，沈殿を洗浄する。その後，デシケーター中で乾燥させる。その際，あらかじめ風乾しておくことで，デシケーター中での沈殿の飛び散りが避けられる。

　2-クロロトリチルクロリド樹脂や Sieber アミド樹脂で，側鎖保護基は外さず，保護ペプチドを得たい場合は 1% TFA/DCM を用いる。詳細はそれぞれの樹脂の資料を参照されたい[4,5]。

9 ペプチドの精製

　得られたペプチドを 0.1% TFA 水溶液に溶かし，Sephadex G10～G25 のゲルろ過で粗精製する。このゲルろ過での精製はスキップしてもよい。本精製は逆相 HPLC において，水-アセトニ

第 1 章　ペプチドの固相合成

トリルのグラジェントを用いて行う。用いるカラムは目的ペプチドの疎水性に応じて，C4や
C8，C18のカラムを選択する。ペプチド・タンパク質用のポアサイズの大きなカラムも市販さ
れている。カラムサイズは，数十〜百数十 mg のペプチドであれば，直径 1 cm，長さ 25 cm 程
度のセミ分取カラムで数回に分けて精製できる。それ以上であれば，本格的な分取システムが必
要である。

　リジンやアルギニンといった塩基性アミノ酸を含むペプチドは，この 0.1% TFA 水溶液によ
く溶解し，精製も容易であるが，塩基性基を全く含まない酸性ペプチドの場合，あるいは，疎水
性の高いペプチドは，0.1% TFA 水溶液に溶解しない。pH 5〜6 の緩衝液を使うか，アセトニト
リルより極性の低いイソプロピルアルコールを利用する。同定は MALDI-TOF-MS で行い，そ
の際マトリクスは一般に α-シアノ-4-ヒドロキシケイ皮酸（CHCA）が使われる。

10　おわりに

　手動によるペプチド固相合成法を解説したが，自動合成装置も年々発展している。マイクロ
ウェーブを照射することで縮合反応を数分で完了できる装置（Biotage 社，CEM 社）や，セル
ロースメンブレン上に数百種類ものペプチドを合成することが可能な装置（エムエス機器社）な
ど，様々なメーカーから様々なタイプが販売されている。また，ペプチド合成受託サービスを提
供する企業も数多く，その価格も安くなってきている。ペプチドを自ら合成する場合はもちろん，
ペプチド合成を委託する場合でも，その合成の基礎を知っていれば，特殊アミノ酸を含むペプチ
ドや取扱いの難しい疎水性ペプチド，また，高額な蛍光基等の化学修飾を施したペプチドでも，
委託先との詳細な打合せが円滑に進み，期待したペプチドがすぐに手に入るだろう。そうして，
研究者が本来重きを置くべきところに力を集中し，研究を順調に発展させることができると期待
する。

文　　　献

1)　R. B. Merrifield, *J. Am. Chem. Soc.*, **85**, 2149（1963）
2)　E. Atherton *et al.*, *J. Chem. Soc. Chem. Commun.*, 539（1978）
3)　A. El-Faham *et al.*, *Chem. Eur. J.*, **15**, 9404（2009）
4)　B. Dorner & P. White, Novabiochem 固相合成ハンドブック，メルク（2002）
5)　W. C. Chan & P. D. White, Fmoc Solid Phase Peptide Synthesis, A Practical Approach,
Oxford University Press（2000）

第2章　ペプチドの液相合成

大髙　章[*1]，重永　章[*2]

1　はじめに

　ペプチドの化学合成には古典的な方法論として，液相法と固相法の二つの方法論がある（表1）。本章ではペプチドの液相合成と最近の展開について紹介する。液相合成の柱となるのは二つの化学である。一つはペプチド結合形成反応に関する化学であり，ここでは縮合効率の向上とラセミ化の抑制が大きな検討課題となってきた。もう一つの化学は，アミノ酸の保護基の化学である。こちらでは N^α-アミノ保護基の選択が出発点となり，選ばれた N^α-保護基に依存して側鎖保護基，およびこれらを除去する最終脱保護試薬が決定されてきた。なお，液相合成については多くの優れた成書があるので，実験を行う上での手技などについてはそちらを参照いただきたい[1~6]。

表1　ペプチドの化学合成　液相法と固相法の比較

	液相法	固相法
合成戦略	Boc 法	Boc 法，Fmoc 法（Fmoc 法が主流と成りつつある）
中間体の精製	再結晶，再沈殿，カラムクロマトグラフィーなど	不可能
適用残基数	フラグメント縮合法を利用し，小タンパク質レベルまで合成可能	信頼性を持って合成可能な残基数は 30～40 残基
大量合成	プロセス合成化学への展開が可能	プロセス合成化学には不向き
知識	液相合成に関する豊富な知識が必要	比較的容易に行える
課題	溶解性が大きな問題	大量の試薬，溶媒を使用する

2　古典的な液相法

　液相法では，ペプチド鎖の伸長操作，保護基の除去操作，そして合成中間体の精製操作は有機溶媒に可溶化した状態で行うのが基本となる。操作の概略を，トリフルオロ酢酸（TFA）により N^α-保護基である t-butoxycarbonyl（Boc）基を除去しつつペプチド鎖伸長を行う Boc 型合成を例に説明する（図1）。

　①Boc 基を TFA により除去後，3 級アミンによる中和操作を経て，Boc 保護アミノ酸（酸成分）の縮合が可能な状態とする。②N^α-アミノ基が遊離となったアミン成分へ，ジシクロヘキ

　＊1　Akira Otaka　徳島大学大学院　医歯薬学研究部　機能分子合成薬学分野　教授

　＊2　Akira Shigenaga　徳島大学大学院　医歯薬学研究部　機能分子合成薬学分野　講師

第 2 章　ペプチドの液相合成

シルカルボジイミド（DCC）などの試薬で活性化した酸成分を縮合させる。生じた混合物を適当な精製操作に付し，縮合生成物を得る。この一連の操作を繰り返すことで，C 末端側から N 末端側にペプチド鎖の伸長操作を行う。操作自身は比較的単純なものであるが，実際に液相法によりペプチドを合成するには豊富な合成経験が必要であり，10 残基程度のペプチドを合成する場合でも，合成量を気にしないのであるならば固相法を選択することが賢明である。液相合成を困難なものにしている最大の要因は，保護ペプチドの有機溶媒に対する溶解性の問題である。ポリアミドであるペプチドは一般に構成アミノ酸の増加に伴い，有機溶媒に対する溶解性が極端に低下し，縮合反応およびその後の精製が大変困難なものとなる場合が多い。このような液相法における困難さを克服するために発展してきたのが固相法であり，

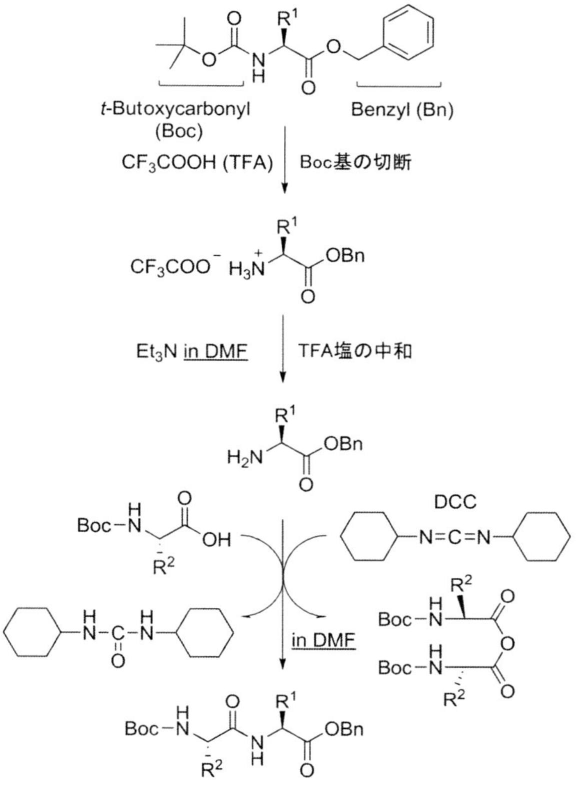

図 1　Boc 法を利用した液相合成の流れ

現在研究室レベルで少量のペプチドを合成する場合の第一選択肢は固相法となっている。

　現在，液相法を利用する機会は，小分子ペプチドを大量に合成する場合，固相法により合成したペプチドフラグメントをフラグメント縮合反応に付しタンパク質を調製する場合（後述），あるいは固相法と液相法の利点を組み込んだ新たな方法論を利用する場合（後述）に限られるといっても過言でない。液相合成によるオリゴペプチドレベルの大量合成についてはプロセス化学の領域に入る部分が多いのでここでは割愛し，以下，液相合成法の新たな方向性であるフラグメント縮合法と不溶性アンカーを利用した方法論について概説する。

3　液相法の最近の進歩──フラグメント縮合──

　固相合成法の発展により 20〜30 残基程度のペプチドであるならば比較的容易に合成ができるようになってきた。それでは，この固相合成法により 50 残基を超えるペプチドや小タンパク質の合成が可能かと問われると，答えは否である。固相合成では中間体の精製が不可能であるため，ペプチド鎖長の増加に伴って不純物の混入割合が増加し，最終品を単品に精製するのが極めて困

難となる。現在の固相合成法を利用しても，信頼性をもって合成可能なペプチド鎖長は30～40残基程度であろう。それではこのような状況下，タンパク質を化学合成するならばどのような方法論を使うことができるであろうか？　現在，タンパク質を化学合成しようとする際，最も汎用される方法論は固相法と液相法をミックスした手法である。すなわち，固相合成法でも信頼性高く合成が可能な30～40残基程度までのペプチドフラグメントを固相合成法で調製し，精製後得られたペプチドフラグメント同士を液相でフラグメント縮合反応に付す方法論である。さて，ここで用いるペプチドフラグメントであるが，例えば側鎖の保護基を多数有する保護ペプチドフラグメントを利用するならば前述の液相法の最大の課題，すなわち保護ペプチドの溶解性という問題が不可避となる。したがって，溶解性の問題が生じる懸念が少ないペプチドフラグメントを利用する必要がある。この課題を解決したのが，Kentらにより開発されたNative Chemical Ligation（NCL）法である[7~9]（図2）。

　NCL法の特長はペプチドチオエステル1とN末端システインペプチド2間での化学選択的反応を利用する点にある。S-アシルイソペプチド3の生成もしくは形成を経て，縮合生成物4が得られる。用いるペプチドフラグメントには側鎖保護基を必要としない。保護基のないペプチドは例外もあるが一般に水性溶媒に可溶であることから，NCL法を利用することで溶解性という液相法の問題を回避することが可能となった。古典的な液相法という範疇からは外れるが，液相法で反応を行うNCL法は現在，タンパク質化学合成において必須の方法論となっている。この

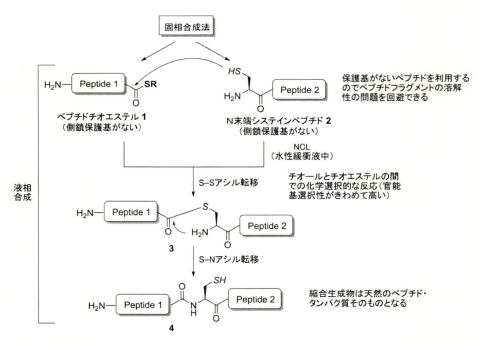

図2　Native Chemical Ligation（NCL）法を利用した水溶液中（液相）でのフラグメント縮合

例からも解るように，液相法そして固相法の特長をしっかりと踏まえ，有効に組み合わせて利用することが肝要である。

4 液相法の最近の進歩—長鎖脂肪族構造を有するアンカーの利用—

ペプチドの化学合成は液相法から始まり，その欠点を解決する過程で固相法が開発されてきた。さらに，両者の特長を巧みに利用することで，タンパク質化学合成を可能とする NCL 法の発展にも繋がってきた。さて，現在のペプチド合成の主流である固相合成法があれば十分であろうか？ 固相法は操作は簡便であるが，大量の試薬や溶媒を利用する点で必ずしも理想的な合成手法ではない。固相法に見られる操作の簡便性と，液相法に見られる反応の効率性という両方の点を重視した方法論が民秋，千葉ら（アンカー 5)[10, 11] および味の素の高橋ら（アンカー 6 および 7）により開発されてきた[12]（図 3）。

長鎖脂肪族構造を有するアンカーを利用した固相法と液相法の利点を併せ持った方法論として，ここでは味の素の研究グループにより開発された液相合成法に分類できる AJIPHASE®法についてその概略を示す。長鎖脂肪酸構造を有するアンカー分子をペプチドの C 末端に導入すると，アンカー導入ペプチドはハロゲン系有機溶媒に溶解するものの，極性有機溶媒には不溶性となり沈殿することが明らかとなってきた。この性質を利用し，ハロゲン系有機溶媒中にてペプチド鎖の伸長反応を行い，極性有機溶媒を加えることにより沈殿させたのち，縮合反応などに利用した過剰の試薬を洗浄除去する方法論が AJIPHASE®法である。操作の概略を示すと次のようになる（図 4）。

①クロロホルム中，長鎖脂肪族構造を有するアンカーに Fmoc（9-fluorenylmethyloxycarbonyl）アミノ酸を導入する（液相法）。②メタノールによる沈殿化を行い，余分な試薬を除去する（固相法）。③クロロホルム中，DBU（1,8-diazabicyclo[5.4.0]undec-7-ene）/Et$_2$NH 処理により Fmoc 基の除去を行う（液相法）。④アセトニトリルなどの極性有機溶媒による沈殿化を行い，不要物を除去する（固相法）。これら①〜④の操作を繰り返すことでペプチド鎖の伸長を行うものである。長鎖脂肪族構造体を有するアンカーを利用することで，反応効率が求められる縮合，脱保護段階は液相にて行い，不要物の除去は沈殿化により達成するもので，反応操作の簡便化と

図3 長鎖脂肪族構造を有するアンカーの例（長鎖脂肪族部分は直鎖）

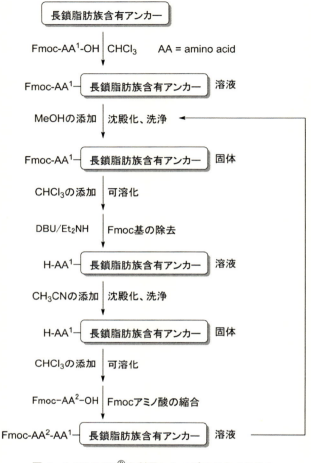

図4　AJIPHASE®を利用したペプチド合成の流れ

反応の効率化を同時に達成する手法としてその利用がさらに進むことが予想される。この沈殿化を利用したAJIPHASE®法では直鎖の長鎖脂肪族を基材として用い，ハロゲン系溶媒には溶解する一方，極性有機溶媒中では固体化するという性質を利用していた。本手法は従来の液相法に比べ非常に簡便であるものの，それでも反応溶液の濃縮，貧溶媒添加による沈殿化，沈殿物のろ過，洗浄などの操作に時間や技術を要することがあった。このため現在，さらなる効率化とプロセス化学への展開を指向して，分岐状長鎖脂肪族を基材とした次世代型アンカー分子の開発とその利用が図られている（図5）。

　分岐脂肪族として，フィチル（Phy）基を含有するアンカー分子8および9が開発された。これら分岐脂肪族を有するアンカーに結合したペプチドは固体化せず，多くの有機溶媒に高い溶解性を示すことが明らかにされた。さらに，縮合反応やFmoc脱保護後における不要物の塩基性水溶液による分液洗浄除去をメルカプトプロピオン酸（Mpa）の添加により達成しており，分岐脂

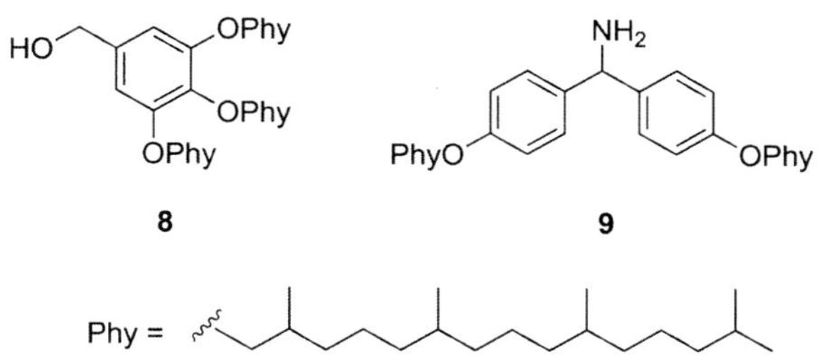

図5 分岐状長鎖脂肪族を基材とした次世代型アンカー分子

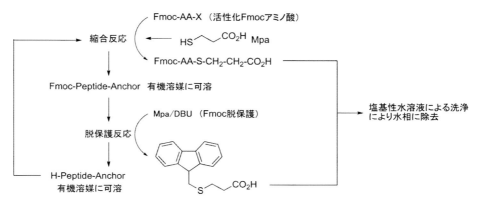

図6 分岐状長鎖脂肪族を基材とした次世代型アンカーを利用したOne-pot合成の概要

肪族アンカーを利用したOne-pot合成への展開が図られつつある[13]（図6）。

5 おわりに

本章では古典的な液相法についての記述は抑え，液相法の利点を抽出したNCL法や不溶性アンカー分子の利用などについて記述した。ペプチドを必要とする研究現場において，旧来の液相法を利用する機会は大きく減少している。しかしながらこれに変わる手法として，古典的なペプチド合成手法である液相法と固相法の利点を十分に念頭に置いた新たな合成手法が開発されつつある。NCL法やAJIPHASE®法などはペプチド，タンパク質を調製する上で今後その有用性がさらに高まるものと考えられる。

医療・診断をささえるペプチド科学—再生医療・DDS・診断への応用—

文　　献

1) 矢島治明，生化学実験講座 1　タンパク質の化学IV，日本生化学会編，p.208，東京化学同人（1977）
2) 木村皓俊ほか，続生化学実験講座 2　タンパク質の化学　下，日本生化学会編，p.641，東京化学同人（1987）
3) 泉屋信夫ほか，ペプチド合成の基礎と実験，丸善（1985）
4) 矢島治明 監修，続医薬品の開発，第 14 巻　ペプチド合成，廣川書店（1991）
5) 藤井信孝ほか，新生化学実験講座 1　タンパク質の化学VI，日本生化学会編，p.3，東京化学同人（1992）
6) 若宮建昭 編集，第 5 版　実験化学講座，有機化合物の合成IV，カルボン酸・アミノ酸・ペプチド，日本化学会編，p.175，丸善（2005）
7) S. Kent *et al.*, *Science*, **266**, 776（1994）
8) L. Leu ed. Topics in Current Chemistry, vol.363, Protein Ligation and Total Synthesis II, Springer（2015）
9) 大髙章，有機合成化学協会誌，**70**, 1054（2012）
10) H. Tamiaki *et al.*, *Bull. Chem. Soc. Jpn.*, **74**, 733（2001）
11) T. Hirose *et al.*, *Tetrahedron*, **67**, 6633（2011）
12) 高橋大輔，遺伝子医学 MOOK，**21**, 54（2012）
13) D. Takahashi *et al.*, *Angew. Chemie. Int. Ed*, **56**, 7803（2017）

第3章　アミド結合形成のための縮合剤

北村正典[*1]，国嶋崇隆[*2]

1　はじめに

　有機化学や生命科学，創薬化学などにおいてアミド結合を形成する縮合反応は，近年益々重要性を増している。それゆえに，これまでにも有用な総説[1~3]が数多く発表されているが，ここでは実用性の高い縮合剤と近年開発された縮合剤について紹介する。縮合剤の開発は，アミノ酸などのキラリティが失われるエピ化の問題と縮合剤自身や活性中間体が分解してしまう問題との格闘の歴史であるといっても過言ではない。

　N-保護アミノ酸 1 のカルボキシ基とアミノ酸エステル 2 のアミノ基からアミド結合を形成させることで，ペプチド 3 を合成することができる（図1，経路A）。本反応機構は一連の縮合反応に共通であり，通常縮合剤などを用いたカルボキシ基の活性化が必要となる（図1，活性中間体 7）。しかし本活性化段階で，1 の不斉炭素（カルボキシ基側）のキラリティが消失し，エピ化体（epi-3）が得られるという問題が生じる。絶対立体配置が失われる主要な反応機構を，図1の経路B（オキサゾロン形成経由）および経路C（直接的エノール化経由）に示した（ラセミ化した rac-7 や rac-8 を経由するため，ラセミ化と呼ばれることもある）。凄まじい発展を遂げている有機合成法を用いれば絶対立体配置を保持したアミド結合形成は簡単かと思われるかもしれないが，一筋縄ではいかないのが現状である。これら副反応に関わる保護基，塩基および縮合剤について順に述べていく。

　エピ化副反応を抑制するひとつの方法は，アミノ酸 1 に適切な N-保護基を導入することである。例えば，電子求引性のカルバメート部位を導入した 1a（図2）では，酸素原子の求核攻撃による環化が減少しオキサゾロン形成（経路B）を抑制する。さらに，立体障害の大きなトリチル保護基を導入してアミノ酸 1b（図2）とすると，α 位水素の脱プロトン化（経路C）が進行し難くなり，エノラート形成を防ぐ。

　また，用いる塩基も上述の問題と関連している。N,N-ジイソプロエチルピルアミン（DIPEA またはヒューニッヒ塩基，共役酸の pK_a 11.4）や N-メチルモルホリン（NMM，共役酸の pK_a 7.4）といった第三級アミンは，その求核性の低さから汎用されている塩基であるが，セグメントカップリング時にはエピ化体が得られることがある（セグメントカップリングでは，1 がペプチドとなるため図2のような保護基を用いることができず，エピ化体を与えやすい）。このため，

　＊1　Masanori Kitamura　金沢大学　医薬保健研究域　薬学系　准教授

　＊2　Munetaka Kunishima　金沢大学　医薬保健研究域　薬学系　教授

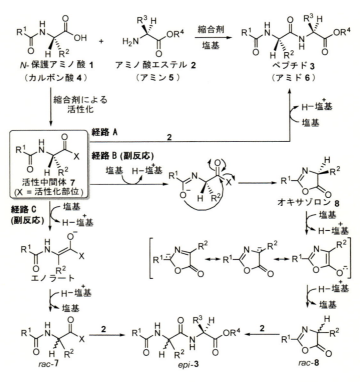

図1 ペプチド（アミド）合成とそのエピ化の反応機構

DIPEAより塩基性が低く，NMMより嵩高いコリジン（2,4,6-トリメチルピリジン，共役酸のpK_a 7.4）やその誘導体を塩基として用いる方法が考案されている[4]。

さらに，エピ化反応の進行しない穏やかな条件下で用いることのできる縮合剤の開発が行われて

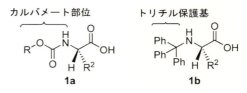

図2 エピ化抑制のための置換基

いる。このような縮合剤を用いると，縮合剤自身や活性中間体7は，天然や非天然のアミノ酸などの出発物が有している種々の官能基とは反応し難く，また，水や反応溶媒との副反応も妨げられるという利点が得られる。以下に，縮合剤について述べる。

2 カルボジイミド系縮合剤

2.1 *N,N'*-Dicyclohexylcarbodiimide（DCC）

DCC[5]は，ペプチド合成，あるいはカルボン酸とアミンからアミド合成を行う際の最も一般的で古くから知られている縮合剤で，その反応機構もよく研究されている。カルボン酸4に，

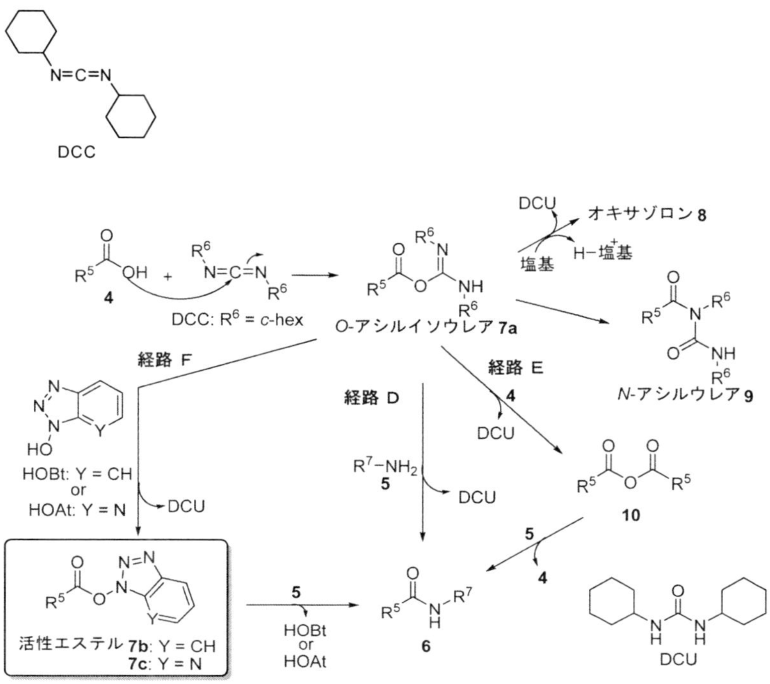

第3章　アミド結合形成のための縮合剤

図3　DCC を用いた縮合反応の反応機構

DCC を加えると活性中間体である *O*-アシルイソウレア **7a** が形成し，さらにアミン **5** と反応することで，アミド **6** が生成する（図3，経路 D）。また，**7a** とカルボン酸 **4** が反応して酸無水物 **10** が生成するが，**5** と反応することでアミド **6** を与える（図3，経路 E）。しかし，活性な **7a** は，エピ化体を与えるオキサゾロン **8** やアシル基転移反応を起こして安定な *N*-アシルウレア **9** などの副生物を与えてしまう。アミン **5** が求核性の低いアンモニウム塩として反応系中に存在する場合，DCC を加える前に塩基である DIPEA を加えることで，**5** と **7a** の反応を速やかに進行させ，これら副反応を減ずることができる。エピ化問題の解決を目的として，HOBt，HOAt（図3，経路 F）などと DCC を組み合わせて使用し，活性エステル **7b** や **7c** を経由する方法が取られる[6]。これらの添加によって液相，固相合成のどちらにおいても反応速度は向上してエピ化は抑制され，特に反応基質が立体的に込み合っている場合やアミンの求核性が低い場合に有効となる。DCC は他の縮合剤に比べて価格も安く，合成研究例も多いという利点がある一方で，副産物として必ず *N,N*-ジシクロヘキシルウレア（DCU）を生じ，目的物の精製を困難とする場合がある。このため，副産物の除去を容易にした縮合剤（後述の EDC または WSCI）が開発されている。

医療・診断をささえるペプチド科学—再生医療・DDS・診断への応用—

2.2 *N*-Ethyl-*N*'-[3-(dimethylamino)propyl]carbodiimide hydrochloride（EDC）または water soluble carbodiimide（WSCI）

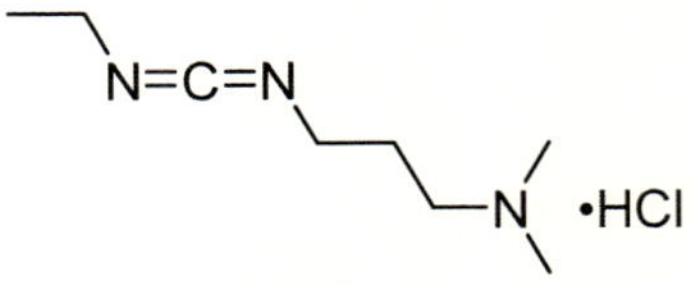

前項の DCU の問題を解決し，分液操作によって副産物を容易に除去できるように，ジメチルアミノ基を導入した EDC（別の略称 WSCI）が開発された[7]。アミノ基が塩を形成すれば水溶性副産物となる。縮合するカルボン酸とアミンを可溶化するために高極性溶媒が必要となる場合も多い[8]。

本縮合剤は水溶性のため，高極性溶媒である水中で用いることも可能であるが，加水分解を受けるため（特に低い pH 下）[9]，過剰量の試薬の添加が必要となる場合がある。水溶性であるタンパク質中のカルボン酸も EDC によって活性化され，グリシンメチルエステルや別のタンパク質のアミノ基と反応させることができる[10]。このタンパク質の修飾反応は，タンパク質中のどのカルボキシ基が内包され，また，外側にさらされているのか，酵素活性においてどのカルボキシ基が重要であるのかを決定する反応機構的研究において有用である。

また DCC と同様に，オキサゾロン **8** 経由のラセミ化や低活性な *N*-アシルウレア **9** の形成は依然として問題となるため，HOBt などの添加によって，これらの生成を抑制する[6]。DCC や EDC などのカルボジイミド系縮合剤を用いた場合，アスパラギンやグルタミンの第一級アミドの分子内脱水反応によってシアノ基を形成してしまうことが知られているが[11]（図4），HOBt を用いることで改善される。

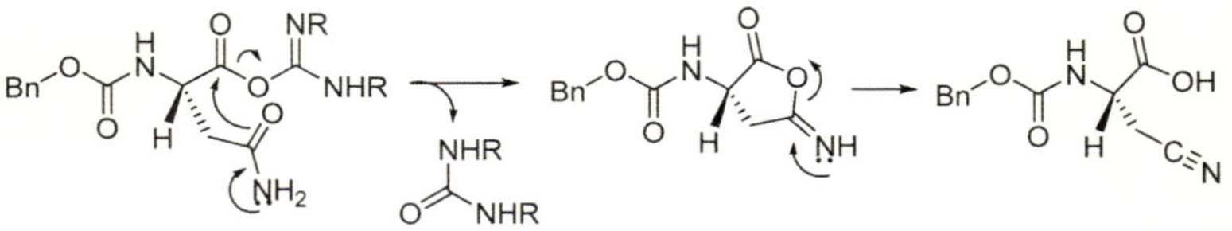

図4 DCC や EDC による，アスパラギンやグルタミンを反応基質とした際の副反応

3 添加剤

3.1 1-Hydroxybenzotriazole（HOBt）および 1-hydroxy-7-azabenzotriazole（HOAt）

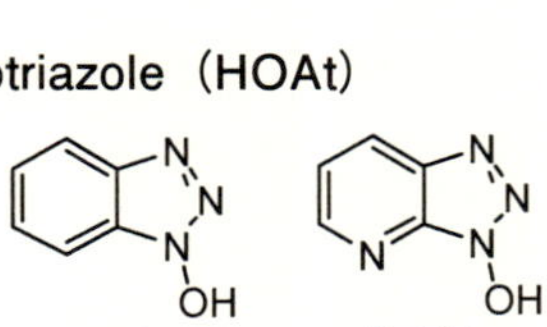

既述のように，これらは添加剤であるが，縮合剤との関連性の高さや重要性から本項を設けた。縮合剤と HOBt や HOAt を併用することで，活性エステル **7b** および **7c** を形成し，反応速度が向上してエピ化やその他の副反応を抑制することができる[6]。

HOAt は，HOBt と比較して，液相および固相法のどちらにおいても反応収率やエピ化抑制の面で添加剤として優れているが[12]，これはベンゾトリアゾールの 7 位に導入された窒素原子による[13]。すなわち，電子求引性の窒素原子は活性エステル **7c** の脱離基（-OAt）の脱離能を上げること，隣接基効果によってアミンの求核性を向上させるという効果をもたらす（図5）。

第3章　アミド結合形成のための縮合剤

　これら添加剤は，熱的安定性が低く爆発の恐れがあるので，加熱や物理的な刺激に注意を要する[14]。この問題点を解消した添加剤，Oxyma が開発されている。

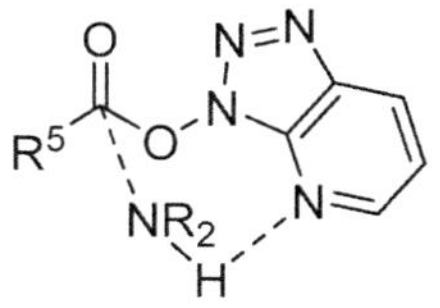

図5　HOAt の隣接基効果

3.2　Oxyma

　HOBt や HOAt の爆発性を克服した Oxyma が添加剤として開発され，カルボジイミド系縮合剤を用いた固相，液相合成において HOBt や HOAt よりエピ化阻害能の高いことが示されている[15]。Oxyma の DSC（示差走査熱量測定）と ARC（断熱型暴走反応熱量計）測定の結果，熱に対する危険性や爆発性は低いことが明らかとされた。

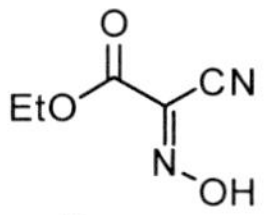

Oxyma

4　ホスホニウム系縮合剤

4.1　BOP および PyBOP，PyAOP

　BOP[16] は，ラセミ化を抑制する HOBt 部位を骨格中に有し，吸湿性のない結晶であり，また，嵩高いアミノ酸でも短時間で反応が終了するため，よく用いられる縮合剤である（図6）。DCC とは違って，BOP はカルボキシラート塩とよく反応し，カルボン酸とは反応しない。このため，反応を加速するには系を塩基性に保つのが好ましい。本縮合剤の副産物である hexamethylphosphoramide（HMPA）は，DCU のような難溶性固体ではないが，発がん性が懸念される毒性の高い化合物なので，実験操作には注意が必要である。現在では，この点を改良した PyBOP，PyAOP の開発がなされている。

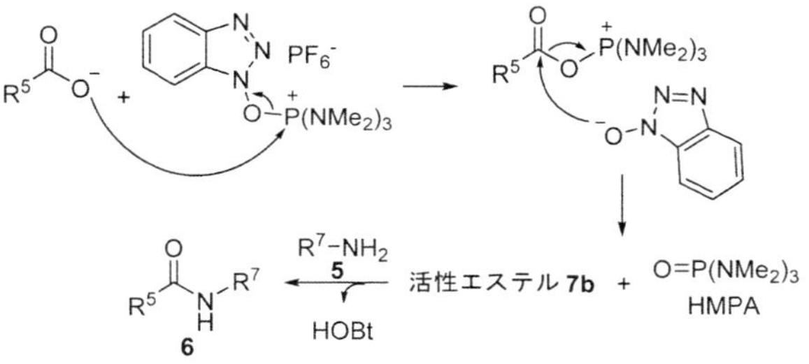

BOP

図6　BOP を用いた縮合反応の反応機構

　Boc-Ile-OH（**1c**）と H-His-Pro-OMe・TFA 塩（**2a**）とのカップリング反応は通常低収率であるが，それはジペプチド塩の塩基による中和が速く cyclo（His-Pro）が形成されてしまうためである（図7）。BOP 法を用いると活性中間体 **7b** によって系中で生ずるジペプチドのアミノ基を効果的にトラップできる[17]。それまでは，このような環化反応が進行しやすいプロリン残基は *t*-ブチルエステルとしなければならず，プロリン残基でのセグメントカップリングを合成戦略とすることは実質的に不可能であった。また，この反応で用いられている出発物はトリフルオ

21

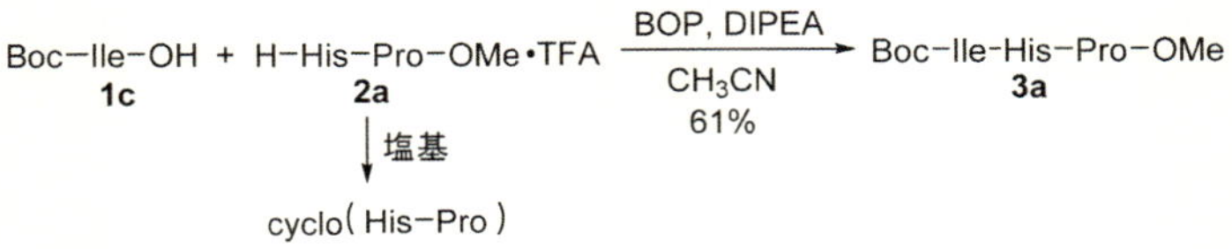

医療・診断をささえるペプチド科学—再生医療・DDS・診断への応用—

$$\text{Boc-Ile-OH} + \text{H-His-Pro-OMe·TFA} \xrightarrow[\substack{\text{CH}_3\text{CN} \\ 61\%}]{\text{BOP, DIPEA}} \text{Boc-Ile-His-Pro-OMe}$$

1c ・ 2a ・ 3a

（2a）↓塩基

cyclo（His-Pro）

図 7　BOP を用いた Boc-Ile-OH と H-His-Pro-OMe・TFA 塩との縮合反応

ロ酢酸（TFA）塩で，カルボキシラートである。しかし，このカルボン酸アニオンは BOP によって活性化されないので，トリフルオロアセチル化という副反応は起こらない。そのため，このような TFA 塩を出発物質に用いることも可能であり，また，Boc/TFA 法でのペプチド固相合成において TFA の中和のステップを省くことができる。

その他の BOP の特徴として，N-保護アミノ酸・ジシクロヘキシルアミン（DCHA）塩との反応において，アミノ酸中のアミノ基の縮合反応が，DCHA との反応よりも速い点が挙げられる[17]。すなわち，N-保護アミノ酸・DCHA 塩の DCHA を除くことなくそのまま用いることができ，安価で入手容易な Boc-His(Boc)-OH・DCHA を用いてヒスチジンを導入できる。

PyBOP や PyAOP は，BOP を用いた際の副産物である毒性 HMPA の生成を回避しており，BOP と同等もしくはより良い結果を与える[18, 19]。また，PyAOP は，縮合反応が困難である α, α-ジエチルグリシン[20]や Fmoc 固相合成法を用いた 2-アミノイソ酪酸（Aib）を含むペンタペプチド合成[19]の際，PyBOP よりも良い収率でペプチドを与える。

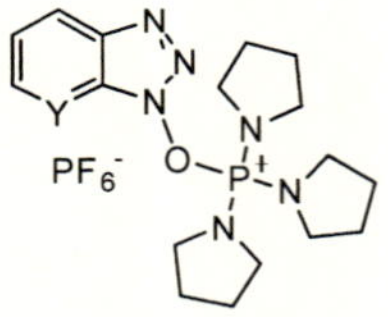

ホスホニウム系縮合剤は，後述のウロニウム／グアニジウム系縮合剤と比較して，DMF 中での加水分解に対する安定性に劣るものの，ウロニウム／グアニジウム系縮合剤で進行してしまう第一級アミンとの副反応は見られない[20]。

PyBOP: Y = CH
PyAOP: Y = N

5　ウロニウム／グアニジウム系縮合剤

5.1　HBTU および HATU

HBTU および HATU はどちらも安定な吸湿性のない固体であり，ホスホニウム系縮合剤と同様によく用いられる。

本縮合剤はウロニウム塩（O-form）として最初に報告されたが，結晶状態および溶液中のどちらもグアニジウム塩（N-form）であることが見出された[21]（図 8）。さらに，トリエチルアミン存在下でウロニウム塩（O-form）が，グアニジウム塩（N-form）へと異性化すること，また，グアニジウム塩（N-form）の方が反応性の低いことが明らかとされている。

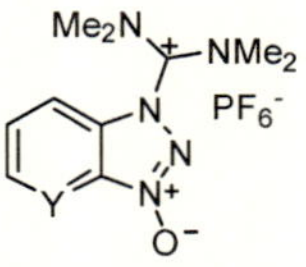

HBTU: Y = CH
HATU: Y = N

ウロニウム／グアニジウム系縮合剤は，前述のホスホニウム系縮合剤と比較して，第一級アミンとの副反応（図 9）が見られるものの，DMF 中での加水分解に対する安定性に比較的優れて

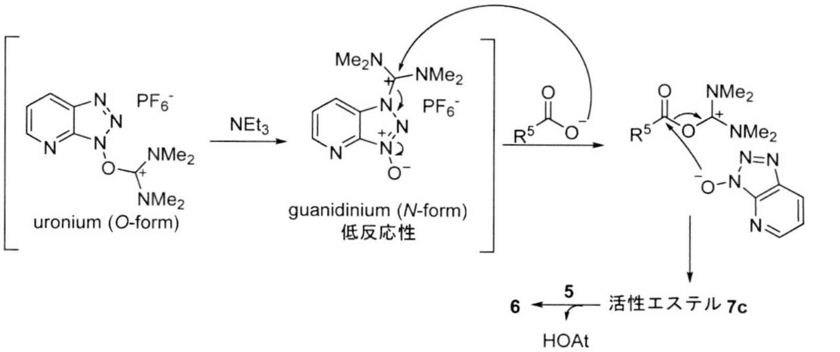

第 3 章　アミド結合形成のための縮合剤

図 8　HATU のウロニウム塩（*O*-form）からグアニジウム塩（*N*-form）への異性化と縮合反応の反応機構

いる[20]。

　他の HOBt や HOAt 骨格を有する縮合剤同様に爆発性が高いと考えられており，安全性の改善が課題となっていた[15]。

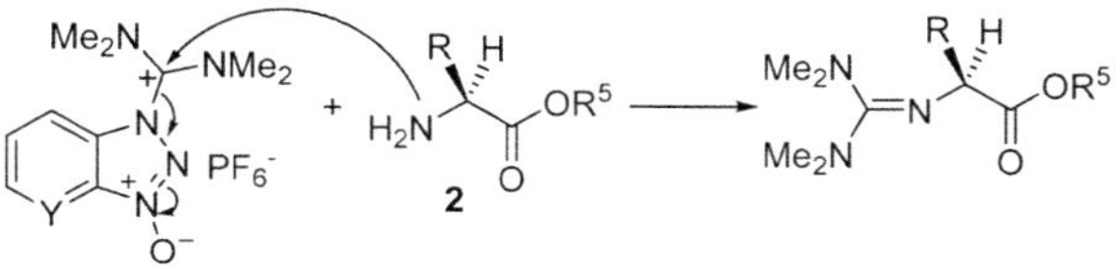

図 9　HBTU や HATU と第一級アミンとの副反応

6　COMU

　COMU[22]は，エピ化を抑制する添加剤 Oxyma 構造を有する，より安全で効率的な縮合剤として報告されている。HBTU や HATU とは違い，COMU は，反応性の高いウロニウム塩構造でのみ存在する。COMU が反応して生成する副産物は水溶性で，抽出操作で分離可能である。また，反応溶液の色の変化（ピンク～オレンジから淡黄色～無色へ変化）から，反応の終点がわかるのも本縮合剤の特徴である。さらに，DMF 中における COMU の加水分解に対する安定性は HBTU や HATU より優れている。

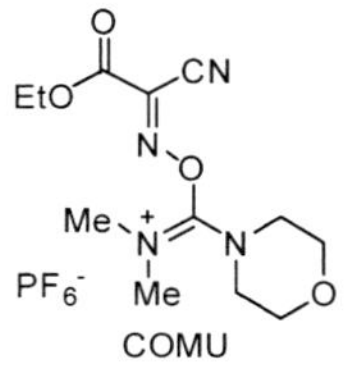

7　向山試薬

　ピリジニウム塩骨格を有する脱水縮合剤 **11** は，向山試薬とよばれ，**11a** や **11b** が市販されている。反応機構は他の縮合剤と同様，活性中間体 **7d** もしくは酸ハロゲン化物 **7e** または **7f** と，**5** が反応することでアミド **6** が得られる（図 10）。

　向山試薬 **11a**[23]は一般的な有機溶媒に不溶であるため，反応は通常塩化メチレン中加熱環流下で行われる。そこで，様々な有機溶媒に可溶な **11b**[24]が開発され，液相法および固相法のどちらにおいても，立体障害の大きい *N*-メチルアミノ酸や α，α-ジアルキルアミノ酸を含有するペプ

医療・診断をささえるペプチド科学―再生医療・DDS・診断への応用―

チド合成にも有効であることが示され
ている（極度に立体障害の大きい
Fmoc-MeLeu-MeVal-OBn でさえ 91%
収率で得られる）。

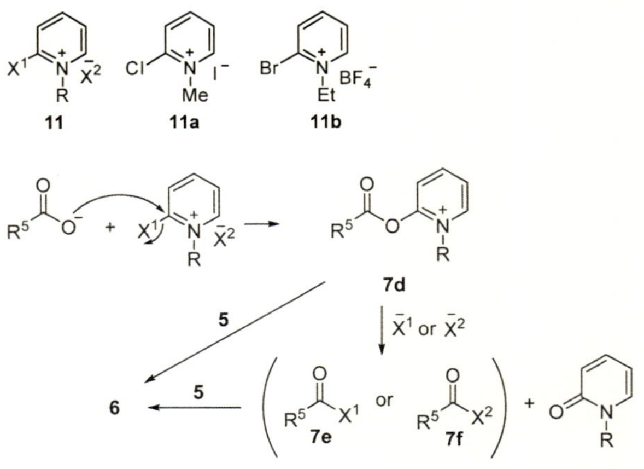

図 10　向山試薬を用いた縮合反応の反応機構

8　4-(4,6-dimethoxy-1,3,5-triazin-2-yl)-4-methylmorpholinium chloride（DMT-MM）

　脂溶性で飛散性，刺激性を有する固体である 2-クロロ-4,6-ジメトキシ-1,3,5-トリアジン
（CDMT）を，N-メチルモルホリン（NMM）と反応させることで定量的に脱水縮合剤 DMT-
MM が得られることを国嶋らは報告している[25～27]（図 11）。本縮合剤は，不揮発性の塩であり，
刺激性は認められず，水溶性を有し，水やメタノール中で予想外に安定である。多くの脱水縮合
剤がプロトン性溶媒と反応することや，アルコールが活性中間体 7 と反応してエステル生成を伴
うことから，アミド結合形成反応の溶媒として水や，特にメタノールを用いることは困難であっ
た。しかし DMT-MM は，これら溶媒中でペプチド 3 やアミド 6 を与える。例えば，水溶性で
はあるが，ほとんどの有機溶媒に難溶であるグルコサミン塩酸塩もメタノール-水混合溶媒中，
ヒドロキシ基を無保護のままアミノ基のみをアセチル化することが可能である[27]（図 12）。DMT-
MM は有機溶媒に難溶ではあるが，カルボン酸が溶けてさえいれば，ほとんどの有機溶媒にお
いてよい収率でアミドを与える。また，EDC と比較しても，メタノール中での DMT-MM を用
いたアミド化反応は円滑に進行する[27]（図 13）。さらに，ペプチド固相合成における縮合効率は
PyBOP と同等で，エピ化も認められない[28]。DMT-MM やその類縁体は，高極性溶媒（DMF
や水，メタノールなど）によく溶解するペプチドやタンパク質の標識化に適している[29, 30]。

9　近年開発された脱水縮合法や脱水縮合剤

　塩化ホスホリル $O=PCl_3$ はアミド結合形成反応に用いられることが知られていたが[31]，高い
反応温度や長い反応時間が必要であること，また，時として中程度の収率であることが問題で
あった。しかし，Chen らは，PCl_3 と DMAP 触媒とを組み合わせることで，ラセミ化を伴わず，

24

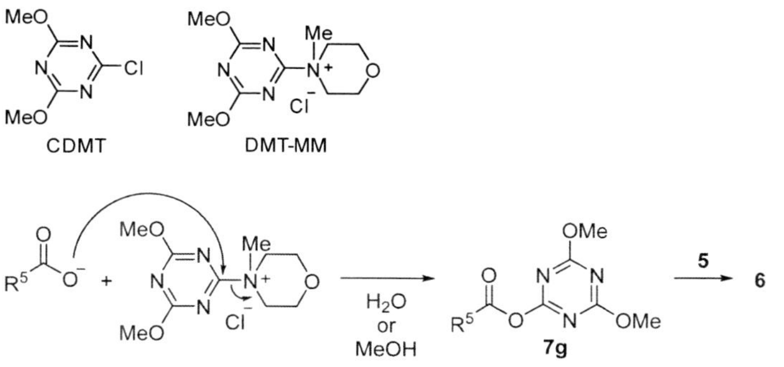

第3章　アミド結合形成のための縮合剤

図11　水やメタノール中で用いることのできる脱水縮合剤 DMT-MM

良い収率で目的とするアミドが得られることを報告している[32]（図14）。

　また，Zhao らはイナミド **12** がラセミ化を伴わない縮合剤となることを発見した[33]（図15）。本縮合剤を用いた場合に生じる活性中間体 **7h** が，–OH，–SH，–CONH$_2$，インドール中の–NH 存在下でも選択的にアミド結合を形成することは特筆すべきことである。

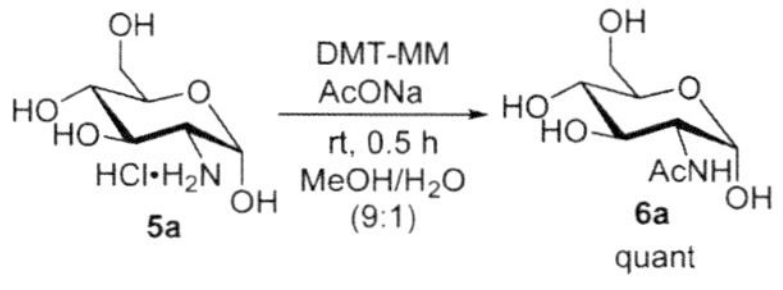

図12　DMT-MM を用いたグルコサミン塩酸塩の *N*-アセチル化

　さらに，Charette らはケイ素がテザーとなってカルボン酸とアミンを繋いだ中間体 **13** を経由するアミド結合形成反応を報告している[34]（図16）。本反応の特徴として，ラセミ化反応がほとんど見られないこと，プリアクティベーションをしなくても中間体 **13** を形成すること，強固なケイ素－酸素結合形成をドライビングフォースとしていること，が挙げられる。

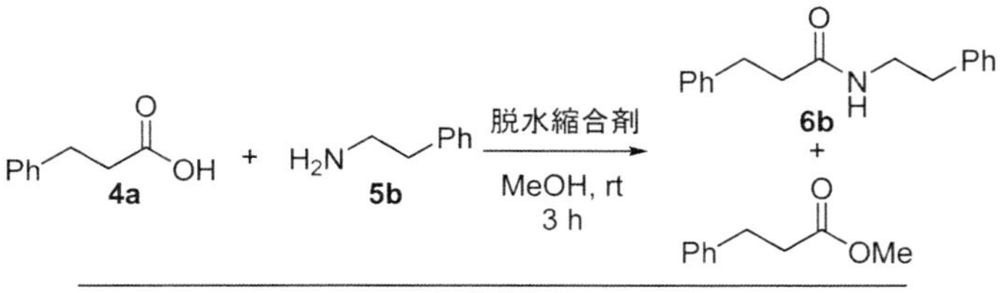

脱水縮合剤	収率 (%)		アミド/エステル
	アミド **6b**	エステル	
EDC	53	16	3.3
DMT-MM	98	1	98

図13　メタノール中での EDC および DMT-MM を用いたアミド化反応

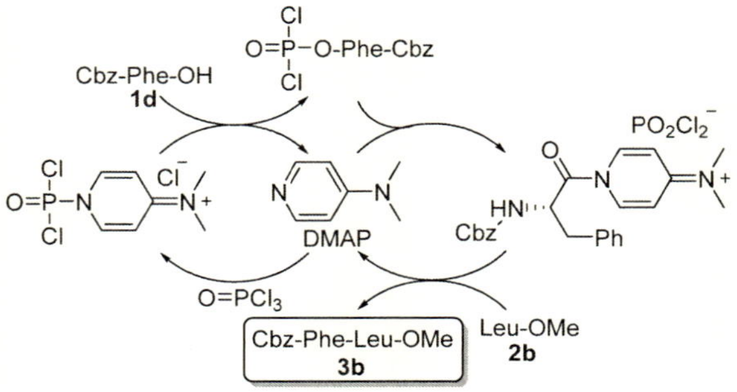

図 14　$POCl_3$ と DMAP 触媒を用いたアミド化反応

脱水縮合剤	塩基	時間	収率 (%)	ジアステレオ比
HBTU	DIPEA	10 min	90	82:18
HATU	DIPEA	10 min	70	87:13
PyBOP	DIPEA	10 min	91	88:12
DCC	—	10 min	98	91:9
MYTsA **12**	—	22 h	94	100:0

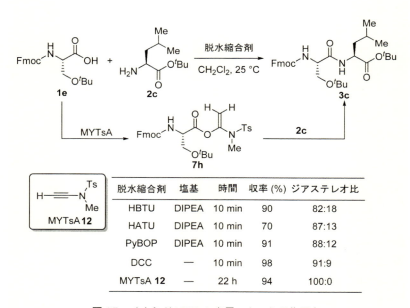

図 15　イナミド MYTsA を用いたアミド化反応

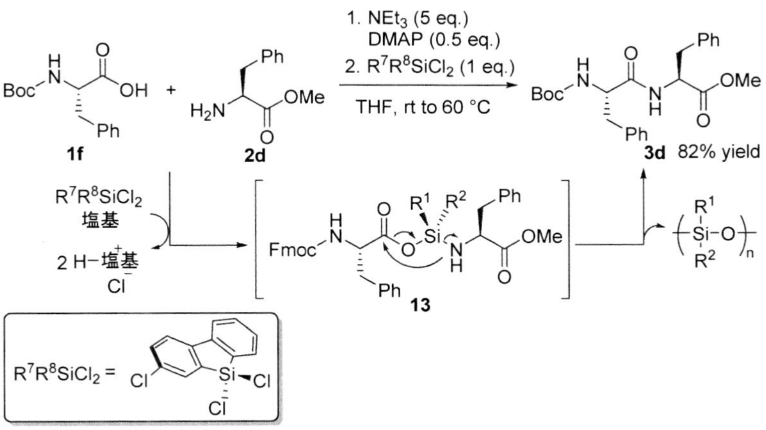

第 3 章　アミド結合形成のための縮合剤

図 16　9-シラフルオレニル ジクロリドを用いたアミド化反応

文　　　献

1) T. I. Al-Warhi *et al.*, *J. Saudi Chem. Soc.*, **16**, 97 (2012)

2) A. El-Faham & F. Albericio, *Chem. Rev.*, **111**, 6557 (2011)

3) C. A. G. N. Montalbetti & V. Falque, *Tetrahedron*, **61**, 10827 (2005)

4) L. A. Carpino, *et al.*, *J. Org. Chem.*, **61**, 2460 (1996)

5) J. C. Sheehan & G. P. Hess, *J. Am. Chem. Soc.*, **77**, 1067 (1955)

6) L. A. Carpino, *J. Am. Chem. Soc.*, **115**, 4397 (1993)

7) J. C. Sheehan *et al.*, *J. Am. Chem. Soc.*, **87**, 2492 (1965)

8) M. T. Shamim *et al.*, *J. Med. Chem.*, **32**, 1231 (1989)

9) P. Farkaš & S. Bystrický, *Carbohydr. Polym.*, **68**, 187 (2007)

10) K. L. Carraway & D. E. Koshland, Jr., *Methods Enzymol.*, **25**, 616 (1972)

11) D. T. Gish *et al.*, *J. Am. Chem. Soc.*, **78**, 5954 (1956)

12) L. A. Carpino *et al.*, *J. Chem. Soc., Chem. Commun.*, 201 (1994)

13) L. A. Carpino *et al.*, *Org. Lett.*, **2**, 2253 (2000)

14) K. D. Wehrstedt *et al.*, *J. Hazard. Mat.*, **A126**, 1 (2005)

15) R. Subirós-Funosas *et al.*, *Chem. Eur. J.*, **15**, 9394 (2009)

16) B. Castro *et al.*, *Tetrahedron Lett.*, **16**, 1219 (1975)

17) D. L. Nguyen *et al.*, *J. Chem. Soc. Perkin Trans. I*, 1025 (1985)

18) J. Coste *et al.*, *Tetrahedron Lett.*, **31**, 205 (1990)

19) F. Albericio *et al.*, *Tetrahedron Lett.*, **38**, 4853 (1997)

20) F. Albericio *et al.*, *J. Org. Chem.*, **63**, 9678 (1998)

21) L. A. Carpino *et al.*, *Angew. Chem. Int. Ed.*, **41**, 441 (2002)

22) A. El-Faham *et al.*, *Chem. Eur. J.*, **15**, 9404 (2009)

23) E. Bald *et al.*, *Chem. Lett.*, **4**, 1045 (1975)

24) P. Li & J. -C. Xu, *Tetrahedron*, **56**, 8119 (2000)

25) M. Kunishima *et al.*, *Tetrahedron Lett.*, **40**, 5327 (1999)

26) M. Kunishima *et al.*, *Tetrahedron*, **55**, 13159 (1999)

27) M. Kunishima *et al.*, *Tetrahedron*, **57**, 1551 (2001)

28) A. Falchi *et al.*, *Synlett*, 275 (2000)

29) F. Xiang *et al.*, *Anal. Chem.*, **82**, 2817 (2010)

30) M. Kunishima *et al.*, *Chem. Commun.*, 5597 (2009)

31) K. Sakamoto *et al.*, *J. Org. Chem.*, **77**, 6948 (2012)

32) H. Chen *et al.*, *RSC Adv.*, **3**, 16247 (2013)

33) L. Hu *et al.*, *J. Am. Chem. Soc.*, **138**, 13135 (2016)

34) S. J. Aspin *et al.*, *Angew. Chem. Int. Ed.*, **55**, 13833 (2016)

第4章 遺伝子組換え法によるタンパク質・ポリペプチドの合成とその応用

中路 正[*]

1 はじめに

再生医工学・組織工学は，ここ数十年で目覚ましい発展を遂げ，様々な疾患に対する材料が提案されている。中には，臨床応用も進められている材料も存在し，治療に携わる医師にとっての大きな武器となっているものもある[1~4]。その一方で，さらなる発展，特に高機能化が求められるのも事実である。その背景には，これまでに提案されている組織工学材料のほとんどが非常にシンプルな設計であり，ごく限られた機能（例えば細胞の足場としての機能，また，細胞を遊走させる機能等々）しか持ち合わせておらず，生体内の複雑かつ経時的な挙動や環境を模倣するような材料設計になっていないことにある。これは，これまでは知見も少なく，生体に対して使用できる（認可された）素材も限定されていたという制限もあり，組織の再生に不可欠となる機能を複数組み込んだ複雑な材料を開発することは困難であったためと考えられる。しかしながら，もしも必要とする機能を組み込む技術が構築されれば，前述した「材料の高機能化」の要求に応えることができ，これまでの再生医工学・組織工学では乗り越えられなかった壁をブレイクスルーできるのではないかと考えられる。

これまでに，筆者を含めいくつかの研究者グループでは，タンパク質を組み込んだ再生医工学材料の開発が進められている[5~9]。それらの材料設計では，細胞および組織の主たる制御因子の一つである「タンパク質・ポリペプチド」を効率良く細胞に作用させるという共通のストラテジーが存在する。このタンパク質の組込みには色々な手法が考えられる（縮合剤を用いた共有結合による材料への固定が，これまでは一般的であった）が，タンパク質の機能・活性を維持しつつ安定して材料に結合させておくための手法として「タンパク質アンカーリング（タンパク質担持）」が最も有効である（図1）。そのタンパク質アンカーリングを実現させるために，遺伝子組換え法を利用した合成が，有効な手段として用いられる。そこで本章では，遺伝子組換え法によるタンパク質・ポリペプチドの合成と，その応用についていくつかの研究例を挙げ，バイオマテリアル開発において有効な一手法であることを読者に知っていただきたいと考える。

---

[*] Tadashi Nakaji-Hirabayashi 富山大学 大学院理工学研究部（工学），
　　　　大学院生命融合科学教育部（先端ナノバイオ） 准教授

医療・診断をささえるペプチド科学―再生医療・DDS・診断への応用―

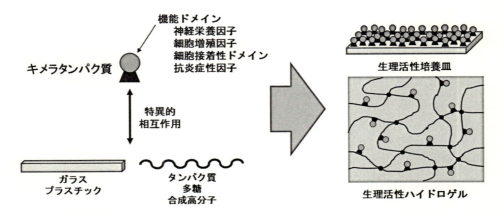

図1　遺伝子組換え技術を応用して合成したポリペプチド（キメラタンパク質）を応用した
　　　バイオマテリアルの設計コンセプト
　　　細胞制御タンパク質と基材との相互作用能を有するペプチドを融合したキメラタンパク質を
　　　遺伝子組換え技術により合成することで，特定の（目的とする）生理活性を付与させた二次
　　　元基板や三次元のゲルを創製することができる。

2　一般的な遺伝子組換え法によるタンパク質・ポリペプチドの合成

　いくつかの研究例を紹介する前に，まず，遺伝子組換え法を利用したポリペプチドの合成について簡単に説明する。ここで紹介する手法は，一般的な遺伝子工学技術を応用することにより合成する手法であることから，大学で学ぶ一般的なレベルの遺伝子工学や生化学の知識さえあれば，比較的簡便に理解することができる（図2）。

　まず，ターゲットとするタンパク質の設計図ともいえるメッセンジャーRNA（mRNA）を細胞から抽出し，逆転写酵素により相補鎖DNA（cDNA）へ逆転写する。現在では，一般的によく知られるタンパク質のcDNAについては購入により取得することができるため，逆転写によるcDNAの獲得は必要ない場合がある。次に，目的タンパク質のcDNAを一般的なポリメラーゼ連鎖反応（PCR）法により増幅させるが，この時，図2に示す通り，プラスミドDNAへの導入を可能にするため，制限酵素切断配列（図2）を含むプライマーを用い，上流および下流に制限酵素切断配列が導入された目的タンパク質のcDNAを得る。一方で，この増幅行程において，オーバーラップエクステンションPCR法という少し高度なPCR法を用いることにより，複数のタンパク質コード遺伝子を連結させたcDNA配列を得ることもできる。これにより，複数の機能を有する融合タンパク質（キメラタンパク質）を得られる。オーバーラップエクステンションPCR法に関する詳細は次節で説明する。続いて，得られたタンパク質コード遺伝子は，制限酵素処理を行いプラスミドDNAに挿入し，宿主である大腸菌や動物細胞へ導入することで，形質転換宿主，つまりタンパク質強制発現宿主を作製する。

　これまでに，様々なタンパク質発現手法が考案されているが，基本的には，フォールディング

第4章　遺伝子組換え法によるタンパク質・ポリペプチドの合成とその応用

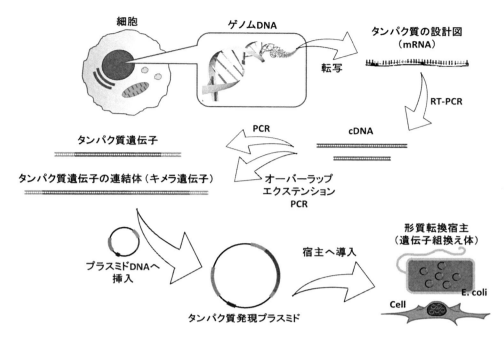

図2　遺伝子組換え技術を利用したタンパク質・ポリペプチドの合成手法

された状態（水溶性）で得られる手法と，変性状態（不溶性）で得られ in vitro でリフォールディングすることにより活性を有するタンパク質を得る手法に大別される。タンパク質を発現する方法については，得たいタンパク質の特性に応じてストラテジーを考える必要があるため，本稿では詳細な説明を割愛するが，「低温で長時間かけてゆっくり発現させる手法」や「シャペロンタンパク質を共発現させリフォールディングを促しながら発現させる手法」等様々な方法が提案されているので，最適な発現方法を探索し選択するのが定石である。

このような遺伝子組換え技術を用いることで，様々なタンパク質・ポリペプチドを合成することが可能であり，幅広い応用性があると考えられる。では，遺伝子組換え技術を利用したタンパク質・ポリペプチド合成が，どのようにバイオマテリアル開発に応用できるかについて，いくつかの研究例を紹介する。

3　多機能キメラタンパク質の合成と細胞の精密制御材料への応用

前節で少し触れたが，一般的な遺伝子組換え技術に少し工夫を加えることによって，様々な機能を付与したタンパク質を合成することができる。特に，複数の機能を有するタンパク質も合成することができ，そのことによって，細胞や組織を緻密に制御することも可能となる。その一例として，細胞の増殖と分化を段階的に制御することのできるタンパク質を紹介する[10]。

医療・診断をささえるペプチド科学—再生医療・DDS・診断への応用—

　神経幹／前駆細胞は，中枢神経疾患の再生医療における移植細胞源と考えられているが，選択的に増殖や分化を制御できる材料の開発が求められている。そこで，筆者らは神経幹／前駆細胞の増殖と分化を段階的に制御できるタンパク質，そしてそのタンパク質を応用したバイオマテリアルの創製を目指した。具体的には，細胞の増殖を促す上皮成長因子（EGF）と神経細胞の保護細胞として知られるアストロサイトへの分化を誘導する毛様体由来神経栄養因子（CNTF）を連結させ，かつ CNTF の細胞への作用時機を規定するための立体阻害タンパク質ユニット（この研究では，タンパク質のリフォールディングを補助するタンパク質であるチオレドキシン（Trx）および可視化するための緑色蛍光タンパク質（EGFP）の連結体を阻害ユニットとして用いた）を連結させた多機能キメラタンパク質を創製した（図3）。このキメラタンパク質の最大の特徴は，Trx-EGFP ドメインと CNTF ドメイン間にトロンビンによって切断される配列（LVPR↓GS，矢印は切断部分）を導入している点であり，この部分で切断されると，CNTF ドメインが細胞と作用できるようになり，細胞への分化シグナルが伝達される仕組みとなっている。

　複数のタンパク質を連結させたキメラタンパク質は，少し特殊な遺伝子組換え方法でタンパク質コード遺伝子を作製する。その方法とは，オーバーラップエクステンション PCR 法という手

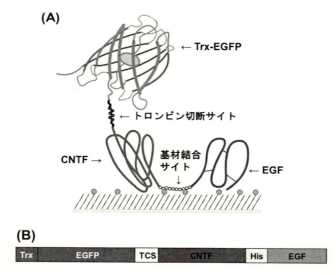

図3　遺伝子組換え技術を応用して合成した多機能キメラタンパク質の(A)模式図，および(B)ドメイン構造式
Trx：チオレドキシン（109アミノ酸残基）；EGFP：緑色蛍光タンパク質（243アミノ酸残基）；TCS：トロンビン切断サイト（両端のリンカーを含め18アミノ酸残基，$(GS)_3$-LVPRGS-$(GS)_3$）；CNTF：網様体由来神経栄養因子（200アミノ酸残基）；His：基材結合サイト（両端のリンカーを含め30アミノ酸残基，$(EK)_5$-$(His)_{10}$-$(EK)_5$）；EGF：上皮成長因子（53アミノ酸残基）。

第4章 遺伝子組換え法によるタンパク質・ポリペプチドの合成とその応用

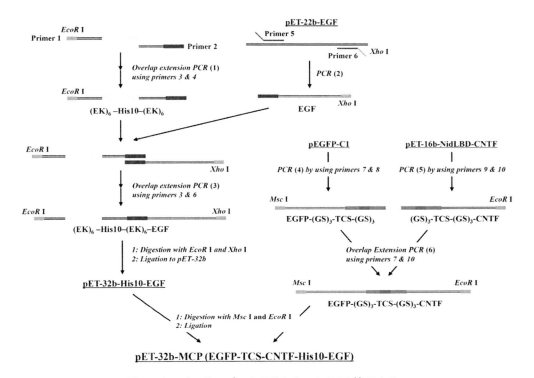

図4 オーバーラップエクステンション PCR 法による，多機能キメラタンパク質コード遺伝子の合成スキーム
（文献10）より許諾を得て改変）

法であり，図4に示すように，DNA 配列がオーバーラップしている部分で相補鎖を作らせると同時に PCR で伸長させることを繰り返すことで，複数のタンパク質コード遺伝子が連結された cDNA を合成するというものである．このようにして合成した遺伝子は，前述（図2）と同様，プラスミド DNA へ導入し，その後，形質転換宿主の作製を経てタンパク質を発現させる．

合成した多機能キメラタンパク質は，図5に示す通り，トロンビンを反応させることにより，CNTF の立体阻害ドメインである Trx-EGFP ドメイン（38.7 kDa）と CNTF-His-EGF ドメイン（31.1 kDa）に分離することがわかった．この切断反応により CNFT が細胞と反応し，分化シグナルを伝達するようになると期待された．そこで，目的通りに細胞の増殖と分化を制御できるかを調査するため，多機能キメラタンパク質を細胞培養基材に担持させ，その表面上で培養した細胞の分化状態を蛍光免疫染色により評価した．その結果，多機能キメラタンパク質を担持させた基板上では，神経幹／前駆細胞（Nestin 陽性細胞）のみが増殖した（図6A）．そして，コンフルエントに増殖させた培養基材をトロンビンで処理した上で培養を継続させるとアストロサイトへの分化（GFAP 陽性細胞）が多数認められるようになった（図6B）．この結果は，トロンビンにより Trx-EGFP を切断することで，CNTF が細胞膜上の受容体と結合できるようになる

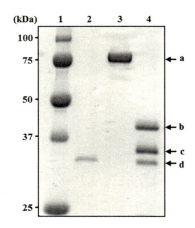

図 5 多機能キメラタンパク質の SDS-PAGE 結果
レーン 1：分子量マーカー，レーン 2：トロンビン，
レーン 3：多機能キメラタンパク質，レーン 4：
トロンビンを反応させた多機能キメラタンパク質。
a) 多機能キメラタンパク質，b) Trx-EGFP ドメイン，c) CNTF-His-EGF ドメイン，d) トロンビン。
（文献 10）より許諾を得て改変）

ことで分化シグナルが伝達されるようになり，その結果として増殖した神経幹／前駆細胞がアストロサイトへ分化したことを示す。

このように，遺伝子組換え技術を応用することによって，基材にアンカーリングできるタンパク質を作ることができるのみならず，少し工夫することで，細胞を緻密に制御できる材料の創製も可能であることが示された。

4　タンパク質の細胞への作用時機を制御できるタンパク質放出材料の開発

前節に示した多機能キメラタンパク質の「特定酵素により切断されることによるタンパク質機能の作用時機規定」を応用することで，移植細胞の保護材料等も創製することができると考え，これまで研究を進めてきた。本節では，必要な時にのみゲルから放出される仕組みを有するキメラタンパク質[11]の創製に関する成果を紹介する。

筆者は，中枢神経疾患の一つであるパーキンソン病の唯一の治療法として目される「細胞移植療法」の実現に向けた，移植細胞補助材料の開発を進めている。細胞移植において，低生着率であることが大きな壁として立ちはだかっており，この克服なくしては細胞移植医療の実現は成し得ることができない。そこで初めに，移植した細胞の足場として機能する細胞接着性キメラタンパク質担持ゲルを創製した（図 7）[12,13]。このゲルを用いることで，細胞生着率を大幅に向上（細胞のみでの移植では生着率が 2〜5％ であるのに対し，ゲルとの共移植により約 40％ に向上）さ

第4章　遺伝子組換え法によるタンパク質・ポリペプチドの合成とその応用

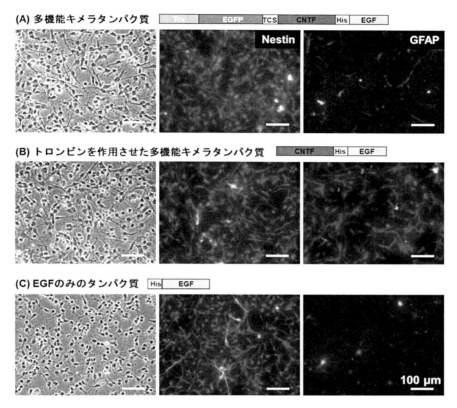

図6　多機能キメラタンパク質上で培養した細胞の位相差顕微鏡像（各段左写真），および蛍光免疫染色像（各段中・右写真）
(A)多機能キメラタンパク質を担持させた基板上で6日間培養した細胞。(B)多機能キメラタンパク質を担持させた基板上で6日間培養後，45分間トロンビンを含む培養液でインキュベーションして洗浄後，再び培養を3日間継続した細胞。(C)コントロールとしてEGFのみを担持させた基板上で6日間培養した細胞。Nestin（赤）：神経幹／前駆細胞マーカー，βⅢ（緑）：神経細胞マーカー，GFAP（赤）：アストロサイトマーカー。
（文献10）より許諾を得て改変）

せることができたが，移植時に惹起される炎症反応・免疫応答を抑制することによってさらに向上させることができることもわかった。しかしながら，免疫抑制剤の投与は，レシピエントに対して大きなリスクがあることからできる限り使用は避けたい。そこで，必要時のみ抗炎症性サイトカインが放出される仕組みをゲルに導入することはできないかと考え，次に紹介するキメラタンパク質の創製を着想するに至った。

本節で紹介するキメラタンパク質は，前節で示した多機能キメラタンパク質と同様に，オーバーラップエクステンションPCRにより，抗炎症性サイトカインの一つであるインターロイキン10（IL10）をコードする遺伝子，免疫担当細胞が大量に発現するマトリックスメタロプロテアーゼ9（MMP9）で切断されるアミノ酸配列（GPPG↓VVGEQPP，矢印は切断部位）をコー

35

医療・診断をささえるペプチド科学—再生医療・DDS・診断への応用—

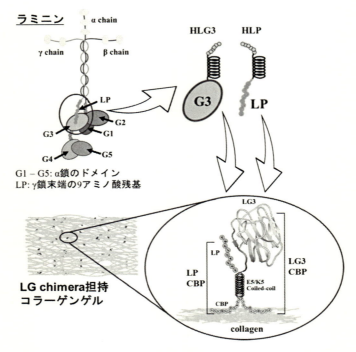

図7 ラミニンのインテグリン依存細胞接着部位のみを再現し合成した，神経系細胞接着性キメラタンパク質，およびキメラタンパク質担持コラーゲンゲルの模式図
（文献12)および13)の許諾を得て改変）

ドした遺伝子，そして基材に結合させるペプチド配列をコードした遺伝子を連結させたキメラ遺伝子を構築し，それを導入したプラスミドにより形質転換された大腸菌により発現させたものである。このキメラタンパク質をIL10キメラタンパク質と名付けた。

IL10キメラタンパク質は，図8に示されるように，コラーゲンゲルにアンカーリングさせている。脳内への細胞移植では，移植と同時に活性化されるミクログリアが，MMP9を放出しながら移植部位へ浸潤し，「異物」である細胞を排除しようとする。しかしながら，IL10キメラタンパク質担持ゲルと共に移植した場合は，ミクログリアが放出するMMP9により，IL10部分だけが脱離しゲルから放出され，ミクログリアを不活性化し炎症反応を鎮静化させることができると期待された（図8）。ここでの最大のポイントは，MMP9が存在しなければIL10は放出されないという点であり，これはすなわち，免疫反応が惹起されなければIL10の過剰作用はないことを意味する。

このキメラタンパク質を担持させたコラーゲンゲル（前述した神経系細胞接着性キメラタンパク質も共担持）に神経前駆細胞を埋入し，そのゲル上に活性化ミクログリアを播種して共培養を行った。そして，神経前駆細胞の生存率から，IL10による活性化ミクログリアからの保護につ

第4章　遺伝子組換え法によるタンパク質・ポリペプチドの合成とその応用

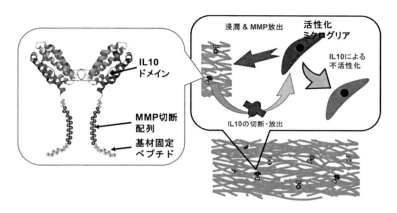

図8　抗炎症性サイトカイン（IL10）キメラタンパク質担持コラーゲンゲルによる，免疫担当細胞（活性化ミクログリア）の鎮静化メカニズムの概略図
（文献11)の許諾を得て改変）

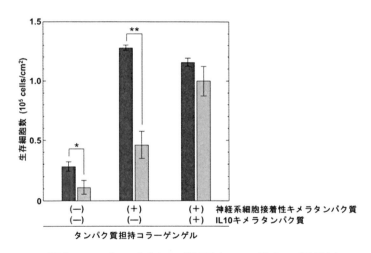

図9　活性化ミクログリア非共存下（濃灰色）および共存下（淡灰色）において，2日間各種コラーゲンゲル中で培養した神経前駆細胞の生存率
Tukey's HSD Test：$^{*}p<0.05$，$^{**}p<0.01$（文献11)より許諾を得て改変）

いて調査した（図9）。その結果，IL10キメラタンパク質を担持していないコラーゲンゲル中の細胞は，約3分の2が死滅するのに対し，IL10キメラタンパク質を担持させた場合には，生存率がほぼ維持されることがわかった。また，IL10キメラタンパク質担持／非担持における，活性化ミクログリアから培養液中への炎症性サイトカイン（IL1β，IL6，TNFα）の産生量について調査した（図10）。その結果，IL10キメラタンパク質の存在により，抗炎症性サイトカインの産生量が大幅に減少していることがわかった。これらの結果から，IL10キメラタンパク質担持コラーゲンゲルは，局所で炎症・免疫反応を抑制することができ，移植初期の生着率のさらな

医療・診断をささえるペプチド科学—再生医療・DDS・診断への応用—

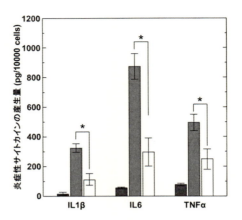

図10 不活性化（濃灰色）および活性化（淡灰色）ミクログリア，また神経前駆細胞を埋入したIL10キメラタンパク質担持コラーゲンゲルと共培養させた活性化ミクログリア（白色）から産生された炎症性サイトカイン量
Tukey's HSD Test：$^{*}p<0.05$（文献11)より許諾を得て改変)

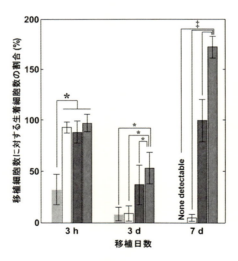

図11 ラット脳組織へ移植後3時間，3日，および7日後の神経前駆細胞の生存細胞率
淡灰色：細胞のみの移植，白色：細胞とコラーゲンゲルの移植，黒色：細胞と神経系細胞接着性キメラタンパク質担持コラーゲンゲルの移植，濃灰色：細胞と神経系細胞接着性キメラタンパク質およびIL10キメラタンパク質コラーゲン担持ゲルの移植。
Tukey's HSD Test：$^{*}p<0.05$，$^{**}p<0.01$
（文献11)より許諾を得て改変)

第4章　遺伝子組換え法によるタンパク質・ポリペプチドの合成とその応用

る向上につながると期待された。

　そこで，*in vivo* での移植細胞の生着率評価を実施した。その結果，神経系細胞接着性キメラタンパク質および IL10 キメラタンパク質を共担持させたコラーゲンゲルを用いて移植した細胞の生着率は，IL10 キメラタンパク質を担持していないゲルの場合（39.1±3.3％）に対して，1.4倍増加した（55.2±3.8％）（図11）。期待したほど大幅な生着率の増加には至らなかったものの，細胞のみの移植における生着率に比べ，10倍以上に向上させることができているという点では大きなブレイクスルーであると判断できる。

5　まとめ

　医療で用いるバイオマテリアルでは，高機能であり，組織や細胞を自在に制御できることが現在では求められている。そのような困難な要求に応えることのできる一つの手法として，遺伝子組換え技術を応用したキメラタンパク質合成とその利用が挙げられると筆者は考えている。本章で紹介した研究例は，筆者が進める中枢神経疾患の再生医療への応用に関してのみであるが，この領域だけにとどまらず，様々なバイオマテリアル設計に応用できる技術であると考えられる。遺伝子組換え技術で合成したタンパク質・ポリペプチドは，生体内での使用に対する「安全性」の観点では，より詳細な調査が必要でありクリアしなければならない課題を抱えているが，近い将来，次世代医工学材料開発の一手法としてラインアップされると期待されている。筆者は，より多くの研究者が，遺伝子組換え技術で合成したタンパク質・ポリペプチドを応用したバイオマテリアル創製に参画し，多くの基礎データが蓄積されると共に実用的な材料が創発されるような大きな研究・開発領域に発展してほしいと強く願っている。

文　　　献

1)　M. S. Shoichet, *Macromolecules*, **43**, 581（2010）
2)　N. Kodama *et al.*, *Bone*, **44**, 699（2009）
3)　M. Geetha *et al.*, *Prog. Mater. Sci.*, **54**, 397（2009）
4)　Y. Shudo *et al.*, *Circulation*, **120**, S773（2009）
5)　T. Nakaji-Hirabayashi *et al.*, *Biomaterials*, **28**, 3517（2007）
6)　S. Konagaya *et al.*, *Biomaterials*, **32**, 5015（2011）
7)　C. Gujral *et al.*, *J. Control. Release*, **168**, 307（2013）
8)　Y. Assal *et al.*, *Biomaterials*, **34**, 3315（2013）
9)　Y. Heo *et al.*, *J. Indust. Eng. Chem.*, **36**, 66（2016）
10)　T. Nakaji-Hirabayashi *et al.*, *Bioconjug. Chem.*, **19**, 516（2008）

11) T. Nakaji-Hirabayashi *et al., J. Mater. Chem. B*, **2**, 8598 (2014)
12) T. Nakaji-Hirabayashi *et al., Bioconjug. Chem.*, **23**, 212 (2012)
13) T. Nakaji-Hirabayashi *et al., Bioconjug. Chem.*, **24**, 1798 (2013)

第5章　ペプチド合成用保護アミノ酸

山本憲一郎[*]

1　はじめに

　ペプチドは，生命を支える生理機能や生化学機能において，きわめて重要な役割を果たしているため，ペプチドの研究は百年以上もの間，常に成長を続けている分野である。その中でペプチド合成の研究については，20世紀初頭の Fischer らの報告[1]を皮切りに，様々な研究者によって研究が進められた。特に1963年に Merrifield らが「ペプチドの固相合成法」を発表[2]して以来，その簡便な操作方法から様々なペプチド合成法の開発がすすめられ，現在では十数残基程度の比較的短いペプチドであれば容易に合成することができるようになっている。

　本稿の前半では，そういったペプチド合成において用いられる一般的な保護アミノ酸を概説し，その後われわれが精力的に開発してきている α, α-2置換アミノ酸とそのペプチド合成に向けた展開について紹介を行いたい。

2　アミノ酸の保護体とその合成

　アミノ酸はアミノ基，カルボキシル基の他，側鎖にもさまざまな官能基を有しているため，ペプチド合成に用いる際は，そのほとんどの官能基を保護しておく必要がある。そのため，様々な保護基が開発されペプチド合成に応用されている[3]。現在ペプチド合成法として最も主流となっている Fmoc（9-Fluorenylmethoxycarbonyl）法においては，α-アミノ基を Fmoc 保護し，側鎖の官能基をトリフルオロ酢酸（TFA）といった酸性条件で脱保護できる保護基で保護することが一般的である。このような Fmoc アミノ酸の合成法としては，側鎖の保護されたアミノ酸に対し，N-(9-Fluorenylmethoxycarbonyloxy)succucinimide（Fmoc-OSu）と反応させることで合成できる。このとき，副反応として Lossen 転移が起こり，β-Alanine 誘導体が不純物として副生してしまうことがある（図1）。

3　アミノ酸側鎖の官能基の保護体

　アミノ酸側鎖の官能基の保護基は，一般的に合成終了時に強酸による処理で一度に除去することが多い。一方，ある特定の側鎖官能基のみを脱保護する必要がある場合は，その他の側鎖の官

　＊　Kenichiro Yamamoto　長瀬産業㈱　ファーマメディカル部　開発チーム　主任研究員

医療・診断をささえるペプチド科学—再生医療・DDS・診断への応用—

能基と区別して除去できる保護基を選択する必要がある。Fmoc 固相合成法においてよく用いられる保護基および脱保護条件を以下に記載する（表1）。詳細な実験条件については総説[3]およびその参考文献を参照されたい。

　このように多様な保護基を，その合成戦略によって適宜選択することで，特定の側鎖のみを選択的に修飾することができ，多彩な構造を持つペプチドを合成することができる。また，こういった側鎖官能基を保護したアミノ酸保護体の合成については，①2価の銅イオンを用いて無保護のアミノ酸に直接側鎖の保護を行う方法，②α-アミノ基とα-カルボキシル基を適宜保護した

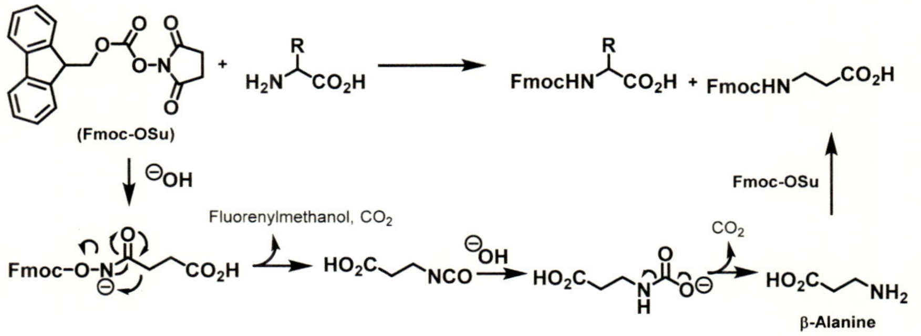

図1　Fmoc 化で Fmoc-β-alanine が生成するメカニズム

表1　Fmoc 固相合成法で一般的に用いられるアミノ酸保護基

側鎖官能基	アミノ酸例	側鎖保護基 略号	脱保護条件	文献
ω-アミノ基	Lys Orn Dap Dab	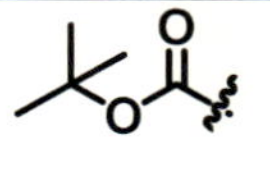 **Boc**	25-50% TFA/CH_2Cl_2	4)
		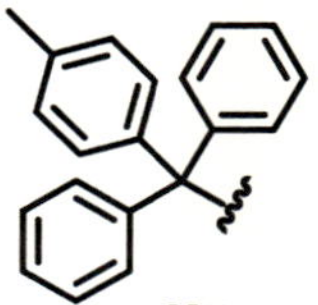 **Mtt**	1) 1% TFA/CH_2Cl_2 2) AcOH/CF_3CH_2OH/CH_2Cl_2 (1/2/7)	5)
		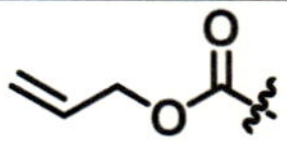 **Alloc**	$Pd(PPh_3)_4$, $H_3N \cdot BH_3$	6)
		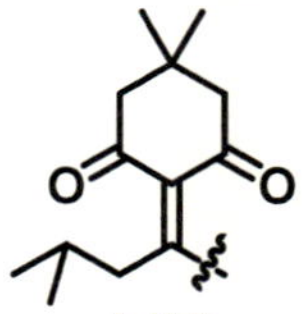 **ivDde**	2% $H_2NNH_2 \cdot H_2O$/DMF	7)

（つづく）

第5章　ペプチド合成用保護アミノ酸

表1　Fmoc固相合成法で一般的に用いられるアミノ酸保護基　　（つづき）

側鎖官能基	アミノ酸例	側鎖保護基 略号	脱保護条件	文献
カルボキシル基	Asp Glu	 ^{t}Bu	90% TFA/CH$_2$Cl$_2$	8)
		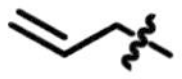 Al	Pd(PPh$_3$)$_4$, PhSiH$_3$/CH$_2$Cl$_2$	6b, 6c)
カルボアミド基	Asn Gln	無保護	—	—
		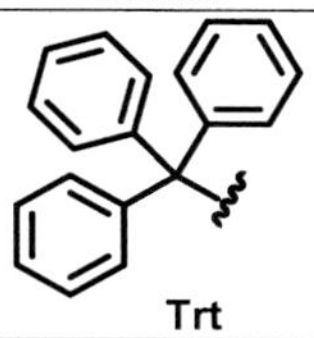 Trt	TFA/H$_2$O/HSCH$_2$CH$_2$SH (90/5/5)	9)
グアニジノ基	Arg	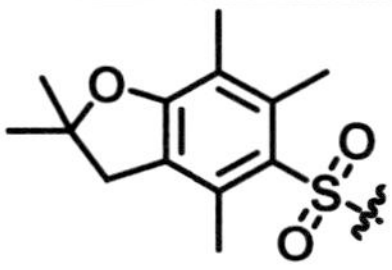 Pbf	TFA/H$_2$O/i-Pr$_3$SiH(90/5/5)	10)
チオール基	Cys	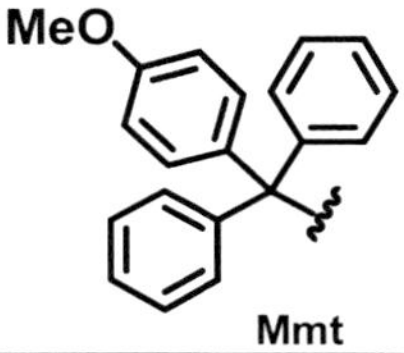 Mmt	1% TFA, scavenger	11)
		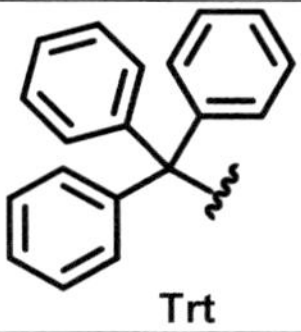 Trt	95% TFA, scavenger	12)
		 ^{t}Bu	HF, scavenger	13)
		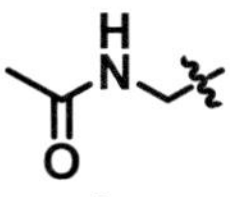 Acm	I$_2$	14)
イミダゾール基	His	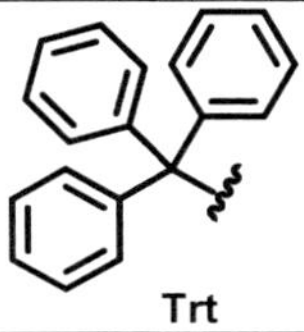 Trt	95% TFA	15)

（つづく）

43

医療・診断をささえるペプチド科学―再生医療・DDS・診断への応用―

表1 Fmoc 固相合成法で一般的に用いられるアミノ酸保護基 （つづき）

側鎖官能基	アミノ酸例	側鎖保護基 略号	脱保護条件	文献
アルコール性 水酸基	Ser Thr	^{t}Bu	90% TFA/CH$_2$Cl$_2$	16)
		Bn	1) HF, scavenger 2) H$_2$, cat.	16b, 17)
フェノール性 水酸基	Tyr	^{t}Bu	35% TFA/CH$_2$Cl$_2$	16a)
		Bn	1) HF, scavenger 2) H$_2$, cat.	18)
		Trt	2% TFA/CH$_2$Cl$_2$	19)
インドール基	Trp	Boc	95% TFA, scavenger	20)

後，側鎖の保護を行う方法，の大きく2通りの方法により比較的簡単に合成できるが，試薬会社からも容易に入手することが可能である。

4 α, α-2 置換アミノ酸の合成

ペプチド医薬の分野において，より小さなペプチド分子で生理活性や選択性，代謝安定性といった機能を向上させるためには，ペプチドの構成単位となる新規なアミノ酸を設計・合成する必要がある。近年の合成手法の進歩やペプチド合成技術の向上により，N-メチルアミノ酸などの非天然型アミノ酸を組み込んだ特殊ペプチドや環状ペプチド，ペプチドミメティックを用いることができるようになっている。なかでも，1970年代にα, α-2置換アミノ酸の一つである 2-amino-isobutanoic acid（Aib）を含有するペプチド系抗生物質アラメチシン，アンチアモビンなどがヘリックスを形成し，イオンチャネルとしての機能を発現することが発見[21]されて以来，α, α-2置換アミノ酸の研究がすすめられた。その結果，α, α-2置換アミノ酸は，①化学的安定化，②脂溶性の増大，③側鎖のコンフォメーション自由度の制限，④含有ペプチドのコンフォメー

第5章　ペプチド合成用保護アミノ酸

ション自由度の制限，⑤含有ペプチドの生体内での安定化，といった特徴を有す[22]として注目されている。さらに Verdine らによって開発された stapled peptide は，活性コンフォメーションを固定させるために側鎖を安定な炭素原子で架橋しており，これは2次構造の安定化のみならず膜透過性の向上やプロテアーゼ耐性なども同時に獲得することが報告[23]されている。この stapled peptide には，高い官能基許容性と化学的安定性から末端に二重結合部位を持つ (S)-α-(4-Pentenyl)alanine（S5）や (R)-α-(7-Octenyl)alanine（R8）のような α,α-2 置換アミノ酸が用いられている（図2）。

一方，光学活性な α,α-2 置換アミノ酸の合成については不斉還元法を適用することは不可能であり，バイオ法でも一般にあまり効率が良くないため，多様なニーズに十分にこたえられるものではなかった。また，Seebach らによるキラル素子を利用する方法[24]もあるが，化学量論量のキラル素子が必要ということもあり，工業的に用いられるものではなかった。その中で近年，光学活性な4級アンモニウム塩を相間移動触媒として用いるアミノ酸合成法の開発がされてきている[25]。特に，京都大学理学部丸岡啓二教授らによって開発された丸岡触媒®[26]は，1 mol% 以下という極めて少ない触媒量で多様なアミノ酸を効率的に合成できるものであった[27]（図3）。

この丸岡触媒®は，超低温・超高圧といった過酷な条件下でなくても，高立体選択性が得られ

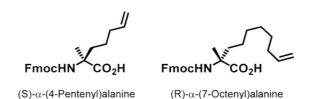

図2　末端に二重結合部位を持つα,α-2置換アミノ酸の例

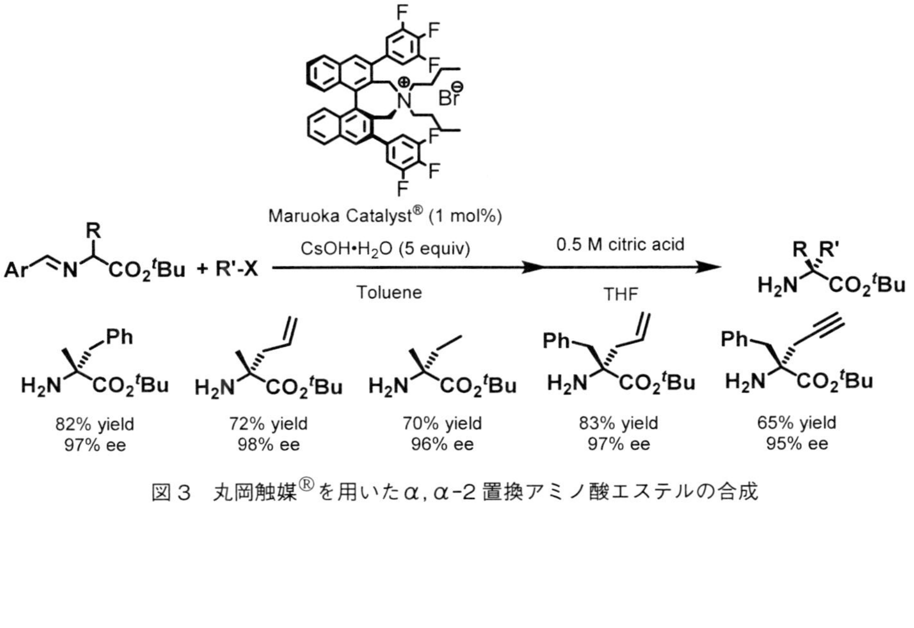

図3　丸岡触媒®を用いたα,α-2置換アミノ酸エステルの合成

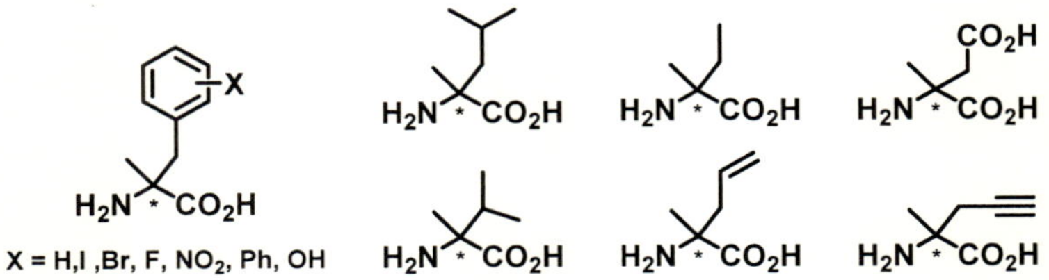

医療・診断をささえるペプチド科学―再生医療・DDS・診断への応用―

図4 α,α-2置換アミノ酸ライブラリーの例

る画期的な触媒であるものの，α,α-2置換アミノ酸の工業化に対して，固体の水酸化セシウムを用いる固液2相系であるため，撹拌等の影響により収率・選択性が安定しない，基質濃度が低く生産性が悪い，触媒がもっともコストに寄与するため可能な限り触媒量を低減する必要がある，といった問題点があった。

われわれは，より工業的な実施が現実的な反応条件の探索を行い，飽和水酸化セシウム水溶液または48％水酸化カリウム水溶液を用いる液液2相系で，アルキルハライドによっては最大2Mと高濃度条件下，0.05～0.5 mol％の触媒量でスケールアップしても再現可能な工業化条件を確立することに成功した。これにより，種々のアルキルハライドを用いて多彩なα,α-2置換アミノ酸をいずれも光学純度98％ee以上という高品質な製品としてラインナップすることが可能となっている[28]（図4）。

5 α,α-2置換アミノ酸の保護体とその合成

上記のように，様々なα,α-2置換アミノ酸が利用可能にはなっているものの，ペプチド合成においてはα-アミノ基，側鎖官能基を保護しておかなければならない。α-アミノ基に対しては天然型アミノ酸と同様に，無保護のα,α-2置換アミノ酸に対してSchotten-Baumann条件で導入することができる。また，側鎖官能基の保護についても天然型アミノ酸と同様の手法で導入することができる。

一方，丸岡触媒®を用いる場合，α-アミノエステルの状態を経て無保護のα,α-2置換アミノ酸を得ている。ここで，このα-アミノエステルに対し，α-アミノ基の保護を行った後エステル加水分解を行った方が，無保護のα,α-2置換アミノ酸で単離する工程を行わない分，効率的にα,α-2置換アミノ酸の保護体が合成できると考えた。

実際にStapled peptideで有用なS5において検討を行ったところ，無保護のα,α-2置換アミノ酸で単離した場合，約30～40％収率であったのに対して，先にFmoc化を行った場合は80％と大きく収率が向上した。さらに，Fmoc化を行った際に副生するFmoc-β-alanineは化合物Fmoc-S5と分離することは難しいものの，化合物Fmoc-S5-O'Buとは塩基性水溶液で分液するだけで簡単に除去できるため，化学純度98％以上の純度で合成することができた（図5）。

こうした手法によって，多彩なα,α-2置換アミノ酸の保護体を化学純度98％以上，光学純度

46

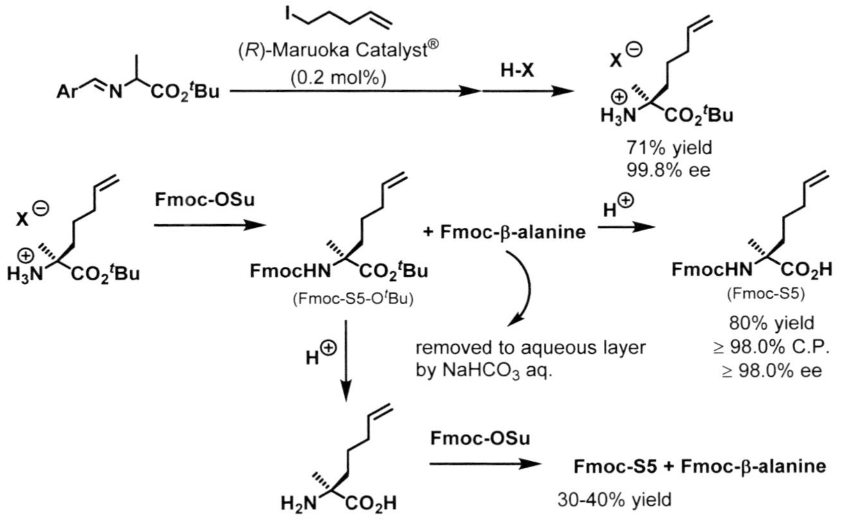

第 5 章　ペプチド合成用保護アミノ酸

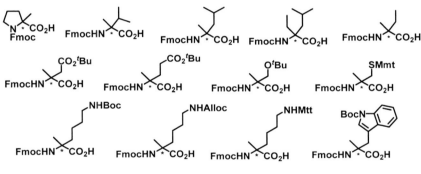

図 5　Fmoc-(S)-α-(4-pentenyl)alanine の合成

図 6　Fmoc 保護 α,α-2 置換アミノ酸ライブラリーの例

98％ee 以上という高品質な製品としてラインナップすることが可能となっている[28]（図 6）。

6　α,α-2 置換アミノ酸含有ジペプチド保護体

　一般的なペプチド合成法を用いて α,α-2 置換アミノ酸を含有したペプチドを合成する場合，窒素原子周りの立体障害により，しばしば α,α-2 置換アミノ酸の N 側のアミノ酸が欠損したペプチドが副生してしまうことがよく知られている。複数回縮合反応を繰り返したり，縮合条件を改良したりした報告[29]もあるものの，満足のいくものではなかった。こうした合成上の課題に対し，マイクロ波を利用した合成装置を用い複数の Aib を持った配列のペプチドでもきわめて効率的な合成を達成している[30]一方で，汎用的な合成装置ではないという課題があった。これに対

しわれわれはα,α-2置換アミノ酸のN側にあらかじめ次のアミノ酸保護体を縮合させたジペプチド保護体を用いることで，欠損のないペプチドが合成できるのではないかと考えた。

そこでまず，ジペプチド保護体の合成を試みたところ，合成中間体のα,α-2置換アミノエステルに対し，通常の液相合成で用いる条件で天然型のFmocアミノ酸を縮合させ，エステルを加水分解することで簡単に調製することができた。これは，われわれがα,α-2置換アミノ酸の保護体を合成する場合のFmoc化をFmocアミノ酸との縮合に置き換えただけであり，同じ工程数でジペプチド保護体が合成できるため，コスト的にも有利なものになると考えられた（図7）。

一方で，アミノ酸側鎖の保護基にエステル加水分解の条件に耐えられない保護基が望まれる場合もある。その場合，エステルを選択的に除去可能な保護基（例えばアリル基やベンジル基など）に変換してジペプチド保護体を合成することも可能であるが，われわれは無保護のα,α-2置換アミノ酸から直接ジペプチド保護体が合成できないか，と考えた。一般に，無保護のアミノ酸を用いて縮合した場合には，ジケトピペラジンや生成したジペプチドに対しさらに無保護のアミノ酸が縮合されたトリペプチド，テトラペプチドが副生してしまうことが知られている。しかし，α,α-2置換アミノ酸はその立体障害によりα,α-2置換アミノ酸同士の縮合反応は極めて遅い。そのため，Fmocアミノ酸と無保護のα,α-2置換アミノ酸に対し縮合反応を行ったところ，効率的にジペプチド保護体を合成することに成功した[31]。

こうして合成したジペプチド保護体を評価すべく，α,α-2置換アミノ酸のS5を含むテトラペプチド（H-Leu-Arg-S5-Phe-NH$_2$）の合成を試みた。通常の固相合成の手法に従って，順次

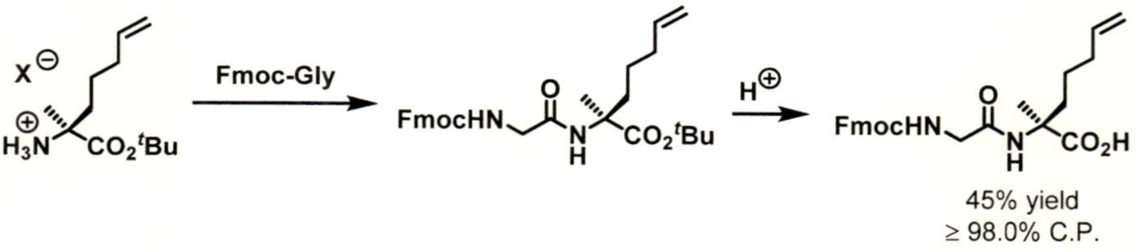

図7　α,α-2置換アミノ酸含有ジペプチド保護体の合成

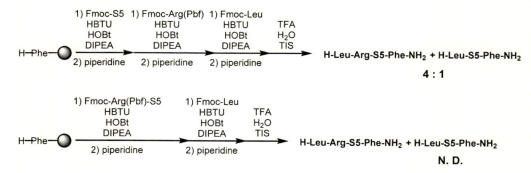

図8　α,α-2置換アミノ酸含有ジペプチド保護体の利用例

第5章　ペプチド合成用保護アミノ酸

Fmoc アミノ酸を用いて合成した場合は望むテトラペプチドに対して25％も欠損体のトリペプチド（H-Leu-S5-Phe-NH$_2$）が生じたのに対し，ジペプチド保護体を用いた場合，欠損体は全く検出されなかった（図8）。

　その他の α,α-2置換アミノ酸含有ジペプチド保護体を用いた場合でも同様に α,α-2置換アミノ酸の N 側のアミノ酸の欠損体は混入せず[31]，われわれの α,α-2置換アミノ酸含有ジペプチド保護体の有用性が示された。

　このように，われわれは丸岡触媒®を工業的な反応条件で用いることで，種々の α,α-2置換アミノ酸の合成を達成してきた。さらに，こうした α,α-2置換アミノ酸がペプチドの分野で簡便に使えるようにペプチド合成用の保護体としてラインナップしている。加えて，ジペプチド保護体という手法により，α,α-2置換アミノ酸含有ペプチドが容易に合成できることが明らかとなった。今後われわれは，丸岡触媒®を用いて合成した α,α-2置換アミノ酸を中心に特殊アミノ酸の製品群を充実させていく予定である。われわれのこうした非天然型アミノ酸を使用して，新たな生理機能やこれまでにはない機能を有するペプチドの開発がすすめられていくことが期待される。

謝辞

　丸岡触媒®の応用や工業化に関しては，京都大学大学院理学研究科化学専攻の丸岡啓二教授に多くの有益なご指導，ご助言をいただいてきました。この場を借りて御礼申し上げます。また，α,α-2置換アミノ酸保護体や α,α-2置換アミノ酸含有ジペプチド保護体の開発に携わっていただいたこれまでの関係諸氏の多大な努力にも感謝の意を表したいと思います。

文　　　献

1)　E. Fischer, *Ber.*, **36**, 2982（1903）

2)　R. B. Merrifield, *J. Am. Chem. Soc.*, **85**, 2149（1963）

3)　A. I.-Llobet *et al.*, *Chem. Rev.*, **109**, 2455（2009）

4)　R. Schwyzer & W. Rittel, *Helv. Chim. Acta*, **44**, 159（1961）

5)　A. Aletras *et al.*, *Int. J. Pept. Prot. Res.*, **45**, 488（1995）

6)　(a) N. Thieriet *et al.*, *Tetrahedron Lett.*, **38**, 7275（1997）；(b) A. Loffet & H. X. Zhang, *Int. J. Pept. Prot. Res.*, **42**, 346（1993）；(c) M. H. Lyttle & D. Hudson, *Peptides Chemistry and Biology. Proceedings of the 12th American Peptide Symposium*, p.583, ESCOM（1992）

7)　S. R. Chhabra *et al.*, *Tetrahedron Lett.*, **39**, 1603（1998）

8)　M. Mergler *et al.*, *J. Pept. Sci.*, **9**, 36（2003）

9)　(a) P. Sieber & B. Riniker, *Tetrahedron Lett.*, **32**, 739（1991）；(b) M. Friede *et al.*, *Pept. Res.*, **5**, 145（1992）

10) L. A. Carpino *et al.*, *Tetrahedron Lett.*, **34**, 7829 (1993)

11) K. Barlos *et al.*, *Int. J. Pept. Prot. Res.*, **47**, 148 (1996)

12) L. Zervas & I. Photaki, *J. Am. Chem. Soc.*, **84**, 3887 (1962)

13) O. Nishimura *et al.*, *Chem. Pharm. Bull.*, **26**, 1576 (1978)

14) (a) D. F. Veber *et al.*, *J. Am. Chem. Soc.*, **94**, 2149 (1972)；(b) B. Kamber, *Helv. Chim. Acta*, **54**, 927 (1971)

15) P. Sieber & B. Riniker, *Tetrahedron Lett.*, **28**, 6031 (1987)

16) (a) J. G. Adamson *et al.*, *J. Org. Chem.*, **56**, 3447 (1991)；(b) J. Wang *et al.*, *J. Chem. Soc. Perk. Trans. 1*, **5**, 621 (1997)

17) G. E. Reid & R. J. Simpson, *Anal. Biochem.*, **200**, 301 (1992)

18) D. Yamashiro & C. H. Li, *Int. J. Pept. Prot. Res.*, **4**, 181 (1972)

19) K. Barlos *et al.*, *Tetrahedron Lett.*, **32**, 471 (1991)

20) H. Franzen *et al.*, *J. Chem. Soc. Chem. Commun.*, 1699 (1984)

21) R. C. Pandey *et al.*, *J. Am. Chem. Soc.*, **99**, 5203 (1977)

22) C. Cativiela *et al.*, *Tetrahedron: Asym.*, **18**, 569 (2007)

23) (a) C. E. Schafmeister *et al.*, *J. Am. Chem. Soc.*, **122**, 5891 (2000)；(b) L. D. Walensky *et al.*, *Science*, **305**, 1466 (2004)；(c) L. D. Walensky & G. H. Bird, *J. Med. Chem.*, **57**, 6275 (2014)

24) D. Seebach *et al.*, *Angew. Chem., Int. Ed.*, **35**, 2708 (1996)

25) (a) T. Ooi & K. Maruoka, *Angew. Chem. Int. Ed.*, **46**, 4222 (2007)；(b) T. Hashimoto & K. Maruoka, *Chem. Rev.*, **107**, 5656 (2007)；(c) S. Shirakawa & K. Maruoka, *Angew. Chem. Int. Ed.*, **52**, 4312 (2013)

26) 丸岡触媒および Maruoka catalyst は長瀬産業株式会社の登録商標です

27) M. Kitamura *et al.*, *Chem. Asian J.*, **3**, 1702 (2008)

28) https://www.nagase.co.jp/pharma/aminoacid.html

29) (a) C. Mapelli *et al.*, *J. Med. Chem.*, **52**, 7788 (2009)；(b) M. D. Valentin *et al.*, *Chem. Eur. J.*, **22**, 17204 (2016)；(c) M. A. Karnes *et al.*, *Org. Lett.*, **18**, 3902 (2016)

30) K. B. H. Sala & N. Inguimbert, *Org. Lett.*, **16**, 1783 (2014)

31) 松山恵介, 児玉和也, WO 2015-033781

第6章　ペプチド医薬の化学合成—ペプチド合成における副反応の概要と抑制策—

西内祐二[*]

1　はじめに

　生理活性ペプチドは，組織間／細胞間の様々な情報伝達や，それら情報を仲介することによって生体の恒常性維持に寄与する。ホルモンやサイトカイン，増殖因子，神経伝達物質を始め，免疫機構の調整，代謝やタンパク質分解の調節など生体の恒常性維持はもちろん，抗生物質としての微生物防御に至るまで，多岐にわたる役割を担っている。様々な疾患が，情報伝達の異常と密接に関連している。したがって，明確な生物学的機能性を備えている生理活性ペプチドは，治療的役割を果たせる重要な化学物質であることに論をまたない。これら生理活性ペプチドは，①標的に対する高い生理活性および生物学的選択性・特異性，②広範な治療効果，③低い毒性，④構造の多様性，⑤組織への低い蓄積性などの点において，従来の有機低分子医薬品より優れており，代替化合物として機能する可能性を持つ。旧来の天然由来の生理活性ペプチドに加え，タンパク質の生合成・代謝段階で生成するフラグメント，遺伝子やリコンビナントライブラリーから単離したペプチド，およびケミカルライブラリーから選別したペプチドを基に，ペプチド医薬が開発される。しかし，ペプチドを医薬品として適用するには，極めて短い血中半減期，経口投与での酵素障壁，低い血中移行効率および血液脳関門障壁など，ペプチドの物理化学的属性に起因する制約が常に問題となる。この障害の克服には，ペプチドに膜透過性・安定性などを賦与する分子修飾，ならびにペプチド薬剤を標的部位に特異的に送達する製剤をはじめとした薬物輸送システムが援用される。

2　ペプチド医薬の化学合成

　化学合成ペプチド医薬品を開発するにあたり，基礎研究の段階ではGMPグレードでの製造は求められず，研究グレードで研究用ペプチドを合成する。しかし，非臨床試験に供する研究用ペプチド医薬品には，将来の臨床研究・治験に供するペプチドと比較した場合，可能な限り品質的な同等性を有することが望まれる。すなわち，研究用ペプチド合成の初期段階はもとより，スケールアップのためのプロセス検討においても，再現性が良くかつ副反応の危険性を排除した合成法および合成経路を追求しなければならない。一般に，目的とする最終ペプチドに混入する不

＊　Yuji Nishiuchi　㈱糖鎖工学研究所　事業部　部長（研究担当）

純物は，ペプチド鎖伸長反応／脱保護基反応／精製操作に適用する条件，さらには最終品の保存条件に起因して生成する。これら不純物の大半は，既知の副反応の結果として生成している。したがって，各ステップに適用する条件を最適化すれば，これらを最小限度に抑制できる可能性がある。そのため，ペプチド化学合成に伴う副反応を常に念頭に置いて，合成計画を立案・遂行する必要がある。

2.1 ペプチド合成の原理

ペプチド合成のストラテジーは，固相合成法（Solid-phase peptide synthesis）[1]と液相合成法（Solution-phase peptide synthesis）[2]に大別できる。いずれも合成原理は同じで，C末端アミノ酸からアミノ酸を1個ずつ順次N末端側へと伸長する。一般的なペプチド合成では，アミノ酸のα-アミノ基は一時的なN^{α}-保護基（Boc基またはFmoc基）で保護する。一方，側鎖官能基の保護基には，N^{α}-保護基の脱離条件に安定で，かつ合成の最終段階まで保持される保護基（N^{α}-保護基とはオルソゴナルな化学的性質を持つ保護基）を導入する。この保護基の組み合わせを備えたアミノ酸誘導体を，ビルディングブロックとしてアミド（ペプチド）結合形成反応およびN^{α}-保護基の脱離反応を繰り返して，ペプチド鎖を伸張する。固相合成では，C末端アミノ酸のカルボキシ基を固相樹脂（有機溶媒に不溶）に担持する。液相合成では，アミノ酸側鎖カルボキシ基の保護基と同等の化学的性質をもつ保護基をC末端カルボキシ基に導入する（図1）。したがって，前者は液相‒固相間の不均一反応となり，アミノ酸の縮合効率を担保するためには，大過剰のアミノ酸誘導体（アミノ基に対して4～5モル当量）を反応させる必要がある。一方，後者では液相での均一反応であるため高い反応効率を有し，小過剰のアミノ酸誘導体（通常1.05～1.5モル当量）が用いられる。また，固相合成では合成中間体の精製を行わないのに対し，液相合成ではアミノ酸伸長毎に合成中間体の精製を行う。このため前者には迅速性が，後者には迅速性こそないものの，高い反応効率というそれぞれの利点がある。これら両者の利点を併せ持つ，リキッドフェーズ合成（Liquid-phase peptide synthesis）[3]が開発されている。すなわち，有機溶媒に可溶なアンカーを用いることにより，固相合成

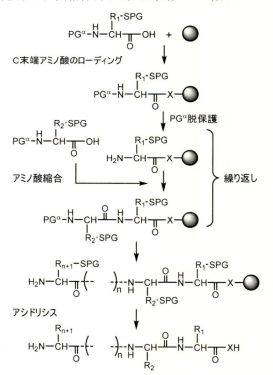

図1 固相合成法のアウトライン
$PG^{\alpha} = N^{\alpha}$-保護基，SPG＝側鎖保護基，X＝OまたはNH

第6章 ペプチド医薬の化学合成—ペプチド合成における副反応の概要と抑制策—

と同様の操作性を実現すると同時に，液相均一系でのペプチド鎖伸張反応を可能としている。

2.2 コンバージェント法による長鎖ペプチドの合成

長鎖ペプチド，タンパク質を再現性良くかつ高純度に合成するためには，ペプチドセグメントをセグメント縮合により組み上げ，大分子に変換するコンバージェント法が適用される。これらのセグメントは，液相法もしくは固相法（リキッドフェーズ法を含む）で調製した後に，精製操作および構造確認を経て，セグメント縮合反応に供される。このため，最終的に得られるターゲット分子の精製は，アミノ酸を逐次伸張して得られた化合物のそれと較べて格段に容易となる。また一般的にコンバージェント法は，その純度／収率においても優れている。

セグメント縮合反応には，全ての官能基を保護した保護ペプチドセグメント，および全ての保護基を除去した遊離ペプチドセグメントを適用することができる。2つの保護ペプチドセグメントを縮合するには，反応点となるアミノ基とカルボキシ基の保護基のみを選択的に除去（側鎖官能基の保護基を残したまま）し，アミド結合を形成させる。また，得られた保護ペプチドセグメントのアミノ基もしくはカルボキシ基の保護基を選択的に除去した後，それぞれを N 成分もしくは C 成分として，次のセグメント縮合反応に供する[2]。これを繰り返すことにより，大分子に変換する。一方，遊離ペプチドセグメントの縮合反応には，ネイティブ化学ライゲーション（Native chemical ligation：NCL）法が汎用される（図2）[4]。NCL法は，C 末端にチオエステル構造を持つ遊離セグメントと，N 末端にシステイン残基を持つ遊離セグメントを，化学選択的に反応させ，アミド結合を形成する。しかし，NCL法ではライゲーション部位が，Xaa-Cys（Xaa：任意のアミノ酸）に限定される。この制約を回避するためにアラニン-，ロイシン-，バリン-ライゲーション[5]などが開発されている。これらは，システインや $β$ 位にチオール基を置換したアミノ酸誘導体とチオエステルセグメントのNCL反応完結後，チオール基の脱硫[6]により元のアラニン，ロイシン，バリンなどに変換する手法である。また，チオエステル法[7]を適用すれば，ライゲーション部位に制約を受けず，任意の部位でのライゲーションが可能となる。ただし，反応点以外のアミノ基やチオール基を保護する必要があり，さらにはチオエステルセグメントの C 末端アミノ酸のラセミ化を伴う。NCL法やチオエステル法に適用するチオエステルセグメントは，Boc固相法により3-メルカプトプロピオン酸を担持した樹脂上に直接調製可能である[8]。しかし，チオエステルがFmoc化学に適合しないため，Fmocストラテジーでは調製で

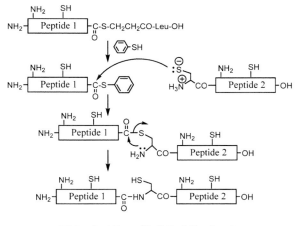

図2　ネイティブ化学ライゲーション

きない。このため，チオエステル前駆体として合成した後，これを NCL 反応に先立ちチオエステル構造に変換する手法：ヒドラジド法[9]，N-アルキルシステイン（NAC）法[10]，N-スルファニルエチルアニリド（SEAlide）法[11]，Dawson リンカー[12]などが開発されている。

3　高純度ペプチドセグメントの調製

　長鎖ペプチド，タンパク質を再現性良くかつ高純度に合成するためには，コンバージェント法を用いることを前述した。したがって，ターゲット化合物の純度は，それを構成する部品となるペプチドセグメントの純度に大きく依存する。すなわち，ペプチド鎖伸長反応から，いかに副反応を排除できるかが，合成プロジェクト全体の成否を握る鍵となる。いずれの合成ストラテジーを採るにしても，それに伴う副反応は基本的に変わらない。本稿では，Fmoc 法を援用した標準的な固相合成（反応溶媒：N,N-ジメチルホルムアミド，N-メチルピロリドン）に焦点を当て，ペプチド鎖の逐次伸長時副反応のうちで，特に精製操作に重大な影響を与える副反応の概略を述べたい。

3.1　欠損／短鎖ペプチドの混入

　固相担体上に構築したペプチド鎖は，しばしば β-シート構造／凝集構造を採ることにより溶媒和が低下する[13]。ペプチド自身の性質や側鎖保護基の組み合わせ，さらにはアラニン／バリン／イソロイシン／アスパラギン／グルタミンの含有率が高いほど，これらの二次構造を形成する傾向が強くなる。これは，ペプチド分子内／分子間の水素結合および疎水性相互作用に起因した自己会合により，ペプチド鎖が凝集／β-シート様構造を採る結果，合成試薬が N 末端アミノ酸にアクセスできなくなる。このため，縮合反応および Fmoc 基の脱離反応が不完全となり，欠損ペプチドが生じる。側鎖に芳香環や電荷のない中性アミノ酸，特にアスパラギンやセリンが欠損したペプチドが混入した場合，最新の逆相 HPLC やイオン交換クロマトグラフィーを駆使しても，その除去に難渋する。

　ペプチド鎖の二次構造に起因する問題を改善するために，固相担体や反応溶媒の検討がなされてきた。膨潤度が高く官能基置換率の低い固相担体（例えば，PEG-PS，PEGA，ChemMatrix など）の使用，β-構造を壊すジメチルスルホキシドやトリフルオロエタノールなどの反応溶媒への添加，さらにはカオトロピック塩（チオシアン酸カリウム，塩化リチウムなど）の反応溶媒への添加，高温での反応，マイクロ波を援用した合成が，溶媒和の改善に有効である。これらの回避策とは別に，ペプチド主鎖のアミド結合に保護基を導入し，ペプチド自身の構造変化を利用する方法が最も効果的である。3 級アミドをペプチド鎖の一定間隔に挿入すると，水素結合を壊すことによりペプチド鎖の溶媒和が改善し，Fmoc 基の脱離反応および縮合反応がより効果的に進行する。代表的な保護基として，2-ヒドロキシ-4-メトキシベンジル（Hmb）基[14]を紹介する。N-アルキル置換アミノ酸のイミノ基に，次のアミノ酸を縮合する際には，立体障害により反応

第 6 章 ペプチド医薬の化学合成—ペプチド合成における副反応の概要と抑制策—

効率が低下する。しかし，Hmb 基の場合，2 位の水酸基が塩基触媒作用により選択的にエステル化される。続いて，アシル基が分子内 O→N 転移して，次のアミノ酸とのイミド結合が形成するため，立体障害の影響を低減する。Hmb 基は 6〜7 残基毎の挿入で，ペプチド鎖の凝集を抑制すると考えられる。ペプチド主鎖を保護する別法として，シュードプロリン法[15]が汎用される。これは，Xaa-Ser，Xaa-Thr をオキサゾリジン誘導体に変換したもので，ジペプチドユニットとして縮合する。最終のトリフルオロ酢酸で，Hmb 基は全ての他の保護基と共に除去でき，シュードプロリンはセリン，スレオニンへと開環できる。また，セリン，スレオニンの水酸基にペプチド鎖を伸張したデプシペプチドも，凝集を効果的に抑制する。この効果を活用したアミロイド β-ペプチドの合成[16]が報告されている。デプシペプチドは，脱保護後に弱塩基性条件に曝せば，O→N アシル転移を経て天然型アミド結合に変換される。

3.2 ペプチド鎖伸長時に伴うアミノ酸のラセミ化

ラセミ化はアミノ酸のエノール化およびオキサゾロン体生成に起因しており，ほとんど全てのアミノ酸のラセミ化は後者を経由する（図 3）。活性化および縮合反応時のラセミ化は，N^α-カルバメート型保護アミノ酸誘導体（Fmoc アミノ酸誘導体）を逐次伸長するペプチド合成法を用いる限り軽微である。これはカルバメート型保護基の構造自身が共鳴に参加し，オキサゾロンの形成を妨げるからである。一方，これらの対策にも関わらず，特定のアミノ酸がラセミ化し易いアミノ酸として知られている。すなわちヒスチジン，システイン，セリンである。例えカルバメート型保護基をこれらアミノ酸の α-アミノ基に導入しても，他のアミノ酸とは異なりラセミ化が容易に進行する。すなわち，活性化に塩基の添加が必須となる縮合剤（例えば，ウロニウム／ホスホニウム試薬など）を用いた場合，特にシステインのラセミ化は顕著である。トリチル（Trt）基を側鎖保護基とした Fmoc-Cys（Trt）の場合，5〜10% 程度のラセミ化を伴う[17]。塩基触媒による α-プロトンの引き抜きで生じるカルバニオンが，硫黄原子の d 軌道と相互作用することにより安定化し，これがシステインのラセミ化を促進すると考えられている。類似の安定化構造が，セリンの場合にも可能であるが，システインに較べラセミ化の程度は小さい。システインのラセミ化を抑制する側鎖チオール基が開発されている。しかし，これら新規保護基を使用するよりも，ラセミ化を抑制する縮合条件に変更する方が簡便で現実的である。ウロニウム／ホスホニウム試薬の活性化にはジイソプロピルエチルアミンの代わりに，弱い塩基であるコリジンを添加する。

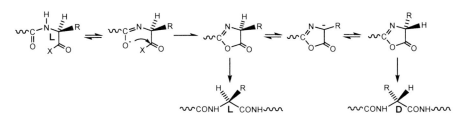

図 3 オキサゾリン経由のラセミ化機構

医療・診断をささえるペプチド科学—再生医療・DDS・診断への応用—

これにより，システインおよびセリンのラセミ化は，それぞれ 1％および 0.1％以下に抑制でき
る。また，塩基を添加する必要のないカルボジイミド法を適用すれば，それらのラセミ化は無視
できる。しかし，システイン誘導体はその活性化と縮合時以外にも，ラセミ化することが知られ
ている。C 末端システインがエステル結合を介して樹脂に担持されている場合，ピペリジン処理
（Fmoc 基脱離反応）時間に比例してラセミ化が増加する。このラセミ化は，トリチル型樹脂を
用いても完全には抑制できないため，長鎖ペプチド調製の際には，特に留意する必要がある。

　次に，ヒスチジン誘導体の活性化と縮合反応においては，先のシステイン，セリンとは異なり，
カルボジイミド法を適用してもラセミ化を避け得ない。Fmoc 法では τ-窒素に Trt 基を導入し
た Fmoc-His（τ-Trt）が標準的に用いられる。しかし，その活性化と縮合反応時には π-窒素
が遊離であるため，それが塩基として働き双極性のエノレートイオンを直接生成する。また同時
に，これは求核種としても働き分子内の活性化されたカルボニル基を攻撃する結果，エノール化
を経てラセミ化する（図4）。したがって，ラセミ化を排除するためには，π-窒素を保護する必
要がある。この目的で，t-ブトキシメチル基，1-アダマンチルオキシメチル基，4-メトキシベン
ジルオキシメチル（MBom）基が開発された。特に，MBom 基は，マイクロ波を照射する高温
条件下での合成にも適合し，ラセミ化を抑制する[18]。

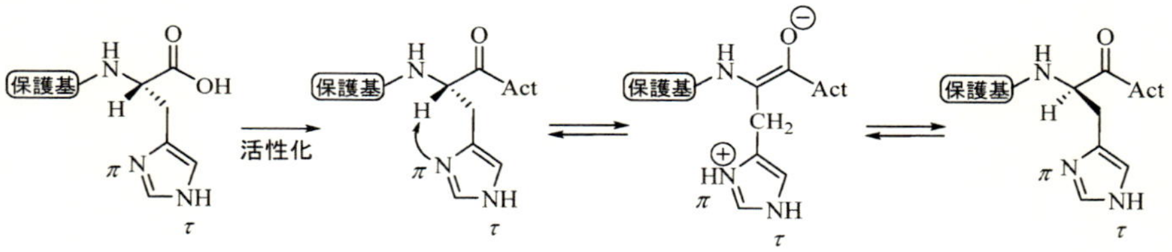

図4　ヒスチジンのラセミ化機構

3.3　アスパルチミド（Asi）形成

　アスパラギン酸を含むペプチドの合成では，酸性および塩基性いずれの条件下でも Asi 体が生
成しやすい。特に，Asp(OtBu) を用いる Fmoc 法では，塩基（ピペリジンなど）による Fmoc
基脱離時の Asi 形成が問題となる。アスパラギン酸の α-カルボキシ基に結合している窒素が，
自身の側鎖エステルを攻撃することにより，5員環イミドを形成する。この中間体は，ピペリジ
ンと反応し，対応する(L/D)-α-Asp ピペリジドと(L/D)-β-Asp ピペリジドに誘導される。ま
た，最終酸処理後にも残る Asi 体は，精製時に加水分解を受け(L/D)-α-Asp ペプチドと(L/
D)-β-Asp ペプチドの混合物を与える。この副反応は Asp-Xaa モチーフ（Xaa＝Gly，Asn，
Asp，Ser，Cys など）を含有するペプチド配列依存的に生じる。完全にこの副反応を抑制する
には，アスパラギン酸の C 端側アミド結合を Hmb 基やシュードプロリン構造で保護しなければ
ならない。しかしこの手法が適用できる Asp-Xaa モチーフは，前者では現実的には Asp-Gly の
みに，後者では Asp-Ser/Thr に限定される。したがって，ルーチン合成における Asi 形成の軽
減には，① HOBt，2,4-ジニトロフェノール，ギ酸などのピペリジンへの添加，②嵩高い側鎖保

第6章　ペプチド医薬の化学合成—ペプチド合成における副反応の概要と抑制策—

護基（3-エチル-3-ペンチル基[19]など）の使用が推奨される。

4　おわりに

　コンバージェント法を適用した長鎖ペプチド，タンパク質の化学合成においては，高純度ペプチドセグメント調製が，その成否の鍵を握る。Fmoc固相合成法によるペプチドセグメント調製で，必ず遭遇する最も重大な副反応を概説した。特に，これら副反応に起因する不純物は，いずれも精製段階での除去が非常に困難となることが予想される。したがって，これら副反応を排除もしくは軽減する合成計画を常に念頭に置かねばならない。もちろん，ペプチド合成には前述した以外にも雑多な副反応を伴うが，予防措置を講じておきさえすれば，大半の副反応は抑制できる。これらについては，ペプチド合成の成書[20]，文献を参照されたい。ペプチド医薬への期待／要請が高まるなか，本稿がペプチド科学者の一助になれば幸いである。

文　　　献

1)　B. Merrifield, *J. Am. Chem. Soc.*, **85**, 2149（1963）
2)　S. Sakakibara, *Pept. Sci.*, **51**, 279（1999）
3)　D. Takahashi *et al.*, *Tetrahedron Lett.*, **53**, 1936（2012）
4)　P. E. Dawson *et al.*, *Science*, **266**, 766（1994）
5)　C. Haase *et al.*, *Angew. Chem. Int. Ed.*, **47**, 1553（2008）
6)　C. Kan *et al.*, *J. Am. Chem. Soc.*, **131**, 5438（2009）
7)　S. Aimoto, *Pept. Sci.*, **51**, 247（1999）
8)　D. Bang *et al.*, *Angew. Chem. Int. Ed.*, **45**, 3985（2006）
9)　G. M. Fang *et al.*, *Angew. Chem. Int. Ed.*, **50**, 7645（2011）
10)　H. Hojo *et al.*, *Tetrahedron Lett.*, **48**, 25（2007）
11)　K. Sakamoto *et al.*, *J. Org. Chem.*, **77**, 6948（2012）
12)　J. B. Blanco-Canosa *et al.*, *Angew. Chem. Int. Ed.*, **47**, 6851（2008）
13)　E. Atherton *et al.*, *J. Chem. Soc. Chem. Commun.*, 970（1980）
14)　T. Johnsin *et al.*, *J. Pept. Sci.*, **1**, 11（1995）
15)　M. Mutter *et al.*, *Pept. Res.*, **8**, 145（1995）
16)　Y. Sohma *et al.*, *J. Pept. Sci.*, **11**, 441（2005）
17)　H. Hibino *et al.*, *J. Pept. Sci.*, **20**, 30（2014）
18)　H. Hibino *et al.*, *J. Pept. Sci.*, **18**, 763（2012）
19)　R. Behrendt *et al.*, *J. Pept. Sci.*, **21**, 680（2015）
20)　P. Lloyd-Williams *et al.*, "Chemical Approaches to the Synthesis of Peptides and Proteins", CRC press（1997）

【第Ⅱ編　ペプチド設計】

第1章　細胞接着モチーフ（フィブロネクチン）

深井文雄[*]

1　はじめに

　フィブロネクチンは，「血液凝固」，「がん化関連タンパク質」，「細胞接着」といった3つの異なった研究分野で別々に発見，命名されていたが，最終的には1976年にErkki Ruoslahtiが細胞外マトリックス成分に結合性を示すタンパク質として，フィブロネクチンと命名した。ラテン語の「fibra」（英語のfiber，つまり，線維）とラテン語の「nectere」（英語のconnect，つまり結合する）をつないだ造語で，細胞の組織内での接着の足場を提供する主要な繊維性マトリックス分子として命名されたものである。

　糖タンパク質分子であるフィブロネクチンは，その細胞接着性を介して極めて多彩な機能を発現する。フィブロネクチンは結合組織を中心とした細胞外マトリックスの主要な構成成分としてのみならず，血液をはじめとする体液中にも常時比較的高濃度で存在するが，この点は他の細胞外マトリックス分子と大きく異なる点である。ヒトをはじめとする哺乳動物に由来するフィブロネクチンがよく研究されており，以下は，主にヒトフィブロネクチンに関する知見である。

2　分子構造

　フィブロネクチンは，分子量約250 kDaの類似のポリペプチド鎖がカルボキシ末端付近でジスルフィド結合したヘテロ二量体糖タンパク質で，Ⅰ，Ⅱ，およびⅢ型リピートと呼ばれる繰り返し単位の組み合わせによって構成されている[1]（図1）。ⅠおよびⅡ型リピートはそれぞれ4つのシステイン残基を含み，それらがジスルフィド（S-S）結合してⅠ，Ⅱ型に特有の構造を形成している。Ⅲ型リピートはおよそ90個のアミノ酸からなる安定な構造体でチロシンとトリプトファンが一定間隔で配置され，それぞれ類似のβ構造を形成している。このフィブロネクチンⅢ型リピートは，免疫グロブリン，サイトカイン受容体や他のマトリックス分子や接着分子，あるいはプロテインキナーゼ等にも広く認められる機能性モジュールである[2]。

　これらⅠ，Ⅱ，Ⅲ型リピートが幾つかずつ連結して，フィブリン，コラーゲン，ヘパリン等の他の細胞外マトリックス成分，あるいは細胞に親和性をもつドメインが形成される（図1）。フィブロネクチンはこの多様な親和性に基づいて様々な細胞種の細胞外マトリックス接着を媒介する。後述するように（5節），細胞膜上の主要な特異的接着受容体であるインテグリンによる認

---

　*　Fumio Fukai　東京理科大学　薬学部　生命創薬科学科　教授

医療・診断をささえるペプチド科学—再生医療・DDS・診断への応用—

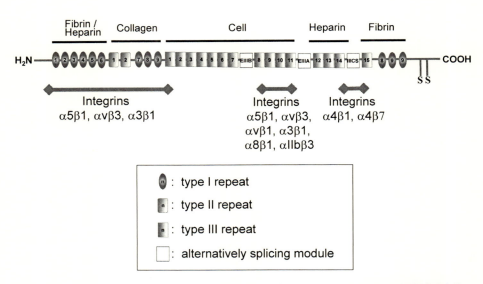

図1　フィブロネクチン分子のモジュール構造および各モジュールを認識する細胞膜受容体

識部位の多くは，Ⅲ型リピートが連結して形成される細胞結合性ドメイン（"Cell"）内に存在している（図1）。

　フィブロネクチンをコードする遺伝子は単一であるにもかかわらずフィブロネクチンタンパク質には分子多様性が認められ，げっ歯類や牛で12種類の，ヒトで20種類のアイソフォームが認められている。この多様性は選択的スプライシングに起因するもので，Ⅲ型リピートに属する遺伝子単位EⅢA（ヒトの場合はEDA），EⅢB/EDB，およびⅢCSのスキップによって生じる。EⅢA/EDA は 11 番目と 12 番目のⅢ型リピート（Ⅲ$_{11}$およびⅢ$_{12}$）の間で，EⅢB/EDB はⅢ$_7$とⅢ$_8$の間で，またⅢCS はⅢ$_{14}$とⅢ$_{15}$の間の V 領域（可変領域）の3か所でそれぞれ選択的スプライシングが起こる[3,4]（図1）。これら EⅢA，EⅢB，ⅢCS の挿入は，フィブロネクチン分子に特有の機能を賦与することになり次節で概説する。

3　血漿性，細胞性，および胎児性フィブロネクチン

　フィブロネクチンには，主に血漿性フィブロネクチン，細胞性フィブロネクチン，胎児性フィブロネクチンの3種類が存在している[5]。

　血漿性フィブロネクチン（plasma fibronectin：pFN）は，肝細胞で生合成され，水溶性の二量体糖タンパク質として血液中に分泌され血漿中に比較的高濃度（0.3～0.4 mg/mL）存在するが，後述する細胞接着関連モチーフのほとんどがコンパクトな分子構造内部に折畳まれていると考えられ，血漿中では通常は不活性な状態にある。pFN 分子のほとんどは，上記の選択的スプライシングモジュール EⅢA，EⅢB のどちらも含まないが，ⅢCS については pFN の二量体サ

第1章 細胞接着モチーフ（フィブロネクチン）

ブユニットの一方（A 鎖）に発現している[5]。pFN は創傷治癒過程の初期において重要な役割を果たす[6]。すなわち pFN はフィブリン凝塊の主要な成分で，組織の損傷部位等で形成されるフィブリンネットワークにいち早く取り込まれ，血小板の接着，伸展，凝集の原動力となる。pFN は N 末端側と C 末端側に存在する「フィブリン結合ドメイン」（図1）を介して非共有結合的にフィブリン分子と結合する。また pFN は組織損傷時等においてフィブロネクチンマトリックスアッセンブリーと呼ばれる過程（次節参照）を経て損傷部位の細胞外マトリックスに取り込まれ，細胞の接着基質として機能し組織修復に関与する。組織の細胞外マトリックス構造体中に存在するフィブロネクチンのおよそ 1/2 は pFN に由来するとの報告もある[7]。

　細胞性フィブロネクチン（cellular fibronectin：cFN）は，線維芽細胞をはじめとする様々な細胞によって合成され，細胞外でそのまま沈着，あるいは pFN と類似のマトリックスアッセンブリー過程を経て高分子化し，細胞外マトリックスに取り込まれて個々の細胞／組織に特有の微小環境形成に寄与する。cFN には選択的スプライシングモジュール，EⅢA，EⅢB，ⅢCS，が細胞あるいは組織特異的に発現し，それぞれの細胞あるいは組織特異的な機能発現の一翼を担っていると考えられている[8]。

　pFN が創傷治癒の初期過程に関与するのに対し，cFN は創傷治癒後期における線維芽細胞の集積とマトリックス成分の合成・分泌，あるいは周細胞（pericyte）の筋線維芽細胞への変換，さらには血管新生などの生体過程において EⅢA，EⅢB を含む cFN が重要な機能を担うと考えられている[5~8]。EⅢA，EⅢB を含む cFN の発現レベルは，臓器線維症や血管障害あるいは悪性腫瘍などの疾病患者において上昇することが知られているものの，これらの病態発現において EⅢA，EⅢB が具体的にどのような生化学的あるいは細胞生物学的作用を示すかの詳細はいまだ明らかになっていない。一方，ⅢCS モジュールは cFN では二量体を構成する両サブユニットに含まれ，CS-1，CS-5 の細胞接着モチーフは，ともに $\alpha 4 \beta 1$，$\alpha 4 \beta 7$ によって認識され（図1および表1），特にリンパ球の障害部位への集積やホーミングにおいて重要な役割を果たしている[5~8]。

表1　フィブロネクチン分子内の細胞接着モチーフとその細胞膜受容体，機能

FN リピート	アミノ酸配列	膜受容体	機能その他
I$_5$	NGR/isoDGR	$\alpha 5 \beta 1$，$\alpha v \beta 3$	接着，マトリックスアセンブリー
EⅢB/EDB	AGEGIP	unknown	創傷治癒，血管新生ほか
Ⅲ$_9$	PHSRN	$\alpha 5 \beta 1$，$\alpha 3 \beta 1$，$\alpha 8 \beta 1$，$\alpha v \beta 3$，$\alpha v \beta 5$	接着（Ⅲ$_{10}$と協調的機能部位）
Ⅲ$_{10}$	GRGDSP	$\alpha 5 \beta 1$，$\alpha 3 \beta 1$，$\alpha 8 \beta 1$，$\alpha v \beta 3$，$\alpha v \beta 5$	細胞接着（生存／増殖，分化，遺伝子発現，移動ほか）
EⅢA/EDA	EDGIHEL	$\alpha 4 \beta 1$，$\alpha 9 \beta 1$	創傷治癒，血管新生ほか
ⅢCS（CS-1）	LDV	$\alpha 4 \beta 1$，$\alpha 4 \beta 7$	細胞接着（生存／増殖，分化，遺伝子発現，移動ほか）。
ⅢCS（CS-5）	REDV	$\alpha 4 \beta 1$，$\alpha 4 \beta 7$	リンパ球浸潤，ホーミング

医療・診断をささえるペプチド科学—再生医療・DDS・診断への応用—

　胎児性フィブロネクチン（fetal fibronectin：fFN）は，胎児期の細胞によって生合成される
フィブロネクチンで，胎児を包む嚢胞を子宮内膜に接着させる役割を果たしていると考えられて
いる。コアタンパク質構造はほぼ pFN と同一であるが，糖鎖含量が pFN（5〜6％）に比べて高
い（10％前後）点で pFN と異なっている[9]。

4　フィブロネクチンマトリックスアセンブリー

　フィブロネクチン分子が生体中で細胞接着の足場としての機能を果たす際には，細胞外で高分
子化して形成されたフィブロネクチンネットワークが主要な機能を果たしていると考えられてい
る。pFN であれ cFN であれ二量体分子として生合成されたフィブロネクチン分子は，細胞／イ
ンテグリンとの結合に依存した分子機構で高分子ネットワークを形成するが，その過程はフィブ
ロネクチンマトリックスアセンブリーと呼ばれる。本分子機構はいまだ完全に解明されていると
は言えないものの，概ね以下のようなステップを経て成立するものと考えられている[10]。

① 　フィブロネクチン二量体分子の N 末端フィブリン結合ドメインを構成する I 型リピート
（I_{1-5}）が，細胞膜上の受容体（インテグリン $\alpha 5 \beta 1$，$\alpha V \beta 3$，および未知分子）と結合。
② 　フィブロネクチン分子のコンフォーメーション変化に伴って III_{9-10}（PHSRN，GRGDSP，
表1参照）の接着モチーフが露出し，細胞膜上の $\alpha 5 \beta 1$ をはじめとするインテグリンに結合。
③ 　フィブロネクチン分子の C 末端側のヘパリン結合ドメインを構成する III_{12-14} が，細胞膜
上の膜貫通型ヘパラン硫酸プロテオグリカンに結合。
④ 　細胞内骨格系の再構成に伴いインテグリンが細胞膜上で集合（クラスター化）し，フィブ
ロネクチン分子がさらに追加的に結合。
⑤ 　フィブロネクチン分子のさらなるコンフォーメーション変化により複数の未知の機能性モ
チーフが露出し，それに伴ってフィブロネクチンが分子間で架橋し高分子ネットワークを形
成。

　このようなマトリックスアセンブリーの最終段階⑤のフィブロネクチン分子同士の架橋に関与
する分子領域の詳細は不明であるが，少なくとも III_{1-2}，III_7，III_{10}，III_{15} リピート構造内部に隠
された機能部位が関与するものと考えられている。また，EIIIA と EIIIB はフィブロネクチン分
子のコンフォーメーション変化に基づく III_{9-10} 内の接着モチーフの表出を介してフィブロネクチ
ンマトリックスアセンブリーを促進する方向に働くとされている。

5　細胞接着基質としてのフィブロネクチン

5.1　細胞接着モチーフ

　細胞の生存，増殖，分化，遺伝子発現，移動等の基本的な機能発現には細胞外マトリックスへ
の接着が必須で，がん化していない正常な細胞に特有の形質として重要であり，細胞機能発現の

62

第1章　細胞接着モチーフ（フィブロネクチン）

「足場依存性」と呼ばれている[11]。哺乳類の身体を構成する組織に広く存在するフィブロネクチンは，多くの細胞に接着の足場を提供することにより，多種多様な細胞機能発現に影響することから，複数の接着部位の存在が推測されていた。1984年，前述のErkki Ruoslahti等によって接着に必要な最小アミノ酸配列Arg-Gly-Asp-Ser（RGD）が発見されたのを端緒に[11]，次々と細胞接着モチーフが見出されてきた。表1にフィブロネクチン分子内に見出された主要な細胞接着配列とそれを認識する細胞膜受容体を挙げた。中でも，RGDS配列とインテグリン$\alpha 5\beta 1$[12]，およびCS-1, -5とインテグリン$\alpha 4\beta 1$[13,14]を介した接着は特に重要で，細胞の生存，増殖，分化，移動などに多大な影響を及ぼす細胞内シグナルの発信源となる。これらの接着モチーフとそれらを認識する細胞膜上の受容体を介した細胞機能制御については膨大な数の総説や論文が報告されており，それらを参照されたい。

5.2　反細胞接着モチーフ

上述のように，フィブロネクチンは複数の接着モチーフをその分子内に持ち，インテグリンをはじめとする特異的受容体を介して細胞機能に多大な影響をおよぼす。興味あることに，インテグリンを不活性化してこれらの接着モチーフを介した細胞接着を負に制御する機能部位が，同じフィブロネクチン分子内に存在していることを筆者らは明らかにした。すなわち，主要な接着モチーフRGDS配列を含むIII$_{10}$モジュールとCS-1, -5を含むIIICSの谷間に位置するIII$_{14}$モジュール内のYTIYVIAL配列は$\beta 1$インテグリンのコンフォーメーションを活性型から不活性型に変換することが明らかになった（図2）[15,16]。この反接着性機能部位（FNIII14と命名）は，通常はフィブロネクチンの分子構造内部に隠蔽されているが，上記のマトリックスアセンブリー過程で

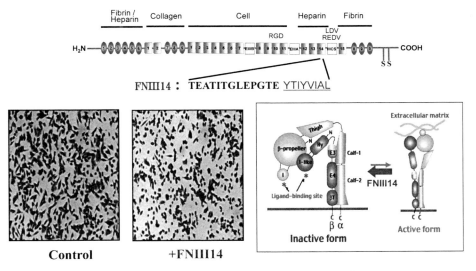

図2　フィブロネクチン分子内の反接着性機能部位

医療・診断をささえるペプチド科学―再生医療・DDS・診断への応用―

表2　ECM タンパク質分子内部に隠されている機能部位

ECM タンパク質	機能部位	機能	文献
フィブロネクチン	III_1, III_{10}	マトリックスアセンブリー	28)
	RGD in III_{10}	細胞接着（$\alpha 5 \beta 1$）	29)
	I_{1-6} & III_{12-14}	細胞増殖阻害	30)
	YTIYVIAL in III_{14}	$\beta 1$ インテグリン不活性化	16)
ビトロネクチン	RGD site	細胞接着（$\alpha v \beta 3$）	31)
コラーゲン	RGD site	細胞接着（$\alpha v \beta 3$）	32)
	$(Pro-Pro/Hyp-Gly)_5$	細胞移動	33)
ラミニン	$\gamma 2$ chain fragment LM5	がん細胞移動	34)
	RGD site	細胞接着（$\alpha 6 \beta 1$）	35)
フィブリノーゲン	D domain γ-chain	フィブリン重合	36)
／フィブリン	Fragment D and fibrinogen B chain	血管透過性亢進	37)
テネイシン C	YTITIRGV in III repeat A2	$\beta 1$ インテグリン活性化	38)

（文献18) を改変）

見られるようなコンフォーメーション変化，あるいは炎症性プロテアーゼによる限定分解によって表出してくる[17]。細胞外マトリックス分子の多くは巨大で複雑な分子構造を持つことが多く，ほとんど全てのマトリックスタンパク質分子がこのような隠れた機能部位を持っていることが明らかにされている（表2)[18]。これらの機能部位の多くは，matrix metalloproteinase（MMP）をはじめとし，thrombin や plasmin あるいは cathepsin などの炎症性プロテアーゼによるプロセッシングによって表出することから，炎症や悪性腫瘍をはじめとする病態発現において重要な役割を果たすものと推測されている[19~24]。フィブロネクチン分子内に見出された反接着性部位 FN III 14 に関しては $\beta 1$ インテグリンを不活性化する作用に基づいて，脱着依存性プログラム細胞死（アノイキス）による形態形成[25]，細菌等感染に伴う粘着細胞の脱着とそれによる宿主防御[26]，正常細胞増殖の接触阻止[27]等，自発的な接着性低下とそれに伴う細胞死誘導という生体の恒常性維持の過程に関与している可能性が考えられ，今後のさらなる研究の進展が待たれる。

　以上述べてきたように，フィブロネクチンは複数の接着モチーフのみならず反接着性モチーフをもつことにより，細胞の「足場依存性」機能調節において極めて重要な役割を果たしている。これらの機能性モチーフを詳細に理解することは，接着制御を介した細胞機能調節機構を統一的に明らかにするうえでの重要な基礎を提供するばかりでなく，創薬のリード化合物あるいは再生医療を目的とした医用材料を開発していく上においても有用性も高く，さらなる研究の進展が期待される。

第 1 章　細胞接着モチーフ（フィブロネクチン）

文　　献

1) R. O. Hynes, Fibronectins, Springer-Verlag (1990)
2) T. Brummendorf & F. G. Rathjen, *Protein Profile*, **2**, 963 (1995)
3) A. R. Kornblihtt *et al.*, *EMBO J.*, **4**, 1755 (1985)
4) Y. Mao & J. E. Schwarzbauer, *J. Int. Soc. Matrix Biol.*, **24**, 389 (2005)
5) J. H. Peters & R. O. Hynes, *Cell Adhes. Commun.*, **4**, 103 (1996)
6) R. Pankov & K. M. Yamada, *J. Cell Sci.*, **115**, 3861 (2002)
7) F. A. Moretti *et al.*, *J. Biol. Chem.*, **282**, 28057 (2007)
8) T. Wings & K. S. Midwood, *Fibrogen. Tiss. Rep.*, **4**, 21 (2011)
9) L. Gao *et al.*, *Genet. Mol. Res.*, **13**, 1323 (2014)
10) P. Singh *et al.*, *Annu. Rev. Cell Dev. Biol.*, **26**, 397 (2010)
11) O. -W. Merten, *Philos. Trans. R. Soc. Biol. Sci.*, **370**, 20140040 (2015)
12) M. D. Pierschbacher & E. Ruoslahti, *Nature*, **309**, 30 (1984)
13) M. J. Humphries *et al.*, *J. Cell Biol.*, **103**, 2637 (1986)
14) A. Komoriya *et al.*, *J. Biol. Chem.*, **266**, 15075 (1991)
15) F. Fukai *et al.*, *Biochem. Biophys. Res. Commun.*, **220**, 394 (1996)
16) R. Kato *et al.*, *Clin. Cancer Res.*, **8**, 2455 (2002)
17) K. Watanabe *et al.*, *Biochemistry*, **39**, 7138 (2000)
18) G. E. Davis *et al.*, *Am. J. Pathol.*, **156**, 1489 (2000)
19) N. Koshikawa *et al.*, *FASEB J.*, **18**, 364, (2004)
20) E. Araki *et al.*, *Mol. Biol. Cell*, **20**, 3012 (2009)
21) T. Matsunaga *et al.*, *Leukemia*, **22**, 353 (2008)
22) R. Kato *et al.*, *Exp. Cell Res.*, **265**, 54 (2001)
23) R. Tanaka *et al.*, *J. Biol. Chem.*, **289**, 17699 (2014)
24) K. Itagaki *et al.*, *J. Biol. Chem.*, **287**, 16037 (2012)
25) J. H. Miner & P. D. Yurchenco, *Annu. Rev. Cell Dev. Biol.*, **20**, 255 (2004)
26) A. Matthew *et al.*, *Proc. Natl. Acad. Sci. USA*, **97**, 8829 (2000)
27) D. Ribatti, *Exp. Cell Res.*, **S0014-4827**, 30342 (2017)
28) C. Zhong *et al.*, *J. Cell Biol.*, **141**, 539 (1998)
29) A. Krammer *Proc. Natl. Acad. Sci. USA*, **96**, 1351 (1999)
30) G. Homandberg *et al.*, *Am. J. Pathol.*, **120**, 327 (1985)
31) D. Seiffert *et al.*, *J. Biol. Chem.*, **272**, 13705 (1997)
32) G. E. Davis, *Biochem. Biophys. Res. Commun.*, **182**, 1025 (1992)
33) D. L. Laskin *et al.*, *J. Leukoc. Biol.*, **39**, 255 (1986)
34) G. Giannelli *et al.*, *Am. J. Pathol.*, **154**, 1193 (1999)
35) M. Aumailley *et al.*, *FEBS Lett.*, **12**, 82 (1990)
36) C. Zamarron *et al.*, *Thromb. Haemost.*, **64**, 41 (2000)
37) M. Ge *et al.*, *Am. J. Physiol.*, **261**, L283 (1999)
38) Y. Saito *et al.*, *J. Biol. Chem.*, **282**, 34929 (2007)

第2章　細胞接着モチーフ（ラミニン）

保住建太郎[*1]，熊井　準[*2]，野水基義[*3]

1　概要

多細胞生物の細胞外空間を充填する細胞外マトリックス（ECM）は多様なタンパク質，糖タンパク質，糖鎖から構成され，生体では細胞よりも大きな体積を占めている。ECM 構成分子は，真皮のⅠ型コラーゲンやエラスチン，軟骨のⅡ型コラーゲンやコンドロイチン硫酸のように組織特異的に構造維持や水分保持などに寄与し，一般的に巨大分子であることが多い。ECM 構成分子は1つの分子内に多数の細胞−ECM および ECM−ECM 接着活性部位を有していることが知られ，これらの接着活性を介して個体の発生や細胞の分化，創傷治癒，あるいはがんの増殖・転移など多様な生物活性を示すなど，各構成分子の機能が少しずつ解明されてきた。

多くの ECM は組織の間充を満たすゲルのような存在で間充結合組織と称されているが，シート状の ECM である基底膜は上皮や内皮組織の直下，筋組織や脂肪組織あるいは血管などの組織を包むように存在している。基底膜は厚さ 30〜70 nm のうすいシート状構造で，細胞膜の厚さ（4〜10 nm）の数倍という厚さである。基底膜は組織周辺を包むように存在することから，細胞がまばらに存在する間充結合組織の ECM とは異なり，密集した細胞層と接していることが多い。基底膜の構成成分はⅣ型コラーゲン，ラミニン，パールカンなどで，中でもラミニンは多くのアイソフォームをもち，細胞接着活性等の様々な生物活性を示す。

ラミニンは α，β，γ 鎖からなるヘテロ三量体の糖タンパク質で，現在までに5種類の α 鎖，3種類の β 鎖，3種類の γ 鎖が同定され，その組み合わせによりラミニン-111（$\alpha 1$ 鎖，$\beta 1$ 鎖，$\gamma 1$ 鎖の組み合わせ）からラミニン-523 の 19 種類のラミニンアイソフォームが知られている。各ラミニンは組織特異的，発生段階特異的に発現することで基底膜の機能に様々なバリエーションを付与していると考えられている[1]。α 鎖，β 鎖，γ 鎖は共通構造をしており，N 末端側の短腕部は 0〜3 個の球状ドメインとラミニンタイプ EGF ドメインの組み合せからなる各鎖の中央部分から C 末端側には三量体構造の形成に寄与する α−ヘリックス部位がある（図1）。また，α 鎖のみは α−ヘリックス部位の C 末端側に LG1 から LG5 の 5 つの球状ドメインからなる LG ドメイン部を有している。ラミニンは多くの細胞膜受容体と相互作用することが知られているが，

＊1　Kentaro Hozumi　東京薬科大学　薬学部　病態生化学教室　講師

＊2　Jun Kumai　東京薬科大学　薬学部　病態生化学教室　客員研究員；
　　　　　　　日本学術振興会　特別研究員（PD）

＊3　Motoyoshi Nomizu　東京薬科大学　薬学部　病態生化学教室　教授

第 2 章　細胞接着モチーフ（ラミニン）

中でもインテグリンファミリー，シンデカンファミリー，ジストログリカンなどとの結合が細胞接着に深く関与している。

　ラミニンは巨大かつ多機能であることから，その機能の解明には分子そのものだけでなく，酵素分解フラグメント，組換えタンパク質，合成ペプチドなどを用いた幅広い研究が広く行われてきた。例えば，関口らが開発したラミニン-511 E8 組換えタンパク質はES・iPS 細胞培養基質として応用されているが，これはラミニン-111 をエラスターゼによって分解した際に得られる E8 フラグメントと同一部位である。約 40 年前に Timpl 等によってラミニン-111 が発見された後，ラミニン-111 の配列中から細胞接着活性モチーフとして YIGSR や IKVAV など

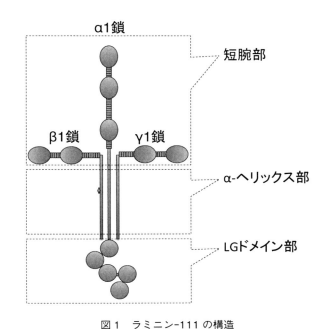

図 1　ラミニン-111 の構造
ラミニン-111 は α1 鎖，β1 鎖，γ1 鎖から構成され，α 鎖の短腕部に 3 つと LG ドメイン部に 5 つの球状ドメインを，β1 鎖と γ1 鎖はそれぞれ短腕部に 2 つの球状ドメインを有している。

が合成ペプチドを用いた研究から同定された。ラミニン-111 に続き様々なラミニンアイソフォームが同定されてくるにつれ，各ラミニン鎖の機能やバリエーションが明らかになり，その活性部位の同定に関心が高まってきた。そこで，我々は全ラミニン鎖の細胞接着モチーフ同定を目的に，ラミニンのアミノ酸配列を網羅したシステマチックな合成ペプチドライブラリーを構築することで，細胞接着モチーフのスクリーニングを行ってきた。これまでに様々な生物活性ペプチドがラミニンの配列より同定されてきたが，すべてのラミニンを網羅したシステマチックな合成ペプチドライブラリーを用いた例は我々の研究のみである。本稿では我々の得た知見を中心に，全 11 種類のマウスラミニン鎖から同定したラミニン由来細胞接着モチーフと，その生物活性について概説する。

2　ラミニン由来細胞接着ペプチドの網羅的スクリーニング

　全ラミニン鎖のアミノ酸配列を網羅する合成ペプチドは，① 12 残基をベースとする，② 4 残基ずつオーバーラップする，③ システイン残基は含めない，④ N 末端がグルタミン酸またはグルタミンの場合は 1 残基延長する，などを基本ルールとしてデザインした。ペプチドの名前は各ラミニン鎖の名前の次に N 末端から順に番号を付す形で命名した（例えば，α2 鎖 N 末端から 5

番目のペプチドは A2-5。ただし α1鎖，β1鎖，γ1鎖のみは N 末端のペプチドから A-1，A-2，B-1，C-1 とした）。C 末端に LG ドメインを持つ α 鎖のみは LG ドメインから新たにナンバリングした（α3鎖 LG ドメインの 10 番目のペプチドは A3G-10）。以上のルールに従って，表1に示すように計 2,274 種のペプチドをデザインし，化学合成した。ペプチドを 96 穴プレートにコートしたペプチドプレート法と，ペプチドを CNBr-セファロースビーズに固定化したペプチドビーズ法の 2 種類の方法を用いて細胞接着活性を評価した（図2）。ペプチドプレート法は濃度依存性活性と細胞の形態を観察できるが，細胞接着活性はペプチドのコート効率や凝集性の影響を受ける。ペプチドビーズ法はペプチドの凝集を抑制できるが，定量的な活性評価が難しい。2,274 種の合成ペプチドの生物活性を比較するためにヒト皮膚線維芽細胞を用いて評価したところ，203 種のペプチドが細胞接着活性を示した（表1）。ペプチドプレート法とペプチドビーズ法で異なる活性を示すペプチドがあることから細胞接着活性がペプチドの物性および二次構造に依存していることがわかった。

　各ラミニン鎖は α 鎖で最大 8，β 鎖と γ 鎖で最大 2 つの球状ドメインを有しているが，多くの細胞接着活性モチーフが球状ドメインに存在していることがわかった。例えば，α2鎖では 28 種類の活性モチーフのうち，26 種類が球状ドメインに存在している。我々が最初にスクリーニングしたマウスラミニン α1鎖 LG ドメイン部では，949 残基のアミノ酸配列から 113 種類のペプチドを合成し 19 種類の細胞接着モチーフを同定した[2]。なかでも，AG-73（RKRLQVQLSIRT）と EF-1（DYATLQLQEGRLHFMFDLG）は非常に強い細胞接着活性を示した。AG-73 はシンデカンを介した細胞接着活性を示し，接着した線維芽細胞は周囲にラメリポディア構造を伴った丸い形態を示した。また，AG-73 は細胞遊走，がん細胞の浸潤，マトリッ

表1　各ラミニン鎖中のヒト線維芽細胞接着活性ペプチドの数

ラミニン鎖	アミノ酸数	合成した ペプチドの数	細胞接着活性 ペプチドの数	Hep	EDTA	H/E	インテグリン 結合活性 ペプチド	神経突起 伸長活性 ペプチド
α1	3,042	321	27	5	6	7	7	16
α2	3,226	333	28	23	7	2	2	13
α3	3,331	301	39	14	7	14	4	11
α4	1,816	219	24	7	7	9	1	11
α5	3,745	420	42	12	9	12	7	8
β1	1,786	187	8	5	2	2	2	
β2	1,608	113	4	3	1			
β3	1,169	55	4	2	1	1	1	
γ1	1,607	165	9	4	2	1		3
γ2	1,193	58	8	7		1		
γ3	1,581	102	10	4	3	4		
合計	24,104	2,274	203	86	45	53	24	62

Hep, EDTA, H/E は，ヘパリンのみ（Hep），EDTA のみ（EDTA），ヘパリンと EDTA（H/E）で線維芽細胞接着活性が阻害された活性ペプチドの数

第2章　細胞接着モチーフ（ラミニン）

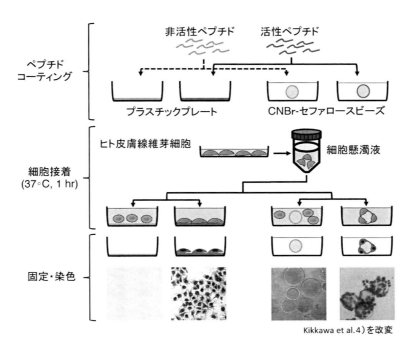

図2　ラミニン由来細胞接着モチーフのスクリーニング方法

クスメタロプロテアーゼ（MMP）の放出，肺へのがん転移，唾液細胞の腺様構造形成，血管新生，神経突起伸長活性などを促進した。EF-1はインテグリン$α2β1$を介して細胞と接着し，細胞はフィロポディアとアクチンストレスファイバーの形成を伴った細長い細胞伸展活性を示した。AG-73のように線維芽細胞接着活性の他にも異なる細胞への接着活性や接着活性以外の生物活性を示すこともわかってきている。現在のところ約250種類の生物活性ペプチドが同定されている。

3　細胞接着ペプチドの受容体

19種類の異なるアイソフォームをもつラミニンは，異なる受容体と結合することで基底膜の機能にバリエーションを付与していると考えられている。ラミニンの主な受容体であるインテグリンは二価カチオン依存性の受容体であるためEDTA共存下では結合活性を失う。また，ヘパラン硫酸やコンドロイチン硫酸によって細胞外ドメインが修飾されている受容体のシンデカンはヘパリン共存下で細胞接着活性が競合的に阻害される。そこで，ヘパリンおよびEDTA共存下で細胞接着活性を評価したところ，ペプチドによって接着阻害活性が異なることが見出された（表1）。EDTAのみで細胞接着活性が阻害されたペプチドはインテグリンと結合している可能性が考えられるため，抗インテグリン抗体を用いた阻害実験でインテグリンサブタイプの同定を

医療・診断をささえるペプチド科学—再生医療・DDS・診断への応用—

行った（表1）。例えば，EDTA のみで細胞接着活性が阻害される A-99（AGTFALRGDNPQG）は RGD 配列を含み，抗 αv および抗 β3 インテグリン抗体で接着活性が阻害されることから，インテグリン αvβ3 を介して細胞接着活性を示すことがわかった。

　インテグリンとシンデカンの他にも，筋組織特異的に発現するラミニン α2 鎖からは筋組織に多く発現している細胞膜受容体であるジストログリカンと結合する A2G78（GLLFYMARINHA）と A2G80（VQLRNGFPYFSY）が同定された[3]。また，α1 鎖由来の A-25（YIRLRLQRIRTL）はヒト線維芽細胞接着活性を示さないが PC12 細胞（ラット副腎髄質褐色腫由来の細胞）の神経突起伸長活性を促進するなど，細胞種特異的な受容体と結合していることが示唆されている。

4　細胞接着活性ペプチドのがん転移促進・阻害におよぼす影響

　高い浸潤性を示す悪性がんでは，がん細胞が血管基底膜をはじめとする ECM を酵素消化しながら移動し，循環器経路に流れ出ることで全身に転移していると考えられている。ラミニンアイソフォームのうち最初に同定されたラミニン-111 は，マウス Engelbreth-Holm-Swarm（EHS）肉腫から同定された。そこで YIGSR，IKVAV，AG-73，C-16（KAFDITYVRLKF）などラミニン-111 由来の活性ペプチドのがん転移におよぼす影響についての研究が，ラミニン研究の初期から多く行われてきた。これらラミニン-111 由来のがん転移活性ペプチドに関しては吉川らの概説にあるため[4]，本稿ではラミニン α5 鎖由来ペプチドのがん転移抑制効果について紹介する。ラミニン α5 鎖は成体の基底膜に広範に存在するラミニン鎖である。日比野らはマウスラミニン α5 鎖 LG ドメインを網羅する 113 種類のペプチドを用いて B16F10 メラノーマ細胞接着活性を評価し，11 種類の細胞接着活性ペプチドを同定した[5]。細胞接着活性を示した 11 種類のペプチドを B16F10 細胞と混合しマウス肺への転移活性を測定したところ，A5G27（RLVSYNGIIFFLK）を初めとした 4 種類のペプチドはがん細胞の肺への転移を有意に抑制した。A5G27 によるがん転移抑制活性メカニズムの詳細を解析したところ，A5G27 はがん細胞に多く発現している細胞膜受容体である CD44 と細胞の増殖に関与する FGF2 との両方に特異的に結合することがわかった。FGF2 は FGF 受容体と結合する際に二量体を形成することが知られている。A5G27 が CD44 と FGF2 の両方に結合することで FGF2 の二量体形成が阻害され，増殖を伴うがん転移を阻害していることがわかった。

5　ラミニン由来活性ペプチドを用いた細胞接着メカニズムの解析

　ラミニンは分子内に多くの異なる受容体に作用する細胞接着モチーフを有する多機能タンパク質である。このことは，ラミニンへの細胞接着は 1 種類の細胞膜受容体だけでなく，異なる細胞膜受容体の組み合わせから誘導されていると考えられる。筆者らは以前，活性ペプチドと組換えタンパク質を組み合わせることで，ラミニン組換えタンパク質への細胞接着が同時に異なる受容

第2章　細胞接着モチーフ（ラミニン）

体を介していることを証明した[6]。ラミニンα1鎖LG4ドメインからは，強い細胞接着活性を示すAG-73とEF-1が同定された。AG-73はシンデカンを介して速い細胞接着活性を示すが，伸展活性を示さない。EF-1はインテグリンα2β1を介して細胞伸展活性を示すが，接着活性は比較的遅い。そこで，LG4ドメイン中のAG-73とEF-1の配列に変異を導入した変異LG4組換えタンパク質を作製し接着活性を検証したところ，LG4ドメイン中のAG-73配列は細胞接着活性に，EF-1配列は細胞伸展活性に重要な配列で，2つの活性配列が共存することで強い細胞接着・伸展活性を誘導することがわかった[6]。また，AG-73，EF-1と混合AG-73/EF-1コートプレートを用意し，その細胞接着活性を評価したところ，混合AG-73/EF-1への接着・伸展はAG-73のみ，EF-1のみをコートした時とくらべ約2倍の速さになることが示された[7]。これらの結果から，LG4ドメインへの細胞接着は異なる受容体間のクロストークによって促進されていることが明らかとなった。

6　様々な生理活性を示すラミニン由来活性ペプチド

ラミニン-332は皮膚基底膜に比較的限定して発現しているラミニン鎖である。一方で，創傷部に多く発現することで表皮細胞の遊走活性を促進していることがわかっている。そこで，宇谷らはラミニンα3鎖LG4ドメイン由来でシンデカン-2および-4を介して細胞接着活性を示すA3G756（A3G75からA3G76までの配列を足した17残基のペプチドKNSFMALYLSKGRLVFALG；別称PEP75）を使って，創傷治癒におよぼす影響を評価した[8]。家兎耳朶にパンチングで創傷を形成しペプチド溶液を塗布したところ受傷8日目に創傷部のほとんどが表皮細胞によって覆われたが，塗布しない場合は40%程度が表皮細胞によって覆われなかった。これは，A3G756が表皮細胞のMMP-1およびMMP-9の産生を亢進し，インテグリンβ1を活性化することで表皮細胞の遊走活性を促進しているためであることがわかった。

他にも，神経細胞のガングリオシドであるGM1を凝集させることによって神経突起伸長活性を促進するペプチド，血管内皮細胞による血管新生を促進するペプチド，唾液腺や肺などの発生過程に観察される分枝の形成を阻害するペプチド，肝機能を維持した肝細胞の*in vitro*培養を可能とするペプチド，など様々な生物活性を示すペプチドが同定されている。

7　まとめ

全ラミニン鎖の網羅的なスクリーニングから細胞接着モチーフとして同定された活性ペプチドは，*in vitro*や*in vivo*で細胞接着活性以外にも様々な生物活性を示すことがわかってきた。これまで基底膜の機能を模倣したバイオマテリアルとして，コラーゲンやマトリゲルなど生物由来ECMが用いられてきた。一方で，組織工学や再生医療への応用を視野に入れ，合成ペプチドや組換えタンパク質を用いた材料の開発も行われている。我々の研究室では，ラミニン由来活性ペ

プチドを多糖マトリックスに固定化することでラミニンの機能を模倣した機能性材料の開発を並行して行っている。機能性材料の開発に関しては，第Ⅲ編第3章の熊井らによる解説を参考いただきたい。

　全11種類のラミニン鎖を網羅した合成ペプチド2,274種を用いたヒト線維芽細胞接着モチーフのスクリーニングが，つい最近完遂した。ラミニンの機能や局在はラミニンのアイソフォームによって異なることから，線維芽細胞胞以外の細胞に特異的な細胞接着モチーフや受容体の同定など，多くの課題が残されている。基底膜の中で強い細胞接着活性を示すラミニンの機能を一つずつ明らかにしていくことで，ラミニン由来活性ペプチドを用いた人工基底膜創製や組織特異的な医用材料としての応用が期待される。

文　　献

1)　S. Scheele *et al., J. Mol. Med.*, **85**, 825（2007）
2)　M. Nomizu *et al., J. Biol. Chem.*, **270**, 20583（1995）
3)　N. Suzuki *et al., Matrix Biol.*, **29**, 143（2010）
4)　Y. Kikkawa *et al., Cell Adh. Migr.*, **7**, 150（2013）
5)　S. Hibino *et al., Cancer Res.*, **65**, 10494（2005）
6)　K. Hozumi *et al., J. Biol. Chem.*, **281**, 32929（2006）
7)　K. Hozumi *et al., FEBS Lett.*, **584**, 3381（2010）
8)　E. Araki *et al., Mol. Biol. Cell*, **20**, 3012（2009）

第3章 ペプチド立体構造の設計と機能

堤　浩[*1]，三原久和[*2]

1　はじめに

　タンパク質間相互作用の制御は，生命現象を理解する学術分野だけでなく，創薬・医療分野においても重要な課題の一つである。タンパク質どうしが相互作用するインターフェイスでは，ペプチド鎖がα-ヘリックスやβ-シート，ループなどの立体構造をとることによってアミノ酸側鎖の配向が制御され，特異的かつ強い相互作用が実現されている。このことは，立体構造を適切に設計することにより，タンパク質間相互作用を制御可能な機能性ペプチドを創り出せることを示唆している。本章では，ペプチドの二次構造に焦点を当て，ペプチド立体構造の設計と機能について概説する。

2　α-ヘリックスペプチドの設計，構造安定化および機能

　α-ヘリックス構造はペプチドの二次構造の中でも最も研究されている立体構造であり，右巻きのらせん構造である。理想的なα-ヘリックス構造は3.6残基で1回転し，らせんの間隔は5.4 Åである。アミノ酸のアミノ基は4残基離れたアミノ酸のカルボキシル基と水素結合を形成しており，ペプチド鎖が長いほど水素結合の数が増えるため安定なヘリックス構造をとりやすくなる。α-ヘリックスペプチドを設計する上でよく用いられるのがホイール図とネット図である（図1(a)）。ホイール図はα-ヘリックスの中心軸に沿ってN末端からペプチドを見たものであり，7残基のアミノ酸で2回転するように描かれることが多い。一方，ネット図は円筒状に見立てたα-ヘリックスを展開したような図であり，アミノ酸3残基と4残基の交互繰り返しとして描かれる。これらの模式図はα-ヘリックス構造中の疎水性や親水性・電荷性のアミノ酸の分布を理解する上で便利である。α-ヘリックスペプチドを一から設計する場合，α-ヘリックス構造をとりやすい主なアミノ酸であるAla，Leu，Met，Glu，Lysを利用することが多い。

　α-ヘリックス構造はタンパク質間相互作用のインターフェイスによく見られる構造であることから，ヘリックス構造をとるペプチドを基盤としたタンパク質間相互作用の阻害分子の開発が進められている[1]。一例として，p53タンパク質とhDM2タンパク質の相互作用が挙げられる。p53はがん抑制作用をもつタンパク質であるが，がん細胞で過剰発現したhDM2との相互作用

＊1　Hiroshi Tsutsumi　東京工業大学　生命理工学院　准教授
＊2　Hisakazu Mihara　東京工業大学　生命理工学院　教授

医療・診断をささえるペプチド科学—再生医療・DDS・診断への応用—

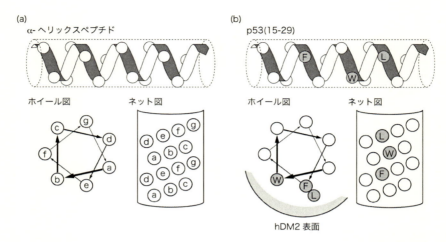

図1 (a)α-ヘリックスペプチドの模式図, (b)p53(15-29)ペプチドの模式図とhDM2との結合に必要なアミノ酸の配置

によりそのがん抑制作用が阻害される。そのため, 抗がん剤としてp53-hDM2相互作用を阻害する分子の開発が進められている。p53-hDM2相互作用において, p53の15残基目から29残基目までがα-ヘリックス構造を形成すると疎水性アミノ酸のPhe19, Trp23, Leu26の側鎖がヘリックスの一方の面に整列し, hDM2の疎水性のクレフト構造にはまるように結合することができる（図1(b)）[2]。すなわち, 安定なα-ヘリックス構造を形成することができれば, 短いペプチドでも標的タンパク質に強く相互作用するものと考えられる。

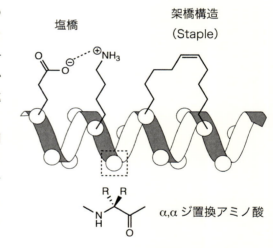

図2 α-ヘリックス構造の安定化

短いペプチド鎖でも安定なヘリックス構造を形成するための方法として主に, ①負電荷の側鎖をもつGluと正電荷の側鎖をもつLysとの間で静電相互作用により形成される塩橋（ソルトブリッジ）の利用, ②α-ヘリックス構造をとりやすいアミノ酸（非天然アミノ酸等）の導入, ③側鎖間の架橋構造の形成（Staple）, が挙げられる（図2）。

塩橋はペプチド鎖中のi番目にGlu, i+4番目にLysを配置することで導入できる。このとき, α-ヘリックスには主鎖のペプチド結合のC末端側に向くカルボニル基に由来する双極子モーメントがあり, この双極子モーメントを相殺してヘリックス構造を安定化させるため, N末端側にGlu, C末端側にLysが配置される。塩橋は1本のペプチド中に複数導入することができるため,

第3章　ペプチド立体構造の設計と機能

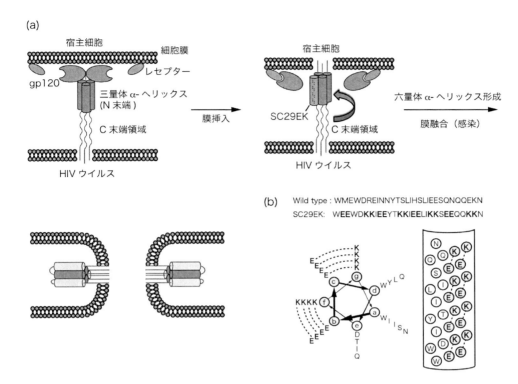

図3　(a) gp41タンパク質を介した膜融合によるHIVの感染，(b) gp41のC末端側ヘリックス領域および塩橋を導入したSC29EKペプチドのアミノ酸配列とホイール図，ネット図

ヘリックス構造の安定化に効果的である．また，電荷性アミノ酸であるGluとLysを使用するため，ペプチドの水溶性が向上する．この塩橋を利用することによりHIVなどのウイルスの侵入阻害ペプチドが開発されている．HIVが宿主細胞に侵入する際にはたらくgp41タンパク質は三量体を形成しており，N末端領域はgp120タンパク質と相互作用している．gp120が標的細胞上のレセプター分子と相互作用することにより，gp41のN末端側の膜挿入部位が露出して標的細胞膜上にアンカリングする．さらに，N末端側の三量体α-ヘリックス構造に対してC末端側のヘリックス形成領域がヘリックス構造をとりながら結合して六量体構造を形成する過程で宿主細胞とウイルスの膜が融合し感染が成立する（図3(a)）．このC末端側のヘリックス形成領域の29残基ペプチドに8組の塩橋を導入したペプチドSC29EK（図3(b)）は安定なα-ヘリックス構造を形成し，gp41のN末端の三量体α-ヘリックス構造に対して結合することにより膜融合を阻害し抗ウイルス活性を示す．その抗HIV活性は，塩橋を導入していないWild typeのペプチドと比較して50倍以上であり，数nMという低濃度で効果を示すことから，塩橋の導入によるα-ヘリックス構造の安定化が有用であることがわかる[3]．インフルエンザウイルスなどのウイルスはHIVと同様の膜融合プロセスにより感染するため，安定化した設計α-ヘリックスペプチドはさまざまなウイルス侵入阻害剤として機能すると期待される．

アミノ酸のα位の水素がアルキル基に置換されたα,αジ置換アミノ酸の導入によるα-ヘリックス構造の安定化も精力的に行われてきた。代表的なα,αジ置換アミノ酸として、メチル基で置換されたα-アミノイソブタン酸（α-amino-isobutyric acid：Aib）が挙げられる。Aib はヘリックス構造を誘起するアミノ酸として知られており、ペプチド鎖中のアミノ酸を Aib に置換することによりα-ヘリックス構造を安定化することができる。実際に、p53(17-28)ペプチド中の3つのアミノ酸を Aib で置換することによりα-ヘリックス性が向上し、hDM2 への結合活性も増強される[4]。また、HIV の gp41 タンパク質の C 末端側ヘリックス形成領域から抽出した12残基のペプチド中の5か所に Aib を導入したペプチドにおいてもα-ヘリックス性の向上と抗HIV 活性の増強が見られる[5]。いずれの場合も、結合に必須のアミノ酸を維持したまま、適切な位置に Aib を導入することで安定なα-ヘリックス構造を形成できるようになり、結合活性が増強されている。

アミノ酸の側鎖間を共有結合により架橋したペプチドは staple ペプチドと呼ばれ、塩橋や Aib の導入より強固にα-ヘリックス構造を安定化することができる。架橋構造に用いられる共有結合の様式の一つとして Lys と Glu の側鎖間のアミド結合が挙げられるが、合成が煩雑なことや i 番目と i+4 番目の位置にしか導入できないため、これに替わる手法として、近年、非天然アミノ酸とオレフィンメタセシス反応やクリック反応を組み合わせた架橋方法が用いられている（図4）。

オレフィンメタセシスは金属触媒存在下で2種のオレフィンの結合の組み替えが起こり、新たなオレフィンを生成する反応である。オレフィンメタセシス反応を利用した staple ペプチドでは側鎖の炭素数を任意に変えることができるため、i 番目と i+4 番目だけでなく、ヘリックス2巻き分の i 番目と i+7 番目も対象として架橋構造を導入可能である。また、α,αジ置換アミノ酸骨格をもつ非天然アミノ酸として合成して用いることができる（図4(a)）。実際に、p53(14-

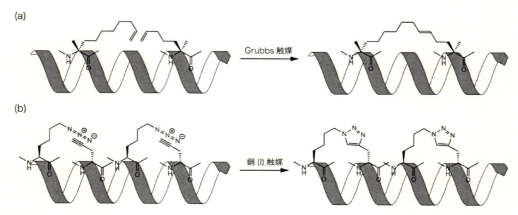

図4　(a) Grubbs 触媒を用いたオレフィンメタセシス反応による staple ペプチド合成，(b) 銅(I)触媒を用いたクリック反応による staple ペプチド合成

第3章 ペプチド立体構造の設計と機能

29)ペプチドの Ser20 と Pro27 をそれぞれ対応する非天然アミノ酸で置換して架橋構造を導入した staple p53(14-29) は天然の p53(14-29) と比較して α-ヘリックス性が 70％ 向上し，hDM2 に対する結合活性も 8 倍増強される。また，アミノ酸配列を最適化することにより設計された staple p53(14-29) は細胞膜を透過できるようになり，がん細胞のアポトーシスを誘導することが明らかとされた[6]。同様に，エストロゲンレセプター[7]やビタミン D レセプター[8]とそれぞれの補助活性化因子の相互作用を阻害する staple ペプチドも報告されている。

　一価の銅触媒存在下，アジド基とアルキン基の間で起こる[3+2]付加環化反応は代表的なクリック反応の一つであり，タンパク質や合成高分子の化学修飾などに幅広く用いられている。アジド基とアルキン基をそれぞれ側鎖にもつ非天然アミノ酸を利用することによりペプチド上でクリック反応を行うことができ，トリアゾール環で架橋された staple ペプチドを得ることができる（図4(b)）。β-カテニンは腫瘍形成に関与するタンパク質であり，補助活性化因子の一つである BCL9 タンパク質との相互作用によりその機能が制御されている。β-カテニンは表面に大きな溝をもち，BCL9 の 351-374 部分が α-ヘリックス構造をとって溝にはまり込むように結合する。この BCL9(351-374) ペプチドにアジド基とアルキン基をそれぞれ側鎖にもつ非天然アミノ酸を導入し，クリック反応により架橋構造を形成することで，α-ヘリックス性の向上と β-カテニン-BCL9 相互作用の阻害活性の増強が達成されている[9]。また，ペプチド内に架橋構造を 2 つ導入することにより，ほぼ 100％ の理想的な α-ヘリックス構造を形成して高い阻害活性を示す。

　短い α-ヘリックスペプチドでタンパク質間相互作用を制御する場合，そのほとんどは天然のタンパク質の一部を切り取り，相互作用に必要なアミノ酸を維持しながら α-ヘリックス構造を安定化したペプチドとして設計される。この方法は，相互作用しているタンパク質の結晶構造データがある場合は有効であるが，タンパク質の詳細な立体構造や配列情報が不明である場合は別の手法が必要となる。そこで，α-ヘリックス構造を土台としてペプチドを設計し，ファージディスプレイ法を利用したペプチドライブラリの構築とスクリーニングによるペプチドリガンドの探索が行われている。短いペプチドでは安定な α-ヘリックス構造の維持が難しいことから，ヘリックスバンドルと呼ばれる α-ヘリックスが束なった構造が利用されている。両親媒性に設計したペプチドは疎水面を向け合うようにして α-ヘリックス構造を形成し，ヘリックスをまたいで配置された Glu と Lys の静電相互作用により構造が安定化する（図5）。2 本の α-ヘリックスは適当な長さのループによって連結されており，一方の α-ヘリックスを構造安定化の足場として，もう一方の α-ヘリックスの外側の面の 5 か所に 20

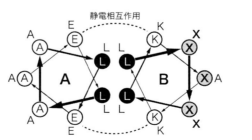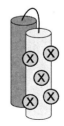

図5　2α-ヘリックスバンドル構造を土台としたペプチドライブラリ
（X は 20 種の任意のアミノ酸）

種のアミノ酸がランダムに出現するペプチドライブラリを構築することができる。このライブラリをスクリーニングすることにより，糖鎖結合性の2α-ヘリックスバンドルペプチドが獲得されている[10]。

3 β-シートペプチドの設計，構造安定化および機能

β-ストランドはアミノ酸の側鎖が主鎖に対して上下に配向したジグザグ構造であり，通常は隣り合ったβ-ストランド鎖の間で一方の主鎖のN-Hと隣接する主鎖のC=Oが水素結合を形成することでβ-シート構造を形成する（図6(a)）。ペプチド鎖が長くなるほど水素結合の数が多くなり，安定なβ-シート構造を形成することができる。β-シート構造にはβ-ストランドの配向が平行と逆平行の2つがあるが，一本鎖のペプチドでβ-シート構造を形成させる場合にはβ-ターンを介して逆平行にβ-ストランドを配置したβ-ヘアピン構造がよく用いられる（図6(b)）。安定なβ-ヘアピン構造を形成するために，ペプチドの主鎖が折れ曲がる部分にはβ-ターン構造を形成しやすいGly，Asn，Proなどが利用され，特にD-Pro-L-Proの配列は安定なβ-ターン構造モチーフとして利用される。実際に，ファージディスプレイ法により見出された抗体のFc部位に結合するペプチドにD-Pro-L-Pro配列を組み込んでβ-ヘアピン構造を安定化することにより，結合活性を向上できる[11]。

β-ヘアピン構造は主鎖の水素結合ネットワークにより平面状の構造となり，平面の上下にア

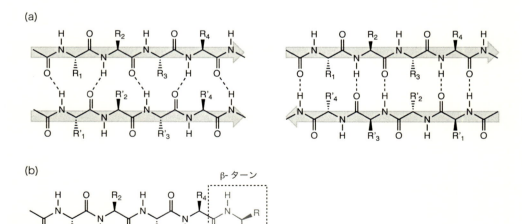

図6 (a)平行および逆平行β-シート構造の模式図，(b)逆並行β-ヘアピン構造の模式図

第3章 ペプチド立体構造の設計と機能

ミノ酸側鎖が整列することから，タンパク質との相互作用に必要なアミノ酸側鎖の配向を制御した分子設計が可能である．p53タンパク質とhDM2との相互作用では，p53のヘリックスの同じ面に整列したPhe19, Trp23, Leu26の3つのアミノ酸側鎖の配向が重要である．これらのアミノ酸をD-Pro-L-Pro配列をターン部位にもつβ-ヘアピンペプチドに移植することにより，8残基の短いペプチドでもhDM2に対して優れた阻害活性を示すことができる[12]．

4 ループペプチドの設計と機能

ループ構造はタンパク質の表面でα-ヘリックスやβ-シート構造が折り返す部分に現れる構造であり，通常は数残基〜十数残基のアミノ酸で構成される．抗体の抗原認識部位は複数のループ構造から構成されており，標的タンパク質の認識において重要な役割を果たしている．タンパク質中のループ部分を短いペプチド断片として切り出してもペプチドは特定の立体構造を維持できないため，ループ構造を安定化するための方法として，他のペプチド二次構造と組み合わせる方法や環状ペプチドとする方法が用いられる．

両親媒性に設計した2本の逆並行α-ヘリックスバンドルを利用することにより，2本のヘリックスをつなぐ部分にループ構造をとらせることができる（図7(a)）．ファージディスプレイ法を用いて9アミノ酸から成るループ部分を20種類のアミノ酸でランダム化したペプチドライブラリを構築し，このライブラリをスクリーニングすることによりAuroraα-Aキナーゼに対して優れた阻害活性を示すペプチドが獲得されている[13]．α-ヘリックス部分を欠失させたペプチドでは阻害効果が見られないことから，2α-ヘリックスバンドルにより安定化されたループ構造が重要であることは明らかである．

逆並行β-シート構造を利用することで，よりコンパクトにループ構造を形成させる試みも行われている．Lys-Ile-Thr-Val配列とLys-Thr-Tyr-Glu配列は分子内で安定に逆並行β-シート構造を形成できることから，2つのβ-ストランドの連結部分に4または5残基のアミノ酸から

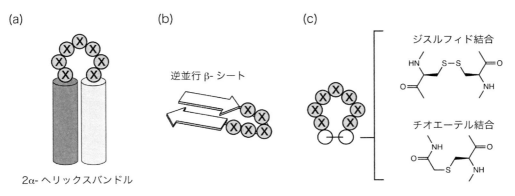

図7 (a) Helix-Loop-Helix構造，(b) β-ループ構造，(c) 環状ペプチド

成るループ構造をとらせることができる（図7(b)）。このループ部分にα-アミラーゼを阻害するタンパク質テンダミスタットのループ部分を移植することにより，低分子量のα-アミラーゼ阻害ペプチドへと機能化できる。また，ループ部分のアミノ酸を変えることにより，さまざまなタンパク質を検出可能なペプチドライブラリの構築が行われている[14]。さらに，ファージディスプレイ法を用いて5残基のアミノ酸から成るループ部分を20種類のアミノ酸でランダム化したペプチドライブラリから，インスリン結合性ペプチド[15]やジヒドロ葉酸還元酵素阻害ペプチド[16]が獲得されている。

環状ペプチドはタンパク質のループ構造を模倣する分子として古くから研究されている。ペプチドの環状化の代表的な方法として，2つのCysの側鎖チオール基の酸化によるジスルフィド結合形成が挙げられる（図7(c)）。抗体の抗原認識部位である相補性決定領域（CDR）のループ配列から成るペプチドのN末端およびC末端側にCysを配置して環化したペプチドは，抗体そのものには劣るものの，短いペプチド断片であっても抗体と同様の特異性や高い結合親和性を示す。実際に，アレルギー反応を引き起こすIgEに対する抗IgE抗体のCDRL1の8残基のペプチドを2つのCysで挟んで環化したペプチドはIgEに対して直鎖状ペプチドより高い結合活性を示す[17]。また，C型肝炎ウイルスのプロテアーゼに対する抗体のCDRH1の13残基配列から誘導化した環状ペプチドは安定なループ状構造を維持し，高いプロテアーゼ阻害能を示す[18]。タンパク質のループ構造を切り出して環状ペプチドリガンドや阻害剤として利用する例は他にも多数あり，例えば，二量体を形成することで活性化される上皮細胞成長因子受容体（EGFR）の二量体形成のインターフェイスにあるヘアピンループ構造から抽出した8残基アミノ酸から成る環状ペプチドはEGFRの二量体形成を効果的に阻害する[19]。

天然のタンパク質のループ構造からではなく，ランダムな配列をもつ環状ペプチドライブラリから特定のタンパク質などに結合するペプチドリガンド・阻害剤のスクリーニングも活発に行われている。ファージディスプレイ法では，ジスルフィド結合で環化した7-12残基の環状ペプチドライブラリが用いられることが多い。近年では，mRNAディスプレイ法を改良することにより非天然のアミノ酸を導入し，ジスルフィド結合よりも安定なチオエーテル結合で環化したペプチドライブラリの構築も行われている（図7(c)）[20]。このライブラリから，酵素や受容体などさまざまなタンパク質に特異的に結合する多数の大環状ペプチドリガンドが単離されており，例えば，病原性細菌やがん細胞に多剤耐性を付与するMATE輸送体タンパク質に対して特異的に結合する環状ペプチドは，MATE輸送体の中央の割れ目構造に深く結合することで高い阻害活性を示すことが結晶構造解析により明らかにされている[21]。

5 おわりに

本章では，α-ヘリックスやβ-シート，ループなどのペプチド二次構造に焦点を当て，安定なペプチド立体構造の設計と，結合活性や立体構造に基づいた標的タンパク質への結合・阻害活性

第3章　ペプチド立体構造の設計と機能

について述べた。ペプチドの立体構造を巧みに設計することにより，タンパク質間相互作用を制御する分子の創出が可能となり，創薬や診断などの医療分野への展開が期待される。

文　　献

1)　R. R. Araghi & A. E. Keating, *Curr. Opin. Struct. Biol.*, **39**, 27 (2016)
2)　P. H. Kussie *et al.*, *Science*, **274**, 948 (1996)
3)　T. Naito *et al.*, *Antimicrob. Agents Chemother.*, **53**, 1013 (2009)
4)　R. Banerjee *et al.*, *J. Peptide Res.*, **60**, 88 (2002)
5)　C. Guarise *et al.*, *Tetrahedron*, **68**, 4346 (2012)
6)　F. Bernal *et al.*, *J. Am. Chem. Soc.*, **129**, 2456 (2007)
7)　Y. Demizu *et al.*, *Bioorg. Med. Chem.*, **23**, 4132 (2015)
8)　T. Misawa *et al.*, *Bioorg. Med. Chem.*, **23**, 1055 (2015)
9)　S. A. Kawamoto *et al.*, *J. Med. Chem.*, **55**, 1137 (2011)
10)　T. Matsubara *et al.*, *Biochemistry*, **47**, 6745 (2008)
11)　R. L. A. Dias *et al.*, *J. Am. Chem. Soc.*, **128**, 2726 (2006)
12)　R. Fasan *et al.*, *Angew. Chem. Int. Ed.*, **43**, 2109 (2004)
13)　D. Fujiwara *et al.*, *Bioorg. Med. Chem. Lett.*, **20**, 1776 (2010)
14)　M. Takahashi *et al.*, *Chem. Biol.*, **10**, 53 (2003)
15)　T. Sawada *et al.*, *Mol. BioSyst.*, **7**, 2558 (2011)
16)　H. Tsutsumi *et al.*, *Mol. BioSyst.*, **11**, 2713 (2015)
17)　M. Takahashi *et al.*, *Bioorg. Med. Chem. Lett.*, **9**, 2185 (1999)
18)　K. Tsumoto *et al.*, *FEBS Lett.*, **525**, 77 (2002)
19)　T. Mizuguchi *et al.*, *Bioorg. Med. Chem.*, **20**, 5730 (2012)
20)　C. J. Hipolito & H. Suga, *Curr. Opin. Chem. Biol.*, **16**, 196 (2012)
21)　Y. Tanaka *et al.*, *Nature*, **496**, 247 (2013)

第4章　生体内安定性—N結合型糖鎖修飾を用いた医薬品創製—

西内祐二*

1　はじめに

　天然に存在するペプチドの多くは，ホルモンやサイトカイン，神経伝達物質，成長因子，イオンチャネルのリガンド，抗生物質などとして作用することにより，ヒトの生理機能／恒常性の維持に極めて重要な役割を担っている。一般に，これらペプチドは広範な薬理効果および高い選択性を持つと同時に，低い毒性さらには組織への低い蓄積性を備えており，比較的安全性に優れていると考えられている。したがって，生理活性ペプチドは潜在的な医薬品候補である。しかし，ペプチドをそのまま医薬品として適用するには，いくつかの障壁が存在する。これは，ペプチドが本来の属性として持っている物理化学的および薬理学的な不安定性に起因する。約600種のプロテアーゼを備えたヒトの体内では，ペプチドは速やかに分解される。特に，極めて短い血中濃度半減期が常に問題となる。このため，半減期の延長をはじめとした薬物動態特性を改善するいくつかの技術が開発されている。ペプチド分子の化学修飾や，製剤／薬物輸送システム技術などが適用される。

2　化学修飾による薬物動態の改善

　一般に，天然由来のペプチドの血漿中濃度半減期は比較的短いため，ペプチドの分子構造に改変／修飾を施し，半減期の延長と同時に薬物動態特性の改善を図る。ペプチドに酵素分解に対する抵抗性を賦与する第一段階として，元のペプチド構造を化学的に最適化する。この最適化に用いられる手法として以下が知られている。①N末端またはC末端から順次アミノ酸を削除したアナログを調製し，それらの活性を指標として活性発現に必要な最小配列を検索する。また，1つまたは連続する複数個のアミノ酸を欠損，さらにはこの欠損を配列の2箇所以上で組み合わせる[1]。②N末端またはC末端を，それぞれアセチル基またはアミド基などでキャッピングする[2]。③切断される可能性のある部位を検索すると同時に，目的標的との相互作用に重要な役割を持つ官能基を特定するために，アラニン／D-アミノ酸スキャニングを行う。この操作を通して，ペプチド構造の単純化および最適化を目指す。④ペプチド配列を環状構造に変換する（ジスルフィド結合環化スキャニング）。これには，直鎖ペプチドの立体配座の柔軟性を低減，水素結合の低

---

*　Yuji Nishiuchi　㈱糖鎖工学研究所　事業部　部長（研究担当）

第4章　生体内安定性―N結合型糖鎖修飾を用いた医薬品創製―

減による膜透過性の増強，およびエンド／エキソペプチダーゼによる酵素分解を抑制する効果がある[3]。⑤天然型アミノ酸を非天然型アミノ酸（D-アミノ酸など）やN-メチルアミノ酸に置換し，元のペプチドの血漿中安定性および標的との親和性を増強する。⑥アミド結合の置換：(i)アミドNHをアルキル化，(ii)カルボニル基をメチレン，エンドチオペプチド結合，ホスホンアミド結合に置換，(iii)アミド結合をデプシペプチド，チオエステル，ケトメチレンに変換する。⑦ペプチド構造をStapledペプチドへ変換する。すなわち，生理活性ペプチドのα-ヘリックス構造を，化学的なブレースにより固定化する。以上の手法のいずれか，またはいくつかの手法を組み合わせて，薬物動態特性が改善／増強されたペプチド分子構造に導く。

　血中循環するアルブミンにペプチド／タンパク質を結合し，アルブミンを輸送媒体として利用する戦略もある[4]。これにより半減期が延長し，ペプチド医薬の投与頻度を減らすことが可能となる。また，ペプチドの脂肪酸修飾では，脂肪酸とアルブミンの非共有結合により，ペプチドはプロテアーゼの攻撃から防御される。これは，アルブミンの立体障害の効果による。一方，血漿タンパク質と相互作用しない分子は，その分子量が5 kDa以下の場合には，腎臓から速やかに排出される傾向にある[5]。このため，血中のペプチド／タンパク質の安定性向上を目的として，その分子全体の分子量を大きくする手法が採られる。分子量を増大させると，糸球体からの濾過効率が低下し，ペプチド／タンパク質が標的組織や抗原と相互作用するチャンスが増加する。分子量を増大させるためには，大きな体積を備える溶媒和ポリマーを分子に置換する。例えばPAS化，HES化，PEG化，糖鎖修飾などが挙げられる。PAS化では，プロリン／アラニン／セリンから成るポリマーを，ペプチド／タンパク質に修飾する。HES化は，トウモロコシ由来のヒドロキシエチル澱粉を，PEG化は，ポリエチレングリコールを修飾する技術である。特に，PEG化の有用性は，アスパラギナーゼなどのタンパク質で実証されている。また，PEG化は免疫学的に重要な物質（例えば，granulocyte colony-stimulating factor，インターフェロンα-2a/2bなど）の生物活性を増強する目的にも適用される[6]。バイオ医薬品の薬物動態特性の改善に用いられるPEG化ではあるが，欠点も併せ持っている。様々な分子量分布を持つPEGをペプチド／タンパク質分子にコンジュゲートすると，多数の異なる単量体イソ型が生じる。この結果，それら各々の生物活性が変化し，受容体への結合において互いに競合するなど，予想外の問題を引き起こす可能性もある。さらには，完全には生分解しない合成ポリマーを生体に導入するため，生体内での蓄積／免疫原性の問題も残る[7]。一方，糖鎖修飾は，ペプチド／タンパク質に糖質を共有結合する技術であり，自然のそれに最も近いものである。事実，ヒトタンパク質の50%以上が糖鎖修飾されており，糖鎖はその役割の一つとして，血漿中での安定性に深く関わっている。糖鎖修飾は，糖鎖が結合するペプチド／タンパク質に，酵素分解への抵抗性，水溶性の向上，凝集性の低下などを賦与し，結果として血漿中での安定性が向上する[8]。

3　ペプチド／タンパク質の糖鎖修飾

　ペプチド／タンパク質による治療有効性を改善するには，それらの物理化学的および薬理学的性質を分子レベルで操作するアプローチが，有効に機能することを述べてきた。なかでも，糖鎖工学技術により，タンパク質表面の糖鎖修飾パターンを戦略的に操作するアプローチが注目を浴びている。糖鎖構造が，糖タンパク質の体循環挙動に及ぼす効果として，以下が指摘されている[9]。①不適切に糖鎖修飾されたタンパク質は，特異受容体により体循環から速やかに排除される。②修飾糖鎖の末端にシアル酸が存在すれば，体循環の半減期が延長される。③シアル酸／糖鎖含有量の上昇に相関して，体循環半減期も上昇する。④糖鎖修飾パターンに依存して，タンパク質は特定の組織や臓器を標的とすることができる。したがって，タンパク質の糖鎖修飾と，その生体内効力についての研究は，糖鎖含有量と糖鎖構造に重点を置いて行われてきた。

3.1　発現法による糖鎖修飾

　エリスロポエチン（EPO）は，166アミノ酸から構成される糖タンパク質で，3本のN結合型糖鎖および1本のO結合型糖鎖により翻訳後修飾されている。赤血球の産生を制御する造血因子であり，腎性貧血治療薬として用いられている。動物細胞（CHO細胞など）を用いた遺伝子組換え技術により，EPOは製造される。N型糖鎖修飾のコンセンサス配列を30位と88位に追加し，N結合型糖鎖を全部で5本導入したEPO分子は，静脈投与後の血清中濃度半減期が飛躍的に増大した。これは，EPOの分子サイズが大きくなったことに加え，シアル酸の含有量が増えたことが要因である。この分子はダルベポエチンα（商品名，ネスプ）として知られ，22個のシアル酸を有している[10]。シアル酸含有量の増加に伴い，血清中濃度半減期が元のEPOに較べて3倍に伸びている。従来は週に2～3回もの静脈内投与が必要であったが，半減期の延長によって週に1回投与での治療が可能となった。また，ダルベポエチンαを16週に渡って患者に投与しても，有意な免疫応答が認められなかったとも報告されている[11]。

　通常，ペプチド／タンパク質の糖鎖修飾は，動物細胞を用いて糖鎖修飾コンセンサス配列に従って行われる。しかし，糖鎖修飾の制御は困難であるため，往々にして得られた糖ペプチド／タンパク質は，置換した糖鎖の個数および構造が異なった混合物である。これが，いわゆる「glycoform問題」であり，最終品の品質管理に難渋する場合がある[12]。

3.2　化学合成による糖鎖修飾

　ペプチド／タンパク質の糖鎖修飾は，血中濃度半減期を含む薬物動態を改善する確実な手法の一つである。化学合成を援用した糖鎖修飾技術を適用すれば，単一な糖鎖構造を持つペプチド／タンパク質が調製可能であり，発現技術に伴うglycoform問題を回避できる。しかし現実には，糖鎖の化学合成には高いハードルがあり，ペプチド合成に利用可能な糖アミノ酸ビルディングブロックが入手困難であることから，化学合成糖ペプチド／糖タンパク質の医薬品への展開は遅れ

第4章 生体内安定性—N結合型糖鎖修飾を用いた医薬品創製—

ていた。しかし，鶏卵黄から高純度なN結合型糖鎖が単離され，産業利用への道が開かれるや，糖ペプチド／糖タンパク質の化学合成が飛躍的な進展を見せている[13]。また，N結合型糖鎖は，化学的手法ならびに酵素反応により，種々の糖鎖構造を備えたライブラリーも構築されている[14]。

鶏卵黄から単離したシアリルグリコペプチド（KVANKT）のアスパラギンは，側鎖のアミド基が2分岐の複合型ジシアリル糖鎖でNグリコシル化されている。この糖ペプチドをプロテアーゼで処理し，糖アスパラギンまで変換した後，ペプチド合成のビルディングブロックとする（図1）。Fmoc/Boc 固相合成法を適用した糖ペプチド合成が可能である（図2(a)）。ただし，末端に存在するシアル酸は，酸性条件に極めて不安定であり，容易に加水分解を受け切断されてしまうため，このままではペプチド合成に利用できない。この不安定性は，シアル酸がアノマー位に隣接する炭素に水酸基を欠くデオキシ糖であることに起因する。また，シアル酸のカルボキシ基が，分子内酸触媒として機能する結果，グリコシル結合の加水分解を促進していると考えられる[15]。したがって，シアル酸のカルボキシ基の保護基としてFmoc法ではベンジル基を，Boc法ではフェナシル基をそれぞれ導入する。シアル酸のカルボキシ基が保護されている限り，通常のペプチド合成に用いる条件下に，シアル酸は安定に存在する。ベンジル基で保護した

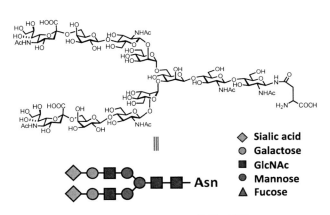

図1 複合型ジシアリル糖鎖の構造

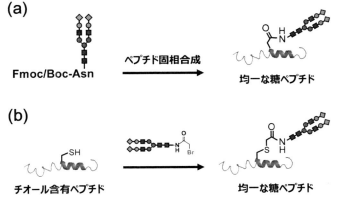

図2 糖ペプチドの化学合成
(a)固相合成，(b)液相合成

Fmoc ジシアリル糖鎖アスパラギン誘導体をビルディングブロックとして，166 アミノ酸から成るインターフェロン β1a が化学合成されている[16]。

一方，液相法においては，ハロアセタミド糖鎖を用いた糖鎖修飾法が，簡便である（図2(b)）。還元末端アミノ糖とアスパラギン側鎖カルボニル基間のアミド結合を，グリコアミダーゼで切断して得られるアミノ糖を利用したものである。ブロモアセタミド糖鎖とペプチド鎖中のシステイン・チオール基を，穏和な条件下に反応させ，チオエーテルを介して糖鎖修飾する[17]。したがって，糖鎖とペプチドの結合様式は，天然型とは異なるものの，天然型の糖鎖構造を備えている。本手法とシステインスキャニングの組み合わせは，迅速な糖ペプチドライブラリーの構築を可能とし，ペプチド／タンパク質の糖鎖修飾位置および糖鎖個数／糖鎖構造の最適化に有用である。

3.3 N 結合型糖鎖修飾によるペプチド医薬の創製

生体内において糖タンパク質に水溶性や血漿中安定性などを付与している N 結合型糖鎖に着目し，糖鎖修飾によるペプチド創薬への応用を検討した。ソマトスタチン（somatotropin release-inhibiting factor：SRIF）はペプチドホルモンであり，SRIF 受容体（サブタイプ5種：sst1〜sst5）を介して神経伝達や細胞増殖を制御し，多くの二次ホルモンの分泌を抑制する。生体内には 14-, 28-アミノ酸で構成される 2 成分が存在する。天然型 SRIF は，血漿中で速やかに代謝されるため，薬剤としては直接適用することはできない。このため SRIF のペプチド骨格を改変し，非天然型アミノ酸を含むオクトレオチドやパシレオチドなどが消化器神経内分泌腫瘍の治療薬として開発された。前者は sst2 に，後者は sst1-3, 5 に親和性を示す。しかし，いずれも sst4 に対する親和性を欠くため，sst4 が関与する血管増殖，緑内障関連疾患や中枢神経の障害などに対しての有効治療法にはならない。したがって，天然の SRIF と同様に，全受容体サブタイプに対して親和性を示し，かつ安定性を賦与された SRIF アナログの開発が望まれる。

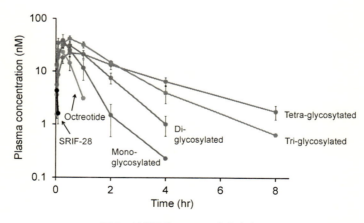

図3　糖鎖修飾 SRIF の血中安定性
（40 nmol/kg, SD ラット皮下投与）

第4章 生体内安定性—N結合型糖鎖修飾を用いた医薬品創製—

ハロアセタミド糖鎖修飾法を，SRIF分子のシステインスキャニングに適用し，糖鎖修飾位置，糖鎖個数／糖鎖構造の最適化を行った。合成アナログは，各受容体サブタイプへの親和性を指標として評価した。適正な糖鎖修飾位置（受容体との結合を妨げない修飾位置）を選択することにより，天然型SRIFと同等の受容体親和性プロフィルを示すアナログが得られた。糖鎖構造は，ジシアリル糖鎖が最も血中安定性の改善効果が高い。1本のジシアリル糖鎖を付加したSRIFには，血中濃度半減期を天然型のそれと比較して約10倍の延長効果が認められ，さらに糖鎖個数に比例して半減期が延長している（図3）。また，この糖鎖修飾SRIF（1本のジシアリル糖鎖を付加）は，成長ホルモン放出因子（GRF）により惹起された成長ホルモン（GH）産生を阻害した（図4）。一方，天然型SRIFは，血中で速やかに分解されるため，成長ホルモン産生の阻害作用を示さない。以上の結果，SRIF本来の活性（全受容体サブタイプへの親和性）を維持し，かつ血中安定性を賦与した薬剤の創製に，N結合型糖鎖修飾技術が有用であることを実証した。

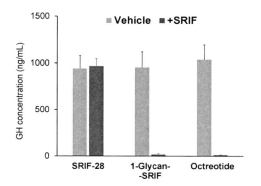

図4 成長ホルモン放出の阻害活性
GRFで惹起したGH放出の阻害活性を，SRIF-28／糖鎖修飾SRIFのラット皮下投与1時間後に測定（SRIF-28，100 nmol/kg；糖鎖修飾SRIF，10 nmol/kg；オクトレオチド，10 nmol/kg）

4 おわりに

ペプチドの薬物動態の改善には，ペプチド分子構造の改変／修飾を施す化学的アプローチが重要な役割を担っている。なかでもN結合型糖鎖修飾は，ペプチド／タンパク質に水溶性の向上，抗原性の低下，血中濃度半減期の延長効果を賦与する化学技術である。糖鎖は生体適合性および生分解性を備えている。また，糖鎖構造自身を，特定の組織や臓器へのターゲティングに活用する研究も進展している[18]。N結合型糖鎖修飾技術が，より安全な医薬品の開発に寄与することを期待する。

文　　献

1) A. G. Harris, *Gut*, **35** (Suppl. 3), S1 (1994)
2) L. H. Brinckerhoff *et al.*, *Int. J. Cancer*, **83**, 326 (1999)
3) A. Rozek *et al.*, *Biochemistry*, **42**, 14130 (2003)

4) B. L. Osborn *et al.*, *Eur. J. Pharmacol.*, **456**, 149 (2002)

5) M. Werle *et al.*, *Amino Acids*, **30**, 351 (2006)

6) J. M. Harris *et al.*, *Nat. Rev. Drug Discov.*, **2**, 214 (2003)

7) C. Sheridan, *Nat. Biotechnol.*, **30**, 471 (2012)

8) P. G. Burgon *et al.*, *Endocrinology*, **137**, 4827 (1996)

9) J. S. Ricardo *et al.*, *BioDrugs*, **24**, 9 (2010)

10) J. C. Egrie *et al.*, *Br. J. Cancer*, **84** (Suppl. 1), 3 (2001)

11) I. C. MacDougall, *Nephrol. Dial. Transplant.*, **16** (Suppl. 3), 14 (2001)

12) S. S. Park *et al.*, *J. Pharm. Sci.*, **98**, 1688 (2009)

13) N. Yamamoto *et al.*, *Chem. Eur. J.*, **13**, 613 (2007)

14) Y. Kajihara *et al.*, *Chem. Eur. J.*, **10**, 971 (2004)

15) M. Murakami *et al.*, *Angew. Chem. Int. Ed.*, **51**, 3567 (2012)

16) I. Sakamoto *et al.*, *J. Am. Chem. Soc.*, **134**, 5428 (2012)

17) N. Yamamoto *et al.*, *Tetrahedron Lett.*, **45**, 3287 (2004)

18) L. Latypova *et al.*, *Adv. Sci.* (*Weinh*), **28**, 1600394 (2016)

第5章　細胞膜透過性

二木史朗[*1], 秋柴美沙穂[*2], 河野健一[*3]

1 はじめに

近年, タンパク質・ペプチドに基盤を置くバイオ医薬品の重要性がますます指摘されるようになってきた。たとえば構造を制御したペプチド類を用いて, 疾病の発症や進行にかかわる細胞内のタンパク質-タンパク質相互作用（PPIs）の阻害が効果的に行われることが示されてきている。バイオ医薬品は天然タンパク質の構造モチーフを援用可能であり, 標的に対して高い親和性や薬効を示すことが期待されるが, その反面, これらの分子は親水性が高いがゆえに, 一般に細胞膜の透過性は低い。したがって, 細胞内分子を標的とするとき, これらの細胞内（サイトゾル）への移送方法が重要となる。また, これらの方法は, 医薬品開発のみならず, 医・薬学やケミカルバイオロジーの基礎研究にも有力な手段となる。

タンパク質・ペプチドをサイトゾルに移送しようとするとき, 大きく分けて, ①細胞膜の透過によりサイトゾルに到達する方法, ②細胞の養分取り込み経路であるエンドサイトーシスによりいったん細胞内に取り込まれた後, エンドソームから脱出してサイトゾルに至る経路の二つが考えられる（図1）。①の経路がより直接的で効率的ではあるものの, 細胞膜にペプチドやタンパク質が透過するための小孔形成や膜構造の乱れを誘起させる必要があり, 容易ではない。一方, ②の細胞内への物質輸送を行うエンドサイトーシス経路を利用すると, 細胞内にタンパク質やペプチドは比較的容易に取り込まれるが, このように取り込まれたタンパク質やペプチドはリソソームに運ばれ, 細胞内で所望の生理活性を示すことなく分解されてしまう。したがって, 取り込まれたタンパク質やペプチドが分解系に至る前に, エンドソームから抜け出てサイトゾルに移行することが望まれる。

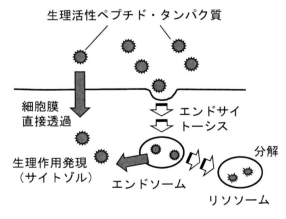

図1　ペプチド・タンパク質のサイトゾルへの移送経路

[*1] Shiroh Futaki　京都大学　化学研究所　教授
[*2] Misao Akishiba　京都大学　化学研究所　大学院生
[*3] Kenichi Kawano　京都大学　化学研究所　助教

このような要件を念頭に、種々の分子設計がなされてきた。本稿ではこれらの試みの中から、膜透過ペプチドを用いる方法、エンドソーム脱出促進ペプチドを用いる方法、構造規制ペプチドを用いる方法に関して概説する。

2 膜透過ペプチドを用いる方法

cell-penetrating peptides（CPPs）と総称される細胞膜透過性を有するペプチドを使うことにより種々のペプチド・タンパク質が効果的に細胞内に送達されることが報告されている。CPPとしてはたとえばポリアルギニン、HIV-1 TAT ペプチドなどのアルギニンに富む塩基性ペプチドが頻用されている[1~3]。ポリアルギニンや TAT の細胞内移行にはアルギニンのグアニジノ基が重要な働きをすることが示されている。アルギニン以外にも、グアニジノ基を有するβペプチド、ペプトイド、糖、合成高分子など様々な分子が細胞内移行性を示すことが報告されている。膜透過を示すこれらの分子中のアルギニンあるいはグアニジノ基の数は6~12個程度のものが多い。細胞内への送達には、CPPと細胞内に導入したいペプチドやタンパク質との架橋体や融合ペプチドを用いる方法が一般的である。多くの場合はエンドサイトーシスで細胞内に取り込まれ、エンドソームに保持されたCPPコンジュゲートの一部がエンドソームから漏出することで活性を発揮すると考えられている。また、条件によっては直接細胞膜を透過する。

CPPとのコンジュゲートのエンドソームからの漏出効率は数パーセント程度と言われ[4]、これを高める試みも盛んになされている。ポリアルギニンやTATがどのようにエンドソームから脱出するかの具体的機序は不明であるが、原島らは R8 修飾リポソームが後期エンドソームからサイトゾルに移行することを見出している[5]。また、Yang らはエンドソームに特徴的な脂質である bis(monoacylglycero)phosphate（BMP）（図2）を含む膜を TAT が不安定化することでエンドソームを脱出する可能性を提唱している[6]。

最近の CPP 関連の興味ある報告として、Pellois らにより報告されたN末端をテトラメチルローダミン標識した TAT 二量体（dfTAT）がある[7]。dfTATと細胞内に導入したいタンパク質等は架橋の必要がなく、単にこれらを混合するだけで細胞内送達が達成されることが報告されており、緑色蛍光タンパク質や転写因子、抗体が細胞内に導入されたことが報告されている。また、エンドソームに特徴的な脂質である BMP との相互作用によりエンドソームを脱出することが報告されている[8]。さらに、エンドソームからの漏出には二量体化のみならずテトラメチル

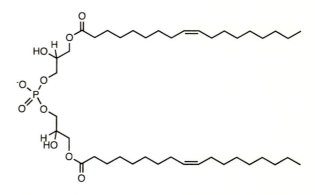

図2 bis(monoacylglycero)phosphate（BMP）の構造

第5章　細胞膜透過性

ローダミン標識が重要であることを強調している。

　二量体化という観点からは，アルギニンあるいはグアニジノ基を有するCPPとは若干異なるが，Yuらはロイシン（Leu）とリジン（Lys）からなるαヘリックス二量体がHIV-1 Tatタンパク質とその標的RNA領域（TAR）との相互作用を阻害したことを報告している[9]。また，この二量体との混合により，種々のタンパク質が細胞内に送達可能であったことも報告している[10]。Yuらの報告にあるロイシンとリジンからなる両親媒性ペプチド（配列）は以前に抗菌ペプチドあるいはCPPとしても報告されているものであるが，コンパクトな二量体構造を形成することで，膜構造を局所的により不安定化している可能性がある。

　PeiらはCPPとcargo部分（薬効ペプチド）をともに環状化させた二環性のペプチドによりPPIを阻害することで細胞内のシグナル伝達を抑制できたことを報告している[11]。CPP部分に使用されているアルギニンは4残基であり，上述の直鎖型のポリアルギニンが十分な膜透過を行うのに必要とされる6〜12残基に比べるとアルギニン数は少ない。このCPP部分にはアルギニンの他，疎水性のナフチルアラニンとフェニルアラニンが含まれており，また環化のために芳香環化合物が使われていることから，このCPP部分は適度な疎水性と塩基性の相乗効果に基づき膜と相互作用し，細胞内へと取り込まれるのではないかと推察される。

　Herceらは環状化したTATやアルギニン10量体（R10）と緑色蛍光タンパク質結合VHH抗体（ラクダ科動物の重鎖抗体の可変領域由来の単一領域抗体，13〜14 kDa）[GFP-binding proteins(GBPs)]とのコンジュゲートを利用するユニークな細胞内送達を報告している[12]。彼らは，「生理活性タンパク質とGFPとの融合タンパク質」と「GBPコンジュゲート」との複合体が細胞膜の直接透過によりサイトゾルならびに核小体に移行しうることを示している。

　Schneiderらは天然変性ペプチドintrinsically disordered peptideの一種であるCLIP6が細胞膜を直接透過する能力を有すること，また，このペプチドと連結することにより生理活性タンパク質を細胞内に移送可能であることを報告している[13]。配列中の酸性アミノ酸であるグルタミン酸がこのペプチドの膜透過活性と細胞毒性発現抑止に重要な働きを示すことが記載されている。

　ペプチドとは異なるが，Matileらは立体的なひずみを有するジスルフィドを用いた興味ある細胞内送達系を報告している[14]。細胞表面の遊離のチオールがこのひずみを有するジスルフィドと反応することにより，ジスルフィドで修飾したリポソームやナノ粒子が細胞表面と強く相互作用し，効果的なサイトゾルへの送達が見られたことが報告されている[15]。具体的な膜透過機序の解明に関しては今後に期待されるが，細胞膜との相互作用を適切に調節し，局所的な膜構造の乱れを生じることにより，サイトゾルへの送達が達成されている可能性が考えられる。

3　エンドソームの不安定化を誘導する方法

　CPPの作用機序と重複するところはあるが，サイトゾルへと送達したい物質を一旦エンドサイトーシスで細胞内に取り込ませ，エンドソームからサイトゾルへと移行させるアプローチも多

く試みられている。上記のように，エンドソームに取り込まれたCPPのサイトゾルへの移行効率は数％程度であるとされているが，これを改善するためにDowdyらはHIV-1 TATペプチドとインフルエンザヘマグルチニンタンパク質由来の膜融合ペプチド（HA2）との連結ペプチド（TAT-HA2）を共存させることで，TATにより送達されるタンパク質の細胞内活性が有意に向上することを報告している[16]。

筆者らのグループは最近新しいタイプのエンドソーム不安定化ペプチドL17E（IWLTALKFLGKHAAKHEAKQQLSKL-amide）を報告した[17]。上述のように，タンパク質等の細胞内送達にはエンドサイトーシスを介して細胞内に取り込まれたタンパク質が，リソソーム等の分解系に運搬される前に，効果的にエンドソームから漏出することが重要である。エンドソーム脱出のための手段として，これまでに数多くのエンドソーム不安定化分子が創出されてきている。エンドソームの成熟化に伴い，エンドソーム膜上に提示されるプロトンポンプの働きによりエンドソーム内のpHが低下することが知られており，これらのエンドソーム不安定化分子の多くはこのpH変化に呼応して，膜親和性を高め，エンドソーム不安定化を誘起する設計になっている。筆者らは，エンドソーム内での膜傷害性を従来のものと比べて非常に高くすることでエンドソーム内包物のサイトゾルへの漏出を高めることを期待し，クモ毒由来の溶血ペプチドの膜との相互作用に重要な疎水面のアミノ酸の一つをグルタミン酸に置換した誘導体を設計した。細胞表面ではグルタミン酸が負に荷電することにより膜傷害性を押さえつつL17Eはエンドソーム内に取り込まれ，エンドソーム内では荷電の減少により，その強い膜傷害性を回復するという設計方針である（図3）。L17Eを同時に添加することで，ポリデキストラン（10 kDa），毒素タンパク質サポリン（30 kDa），遺伝子組換え酵素Cre（38 kDa），抗体（IgG，～150 kDa）などの効果的なサイトゾルへの移行が確認された。また，抗体による細胞内タンパク質の標識や，ステロイドで誘起される転写の抑制も可能であった。上述のように，当初このペプチドはエンドソーム内の酸性化に呼応して膜傷害性を回復することを期待して設計したものの，リポソームを

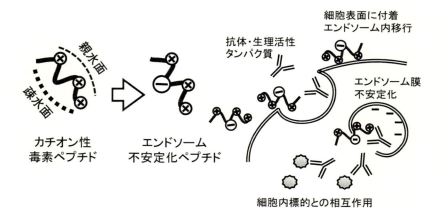

図3　L17Eの機能設計

第5章　細胞膜透過性

用いたモデル実験で，このペプチドは見かけ上ほとんど pH 感受性を示さないことが明らかとなった。しかし，このペプチドは中性脂質からなるリポソームには傷害性を示さないものの，酸性脂質を多く含む膜には大きな傷害を与えることがわかった。エンドソームの成熟化に伴い，酸性脂質でもある上記の BMP の含量が増えることが指摘されており，L17E はこのような脂質組成の変化に呼応して，エンドソームを不安定化し，内包物を放出するのではないかと考えている。この膜傷害機序に加えての予期しなかった特徴として，L17E にはマクロピノサイトーシスを誘導する能力があることがわかった。マクロピノサイトーシスはアクチン依存性の液相エンドサイトーシスで，この活性化によって，細胞外の溶質の細胞内への取り込みが促進される。細胞外液に含まれる細胞内に移送したいタンパク質のエンドサイトーシスによる取り込みも促進される。つまり，L17E は，細胞内に移送したいタンパク質のエンドソームへの取り込みを亢進すると同時に，これを効果的にサイトゾルへと放出するというユニークな作用を有することが示唆された。ここで，L17E と細胞内に導入するタンパク質とは架橋をする必要なく，単に細胞培養液に同時に投与するだけである。このため CPP を用いる細胞内送達法と本法を組み合わせることによって一層の細胞内活性の向上も期待される。

4　ステープルドペプチドを用いるアプローチ

分子内架橋等の手段により，αヘリックスなどの構造を安定化あるいは強化することにより，効果的な PPI の制御を狙う試みがなされている。この一つの例としてオレフィンメタスタシスによる分子内炭化水素架橋によりヘリックス構造を安定化させたステープルドペプチドがある[18]。炭化水素架橋の導入により，ヘリックス構造が安定化されるのみならず，細胞膜透過性を示すペプチドも見出されてきている。膜透過に関しては，構造の強固さというよりも，架橋によりペプチド全体の疎水性が高まることが重要であることが示唆されている[19]。多くの場合，エンドサイトーシスを介して細胞内に送達されることが示唆されているが，その具体的な機序やどの段階でエンドソームからサイトゾルへと移行できるかに関しては，情報に乏しい。

5　まとめ

以上のように様々な細胞膜透過性を示すペプチド，あるいはエンドソーム内包物のサイトゾルへの移行を助けるペプチドが開発されてきている。これらの詳細な細胞膜透過・サイトゾル移行の機序に関しては今後の検討が必要であるものの，細胞膜を破壊しない程度の細胞膜との適度な相互作用と吸着性，また，ペプチド（ペプチドと細胞内導入分子とのコンジュゲートを用いる場合にはコンジュゲート全体として）の電荷や疎水性などの物性が重要になるのではと筆者は考えている。

文　　献

1) S. Futaki *et al., Curr. Pharm. Des.,* **19**, 2863 (2013)
2) E. G. Stanzl *et al., Acc. Chem. Res.,* **46**, 2944 (2013)
3) C. Bechara and S. Sagan, *FEBS Lett.,* **587**, 1693 (2013)
4) P. Lönn and S. F. Dowdy, *Expert Opin. Drug Deliv.,* **12**, 1627 (2015)
5) A. El-Sayed *et al., J. Biol. Chem.,* **28**, 23450 (2008)
6) S. T. Yang *et al., Biophys. J.,* **99**, 2525 (2010)
7) A. Erazo-Oliveras *et al., Nat. Methods,* **11**, 861 (2014)
8) A. Erazo-Oliveras *et al., Cell Chem. Biol.,* **23**, 598 (2016)
9) S. Jang *et al., Angew. Chem. Int. Ed. Engl.,* **53**, 10086 (2014)
10) S. Hyun *et al., Biomacromolecules,* **15**, 3746 (2013)
11) W. Lian *et al., J. Am. Chem. Soc.,* **136**, 9830 (2014)
12) H. D. Herce *et al., Nat. Chem.,* in press. (doi：10.1038/nchem.2811)
13) S. H. Medina *et al., Angew. Chem. Int. Ed. Engl.,* **55**, 3369 (2016)
14) G. Gasparini *et al., J. Am. Chem. Soc.,* **136**, 6069 (2014)
15) N. Chuard *et al., Angew. Chem. Int. Ed. Engl.,* **56**, 2947 (2017)
16) J. S. Wadia *et al., Nat. Med.,* **10**, 310 (2004)
17) M. Akishiba *et al., Nat. Chem.,* **9**, 751 (2017)
18) G. L. Verdine and G. J. Hilinski, *Methods Enzymol.,* **503**, 3 (2012)
19) G. H. Bird *et al., Nat. Chem. Biol.,* **12**, 845 (2016)

【第Ⅲ編 細胞作製・分化】

第1章 CPPペプチドを用いたiPS細胞作製・分化誘導技術

富澤一仁[*]

1 はじめに

　山中4因子（Oct3/4, Sox2, Klf4, c-Myc）の遺伝子を導入して，マウス人工多能性幹細胞（iPS細胞）およびヒトiPS細胞を作製することに成功してからそれぞれ11年，12年が経過した[1,2]。iPS細胞樹立方法発見当初より，本技術を用いた再生医療への期待が高かった。実際にiPS細胞を用いた再生医療として，加齢黄斑変性症患者に対して，患者線維芽細胞から樹立したiPS細胞を網膜色素上皮細胞に分化させ，同細胞シートを加齢黄斑変性症患者に移植する再生医療臨床試験が開始された。移植後18か月経過したが，腫瘍形成や拒絶反応が認められていないことがごく最近報告された[3]。

　iPS細胞作製方法が開発された当初は，遺伝子導入ベクターとしてレトロウイルスやレンチウイルスベクターが使用されていた[1,2]。しかし，これらベクターを用いた場合，ウイルスが細胞の染色体にランダムに組み込まれる結果，細胞の腫瘍化などが懸念されていた。そこで，染色体に外来遺伝子が組み込まれないプラスミドベクターや自律的に複製するエピソーマル・プラスミドを用いたiPS細胞作製技術などが開発されている[4,5]。しかし，外来遺伝子が染色体へ組み込まれないベクターを利用して遺伝子を導入した場合でも，一般に常時遺伝子の転写を促進するプロモーターを使用するため，iPS細胞誘導後も外来遺伝子が長期に発現し，その安全性についてまだ実証されていない。ゲノム編集技術を利用してiPS誘導後外来遺伝子を削除することは可能であるが，やはり遺伝子導入にベクターを利用するため，ベクターの安全性の問題は払拭できない。遺伝子と異なり，タンパク質の細胞内での機能は一過性であり，また染色体への影響がない。したがって，タンパク質を直接細胞内に導入することにより，iPSを作製したり，あるいはiPS細胞から様々な細胞に分化させたりすることができれば，安全なiPS細胞作製技術ならびにiPS細胞から様々な細胞に分化誘導させる技術の開発が期待できる。

2 タンパク質導入法

　タンパク質導入法は細胞透過性ペプチド（cell-penetrating peptide：CPP）をタンパク質，ペプチドあるいは低分子化合物などに付加することにより，これら機能分子を細胞内に導入させる

---

　* Kazuhito Tomizawa　熊本大学　大学院生命科学研究部　分子生理学分野　教授

技術である（第Ⅱ編第5章参照）[6]。CPP としては，エイズウィルスの trans-activator of transcription protein（TAT タンパク質）内の 11 個のアミノ酸からなるタンパク質導入ドメイン（protein transduction domain：PTD）や 6〜11 個のアルギニンが連なったポリアルギニンなどがある[7]。現在様々なタイプの CPP が発見されており，ペプチドの種類により細胞内導入メカニズムが異なる[8]。細胞内導入メカニズムとしては，直接細胞膜を通過するタイプとエンドサイトーシスやマクロピノサイトーシスなどの小胞取り込みタイプの 2 種類に分類される[8]。タンパク質導入法の特徴は，線維芽細胞のような初代培養細胞や血球細胞のような浮遊系細胞にも高効率に導入可能であり，これまで遺伝子導入が困難といわれているような細胞にも効率よく導入できるという特徴がある。さらにタンパク質導入の場合，染色体への遺伝子の挿入がなく，機能も一過性であるなど安全面における利点がある。

3　タンパク質導入法による iPS 細胞の作製

　筆者らは，CPP として 11 個のポリアルギン（11R）を用いたタンパク質導入法により，iPS 細胞の作製に取り組んだ。大腸菌（BL21 株）を形質転換させ，Oct3/4，Sox2，Klf4，c-Myc に 11R を付加した組換えタンパク質を合成し，その後，組換えタンパク質をカラムで精製した。ヒト線維芽細胞の培地中に様々な濃度の組換えタンパク質を添加し，タンパク質の細胞内導入効率について検討したところ，培地に添加 30 分後には，ほぼすべての線維芽細胞内に導入されることを確認した。山中 4 因子に 11R を付加した組換えタンパク質を 24 時間毎に培地に添加し，iPS 細胞が作製できるか 30 日間観察したが，iPS 細胞は得られなかった（未発表）。

　筆者らが研究を進めている同時期に別のグループからタンパク質導入法による iPS 細胞誘導に成功したとの報告があった[9]。彼らの用いた方法を概略すると，まず用いた CPP は筆者らと同じ 11R である。組換えタンパク質の一次構造は，Oct4，Sox2，Klf4，c-Myc のカルボキシル末端にグリシンリンカーを介して 11R が配列した構造であった（図1A）。組換えタンパク質の作製方法は，まず大腸菌内で組換えタンパク質を合成させ，その後 8M 尿素で変性，可溶化させた。尿素を緩衝液で希釈することにより組換えタンパク質の立体構造の再構築を促し，その後濃縮した。最後にゲル濾過カラムクロマトグラフィーにより組換えタンパク質画分を分離するという方法で組換えタンパク質を作製した[9]。OG2/Oct4-GFP レポーターを持つマウス胎児由来線維芽細胞（MEF）の培地に Oct4-11R，Sox2-11R，Klf4-11R，c-Myc-11R をそれぞれ 0.5〜8 μg/mL の濃度で添加すると，タンパク質は 6 時間以内に細胞内に導入され，核に移行した。MEF から iPS 細胞を誘導する場合，Oct4，Sox2，Klf4，c-Myc の活性が 7〜10 日間持続することが要求される[1]。ウイルスベクターなどによる遺伝子導入法の場合，一度遺伝子導入すると持続的に遺伝子が発現することが期待できる。一方，タンパク質導入法の場合，導入タンパク質が分解されると機能しなくなるので，頻回に導入する必要がある。我々が Sox2-11R を MEF に導入した場合，その半減時間は 12 時間であった。Zhou らは，Oct4-11R，Sox2-11R，Klf4-11R，c-Myc-11R

第1章　CPPペプチドを用いたiPS細胞作製・分化誘導技術

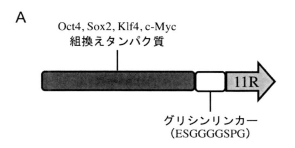

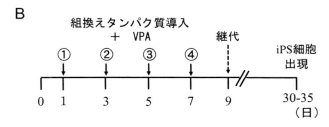

図1　CPPを用いたタンパク質導入法によるiPS細胞作製技術
（A）組換えタンパク質の一次構造。（B）作製プロトコール。組換えタンパク質およびVPAを48時間毎（①〜④）に計4回培地に添加。

ならびにヒストン脱アセチル化酵素阻害剤であるバルプロ酸（VPA）を培地に添加し，12時間培養した。その後，組換えタンパク質およびVPAを含んでいない培地と交換し，36時間培養した。この操作を4回繰り返した後，組換えタンパク質とVPAを含んでいない培地で継代培養した（図1B）。培養開始後30〜35日にOct4-GFP陽性コロニーが出現すると報告した[9]。この陽性コロニーから単離し樹立された細胞株は，内因性Oct4, Sox2, Klf4, Nanog, c-Myc, E-cad, Rex-1を発現しており，またOct4, Nanogのプロモーター領域が脱メチル化されていた[9]。さらに，同細胞株に発現している遺伝子についてES細胞と比較すると，類似していることが明らかになった。彼らはこのタンパク質導入法により作製したiPS細胞をprotein-induced pluripotent stem cell（piPSC）と命名した。そして，piPSCが多分化能を有することが培養細胞ならびにマウス胚への移植実験で明らかになった[9]。Oct4-11R, Sox2-11R, Klf4-11R, c-Myc-11RをMEFに導入しただけでは，piPSCは作製できない[9]。これらタンパク質のみを導入したMEFは，アルカリフォスファターゼ陽性の細胞にはなるが，Oct4-GFP陽性の細胞にはならなかった[9]。すなわち，piPSC作製のためには，VPAの添加が不可欠であった。Oct4-11R, Sox2-11R, Klf4-11R, c-Myc-11RとVPAを組み合わせると5万個のMEF細胞から3つのOct4-GFP陽性のコロニーが得られた。また，Oct4-11R, Sox2-11R, Klf4-11RとVPAを組み合わせた場合，5万個の細胞から1つのOct4-GFP陽性のコロニーが得られた[9]。以上のことから，線維芽細胞のリプログラミングにはヒストンのアセチル化が重要であることが明らかになった。piPSC作製効率は，レトロウイルスベクターによるiPS細胞作製法と比較して，1/100以下と低

く[9]，piPSC 作製効率を向上させることが，本技術を臨床応用するための鍵となる。

さらに別のグループから，9R を付加した山中 4 因子を HEK293 細胞株に強制発現させ，同細胞の未精製抽出液を直接培地中に添加するだけでヒト iPS 細胞が作製できたとの報告があった[10]。しかし，本法で作製した iPS 細胞は増殖しないなど不十分な点があることから，完全なリプログラミングは起こっていないという報告もある[11]。

タンパク質導入法を用いた iPS 細胞作製技術は，まだ遺伝子導入法と比較して作製効率が悪い。実用化のためには，誰が実施しても必ず iPS 細胞を作製できるというところまで作製効率を上げる必要がある。

4 タンパク質導入法によるインスリン産生細胞への分化誘導

iPS 細胞の樹立により患者由来の細胞で様々な細胞への分化が可能になり，移植治療への応用が期待されている。とくにその患者数の多さから，糖尿病治療への応用が期待されている。すなわち，患者由来 iPS 細胞を膵 β 細胞へ分化し，分化した細胞を患者に移植する技術の開発が期待されている。2001 年にマウス ES 細胞からインスリン産生細胞を分化させる方法が報告され[12]，その後ヒト ES 細胞や iPS 細胞からインスリン産生細胞へ分化誘導する技術が開発された[13]。2008 年には，膵 β 細胞誘導に重要な 3 因子として，Pdx1，Ngn3（もしくは NeuroD），MafA が同定された[14]。そして，同定された 3 因子をマウス膵外分泌細胞にウイルスベクターで導入することにより，膵 β 細胞様のインスリン産生細胞に分化誘導できることが報告された[14, 15]。

そこで筆者らは Pdx1，NeuroD および MafA の組換えタンパク質をマウス ES 細胞ならびにマウス iPS 細胞に導入し，インスリン産生細胞への分化誘導を試みた[16]。Pdx1 ならびに NeuroD は，その内部アミノ酸配列にアルギニンやリジンなどの塩基性アミノ酸から成る Protein transduction domain（PTD）を有しており，CPP としてポリアルギニンを付加しなくても，細胞内に導入されることが明らかになった（図 2A）[16]。MafA は CPP として 11R を付加した融合組換えタンパク質を作製した（図 2A）。マウス ES 細胞および同 iPS 細胞を既報のインスリン産生細胞分化誘導培地[12]にて培養した。同培地内に 3 つの組換えタンパク質を Pdx1，NeuroD，MafA-11R の順に添加することによりインスリン産生細胞への分化効率が上がるか検討した。その結果，従来の分化誘導培地で培養した場合と比較して，3 つの組換えタンパク質を導入すると分化誘導効率が約 4 倍上昇することが明らかになった（図 2B＆C）[16]。さらに本法で分化誘導した細胞はグルコース応答性のインスリン分泌能を有し，1 型糖尿病モデルマウスの腎皮膜下に細胞を移植すると，30％のマウスにおいて高血糖が改善されることが明らかになった[16]。

また筆者らはラット膀胱癌由来 804G 細胞の分泌する細胞外マトリックス上で，iPS 細胞を培養することにより，さらにインスリン産生細胞への分化を向上させることに成功している[16]。しかしながら，分化誘導した細胞のインスリン分泌量は膵島の β 細胞と比較するとまだ著しく低い[16]。臨床応用を考える上で，より分化効率の良い方法の開発などさらなる検討が必要である。

第1章　CPPペプチドを用いたiPS細胞作製・分化誘導技術

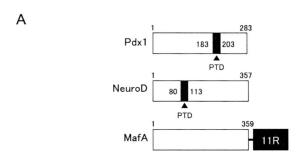

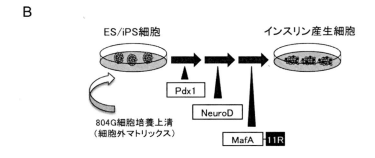

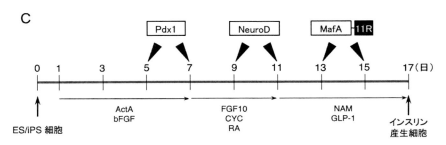

図2　タンパク質導入法によるES/iPS細胞からインスリン産生細胞への分化誘導技術
(A) 組換えタンパク質の一次構造。PTD：Protein transduction domain（タンパク質導入ドメイン）。(B) タンパク質導入法によるインスリン産生細胞への分化誘導法のスキーム。(C) タンパク質導入法によるインスリン産生細胞への分化誘導法の経時的プロトコール。

5　おわりに

　CPPを用いたタンパク質導入法によるiPS細胞作製技術ならびにiPS細胞分化誘導技術は，遺伝子導入法と比較して安全性が高いと考えられiPS細胞を用いた再生医療への応用が期待される。一方，現状では遺伝子導入法と比較して，その効率が悪い。原因の一つとして，細胞内での導入タンパク質活性が持続しないことが挙げられる。またエンドサイトーシスやマクロピノサイトーシスで細胞内に導入された外来タンパク質の多くがリボソームに運搬され，分解されること

医療・診断をささえるペプチド科学—再生医療・DDS・診断への応用—

も効率の悪い原因となっている。CPP を用いたタンパク質導入法を再生医療分野に応用するためには，これらの課題を解決する必要がある。

文　　献

1) K. Takahashi & S. Yamanaka, *Cell*, **126**, 663 (2006)
2) K. Takahashi *et al.*, *Cell*, **131**, 861 (2007)
3) M. Mandai *et al.*, *N. Engl. J. Med.*, **376**, 1038 (2017)
4) K. Okita *et al.*, *Science*, **322**, 949 (2008)
5) K. Okita *et al.*, *Nat. Protoc.*, **5**, 418 (2010)
6) A. van den Berg & S. F. Dowdy, *Curr. Opin. Biotechnol.*, **22**, 888 (2011)
7) H. Matsui *et al.*, *Curr. Protein Pept. Sci.*, **4**, 151 (2003)
8) G. Rádis-Baptista *et al.*, *J. Biotechnol.*, **252**, 15 (2017)
9) H. Zhou *et al.*, *Cell Stem Cell*, **4**, 381 (2009)
10) D. Kim *et al.*, *Cell Stem Cell*, **4**, 472 (2009)
11) J. Lim *et al.*, *Sci. Rep.*, **4**, 4361 (2014)
12) N. Lumelsky *et al.*, *Science*, **292**, 1389 (2001)
13) F. W. Pagliuca & D. A. Melton, *Development*, **140**, 2472 (2013)
14) Q. Zhou *et al.*, *Nature*, **455**, 627 (2008)
15) T. Kaitsuka & K. Tomizawa, *Nippon Rinsho*, **73** (Suppl. 5), 96 (2015)
16) T. Kaitsuka *et al.*, *Stem Cells Transl. Med.*, **3**, 114 (2014)

第2章　機能性ペプチドによるゲノム安定性の高い iPS 細胞の判別・選別法

ベイリー小林菜穂子[*1]，吉田徹彦[*2]

1　ゲノム不安定性，がん，免疫

　ゲノム不安定性は，大別すると，①染色体構造，および染色体数が不安定，②遺伝子異常による DNA 塩基配列の不安定の二つのレベルに分けられる。ヒト正常細胞では 46 本の染色体が安定的に維持されているが，がん化した細胞では，正常の染色体数が維持されておらず，がん細胞における染色体数の異常は，がん細胞の活性化（悪性化）と相関関係があることが明らかになっている。がん細胞は異数体（染色体数が異常）であるが，何故，がん細胞は異数体が多いのか，あるいは異数体はがん細胞に多いのかは未だ不明である。

　2012 年 Senovilla らは，サイエンス誌に，染色体数が倍数化（Tetraploidition）となり，過剰に染色体を持つにいたったがん細胞は小胞体にストレスをかけることにより，カルレティキュリン（Calreticulin）を細胞膜表面に移行していることを示した[1]。また，2005 年に Gardai らは，セル誌に，がん細胞の細胞膜上カルレティキュリンは，免疫原性，すなわち "Eat-me signal" となり，免疫細胞により除去されることを発見している[2]。したがって，Senovilla，Gardai らによる発見から，ゲノム不安定性を有すがん細胞に対する生体防御として，ⅰ）がん細胞のカルレティキュリンが細胞質内から細胞膜上に移行する，ⅱ）がん細胞の細胞膜上のカルレティキュリンは，"Eat-me signal" として免疫細胞に提示され，免疫細胞によりがん細胞が除去されるという機構が存在していると考えられる。

2　iPS 細胞とがん細胞

　現在，再生医療の中核とされている iPS 細胞[3,4]において，2011 年，ネイチャー誌に 3 つの研究機関による iPS 細胞のゲノム解析結果が報告され，染色体数の異常[5]，DNA 配列の変異[6]，および DNA メチル化異常[7]などのゲノム不安定性が頻発していることが明らかになった。これら 3 つのグループの研究結果は，現状の作製法では iPS 細胞が，がん化する可能性があることを強

　＊1　Nahoko Bailey Kobayashi　東亞合成㈱　先端科学研究所　研究員；慶應義塾大学
　　　　　　　　　　　　　　　　医学部　遺伝子医学　訪問講師
　＊2　Tetsuhiko Yoshida　東亞合成㈱　先端科学研究所長；慶應義塾大学　医学部
　　　　　　　　　　　　　遺伝子医学　訪問教授

く示唆している。iPS細胞を人体に移植する場合，移植後の細胞が長期間にわたって健全に維持されることが必須条件となるため，ゲノムの安定性は欠かせない。今後は，ゲノムやエピゲノムの異常を抑えることのできる方法と，移植後のiPS細胞由来の細胞が腫瘍化せずに安全に維持される方法を確立する研究が必要であると考える。

　iPS細胞のゲノム不安定性の問題，特にDNA塩基配列・遺伝子レベルの異常の問題は，iPS細胞作製方法に起因する根本問題であるため，この問題を解決することは難しい。しかしながら，iPS細胞の染色体数レベルの異常は，がん細胞と同様にiPS細胞においても小胞体ストレスとなり，カルレティキュリンの細胞膜表面への移行を促進していると考えられる。そこで，細胞膜表面にカルレティキュリンを発現しているゲノム不安定なiPS細胞を除去することにより，ゲノム安定性の高いiPS細胞のみを選別することができると考える。本章においては，この考えに基づいた「機能性ペプチドによるゲノム安定性の高いiPS細胞の選別法」を説明する。

3　iPS細胞とカルレティキュリン

　iPS細胞を再生医療に応用する際の一つの課題として，再生医療に利用可能な状態のiPS細胞を高効率に生産する技術の確立が挙げられる。例えば，ゲノム不安定なiPS細胞は生体内への移植に不適であることから，再生医療に利用可能なiPS細胞を得るためには対象のiPS細胞集団の中からゲノム不安定なiPS細胞を除去する必要がある。また，ゲノム不安定なiPS細胞の除去に際しては，当然，iPS細胞のゲノム安定性を評価する必要がある。

　現在までに報告されているiPS細胞のゲノム安定性を評価する方法（例えば，染色体分染法や蛍光 *in situ* ハイブリダイゼーション（Fluorescence *in situ* hybridization：FISH）は，対象細胞の固定化を必要とするため，実際に再生医療に用いるiPS細胞それ自体のゲノム安定性を直接評価することが困難である。そこで，我々は，このようなiPS細胞の利用に関する従来の課題を解決するべく，iPS細胞のゲノム安定性を高効率かつ高い信頼性で評価し得る方法を提案する。我々は，正常な細胞においては細胞内にその局在が確認される一方で，がん細胞においては免疫原性の細胞死を起こす際に当該細胞の表面に発現誘導される免疫賦活性タンパク質カルレティキュリンに着目した。そして，ゲノム不安定と確認されているiPS細胞（クローン名201B2）におけるカルレティキュリンの発現量を調べたところ，驚くべきことに，ゲノム安定な同種のiPS細胞（クローン名201B7）と比較してカルレティキュリンの発現量が顕著に増大していることを見出した。

4　ゲノム安定性の高いiPS細胞の判別法

　本判別方法は，iPS細胞の細胞膜におけるカルレティキュリンの存在量を調べ，カルレティキュリンの発現量の程度に基づき，iPS細胞のゲノム安定性および不安定性を判別するものであ

第2章　機能性ペプチドによるゲノム安定性の高いiPS細胞の判別・選別法

る。カルレティキュリン発現量が所定レベルを上回ったiPS細胞をゲノム不安定性であると判別することを特徴としている。ゲノム安定性の高いiPS細胞の判別として，抗カルレティキュリン抗体を用いた免疫学的手法により，iPS細胞におけるカルレティキュリンの発現を，特異的かつ高感度に調べ，iPS細胞のゲノム安定性もしくはゲノム不安定性を高精度かつ高い信頼性をもって判別する。以下にその具体的な判別方法を述べる。

ゲノム安定な（具体的には染色体数の異常のない）ヒト由来のiPS細胞株（クローン名：201B7）と，ゲノム不安定な（12番染色体が3倍体（トリソミー）である）細胞を含むヒト由来のiPS細胞株（クローン名：201B2）とを用いた。

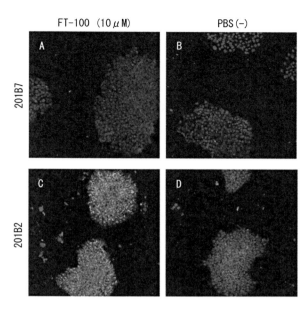

図1　ゲノム安定なiPS細胞（201B7）とゲノム不安定なiPS細胞（201B2）におけるカルレティキュリンの発現解析

201B7と201B2はどちらも同じヒト線維芽細胞から樹立されたiPS細胞のクローンである[4]。図1は，各々の細胞におけるカルレティキュリンの発現状態を調べた共焦点レーザー顕微鏡写真（画像）である。DAPI（4',6-diamidino-2-phenylindole）による核染色と，抗カルレティキュリン抗体を使用し免疫蛍光抗体法で調べた結果をマージして示している。201B7（図1B）と201B2（図1D）におけるカルレティキュリンの発現状態を比較した結果，201B2において顕著に高い発現が確認された。これにより，ゲノム不安定なiPS細胞は，ゲノム安定なiPS細胞と比べ，カルレティキュリンの発現量が多いことが明らかである。

5　機能性ペプチドによるゲノム安定性の高いiPS細胞の判別法

ゲノム安定性が高いiPS細胞を再生医療に使用するには，ゲノム安定性が低いiPS細胞をより厳しく選別しなければならない。そのために，ゲノム不安定なiPS細胞，すなわち，カルレティキュリンを細胞膜表面に多く発現しているiPS細胞を，Fluorescence activated cell sorting（FACS）を使用することで，効率よく除去することが必要である。しかしながら，ゲノム安定性が低いiPS細胞の中には，カルレティキュリンの細胞膜移行量が低いものが数多く潜んでおり，それらの細胞を確実に除去することが必要となる。我々は，ゲノム安定性の高いiPS細胞の選別方法の精度を高めるため，ゲノム不安定なiPS細胞において，カルレティキュリン発現量（細胞膜移行量）を増大させる機能性ペプチドを設計，および合成した。

医療・診断をささえるペプチド科学—再生医療・DDS・診断への応用—

このペプチドは，ヒト由来のセントリン2（Centrin-2，中心体関連タンパク質）の small interfering RNA（siRNA）を構成する RNA 配列から仮想的にアミノ酸への翻訳などをしたペプチド配列（CRAKAGDPC）に，ヒト由来 LIM domain kinase 2（LIMK2）の核小体移行性シグナル配列をベースとする細胞膜透過性ペプチド（KKRTLRKNDRKKR）を付加したペプチドFT-100（CRAKAGDPCKKRTLRKNDRKKR）である[8~10]。

201B7 および 201B2 の培地中に，FT-100 を培地中における濃度が 10 μM となるように添加して5日間培養した後，免疫蛍光抗体法により，カルレティキュリンの発現状態を調べた（図1A および図 1C）。PBS(-)で処理した 201B2 のカルレティキュリン発現（図 1D）に比べ，ペプチド処理をした 201B2 のカルレティキュリン発現（図 2C）が多いことが示された。一方，201B7 は，ペプチド処理をしてもカルレティキュリンの発現が殆ど変化しないことが示された（図 1A）。以上の結果より，FT-100 は，ゲノム不安定な iPS 細胞において，カルレティキュリンの細胞膜への移行を促進し，カルレティキュリン発現を誘導する機能を有することが明らかとなった。

6　ゲノム安定性の高い iPS 細胞の判別・選別法

蛍光免疫染色法により，201B7 と 201B2 それぞれの iPS 細胞の細胞表面に存在するカルレティキュリンを蛍光 PE 標識したカルレティキュリン抗体（Anti-Calreticulin antibody[FMC 75]（Phycoerythrin），アブカム社製）を用いて標識した。また，アイソタイプコントロールとして，Mouse IgG1(PE)-Isotype control を用いた。抗体により蛍光免疫染色を行った 201B2 および201B7 について，PE の蛍光発色（励起波長：488 nm，最大蛍光波長：575 nm）の強度を FACSを用いて解析した結果を図 2 に示す。201B2 および 201B7 それぞれの細胞において，PE-抗カルレティキュリン抗体で標識した細胞（PE-Anti-Calreticulin antibody-stained cells），および無標識の細胞（Unstained cells，ネガティブコントロール）を，横軸に蛍光強度を示し，縦軸に細胞数をマージして示している。

201B2 において，抗カルレティキュリン抗体染色区の蛍光強度ヒストグラムと，ネガティブコントロール区の蛍光強度ヒストグラムとを比較すると，抗カルレティキュリン抗体染色区の細胞中には，ネガティブコントロール区の細胞と比較して，蛍光強度が強い細胞集団が存在することを確認した（図 2A）。すなわち，カルレティキュリンを細胞表面に多く発現している細胞集団の存在が示された。さらに，セルソータを使用して，抗カルレティキュリン抗体染色区にかかる細胞中からネガティブコントロール区の細胞よりも蛍光強度が強い細胞集団を選別することで，201B2 の細胞培養物からゲノム不安定な細胞を除去することに成功した。一方，201B7 は，抗カルレティキュリン抗体染色区の蛍光発色強度ヒストグラムが，該細胞のネガティブコントロール区において確認された蛍光強度ヒストグラムと比較して同等の蛍光強度を示した（図 2B）ことから，201B7 の細胞表面上のカルレティキュリンの発現量は極めて低いことが確認された。

104

第2章　機能性ペプチドによるゲノム安定性の高いiPS細胞の判別・選別法

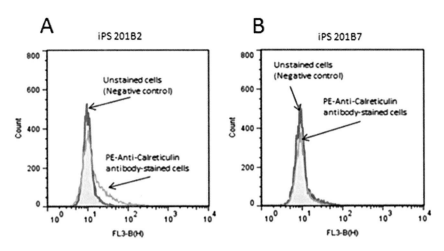

図2　FACSによるゲノム安定なiPS細胞（201B7）とゲノム不安定なiPS細胞（201B2）における細胞膜表面カルレティキュリン発現量の比較

　以上の結果より，実験に用いた各iPS細胞の細胞膜表面のカルレティキュリン発現量を調べ，カルレティキュリン発現量が所定レベルを上回ったiPS細胞をゲノム不安定性であると判別できることが示された。さらに，iPS細胞のカルレティキュリンの発現量の程度に基づいて，培養細胞中からゲノム不安定なiPS細胞をセルソータを用いて除去，選別し得ることに成功した。したがって，iPS細胞のゲノム安定性の評価とゲノム不安定なiPS細胞の除去は，同一の抗体の蛍光標識（本実験では，PE標識抗体）を用いて一連の作業によって行うことが可能である。また，ここでは詳細なデータは示していないが，カルレティキュリン発現誘導ペプチドFT-100をiPS細胞培養物中に添加し所定時間培養することで，ゲノム不安定な細胞の細胞表面上のカルレティキュリンの発現を著しく増大させ，セルソータを用いてゲノム不安定なiPS細胞の除去，選別をより確実に実現した。

7　おわりに

　iPS細胞の有する宿命としてゲノム不安定の問題，がん化の問題は必然的に避けられない。iPS細胞を用いた再生医療への応用展開の際には，できるかぎりゲノム不安定性iPS細胞を除去して，ゲノム安定性の高いiPS細胞を用いることが必要になる。本研究における方法論は，がん細胞に代表されるゲノム不安定性（染色体数異常）の細胞において，①がん細胞のカルレティキュリンが細胞質内から細胞膜上に移行する，②がん細胞の細胞膜上のカルレティキュリンは，"Eat-me signal"として免疫細胞に提示され，免疫細胞によりがん細胞が除去されるというがん細胞に対する生体防御・免疫機構を，ゲノム安定性の高いiPS細胞を得るために応用しているものである。そして，ゲノム不安定性iPS細胞にもかかわらず，カルレティキュリンの細胞膜への

医療・診断をささえるペプチド科学―再生医療・DDS・診断への応用―

移行量が少ない細胞や，移行スピードが遅いグレーゾーン的な細胞を除去するために，カルレ
ティキュリン発現誘導（細胞膜への移行量増大機能含む）機能性ペプチドを創出し，ゲノム不安
定性 iPS 細胞をより顕在化し，確実に選別することを可能にしている。したがって，本方法は，
再生医療に適したゲノム安定性の高い iPS 細胞の判別・選別方法として有用であると考える。

文　　　献

1) L. Senovilla *et al., Science*, **337**, 1678 (2012)
2) S. J. Gardai *et al., Cell*, **123**, 321 (2005)
3) K. Takahashi *et al., Cell*, **126**, 663 (2006)
4) K. Takahashi *et al., Cell*, **131**, 861 (2007)
5) S. M. Hussein *et al., Nature*, **471**, 58 (2011)
6) A. Gore *et al., Nature*, **471**, 63 (2011)
7) R. Lister *et al., Nature*, **471**, 68 (2011)
8) J. L. Salisbury *et al., Curr Biol.*, **12** (15), 1287 (2002)
9) N. Kobayashi *et al., Protein Pept Lett.*, **17**, 1480 (2010)
10) 東亞合成㈱，京都大学，国際公開 WO 2015/064715 A1

第3章　ラミニン由来活性ペプチドと再生医療

熊井　準[*1]，保住建太郎[*2]，野水基義[*3]

1　はじめに

　近年，細胞外マトリックス（ECM），特に基底膜を模倣したバイオマテリアルの開発が盛んに行われており，再生医療のためのツールとして重要視されている。再生医療とは，患者の体外で人工的に培養した幹細胞等を，患者の体内に移植等することで，損傷した臓器や組織を再生し，失われた人体機能を回復させる医療，または，患者の体外において幹細胞等から人工的に構築した組織を，患者の体内に移植等することで，損傷した臓器や組織を再生し，失われた人体機能を回復させる医療であると厚生労働省により定義づけられている。この分野において注目されているのが人工多能性幹細胞（induced pluripotent stem cell：iPS 細胞）や胚性幹細胞（embryonic stem cell：ES 細胞）などの多能性幹細胞で，様々な細胞に分化する能力を有している。現在，この iPS/ES 細胞培養基材として，基底膜成分であるラミニンやマウスの Engelbreth-Holm-Swarm 肉腫から粗精製された基底膜抽出物であるマトリゲルなどが凡用されている。また，基底膜成分であるラミニンやマトリゲルは，iPS/ES 細胞の分化誘導基材として幅広く研究されている[1]。しかし，理想的なバイオマテリアルであるマトリゲルはマウス由来であるため，臨床応用は不可能である（図1）。そのため，組織工学においてマトリゲルと同等な機能を有する基底膜様のバイオマテリアルの開発が求められている。

　ECM は，生体において個体の発生や分化，組織の修復，あるいはがんの増殖・転移など多様な生命現象に関与するため，構成成分の機能や作用メカニズムの解明が注目されている。その中でも基底膜はうすい膜状の ECM で，上皮や内皮組織，筋細胞や神経細胞あるいは血管内皮細胞の周囲などほとんどの組織に存在し，その構造維持に寄与している（図1）。また，他の ECM 成分と同様に細胞遊走，血管新生，創傷治癒，さらにはがんの浸潤転移などに深く関与し，生命維持に重要な役割を担っていると考えられている。この基底膜分子の *in vitro* での生物活性の解明には，基底膜抽出物であるマトリゲルをはじめ，ラミニンやコラーゲン，それらの組換えタンパク質，ペプチドなどを用いた幅広い研究が行われてきた。これまでの研究から，基底膜は生体の構造支持という物理的機能に加え，基底膜成分が細胞の増殖，移動，分化などを制御するとい

　＊1　Jun Kumai　東京薬科大学　薬学部　病態生化学教室　客員研究員；
　　　　　日本学術振興会　特別研究員（PD）
　＊2　Kentaro Hozumi　東京薬科大学　薬学部　病態生化学教室　講師
　＊3　Motoyoshi Nomizu　東京薬科大学　薬学部　病態生化学教室　教授

医療・診断をささえるペプチド科学—再生医療・DDS・診断への応用—

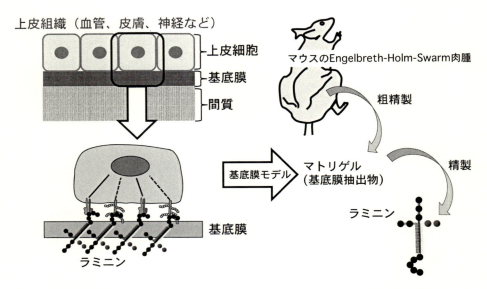

図1　広範な組織の周囲および境界に存在する基底膜とマウス肉腫から精製されるマトリゲルとラミニン

う生物学的機能の二面性を有することが明らかにされてきた。基底膜の構成成分としてⅣ型コラーゲン，ラミニン，ナイドジェン，パールカンなどが知られている。これらの構成成分が，網目構造のネットワークを構築してゲル状のマトリックスを形成し，物理的機能を担っている。また，基底膜は，細胞膜上のインテグリン，シンデカン，ジストログリカンなど20種類以上の受容体を介して細胞と結合し相互作用することで，生物学的機能を担っている[2]。さらに基底膜は，細胞が産生した細胞増殖因子を保持し徐放する機能（マトリクライン）を有し，機能性分子の複合マトリックスとして様々な生命現象を制御している。本稿では，基底膜の主役的存在であるラミニン由来の活性ペプチドとそれを用いたバイオマテリアルの創製，再生医療への応用を目指した筆者らの最近の取り組みについて紹介する。

2　ラミニン由来活性ペプチド

これまでに，筆者らはラミニンに存在する生物活性配列を同定する目的で，全ラミニン鎖のアミノ酸配列を網羅した約2,500種類の合成ペプチドを用いて，網羅的なスクリーニングを行い，多数の生物活性ペプチドを同定してきた[3]。例えば，最も初期に発見されたラミニンアイソフォームであるマウスラミニン-111（α1β1γ1）の全アミノ酸配列を網羅した673種類の合成ペプチドを用いて細胞接着活性のスクリーニングを行い，多数の生物活性配列を同定した（図2）。マウスラミニンα1鎖由来のAG73（RKRLQVQLSIRT，マウスラミニンα1鎖2719-2730）は，細胞表面受容体であるシンデカンと特異的に結合して細胞接着，神経突起伸長，細胞分化，

第3章　ラミニン由来活性ペプチドと再生医療

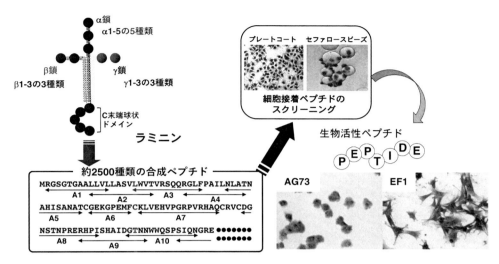

図2　ラミニン由来ペプチドのデザインと生物活性評価方法

創傷治癒などを促進すること，EF1（ATLQLQEGRLHFMDFLGKR，マウスラミニンα1鎖2749-2767）は，インテグリンα2β1と特異的に結合して細胞接着や細胞伸展を促進することを見出した。さらにAG73部位とEF1部位を含む組換えタンパク質を用いた実験において，AG73部位のアミノ酸を置換した組換えタンパク質はシンデカンを介した細胞接着活性が消失し，EF1部位のアミノ酸を置換した組換えタンパク質はインテグリンを介した細胞接着活性が消失することを明らかにした。また，A99（AGTFALRGDNPQG，マウスラミニンα1鎖1141-1153）は代表的なインテグリン結合配列であるRGD配列を含み，インテグリンαvβ3を介した細胞接着・伸展・遊走活性や，神経突起の伸長活性を示すことがわかった。この他にも，インテグリンα6β1，ジストログリカン，CD44などの細胞表面受容体と特異的に結合するペプチドなど多様な活性ペプチドが同定されている。

3　ラミニン由来活性ペプチドを用いたペプチド-多糖マトリックス

基底膜の機能は，Ⅳ型コラーゲンを中心とした細胞外骨格構造の維持に関与する物理機能と，ラミニンなどを介した細胞との相互作用に代表される生物学的機能の二面性の機能を有している。筆者らは，基底膜の物理機能を多糖で，生物機能をラミニンペプチドで模倣したペプチド-多糖マトリックスによるバイオマテリアルの開発を目的に研究を行ってきた（図3)[4~6]。AG73を多糖のキトサンやアルギン酸，ヒアルロン酸に固定化したAG73-多糖マトリックスを作製したところ，いずれもシンデカンを介した強い細胞接着活性，神経突起伸長活性などを示した（図4(a)）。また，AG73の細胞接着活性は多糖に固定化することで上昇することがわかった。EF1を固定化したEF1-多糖マトリックスは，インテグリンα2β1を介した強い細胞接着・伸展活

医療・診断をささえるペプチド科学—再生医療・DDS・診断への応用—

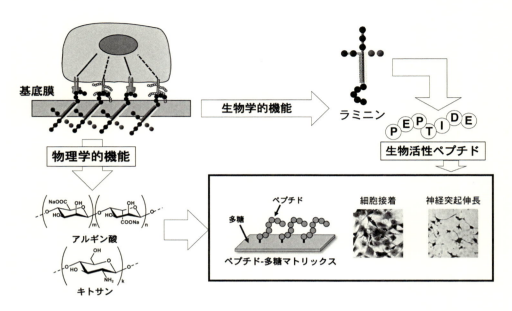

図3　基底膜を模倣したペプチド−多糖マトリックス

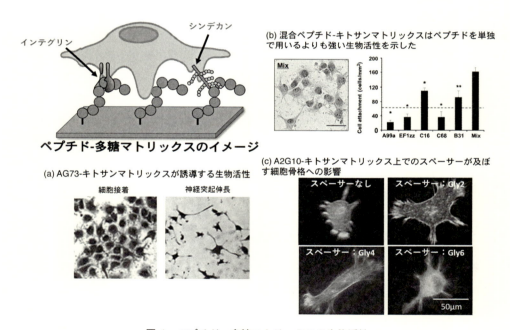

図4　ペプチド−多糖マトリックスの生物活性

性を示した。これらのペプチド−多糖マトリックスは，ペプチドが認識する受容体特異的な生物活性を示し，マウスを用いた in vivo の実験から，細胞移植に有効であることも報告されてきた[7]。さらに，受容体特異的に作用するペプチドを複数種類組み合わせた混合ペプチド−多糖マ

第3章 ラミニン由来活性ペプチドと再生医療

トリックスは，細胞接着や細胞伸展などの生物活性が飛躍的に増強することが明らかとなった（図4(b)）[8,9]。また，ラミニンα2鎖Gドメイン部位の網羅的な解析からペプチドをプレートにコートする方法では細胞接着活性を示さず，ペプチドをセファロースビーズに固定化する方法でのみ細胞接着活性を示すA2G10（SYWYRIEASRTG，マウスラミニンα2鎖2223-2234）が同定された。このA2G10をキトサンマトリックスに固定化したA2G10－キトサンマトリックスは，細胞表面受容体であるインテグリンα6β1を介して強い細胞接着活性を示した[10]。さらに，異なるサブタイプのインテグリンと特異的に結合するペプチドを2種類組み合わせた混合ペプチド－多糖マトリックスでは，インテグリン相互作用により，生物活性が変化することを示した[11]。以上のように，ラミニン由来活性ペプチドを多糖に固定化することで活性ペプチドの機能を保持あるいは向上させるだけでなく，細胞表面受容体特異的に細胞に作用するバイオマテリアルの開発，さらには異なるサブタイプのインテグリンの相互作用を解析できることが明らかになった。

4 ラミニン活性ペプチドを用いたペプチド－ポリイオンコンプレックスマトリックス（PCM）

基底膜などのECMは，ヒアルロン酸やコンドロイチン硫酸など多くのグリコサミノグリカンを含有しているため，ECMは負の電荷を帯びている。そのため，表面が酸性の足場材料が細胞培養において適切であると考えられる。そこで，ペプチド－酸性多糖マトリックスを従来法よりも扱い易くするためには，より簡便に作製することができ，新規の足場材料となり得るペプチド－多糖マトリックスの開発が求められる。筆者らは，インテグリンと特異的に結合するラミニンα1鎖由来のA99a（ALRGDN，A99aの活性配列）およびEF1XmR（RLQLQEGRLHFXFD，X：Nle，EF1の修飾ペプチド）を用いて，ケミカルライゲーション法により，アルギン酸アルデヒドにペプチドを修飾し，ペプチド－アルギン酸を合成した。さらに，ペプチド－アルギン酸とキトサンマトリックスの電荷を利用してPCMを形成させ，安定なペプチド－多糖マトリックスを作製した（図5）[12]。従来のアルギン酸マトリックス法では，アミノ基の導入とマトリックス形成時に架橋反応が必要であり，本方法を用いることで表面が酸性なペプチド－多糖マトリックスをより簡便に作製可能であることが示された。ペプチド－PCMはペプチド特異的に細胞表面受容体と相互作用し，細胞接着活性を示した（図5(a)）。以上のことから，ペプチド－PCMは簡便に作製することが可能で，修飾したペプチド特異的に細胞表面受容体に結合して様々な生物活性を示すことから，組織工学に応用可能な新規バイオマテリアルとして期待できる。

5 ペプチド－多糖マトリックス上での生物活性に及ぼすスペーサー効果

筆者らは，ペプチド－多糖マトリックスと細胞表面受容体の相互作用を制御して高活性なバイ

医療・診断をささえるペプチド科学―再生医療・DDS・診断への応用―

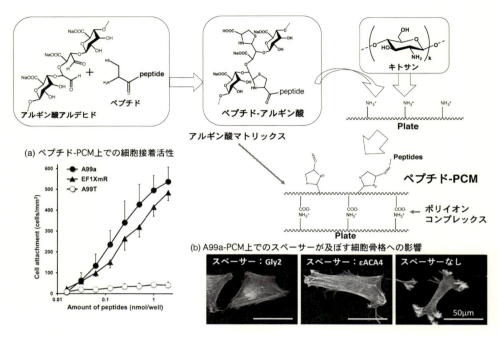

図5　ペプチド−PCMの作製方法と生物活性

オマテリアルを開発することを目的に，ペプチドと多糖マトリックスを繋ぐスペーサーに着目した（図4(c)，5(b)）[13]。Gly（3.67 Å/residue），βAla（4.86 Å/residue），εACA（8.70 Å/residue）からなる種々のスペーサーを導入したペプチド−キトサンマトリックスを作製した。シンデカンに結合するAG73を固定化したキトサンマトリックスは，どのスペーサーを導入しても細胞接着活性に影響を与えなかった。一方，インテグリンに結合するA99a−およびA2G10−キトサンマトリックスは，スペーサー依存的な細胞接着活性および細胞伸展活性を示した。親水性のGlyスペーサー（Gly2, Gly4）を導入すると，A99a−およびA2G10−キトサンマトリックスの細胞接着と細胞伸展は促進した（図4(c)，図5(b)）。

βAlaおよびεACAなどの疎水性スペーサーをA99a−キトサンマトリックスに導入した場合，スペーサーを導入しない場合に比べ細胞接着活性と細胞伸展活性が飛躍的に増強された。一方，Gly4（Gly4：14.68 Å）と同程度の長さのスペーサー（βAla3：14.58 Å，εACA2：17.40 Å）を導入させたA2G10−キトサンマトリックスは，生物活性が低下した（図4(c)）。また，A99a−PCMもA99a−キトサンマトリックスと同様に，疎水性で長いスペーサーを付加したほうがその生物活性をさらに促進することが明らかになった（図5(b)）。これらのことから，スペーサーの長さや物理的性質は，ペプチド−多糖マトリックス上のペプチドの構造とそれらがもたらす生物活性に影響を与えることわかった。

第3章　ラミニン由来活性ペプチドと再生医療

6　おわりに

　これまでの研究から，ラミニン由来活性ペプチドを多糖に固定したペプチド−多糖マトリックスは，ペプチドの生物活性を増強し，受容体特異的に細胞と相互作用することが示された。また，ペプチド−多糖マトリックスはペプチドの種類，多糖の種類を変えることで，細胞種特異的に生物活性を制御できることがわかってきている。さらに，受容体特異的あるいは細胞種特異的に作用するラミニン由来活性ペプチドを複数種類固定化したペプチド−多糖マトリックスは，生物活性を制御できる混合ペプチド−多糖マトリックスの開発や，組織の修復をめざした再生医学への応用が期待される。また，iPS/ES 細胞培養には，インテグリン α6β1 への結合とそれに伴うシグナル伝達が大きく寄与していることが示されている。そのため，われわれが同定したラミニン由来のインテグリン α6β1 に結合する A2G10 を固定化したペプチド−多糖マトリックスや，A2G10−PCM を作製することで，安価で安全な完全合成品による iPS/ES 細胞培養基材の開発が期待できる。さらに，受容体特異的なペプチド，多糖マトリックス，スペーサーの組み合わせの最適化は，高活性なペプチド−多糖マトリックスのデザインに重要で，組織工学に応用可能な受容体特異的に作用するバイオマテリアルの開発を可能にするものである。最後に，われわれが長年をかけて構築してきた多数のラミニン由来ペプチドライブラリーを用いることで，創傷治療薬および創傷治療基材への発展，および組織再生を目指した iPS/ES 細胞のためのバイオマテリアルの開発や分化誘導研究への応用が期待される。

文　　　献

1)　M. Kosovsky, Culture Conditions and ECM Surfaces, Corning Inc., 1-16 (2013)
2)　J. H. Miner & P. D. Yurchenco, *Annu. Rev. Cell Biol.*, **20**, 255 (2004)
3)　片桐文彦，野水基義，細胞接着分子のペプチド科学，生化学，**82**, 463 (2010)
4)　M. Mochizuki *et al.*, *FASEB J.*, **17**, 875 (2003)
5)　Y. Yamada *et al.*, *Biopolymers*, **94**, 711 (2010)
6)　Y. Yamada *et al.*, *Biomaterials*, **34**, 6539 (2013)
7)　R. Masuda *et al.*, *Wound Repair Regen.*, **17**, 127 (2008)
8)　K. Hozumi *et al.*, *Biomaterials*, **33**, 4241 (2012)
9)　K. Hozumi *et al.*, *Biomaterials*, **30**, 1596 (2009)
10)　S. Urushibata *et al.*, *Arch. Biochem. Biophys.*, **497**, 43 (2010)
11)　K. Hozumi *et al.*, *Biomaterials*, **37**, 73 (2015)
12)　C. Fujimori *et al.*, *Biopolymers*, **108**, e22983 (2017)
13)　J. Kumai *et al.*, *Biopolymers*, **106**, 512 (2016)

第4章　体外での生体組織成長を促進する
ペプチド材料

松本卓也*

1　オルガノイド研究の新展開

　近年，細胞を材料として使用し生体組織様組織（オルガノイド）を実験室（*in vitro*）で作製する，いわゆるオルガノジェネシス研究が注目を集めている。例えば，ES細胞の凝集塊を用いた眼胚や脳下垂体の作製などが報告されており[1,2]，近年では，オルガノジェネシス研究のターゲット組織は生体内のあらゆる組織にまで広がっている[3~5]。我々の研究グループでも血管内皮細胞・マイクロビーズを用いた血管新生モデルの構築[4]，任意形状の間葉系幹細胞三次元集合塊作製技術の構築[5]，幹細胞凝集塊を用いた三次元骨様組織の構築，唾液腺組織の構築など[6~8]，様々な組織のオルガノジェネシス研究を推し進めている。しかし，残念ながらここで作製されるオルガノイドは多くが1～5mm以下と非常に小さく，代替組織としての使用は困難なのが現況である。この理由として，細胞凝集体を元にオルガノイドを作製する場合，三次元細胞塊の中での酸素分圧の低下とそれにともなう細胞壊死が挙げられる[9]。多くの生体組織では血管が縦横無尽に張り巡らされており，そこから酸素，栄養成分が常時，供給されている。しかし，人工組織ではこのような構造がないため，三次元的に内側に存在する細胞ほど，低酸素状態となり壊死しやすくなってしまう。また実際にオルガノイドができたといっても，現況，作製される組織の成熟度は違いがある。細胞の自己組織化誘導，分化誘導を進めて，ある程度成熟した組織を得るまでには数週間単位での時間を要するという問題もある。

　これらのことから，今後の研究ターゲットとして体外でオルガノイド成長を制御するシステム，つまり，オルガノイドの成長促進や抑制の制御，オルガノイドのサイズを大きくする技術，さらにはオルガノイドを短期間で製作したり，作製するオルガノイドの質を一定にする技術の確立などが重要になってくると予測される。

　この体外でのオルガノイド成長制御にあたり，我々はオルガノイド培養における周囲環境をバイオマテリアルにより整備するというアプローチで研究を進めている。アプローチの一つは物理的環境の制御である。物理的環境の制御として我々はすでに組織周囲の力学環境変化を応用したオルガノイドの成長制御に関して複数報告している。例えば，血管新生制御に関して，三次元フィブリンゲル内でマイクロビーズを起点に血管新生できる実験系を確立，特殊な装置を用いてこの新生血管に対してゲル周囲から三次元的に周期的伸展刺激を加えることで血管新生方向を制

＊　Takuya Matsumoto　岡山大学　大学院医歯薬学総合研究科　生体材料学分野　教授

第4章　体外での生体組織成長を促進するペプチド材料

御できることを示した[4]。また，組織周囲の固さ環境に注目し，アルジネートゲル濃度を変えることで制御できるゲル培養系を構築した。このゲル培養系と唾液腺組織（ここでは顎下腺組織）を用いた研究では，組織周囲の堅さ環境を変えることで顎下腺組織成長を制御できることを世界に先駆けて見出している[10]。さて，このような物理的環境と同時に注目しているのが周囲の化学的環境の整備である。本稿では特にこの化学的環境の整備を元にした組織成長制御を中心に述べていく。

2　唾液腺組織発生と分岐形態形成（Branching morphogenesis）

　唾液腺組織は胎生期に口腔上皮組織が間葉組織に嵌入するところからその発生が始まる。この嵌入した上皮組織中の細胞は増殖，移動を続けながら複数の細胞が集団で腺房構造を作っていく。形成された腺房構造は，さらに分裂しその数を増やしていく。また，腺房内には空洞が形成され，この空洞が隣り合う腺房の空洞と連続する結果，管腔構造へと変化していく。このような複雑な組織発生の結果，唾液腺組織はブドウの房のような形態へと成長，成熟していく[11]。この一連の過程は分岐形態形成（Branching morphogenesis）と呼ばれており，唾液腺組織のほか，膵臓，乳腺，肺や腎臓など多くの生体組織において認められる特徴的な形態変化である[12,13]。この形態は生体内という限られたスペース内での効率的な酵素産生や物質代謝に有効な形態である。唾液腺組織は顎顔面領域の両側に3種類ずつ計6つあり，実験のための単離においても効率的に回収できる。また，比較的早期の成長，例えば，マウスの場合，約72時間で非常に顕著な形態変化が認められることから，形態変化検討のためのモデルシステムとしても都合が良い。そこで，我々の研究ではICRマウス胎児から採取した顎下腺組織を研究モデルとして使用している（図1）。

3　組織成長における周囲化学的環境の整備

　生体組織の発生において多様な化学的因子が関与していることはよく知られている。マウス顎下腺の分岐形態形成においても例外ではなく，細胞周囲のタンパク質は様々な重要な役割を果たしている。例えば，液性因子であるFibroblast growth factor（FGF）-7，-10やEpidermal growth factor（EGF），Insulin like growth factor-1（IGF-1）などはいずれも，腺房数の増加や管腔構造形成の促進などに関与している重要な因子である[14~16]。これらは発現時期や発現期間，発現部位などが刻一刻変化することで，正常な組織発達へと誘導する働きをしている。一方で，液性因子ではなく，細胞外基質として存在する基質タンパク質は，ある段階から恒常的に存在しながらも，局所的な蓄積量の変化によって組織発達段階における様々な役割に関与することが報告されている。例えば，細胞接着タンパク質としてよく知られているフィブロネクチンは，多くの間葉組織に認められる基質タンパク質である。フィブロネクチン中に含まれる機能性モチーフ

115

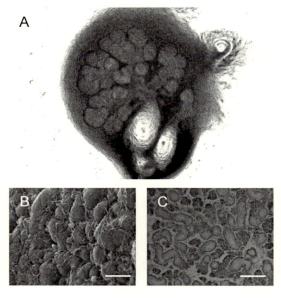

図1 マウス顎下腺組織
(A) 取り出した顎下腺の実体顕微鏡像，(B) 取り出した顎下腺表面の SEM 像（Bar：20 μm），(C) 取り出した顎下腺組織の HE 染色像（Bar：100 μm）。

としてはアルギニン-グリシン-アスパラギン酸（RGD）配列がよく知られている。この RGD 配列は細胞側のヘテロ二量体膜タンパク質であるインテグリンと結合することからフィブロネクチンが有する細胞接着機能に大きく関与することが報告されている[17]。細胞の細胞外基質への接着は細胞の生存，増殖，分化，遊走など様々な機能において重要である。フィブロネクチンは顎下腺組織を構成する間葉系組織においても発現が多く認められる。このタンパク質は胎生 12～13 日頃，新たな腺房ができあがるちょうど腺房分岐部に局在が認められ，腺房分岐を誘導していることが報告されている[18]。そこで，我々は組織周囲化学環境の整備として RGD 配列に着目し，アルジネートゲルへの導入と顎下腺組織成長への影響について検討することとした。

アルジネートゲルは褐藻類から抽出される多糖であり，生体親和性に優れることから歯科用印象材や創傷治癒材として古くから医療領域においての使用実績がある。1990 年ごろより盛んとなったティッシュエンジニアリング（組織工学）研究においても細胞担体用スキャフォールドとしての利用が多数報告されている。大きな特徴としてアルジネートは細胞接着モチーフをその構造中に持っていないため，細胞接着性を示さない。そこで，この改善のため RGD をアルジネートに導入した生体材料について多くの報告がある[19,20]。こういった過去のデータも参考にし，アルジネート表面からの RGD ペプチドの可動性を高めるため我々の研究においても機能性ペプチドスペーサーとして G4 配列を組み込むデザインを施し，結果的に G4RGDS を合成，使用した。アルジネートへの導入方法としてはカルボジイミドを用いることでアルジネート中のカルボキシ

第4章　体外での生体組織成長を促進するペプチド材料

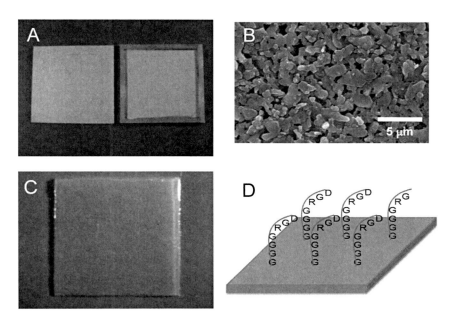

図2　使用したシート状アルジネートゲル
（A）ゲル作製用モールド（アルミナ製），（B）多孔性のアルミナプレートのSEM像，
（C）多孔性アルミナプレートモールドを使用して作製したシート状アルジネートゲル，
（D）G4RGDペプチドによるアルジネートゲルの修飾（イメージ図）．

基にグリシンのアミノ基結合させた（図2）．

4　RGD配列を導入したアルジネート上での顎下腺組織培養

　先にも述べた通り，我々はこれまでに固いゲル上で顎下腺組織を培養するとその成長が抑制されること，逆に柔らかいゲル上での顎下腺培養は成長を促進することを報告している[10]。このゲル培養系は物理的環境による組織成長制御であり，化学的に成長を抑制しているわけではないので様々な実験に有効活用できる。例えば成長抑制環境を用いてあるいは成長促進環境を用いて化学的因子を作用させることで，この化学的因子が組織成長促進効果あるいは抑制効果を有するかを理解することにつながる。そこで，この研究ではRGD配列を導入した原料を元に固いゲル材料を作製し使用することにした。実験に使用したのはE12.5のICRマウスから摘出した顎下腺組織である。結果は非常に明確であった。固いゲル材料を用いているため，本来，組織成長抑制が認められるはずであるにも関わらず，RGDを導入したゲルは顎下腺成長を有意に促進したのである。また，この成長は導入したRGD濃度に依存していることから，RGDによる影響であることが示された[21]（図3）。
　さて，このメカニズムについてであるが様々な角度から検討を行っている。まず，成長に関連

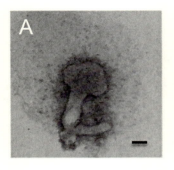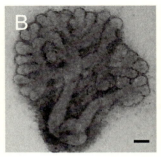

図3　ペプチド修飾ゲル上でのマウス顎下腺組織の成長
(A) 堅いゲル上での顎下腺組織成長（Control, 72時間後，Bar：100μm），(B) ペプチド修飾ゲル上での顎下腺組織成長（72時間後，Bar：100μm）。

する液性因子の発現として，RGD修飾ゲル上での培養により間葉組織からのFGF7, FGF10の発現増加が確認されている。つまり，間葉細胞の周囲基質との接着関係の違いにより，これら液性因子の遺伝子発現に違いが生じるものと考えられる。柔らかいゲル上で培養した顎下腺組織中の間葉系細胞でも同様の変化が認められたことから，この増殖因子発現変化については，単なる接着のあり／なしだけではなく，細胞の形態変化に依存した変化の可能性もあると考えている。また，これら増殖因子の遺伝子，タンパク質発現変化だけでなく，メカニズムとして重要であると思われるのは神経細胞の伸展，増殖である。培養組織に対するβⅢチューブリン抗体を用いた免疫染色を行い観察した結果，RGD導入ゲル上で培養した顎下腺では神経組織が広範に広がり，組織全体に広く分布していることがわかった。逆にRGD導入をしていないゲル上の顎下腺組織では神経組織の伸長はほとんど認められなかった。そこで，PC12という神経前駆細胞を用いゲル上での培養を行った。その結果RGD導入ゲル上においてPC12は神経突起をよく伸ばし，RGD導入なしのゲル上では神経突起の伸長はほとんど見られなかった。また，この神経突起の伸長についてもRGD濃度に依存的であった。最近はこのRGD配列に加え，異なるペプチドを用いた顎下腺組織の成長制御についてもいくつかの検討を進めている[22]。

5　オルガノイド成長制御研究の今後の展開

　ここで示した我々の研究は生体組織の体外での成長制御であり，具体的にはその成長速度，成熟度を制御するうえで有効であると思われる。実際，この報告については「体外での生体組織の促成栽培」などといった見出しのもと，多数の報道機関で取り上げられるなど注目を集めた。しかし，組織そのものの大きさについては，この培養方法を用いてもそれほど大きくはなっていないというのが現状である。この最大の理由は本研究では実験系をシンプルにし，単一の因子（この場合はRGDペプチド）のみの影響をみたためである。つまり，成長にともなう組織サイズの

第 4 章　体外での生体組織成長を促進するペプチド材料

変化を獲得するためには，複数の液性因子を作用させることが有効方法の一つである。ただし，ここでの障壁は，複数の液性因子の組み合わせ，量，作用時間などをいかにして最適化するかである。また，物理的環境との併用も有効方法の一つである。例えば細胞培養において周囲に細胞がいない間，細胞は増殖を続け，周囲を細胞が取り囲むことによって細胞増殖が止まる（コンタクトインヒビション，接触停止）ことが知られている。同様に，切除した肝臓は体内において再生を続け，周囲組織からの適切な圧迫力が加わるまである程度の大きさに回復することが知られている。また，種々の伸展，圧迫刺激は細胞の増殖や分化に関与することが知られている。以上のことから，これら複数の化学的因子，物理的因子を総合した複合的条件により，組織の大きさ制御は達成できるものと思われる。

　また，もう一つ大きな理由としては適切な 3 次元環境の供給が挙げられる。今回紹介した機能性ペプチド修飾ゲル上での組織培養はあくまでも 2 次元平面上での培養である。実際の 3 次元ゲル内における全方位からの刺激供給は今後の研究課題である。これは固いアルジネートゲルの場合，ゲル内に組織を埋入してしまうと固さおよびゲル変形の困難さが組織成長の障壁となってしまうためである。また，成長にともなう周囲基質の分解と再構築など，本来あるべく組織成長環境（ゲル培養環境）の構築も今後の重要な課題といえる。一方，大きな組織成長にあたり血管，神経組織の介在も重要であり，ここにおいても種々の機能性ペプチド利用に加え細胞のシート化[23)]，層状化技術[24)]など様々な取り組みが必要になってくるものと思われる。例えば，血管を誘導するペプチド[25)]を供給できるビーズなどを 3 次元ゲル内に介在させて血管，神経組織の成長誘導をするなどの試みも興味深い。オルガノイドの成長制御にあたってはできるだけシンプルな実験系にはしたいものの，機能性ペプチドを含む複数の機能的な因子を時間空間的に複合的に関与させる技術開発について考える必要がある。

文　　　　献

1)　M. Eiraku *et al.*, *Nature*, **472**, 51（2011）
2)　H. Suga *et al.*, *Nature*, **480**, 57（2011）
3)　K. W. McCracken *et al.*, *Nature*, **516**, 400（2014）
4)　T. Matsumoto *et al.*, *Tissue Eng.*, **13**, 207（2007）
5)　J. Sasaki *et al.*, *Tissue Eng. Part A*, **16**, 2497（2010）
6)　J. Sasaki *et al.*, *Integr. Biol.*（*Camb.*）, **4**, 1207（2012）
7)　H. Okawa *et al.*, *Stem Cells Int.*, 6240794（2016）
8)　G. A. Sathi *et al.*, *J. Cell Sci.*, **130**, 1559（2017）
9)　T. Anada *et al.*, *Biomaterials*, **33**, 8430（2012）
10)　H. Miyajima *et al.*, *Biomaterials*, **32**, 6754（2011）

11) M. Farahat *et al.*, *PLoS ONE*, **12**, e0176453 (2017)

12) H. P. Shih *et al.*, *Cell Rep.*, **14**, 169 (2016)

13) Y. Zhang *et al.*, *Proc. Natl. Acad. Sci. USA*, **113**, 7557 (2016)

14) V. N. Patel *et al.*, *Development*, **134**, 4177 (2007)

15) H. P. Makarenkova *et al.*, *Sci. Signal.*, **2**, ra55 (2009)

16) W. Ruan *et al.*, *Endocrinology*, **146**, 1170 (2005)

17) L. H. Hahn *et al.*, *Cell*, **18**, 1043 (1979)

18) T. Sakai *et al.*, *Nature*, **423**, 876 (2003)

19) K. Y. Lee *et al.*, *Nano Lett.*, **4**, 1501 (2004)

20) W. A. Comisar *et al.*, *Biomaterials*, **28**, 4409 (2007)

21) H. Taketa *et al.*, *Sci. Rep.*, **5**, 11468 (2015)

22) A. Ikeda *et al.*, *Regen. Ther.*, **3**, 108 (2016)

23) A. Kushida *et al.*, *J. Biomed. Mater. Res.*, **45**, 355 (1999)

24) A. Nishiguchi *et al.*, *Adv. Mater.*, **23**, 3506 (2011)

25) Y. Hamada *et al.*, *Biochem. Biophys. Res. Commun.*, **310**, 153 (2003)

第5章　ペプチドを利用した3次元組織の構築

平野義明*

1　はじめに

近年，再生医療が現実味を帯び，臨床研究や臨床に近い段階まで進んでいる。背景には，細胞に関する基礎研究（細胞生物学・分子生物など）のめざましい発展がある。その結果，embryonic stem（ES）細胞や induced pluripotent stem（iPS）細胞および種々の組織の幹細胞が見出されたが，それらを体内に注入するだけでは再生医療は達成できない場合が多い。細胞生物学におけるほとんどの研究は，細胞培養に適したポリスチレンを用いて2次元単層培養した細胞に対して行われている。このアプローチは管理しやすく，細胞環境を再現性よくそろえることができるなどの利点から多くの細胞種に対して用いることができる。しかし，一般的に天然の細胞環境を考慮していないため，*in vitro* での結果が *in vivo* の実験でも同様に反映されないということが問題視されている[1,2]。これを解決するためにペプチドを始めとする材料科学が必要となる。

通常，体内において，細胞は細胞外マトリックス（Extracellular matrix：ECM）に囲まれている，あるいは，同じ系統または異なる系統の細胞と直接接触し存在している。細胞の増殖・分化にはこの ECM が足場（Scaffold）としての役目を果たしている。従来，ECM は，組織の充填材として物理的構造を保つだけのものと考えられていた[3,4]。しかし研究が進むにつれて，細胞の接着・移動・分化・増殖などの細胞活性を，細胞の外側から制御する因子群として重要視されている[5~7]。

現在，天然の細胞環境を再現するために，細胞を3次元的に培養する細胞集合体という技術が注目されている。細胞集合体とは，細胞間，細胞−ECM 間相互作用により形成した細胞の塊を指し，2次元で単層培養した細胞よりも組織・器官に類似した特徴をもつ3次元細胞モデルである[2]。細胞集合体を用いることにより *in vivo* と同様な結果が *in vitro* の実験でも得られ，動物実験を減らすことが可能になるといわれている[2]。これまでに軟骨組織の再生を行った移植治療や創薬スクリーニング，細胞間相互作用の解明などへの応用が多数報告されている[2]。

細胞集合体の作製には，ハンギングドロップ法[8]，非接着性のアガロースなどを基材にコーティングしたリキッドオーバーレイ法[7]，温度応答性ポリマー表面での静置培養[8]，遠心沈降法[9]，スピンナーフラスコを用いた旋回培養[10]，3次元足場を用いる方法[11]などさまざまな方法が過去に行われてきた[12]。しかし，これら方法にはそれぞれ問題点がある。細胞集合体を多量に作製す

＊　Yoshiaki Hirano　関西大学　化学生命工学部　化学・物質工学科　教授

医療・診断をささえるペプチド科学—再生医療・DDS・診断への応用—

るのが困難であること，作製に時間がかかること，細胞集合体のサイズの均一性が低いことがあげられる。また，細胞集合体の内部細胞への酸素や栄養の拡散限界はおよそ 150～200 μm と報告されており[2]，より大きな細胞集合体になると内部細胞がネクローシスを起こしてしまうことも知られている[13]。

　本稿では，上記の細胞集合体の形成方法とは異なる，ペプチドを用いた細胞の3次元組織化に向けた研究例を紹介する。

2　細胞接着性ペプチドを利用した細胞の3次元組織化

　多くの細胞接着分子の活性部位やそれに関連する調節分子が分子生物学的手法で明らかにされた。細胞接着性タンパク質の構造や機能に関する理解が飛躍的に進み[8]，細胞接着分子の代表格となるフィブロネクチンの1次構造が詳細に検討された。1984 年に Pierschbacher と Ruoslahti によって，細胞接着活性に関与している部位のアミノ酸配列のうち，-Arg-Gly-Asp-Ser-（RGDS）のわずか4残基が大変重要であると報告され，生医学用材料分野に大きなインパクトを与えた[14]。それ以来，材料学分野を始めとする工学分野において，細胞接着性ペプチドとして積極的に研究が進められてきた[1, 2, 4, 6, 10]。

　通常の培養細胞は，一般的に培養基材上を2次元に成長する。また，ペプチドを高分子材料上に化学固定し細胞培養した場合も同様に，細胞は2次元に成長する[15～19]。それはインテグリンレセプターと細胞接着性ペプチドが相互作用し，材料表面に接着・伸展するためである。インテグリンは細胞表面にあるタンパク質で，細胞接着に関与するレセプターであり，ECM のレセプターとして細胞−ECM の接着に重要な役割を果たす[15]。

　多細胞生物においては，個々の細胞は独立して存在しているのではなく，細胞同士，あるいは ECM に接着している。多くの細胞は細胞生存やその細胞が本来もつ機能を増加させるために，細胞−細胞間相互作用により3次元組織体を作ることが必要となる。細胞接着は細胞接着分子の分子間相互作用によって担われ，これにより細胞内の接着関連タンパク質も機能を発現する。一般に細胞同士が細胞間接着結合を形成し，細胞と ECM 間に細胞基質間接着結合を形成する[15, 20]。*In vitro* 条件において細胞基質間接着結合が細胞間接着結合に勝ると，細胞が接着・伸展し3次元化しにくくなり2次元に広がる[21]。

　細胞の3次元組織化を遂行するにあたり，先に述べたようないくつかの課題も挙げられる。3次元組織化することによって，細胞集合体の内部までに養分，酸素が十分届かないことや，排泄物が除去できないなどである。そこで，微小な高分子キャリアー（高分子微粒子）を用いて先の問題を解決しようとした試みがある。それには合成高分子から作製された正電荷を帯びた高分子微粒子やゼラチン，多糖など天然高分子由来の粒子が利用されている。また，高分子微粒子の細胞接着性や増殖を促進するためには，細胞接着性ペプチドが利用されている。

　このうち，培養系に RGDS 関連ペプチドを添加し3次元組織化を誘導している例について示す。

122

第5章 ペプチドを利用した3次元組織の構築

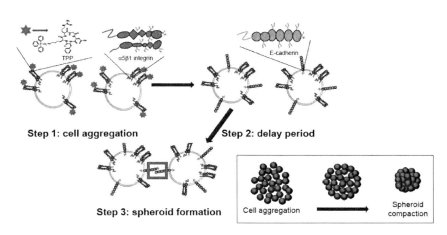

図1 Cyclo-RGDfK(TPP)を用いてカドヘリンを活性化させ3次元組織体を構築する方法
(文献22)より引用)

Haq らは cyclic Arg-Gly-Asp-D-Phe-Lys (cyclo-RGDfK) 修飾 4-carboxybutyl-triphenylphosphonium bromide (cyclo-RGDfK(TPP)) を用いた3次元組織体の形成を行った(図1)。Cyclo-RGDfK(TPP)は特に癌細胞の自己組織化を誘導すると述べている。Cyclo-RGDfK(TPP) は$\alpha 5\beta 1$インテグリンと相互作用することにより，細胞膜の上でカドヘリン発現を容易に誘導し，カドヘリン–カドヘリン相互作用によって細胞が集合し，3次元組織体形成を促進する。これらの方法によって誘導された3次元組織体は $80\ \mu m$ 程度と理想のサイズであり，さまざまな細胞にも適用できることを示している。この方法によって作製された3次元組織体は，細胞–細胞，細胞–ECM相互作用により細胞の機能が増強され，癌研究の腫瘍形成メカニズム解明にも役立つと結論づけている[22]。

次に，RGDS関連ペプチドを基材上に固定化して，3次元組織化を行っている例を示す。

Duらはポリエチレンテレフタレートフィルムにアルゴンプラズマ処理を施した後に，UVを照射しアクリル酸を表面グラフト重合した。その後，アクリル酸のCOOH基とEDCとSulfo-NHSを反応させ，ガラクトースを縮合した。さらにGRGDSを反応させることにより，ガラクトース-RGDSハイブリッド表面を構築している。その表面でガラクトースと親和性の高いラット由来の肝細胞を培養することで，3次元組織体を作製している。作製した3次元組織体を用いて，アルブミンやシトクロムP450の活性を評価したところ，2次元培養と比較して優位に高い活性が期待できると報告している。これら3次元組織体を利用して，薬物スクリーニングや代謝測定に利用できると結論づけている[23〜25]。

福田らは，アルカンチオールの自己組織化単分子層(SAM)と電気化学的脱着によって肝細胞の3次元組織体を作製している[26]。PDMSスタンプを用いて直径 $100\ mm^2$ の微小SAM面に，アルカンチオール分子にRGDSを結合した分子を担持し，その他の領域は細胞が接着しにくいポリエチレングリコール(PEG)で被服することで細胞の接着面と非接着面を形成し，細胞集合

体を形成させた．その後，SAM 表面から電気化学的手法により，アルカンチオール分子を脱着し3次元組織体を得ている（図2）[26]．

以上は基材表面に RGDS ペプチドを固定化した2例であるが，より高密度に固定化する手法としてデンドリマーを用いた例を述べる．

Jiang と Luo らは4世代のポリアミドアミンデンドリマー（PAMAM）のアミノ基に，(PEG)$_2$ をスペーサーに介して RGDS を導入している．このとき，64 あるアミノ基の52％程度の修飾率で RGDS ペプチドが導入できたとしている（図3）[27]．RGDS-PAMAM と NIH 3T3 細胞を培養すると，RGDS だけの時と比較して効果的に3次元組織体を得ることができたと示して

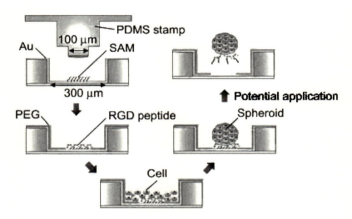

図2 アルカンチオールの自己組織化単分子層と電気化学的脱着による肝細胞の3次元組織体作製スキーム
（文献26）より引用）

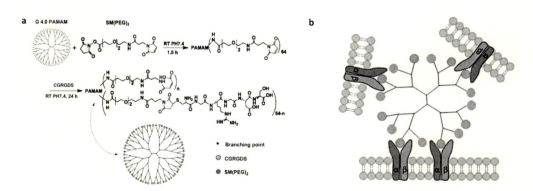

図3 RGDS 修飾デンドリマー（PAMAM）の構造とそれを用いた細胞の3次元組織体の作製方法
　　a：RGDS 修飾デンドリマーの構造
　　b：RGDS 修飾デンドリマーと細胞（インテグリンレセプター）との相互作用
（文献27）より引用）

いる[27]。NIH 3T3 細胞と RGDS-PAMAM によって得られた3次元組織体の接着タンパク質と成長因子の mRNA レベルの発現量を，PCR を用いて測定した。その結果，RGDS コントロールに比べて，RGDS-PAMAM 系において成長因子である bFGF，HGF，TGF-β が優位に高い発現量となった。一方，接着タンパク質であるコラーゲンとフィブロネクチンについては，RGDS-PAMAM 系は減少した。このような生理活性・機能が見られたのは，一価の RGDS リガンドではなくデンドリマーが多価であるために有意差が観察されたためであると結論づけている[27]。

Chen らは，3世代の PAMAM のアミノ基に，分子量が2,000程度の PEG と CGRGDFK 配列をハイブリッドした CGRGDFK-PEG を導入した。アミノ酸配列中の K には FITC を導入しており，デンドリマーのサイズは 7.45 nm であった。

このデンドリマーを用いて，肝細胞の3次元組織体を形成しているが，形成メカニズムは図3と同様であると考えられている。肝細胞の3次元組織体は，アルブミンの産出量や尿素合成に関する酵素の活性も，コントロールに比較して顕著に高いと論じている[28]。

3 マイクロ流路を用いた3次元組織体の構築

Chan らは，図4に示すようにマイクロ流路を用いてエマルションを作製し，3次元組織体の構築を行っている。water-in-oil（w/o）のシングル・エマルションでは，エマルションの内の細胞の生存率が減少することが示されている。しかしながら，w/o/w ダブル・エマルションでは最外層の水層の影響で養分や酸素の供給が可能となり，細胞培養に合致していると主張している。今回の例では，Alg に RGDS 配列を導入した Alg-RGDS とペプチド未導入の Alg を用いて w/o/w ダブル・エマルションを作製し，包埋した hMSC スフェロイドの分化誘導の差異について検討を加えている。その結果，hMSC を骨に分化誘導した場合，Alg-RGDS を用いた方がアリザニンレッド染色よりカルシウム沈着が多く，さらにはアルカリホスファターゼ（ALP）活性が顕著に高くなったと指摘している。このことは，Alg に導入した RGDS ペプチドによりインテグリンレセプターが活性化され，細胞−細胞，細胞−ECM の相互作用が向上したことによるものと指摘している[29]。

4 ペプチドを用いた新規な3次元組織体の構築

著者らは，アミノ酸であるリシン（Lys）とプロリン（Pro）の繰り返し構造を持つ H-(Lys-Pro)$_n$-OH（KPn，n＝アミノ酸の残基数）や H-(Lys-Lys-Pro)$_n$-OH（KKPn），H-(Lys-Pro-Pro)$_n$-OH（KPPn）を含む培地で細胞を培養したところ，3次元組織体を誘導することを明らかにした[30～32]。これは，化学物質を培地に添加するだけで3次元組織体を誘導する新たな手法であり，物理的な3次元組織体形成手法に比較して大変簡便であり手技を必要としない。これらはペプチドのアミノ酸残基数や配列，添加濃度を検討することにより，3次元組織体の大きさのコン

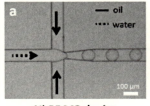
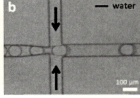

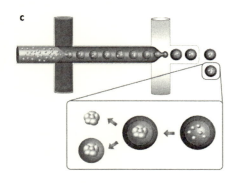

図4 w/o/w ダブル・エマルションを用いた細胞の3次元組織体作製方法
　　a, b：w/o/w ダブル・エマルションの作製方法
　　c：細胞内包 w/o/w ダブル・エマルションの作製方法
　　d：w/o/w ダブル・エマルションの顕微鏡写真
（文献29）より引用）

トロールも可能である。これらペプチドの適法範囲は広範囲に及ぶ。図5aに線維芽細胞を用いて3次元組織体を誘導した結果の顕微鏡写真を示す[30]。また，肝細胞を用いた実験では，ペプチドを添加して3次元組織体を誘導，その後アルブミン産出量を測定した。その結果，単層培養よりも高い機能を持つ3次元組織体を作製することが可能となった。さらに，間葉系幹細胞を用いた実験では，3次元組織体を誘導することのできるペプチドの選択，および骨分化を行い，分化の初期マーカーである ALP 活性を測定したところ，細胞機能が大いに促進することが明らかになった。これらは，著者らが明らかにした全く新しい発想の3次元組織体の構築方法である。RGDS 固定化材料との組み合わせにより，より高いパフォーマンスも期待できると考えている。

5　まとめ

ペプチドを利用して細胞の3次元組織体を構築しようとする研究報告は，ここ数年急激に増加している。これは，再生医療や創薬研究分野でより生体に近い状態の再現が必要だからであろう。また，ペプチドとしては，RGDS を用いた研究例が多数ある。これは，RGDS ペプチドによりインテグリンレセプターが活性化され，細胞 – 細胞，細胞 – ECM の相互作用が向上することを目

第5章　ペプチドを利用した3次元組織の構築

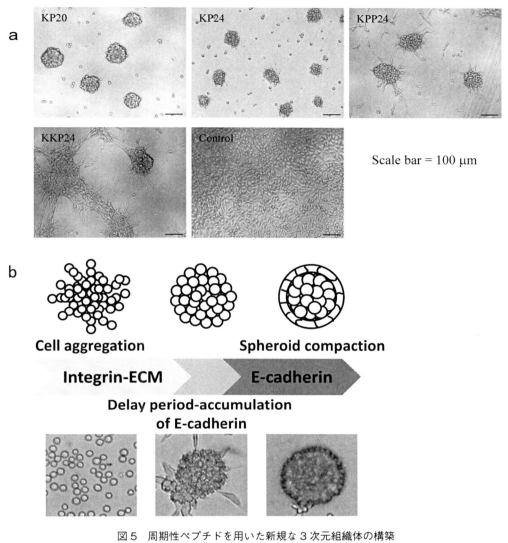

図5　周期性ペプチドを用いた新規な3次元組織体の構築
a：各種周期性ペプチドを用いて誘導した細胞の3次元組織体[31, 32]
b：細胞の3次元組織体形成メカニズム[2]

的にしているからと推察できる（図5b）。

　再生医療分野における細胞移植や創薬分野においては薬物スクリーニング，代謝モデルなどの利用が期待されている。再生医療分野において細胞の3次元組織体（組織化）の構築は必要な技術であるが，前述のとおり集合体の中心部分まで酸素や養分が届かないなどの問題点が指摘されている。その解決には，組織内に血管を誘導するなどが考えられるがまだまだ課題が多い。細胞接着ペプチドを始め生理活性ペプチドをツールとすることが研究のブレイクスルーとなり，より効率的な細胞の3次元組織化が進むことを期待する。

文　　献

1) B. Guillotin *et al.*, *Trends Biotechnol.*, **29**, 183 (2011)
2) R.-Z. Lin *et al.*, *Biotechnol. J.*, **3**, 1172 (2008)
3) 林正男, 新 細胞接着分子の世界, 羊土社 (2001)
4) R. O. Hynes, Fibronectins, Springer-Verlag (1990)
5) 筏義人, 患者のための再生医療, 米田出版 (2006)
6) 田畑泰彦 [編], 再生医療のためのバイオマテリアル, コロナ社 (2006)
7) 田畑泰彦 [編], 遺伝子医学 MOOK 別冊 進みつづける細胞移植治療の実際 (上・下巻), メディカル ドゥ (2008)
8) R.-Z. Lin *et al.*, *Cell Tissue Res.*, **324**, 411 (2006)
9) U. Schuster *et al.*, *J. Urol.*, **151**, 1707 (1994)
10) T. Takezawa *et al.*, *Exp. Cell Res.*, **208**, 430 (1993)
11) T. Elkayam *et al.*, *Tissue Eng.*, **12**, 1357 (2006)
12) S. L. Nyberg *et al.*, *Liver Transpl.*, **11**, 901 (2005)
13) M. T. Santini *et al.*, *Pathobiology*, **67**, 148 (1999)
14) M. D. Pierschbacher, *Nature*, **309**, 30 (1984)
15) 赤池敏宏 [編], 再生医療のためのバイオエンジニアリング, コロナ社 (2006)
16) E. A. Dubiel *et al.*, *Colloids Surf. B Biointerfaces*, **89**, 117 (2012)
17) L.-Y. Jiang *et al.*, *Biomaterials*, **34**, 2665 (2013)
18) Y. Hirano *et al.*, *Polymer Bull.*, **26**, 363 (1991)
19) Y. Hirano *et al.*, *Adv. Mater.*, **16**, 17 (2004)
20) S. Ravindran *et al.*, *Biomaterials*, **32**, 8436 (2011)
21) 岩田博夫, 高分子先端材料 One Point バイオマテリアル, 共立出版 (2006)
22) A. Haq *et al.*, *Onco Targets Ther.*, **10**, 2427 (2017)
23) Y. Du *et al.*, *Biomaterials*, **27**, 5669 (2006)
24) L. Xia *et al.*, *Biomaterials*, **33**, 2165 (2012)
25) Z. Wang, *J. App. Toxicol.*, **35**, 909 (2014)
26) R. Inaba *et al.*, *Biomaterials*, **30**, 3573 (2009)
27) L.-Y. Jiang *et al.*, *Biomaterials*, **34**, 2665 (2013)
28) Z. Chen *et al.*, *Int. J. Nanomed.*, **11**, 4247 (2016)
29) H.-F. Chan *et al.*, *Sci. Rep.*, **3**, 3462 (2013)
30) Y. Futaki & Y. Hirano, *Peptide Science*, **2013**, 373 (2014)
31) 平野, 特許第 5498734
32) 平野, 特許第 6153379

【第Ⅳ編　生体適合性表面の設計】

第1章　人工ポリペプチドを用いた生体模倣材料の開発

鳴瀧彩絵[*1]，大槻主税[*2]

1　はじめに

　細胞は，周囲の環境から提示される様々な情報を感知して，そのふるまいを決定する[1]。従って，生体のもつ自然治癒力を高めて失われた臓器や組織を再生させる試みにおいて，再生に関与する細胞の周辺環境を整えることはきわめて重要である[2]。生体内ではほとんどの細胞が，足場となる細胞外マトリックス（Extracellular Matrix：ECM）に接着した状態で機能を発揮している。ECMの成分はコラーゲン，エラスチン，フィブロネクチン，ラミニン，ヒアルロン酸，あるいはヒドロキシアパタイトなどであり，それらの組成比や三次元構造，結果として発現する力学的特性などは，細胞によって様々に異なる。

　組織再生へのアプローチとして，生体内にすでに存在する細胞を利用する場合と，生体外で幹細胞などを培養して組織を構築させたのちに，それを生体へ移植する場合が考えられる。前者であれば，適切な足場材料に，必要に応じて薬剤をプラスして患部に投与することが有効であろう。後者においては，生体のECMに相当する人工ECMを構築することがまずもって重要となる。いずれにしても，組織ごとに最適化されているECMの構造と機能を理解し，それを模倣した環境を用意する必要がある。遺伝子工学や化学合成技術によって作り出される人工タンパク質やポリペプチドは，その配列デザインによってECMの多様な機能を再現できる点において優れている。本稿では，ポリペプチドを用いて生体を模倣したECMを創製しようとする取り組みについて，筆者らの研究を中心に紹介する。

2　軟組織再生のためのポリペプチド

2.1　エラスチン類似ポリペプチド

　軟組織におけるECMタンパク質のひとつにエラスチンがある。エラスチンは，生体組織にゴムのような弾性を付与する役割を果たしており，日常的に伸び縮みを繰り返す組織である血管，皮膚，肺，靱帯などに特に多く含まれる。エラスチンは，弾性組織再生のための足場材料として利用が期待される。しかしながら，生体由来エラスチンは，高度に化学架橋された不溶性の組織

---

*1　Ayae Sugawara-Narutaki　名古屋大学　大学院工学研究科　応用物質化学専攻
　　　　　　　　　　　　　　准教授

*2　Chikara Ohtsuki　名古屋大学　大学院工学研究科　応用物質化学専攻　教授

医療・診断をささえるペプチド科学―再生医療・DDS・診断への応用―

であるため，抽出や加工が難しい[3]。可溶化や再不溶化技術の進展に伴い生体エラスチンを活用する道も拓かれてきたが[4]，他のECMタンパク質であるコラーゲンやフィブロネクチンなどと比較すると利用例はきわめて少ない。

エラスチンは，生体内においてトロポエラスチンという水溶性前駆体の形で細胞から分泌され，自己集合と分子間架橋を経て線維状の不溶性組織を形成する。トロポエラスチンのアミノ酸配列は図1のようなドメイン構造で特徴づけられる[5]。分子の中央部にはプロリンに富む疎水的な領域が，両末端にはグリシンに富む疎水的な領域が存在する。また，疎水的なドメインと親水的な架橋ドメインが交互に配置している。エラスチンが弾性を示すのは，架橋ドメインのリシン残基が生体内酵素の作用によって化学架橋されること，およびプロリンに富む領域に見られる多数のβ-turn構造が，ばねの役割を果たすことに由来する[6]。

1974年にUrryらは，プロリンに富む領域に高頻度で出現するVal-Pro-Gly-Val-Gly（VPGVG）の繰り返し配列をモデル化したpoly（VPGVG）を化学的に合成し，その性質を調べた[7]。その結果，poly（VPGVG）は生理学的温度域に下限臨界共溶温度（LCST）を持ち，LCST以上で自己集合して水溶液から相分離することがわかった。この現象はコアセルベーションと呼ばれ，トロポエラスチンや，生体エラスチンを加水分解して可溶化したα-エラスチンにも見られるものである。その後，同グループによりpoly（VPGVG）の4番目のバリン（V）をプロリン以外のアミノ酸に置換するとLCSTを任意に制御できることが見出され，poly（VPGXG）は温度応答性ポリマーとして注目を集めることとなった[8]。現在，エラスチン由来のアミノ酸配列を含み，人工的に作製されるタンパク質は，エラスチン類似ポリペプチド（Elastin-Like Polypeptide：ELP）と呼ばれ，ひとつの研究分野を形成している。

2000年ごろより，ELPを利用した様々な応用研究が展開された。その多くはELPの温度応答性に基づくものであり，薬剤送達システム（DDS）や，タンパク質精製用タグとしての利用が報告された。たとえば，温度応答性の異なる2種のセグメントを連結した両親媒性のELPは，水中で直径100 nm以下のミセルを形成する[9,10]。ミセルの内部に疎水的な薬剤を取り込み，温度刺激によって放出させることができる。ELPを無機ナノ粒子の表面に結合させたり[11]，コラーゲンペプチドと連結させたりすることで[12]，ハイブリッド型の刺激応答性DDSキャリアも構築さ

ドメインの名称	性質	頻出モチーフの例
□ Glycine-rich ドメイン	疎水性	Z_1GGZ_2G (Z = V or L)
■ Proline-rich ドメイン	疎水性	VPGVG, VAPGVG
● 架橋ドメイン	親水性	KAAK

図1　トロポエラスチンのアミノ酸配列に見られるドメイン構造と配列モチーフの例
Sはシグナル配列を表す。

第1章　人工ポリペプチドを用いた生体模倣材料の開発

れた。大腸菌などの宿主を用いて組換えタンパク質を発現させる場合，目的タンパク質を宿主由来のタンパク質から分離精製する必要がある。目的タンパク質を，ELP との融合タンパク質として発現させることにより，ELP の可逆的な温度応答性を利用した沈殿精製が可能となった[13]。ELP タグを酵素処理により切断し，目的タンパク質のみを純度良く得ることもできる。ELP を用いてフィルムやゲルのような足場を構築し，生体模倣 ECM として利用する試みも進められている。この場合，ELP にリシン残基[14~17]やシステイン残基[18]を導入し，架橋剤を用いてアミノ基間を架橋したり，ジスルフィド結合を形成させたりすることによって不溶性の構造体を得る。ただし，poly(VPGXG) 配列は細胞接着性に乏しいため，コラーゲンやフィブロネクチン，あるいはラミニンに見られる細胞接着性配列を付加する戦略がよく見られる[16, 17, 19~21]。たとえば，(VPG$[I^{0.8}K^{0.2}]$V)$_{60}$ にフィブロネクチン由来の細胞接着性配列である RGD を組み込んだ ELP から，細胞毒性の低い架橋剤を用いて化学架橋ゲルが形成された[17]。ELP の濃度や，ELP と架橋剤の添加比を変化させることで，ゲルの貯蔵弾性率（G'）を約 250～3,000 Pa の範囲で制御することができた。このゲルの内部でマウス ES 細胞から作製した胚様体が培養され，G' が約 260 Pa のとき，より大きな G' を持つゲルに比べて胚葉体のサイズが顕著に増加することが示された。

2.2　ナノファイバー形成能を持つエラスチン類似ポリペプチド

　生体内エラスチンは，線維状の組織体を形成して細胞を支持している。しかしながら，ELP は通常，LCST 以上で無秩序な凝集体を形成するにすぎない。筆者らは，生体 ECM に見られるようなファイバー構造へと自己集合する ELP を作製できないかと考え，その配列をデザインするにあたってトロポエラスチンのドメイン構造（図 1）に着目した。トロポエラスチンは，プロリンに富むドメインを分子中央部に，グリシンに富むドメインを分子の両末端に有している。グリシンに富むドメインの役割は長らく不明であったが，2003 年に Tamburro らは，このドメインが自己集合してアミロイド様の線維を形成する傾向を明らかにした[5]。このドメインに見られる Z$_1$GGZ$_2$G モチーフをポリマー化した poly(Z$_1$GGZ$_2$G)（Z$_1$，Z$_2$ は V または L）も，リン酸緩衝液中で加熱することにより，同様にアミロイド線維を形成した[22]。筆者らは，プロリンに富むドメインとグリシンに富むドメインとのブロック構造がトロポエラスチンの線維形成に関わっているのではないかと予想し，これをきわめて単純化したブロックポリペプチド GPG（図 2(a)）を，遺伝子工学の技術を用いて作製した[23]。GPG は，室温付近に LCST を示す P 配列（(VPGXG)$_{25}$，X＝V または F）を分子中央部に，アミロイド線維を形成しうる G 配列（(VGGVG)$_5$）を分子両末端に有する。

　GPG を冷水に溶解したのち 37 ℃以上に加熱すると，自己集合してナノファイバーを形成する。GPG ファイバーはナノ粒子が連なった数珠状のモルフォロジーを持ち，長さは 10 μm 以上にわたる。円二色性（CD）スペクトル測定および原子間力顕微鏡（AFM）によりファイバーの形成過程を調べた結果を図 2(b)，(c)に示す[23]。冷水中で GPG は，ランダムコイル性の高い分子として存在する。この水溶液を 45 ℃に加熱すると，GPG はすぐに β-turn 構造へと転移し，その後

医療・診断をささえるペプチド科学—再生医療・DDS・診断への応用—

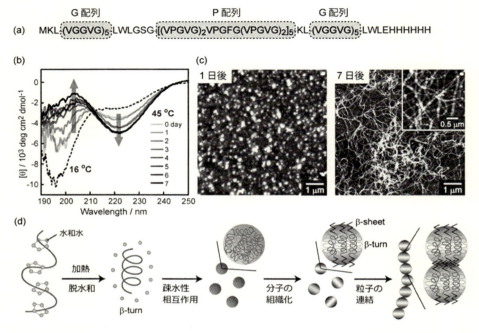

図2 (a) GPGのアミノ酸配列。(b) GPGの水中におけるCDスペクトル。(c) GPGのAFM像。(d)予想される自己集合過程
（アメリカ化学会の許可を得て文献23)を一部改変）

一週間かけて徐々にβ-sheet構造の割合を増加させていく（図2(b)）。AFMでは，45℃に加熱して1日後まではナノ粒子が観察されるが，7日後にはナノファイバーへと変化していた（図2(c)）。予想される数珠状ファイバーの形成過程を図2(d)に示す[23,24]。まず温度応答性のP配列がβ-turn構造を形成しながら疎水的に凝集してナノ粒子を形成する。その後，粒子内でG配列がβ-sheet構造を形成し，さらに粒子間で相互貫入しながら集合することにより，数珠状のナノファイバーが形成されていく。速い過程である疎水性自己集合と，P配列に連結されて運動性の低下したG配列による遅い過程のβ-sheet構造形成が段階的に起こることが，ナノファイバー形成の鍵といえよう。対照実験として，G配列を単独で自己集合させると，瞬時にβ-sheet構造を形成して，長さ50 nm以下の短線維へと組織化した。一方，P配列とG配列を連結したジブロック体は数珠状ナノファイバーを形成した。これらの結果より，ブロック構造の重要性が示された。

次に，より低誘電率の環境でGPGを自己集合させることにより，水素結合の形成を促進してファイバー形成時間を短縮することを試みた[25]。有機溶媒であるトリフルオロエタノール（TFE）を系に添加すると，TFE濃度が10〜30％においてβ-sheetの形成速度が速まり，TFE濃度30％では1時間以内に数珠状ナノファイバーが形成された。一方，TFE濃度を60％以上とするとα-helix構造が見られるようになり，ファイバー形成は阻害された。

第1章　人工ポリペプチドを用いた生体模倣材料の開発

　GPGナノファイバーはアミロイド線維とは異なり，曲がりくねった，柔軟性に富む外観を有する。アミロイド検出試薬であるThioflavin TやCongo Redでこのナノファイバーは染色されない[25]。さらに，GPGナノファイバーは沈殿のない透明なファイバー分散液として得られるために，基板への塗布性や他素材との混合といったハンドリング性に優れるという特色を持つ。

2.3　GPG誘導体による機能性ナノファイバーの創製

　GPGナノファイバーは，LCST以上で形成する分子自己集合体である。そのため，室温以下の低温では可逆的に分解するという性質を有していた。広い温度範囲で利用可能なナノファイバーを得るために，自己集合構造を化学架橋により固定化することを試みた[26]。GPGのC末端に，トロポエラスチンの架橋ドメインに頻出するKAAKモチーフを付加した誘導体を作製し，45℃でナノファイバーを形成させた。このナノファイバーは，図3(a)に示すようにLCST以下の温度で分解する。一方，45℃においてbis(sulfosuccinimidyl)suberateを作用させ，アミノ基間を架橋したナノファイバーは，室温以下の温度でも分解せず安定に存在した（図3(b)）。

　生体内に埋入して使用する足場材料は，抗菌性を備えていることが望ましい。銀は，比較的高範囲の種類の細菌に対して抗菌効果を発揮できる物質であり，かつ生体毒性の低い抗菌剤として注目されている。GPGナノファイバーへ銀粒子を効果的に担持させるために，銀結合性モチーフであるAYSSGAPPMPPFをC末端に付加した誘導体を得た[27]。これを自己集合させてナノファイバーを形成させたのち，室温の硝酸銀水溶液中で3日間処理すると，ファイバー上に銀のナノ粒子が形成した。この銀担持ナノファイバーは，大腸菌に対して抗菌活性を示した。

　GPGナノファイバーは，生体ECMに類似した形状を持つことから，新しい細胞培養足場として応用が期待できる。GPGに細胞接着性を付与するために，フィブロネクチン由来の細胞接着性配列であるGRGDSを付加した誘導体を作製した[28]。GRGDS付加体が形成するナノファイバーは，ポリスチレン製の細胞培養プレートにコーティングが可能であり，血清を含むDMEM培地と接触させても安定にファイバー構造を保った。マウス胎仔由来線維芽細胞（NIH-3T3）を用いて細胞接着性を評価したところ，GRGDS付加体のナノファイバーはフィブロネクチンと同等の細胞接着性を示した（図4）。一方，GPGナノファイバーの細胞接着性はポリスチレンよりも低かった。これらの結果は，GRGDS付加体において，GRGDS配列が自己集合性ナノファイバーの表面に効果的に提示されていることを示している。

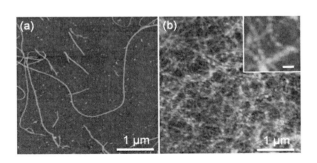

図3　KAAKモチーフを付加したGPGナノファイバーを16℃で2日間保持した場合のAFM像
(a)架橋反応なし，(b)架橋反応あり。挿入図のスケールバーは100 nm。（文献26)の図を日本化学会より許可を得て転載）

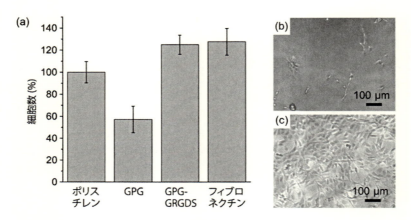

図4 (a)各表面へのNIH-3T3細胞の接着性。(b) GPGナノファイバーおよび(c) GRGDSモチーフを付加したGPGナノファイバーに接着した細胞の位相差顕微鏡像
(Wileyの許可を得て文献28)を一部改変)

3 硬組織再生のためのポリペプチド

骨や歯は無機質に富むECMで構築されている。ただし，骨組織のECMは，リン酸カルシウムの一種であるヒドロキシアパタイトが約70 mass%とコラーゲンが約30 mass%で成り立っており，コラーゲンが果たす役割は重要である。骨は，身体を支え，筋肉との連動により運動を可能とし，脳や内臓を保護する役割を担っている。ヒドロキシアパタイトは，高い力学的強度と高い弾性率を有するので，身体を支えたり，臓器を保護するのに適している。しかし，ヒドロキシアパタイト単独で，骨を修復する材料として用いると，骨組織よりも脆く，ヤング率が高すぎる。コラーゲンは，特有の三重らせん構造をとるタンパク質であり，この三重らせんが繊維構造やネットワーク構造を構築し，しっかりとした構造体を形成する。骨のECMは，コラーゲンとヒドロキシアパタイトが巧みに編み上げられた複合構造であり，高い力学的強度を持ちながらも低いヤング率を示す材料になっている。コラーゲンに類似した三重らせん構造をとる合成ポリペプチドとして poly(Pro-Hyp-Gly) がある[29]。このポリペプチドを基本にして，温度応答性ユニットとしてエラスチン様ペプチド Val-Pro-Gly-Val-Gly ユニットと共重合することで，温度応答性のゲルにもなる[30]。合成ポリペプチドの特徴を利用して，コラーゲン様ポリペプチドにヒドロキシアパタイトとの結合部位を導入すれば骨組織に類似した構造を人工的に合成できると考えられる。

ヒドロキシアパタイトとポリペプチドの複合化は，骨組織再生のためのマトリックスとして重要な課題である。これまでに，骨組織と高い生物学的親和性を示し，異物反応によるカプセル化を受けることなく，骨と直接接し，強固な結合を作るセラミックスがあることが知られている。それらは生体活性セラミックスと呼ばれる。セラミックスであっても骨と結合する性質を示すの

は，骨欠損部に埋植された後に，体液との反応で材料表面が骨の無機質に似たヒドロキシアパタイトの層で覆われるためである。ヒドロキシアパタイトは化学量論組成では $Ca_{10}(PO_4)_6(OH)_2$ となるが，骨を構成するヒドロキシアパタイトは，Ca^{2+} イオンが Mg^{2+} や Na^+ で，PO_4^{3-} イオンが CO_3^{2-} や HPO_4^{2-} で，OH^- イオンが Cl^- で，それぞれ部分的に置換されている。体液環境で生成するヒドロキシアパイトは，結晶子が小さく，歪が大きい特徴を持っている。骨組織では，骨芽細胞と破骨細胞による代謝で常にリモデリングが行われており，自己修復する臓器である。無機質も溶解と再構築がされやすい構造になっている。この骨の無機質が持つ特徴に似たヒドロキシアパタイト（骨類似アパタイト）の形成する能力を，ポリペプチドで自在に設計できれば，骨を修復する材料の選択肢は大きくなる。

　体液の無機成分の組成は，ヒドロキシアパタイトに対して過飽和となっている。したがって，ポリペプチドの表面にヒドロキシアパタイトの不均一核形成を誘起するような官能基を与えれば，ポリペプチドであっても骨類似アパタイトを形成する能力が獲得できると考えられる。カルボキシ基は，生体内においてもヒドロキシアパタイトとの結合に関与している。ヒドロキシアパタイトの不均一核形成を誘起するためには，基板のカルボキシ基の配置も重要な因子となる。Takeuchi らは，生糸から抽出したセリシンを用いて作製したフィルムについて，体液の無機組成をすべて 1.5 倍にして調製した水溶液（1.5 SBF）での骨類似アパタイト形成を調べ，β-sheet 構造の含有率が高いフィルム表面で骨類似アパタイトが形成すると報告した[31]。さらに，カルボキシ基を持つグルタミン酸（E）を多く含み，β-sheet 構造を持つ合成ポリペプチド poly((FE)$_3$FG) を合成し，骨類似アパタイト形成能が高いことを確かめている[32]。

　骨形成を誘導するタンパク質と類似した活性を示すペプチドを ECM に導入することも骨形成を促進するために有効である。骨形成を促進する因子として知られる Bone morphogenetic protein（BMP）から設計したペプチドが導入されたリン酸カルシウムセラミックスは，高い骨再生が観察されている[33]。

4　おわりに

　本稿では，人工ポリペプチドを用いて生体模倣 ECM を作製する取り組みについて紹介した。エラスチン類似ポリペプチド（ELP）を用いて，生体エラスチンの形態や機能が再現されてきている。エラスチンの最も特徴的な性質である弾性と細胞挙動の関係性の解明，あるいは ELP ナノファイバーの配向化による高次元の生体模倣 ECM の作製などが，挑戦的な課題として残されている。また，コラーゲン様ポリペプチドを基材にしながら，合成ポリペプチドの利点を活かしてのエラスチンの機能の付与が試みられている。さらに硬組織の再生を促す機能の付与が可能となってきている。これらの材料研究は多様性も高く，多くの研究者の参画と発展を期待したい。

文　　献

1) 田畑泰彦，塙隆夫，バイオマテリアル その基礎と先端研究への展開，p.313，東京化学同人（2016）
2) 田畑泰彦，再生医療，**13**, 8（2014）
3) D. M.-Nieves & E. L. Chaikof, *ACS Biomater. Sci. Eng.*, **3**, 694（2017）
4) 宮本啓一，*Bioindustry*, **32**, 44（2015）
5) A. M. Tamburro *et al., Biochemistry,* **42**, 13347（2003）
6) B. Li *et al., J. Am. Chem. Soc.,* **123**, 11991（2001）
7) D. W. Urry *et al., Biochim. Biophys. Acta,* **371**, 597（1974）
8) D. W. Urry, *Angew. Chem. Int. Ed. Engl.,* **32**, 819（1993）
9) M. R. Dreher *et al., J. Am. Chem. Soc.,* **130**, 687（2008）
10) W. Kim *et al., Angew. Chem. Int. Ed.,* **49**, 4257（2010）
11) W. Han *et al., Nanoscale,* **9**, 6178（2017）
12) T. Luo & K. L. Kiick, *J. Am. Chem. Soc.,* **137**, 15362（2015）
13) D. E. Meyer & A. Chilkoti, *Nat. Biotechnol.,* **17**, 1112（1999）
14) D. W. Lim *et al., Biomacromolecules,* **8**, 1463（2007）
15) K. Trabbic-Carlson *et al., Biomacromolecules,* **4**, 572（2003）
16) K. S. Straley & S. C. Heilshorn, *Soft Matter,* **5**, 114（2009）
17) C. Chung *et al., Biomacromolecules,* **13**, 3912（2012）
18) M. J. Glassman *et al., Biomacromolecules,* **17**, 415（2016）
19) A. Nicol *et al., J. Biomed. Mater. Res.,* **26**, 393（1992）
20) E. Kobatake *et al., Biomacromolecules,* **1**, 382（2000）
21) M. S. Tjin *et al., Macromol. Biosci.,* **14**, 1125（2014）
22) R. Flamia *et al., Biomacromolecules,* **8**, 128（2007）
23) D. H. T. Le *et al., Biomacromolecules,* **14**, 1028（2013）
24) 鳴瀧彩絵，*C & I Commun.,* **40**, 12（2015）
25) D. H. T. Le *et al., Biopolymers,* **103**, 175（2015）
26) D. H. T. Le *et al, Chem. Lett.,* **44**, 530（2015）
27) T. T. H. Anh *et al, Nanomedicine,* **8**, 567（2013）
28) D. H. T. Le *et al, J. Biomed. Mater. Res. A,* **105A**, 2475（2017）
29) T. Kishimoto *et al., Biopolymers,* **79**, 163（2005）
30) Y. Morihara *et al., J. Polym. Sci. Part A: Polym. Chem.,* **43**, 6048（2005）
31) A. Takeuchi *et al., J. R. Soc. Interface,* **2**, 373（2005）
32) A. Takeuchi *et al., J. Mater. Sci.: Mater. Med.,* **19**, 387（2008）
33) A. Saito *et al., J. Biomed. Mater. Res.,* **77A**, 700（2006）

第2章　移植留置型の医療機器表面に再生能を付与する細胞選択的ペプチドマテリアル

蟹江　慧[*1]，成田裕司[*2]，加藤竜司[*3]

1　背景～体内埋め込み型医療機器材料の現状～

医療機器は大きく分けて①治療機器（人工関節，人工血管など），②診断機器（内視鏡，MRIなど），③その他医療機器（歯科材料，コンタクトレンズなど）の3種に分かれる。その中でも，治療系医療機器の国内市場規模（国内生産＋輸入額－輸出額）のシェアは半数以上（H25年）と比較的高いのにも関わらず，国内企業のシェア（（生産金額－輸出金額）／国内市場）は半数ほどかつ国際競争力指数（（輸出金額－輸入金額）／（輸出金額＋輸入金額））が非常に低いという，海外製品の輸入に頼っている現実を示している。その要因に，治療機器に代表される体内埋め込み型医療機器は人体へのリスクが高く，国内企業の新規参入が遅れていることがあげられる。つまり，埋め込まれる医療材料が「異物」として認識されてしまい，炎症反応や目的外の細胞の過増殖や線維化等の副作用が生じてしまう。これらの副作用を抑えるためには，いかにして生体を模倣するかが重要な課題となる。本稿では，生体模倣の一例として個々の細胞を制御する「細胞選択性」をテーマとする。制御分子としては，生体内で細胞制御を行っているタンパク質（細胞外マトリックス（ECM），サイトカイン）の機能部位であるペプチドに着目し，機能性ペプチドの探索手法・応用事例に関して紹介する。

2　医療機器材料としてのペプチド

2.1　細胞接着ペプチド被覆型医療材料

細胞の接着，増殖，分化，遊走の運命を制御している分子として，前述にあるように ECM タンパク質とサイトカインが挙げられる（図1）。

ECM タンパク質にはコラーゲン，ラミニン，フィブロネクチンやヴィトロネクチンなどがあり，これら特異的なモチーフに細胞膜中のインテグリンレセプターが結合することにより細胞は接着する[1]。細胞接着は，細胞内の細胞骨格（アクチン）や 150 以上の関連タンパク質と結合し，

＊1　Kei Kanie　名古屋大学　大学院創薬科学研究科　助教
＊2　Yuji Narita　名古屋大学医学部附属病院　心臓外科　講師
＊3　Ryuji Kato　名古屋大学　大学院創薬科学研究科　准教授

医療・診断をささえるペプチド科学―再生医療・DDS・診断への応用―

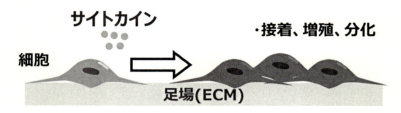

図1　細胞の運命を制御する分子（ECM、サイトカイン）

組織構成，遊走，分化を含む機能を刺激するような機械力や生化学的シグナルの中心分子を構成する[2,3]。コラーゲン，フィブロネクチン，ラミニン中には細胞接着に特異的なモチーフがいくつか報告されており，RGD，RGDS，REDV，YIGSRなどが挙げられる[4,5]。

細胞の運命を決定づけるサイトカインはいくつも知られており，代表的なものにVEGF（Vascular endothelial growth factor：血管内皮細胞増殖因子），FGF（Fibroblast growth factor：線維芽細胞増殖因子），TGF-β（Transforming growth factor：トランスフォーミング増殖因子），SDF（Stromal cell-derived factor：ストローマ細胞由来因子）などがある。VEGFは血管新生に関与しており[6]，TGFファミリーであるBMP（Bone morphogenetic protein：骨形成タンパク質）は骨形成促進に関与している[7,8]。さらに，BMP中の特徴的なモチーフも報告されており，KIPKASSVPTELSAISTLYL（Knuckle epitope）が骨形成材料の研究にも用いられている[9,10]。

ECMタンパク質やサイトカインをそのまま医療機器材料へ応用することは第一に考えられるが，必ずしもそのまま利用することが最善策であるとは考えていない。なぜなら，生体内のECMタンパク質は組織維持のための構造として利用されており，サイトカインには機能部位以外の配列も存在しているなど，最適化されたわけではなく迅速な修復作用に向いているとは限らないためである。このことから，ECMタンパク質やサイトカインの全配列を利用するのではなく，必要な機能を持った部位だけを人工的に取捨選択し，組み合わせて利用することが，組織再構築のための医療機器材料として重要視されている。これに基づき，細胞接着ペプチドや細胞分化誘導ペプチドをマテリアルとして材料表面に修飾し，細胞・組織との親和性を上げている例が数多く報告されている[11,12]。

ペプチドは効果的な生体分子であり，医療や細胞生物学の分野において，理想的な合成生体材料として注目され，細胞の刺激因子，細胞培養の足場，目的場所への輸送の標的タグ分子等に応用されている。中でも，短鎖ペプチドを使用する利点としては，①3次元構造をとるネイティブなタンパク質や長鎖ペプチドに比べて，機能部位だけを自在に表面提示できること，②タンパク質に比べ，酵素分解に対して安定であること，③高純度で大量に生産可能であること，④感染のリスクを低減できることが挙げられる（図2）。特に③，④の利点は，工業的，経済的であるだけでなく，常に感染のリスクと隣り合わせとなっている埋め込み型医療機器材料に対して，高品質なものを提供できると言える。

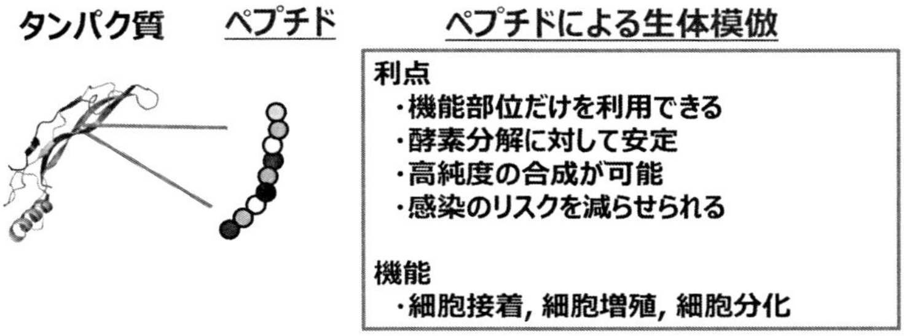

第 2 章　移植留置型の医療機器表面に再生能を付与する細胞選択的ペプチドマテリアル

図2　ペプチドの医療機器材料応用における利点

2.2　細胞を用いたペプチドアレイ探索

　機能的なペプチド探索法はいくつか報告されており，①ペプチドビーズライブラリー法[13]，②ファージディスプレイ法[14]，③リボソームディスプレイ法[15]，④ペプチドアレイ法[16]などがその代表例である。中でもペプチドアレイは，ペプチドの長さや配列置換などを自由にデザインでき，効果の無かった配列・効果を減少させた配列（ネガティブデータ）も探索の過程で得られるため，多様性に富んだ情報を得ることができる。このため，ペプチドアレイによる抗体，タンパク質，小分子など，生物分子をターゲットとした探索に幅広く用いられてきた（図3）[17~19]。筆者らは，独自の技術として接着細胞を用いた細胞接着性ペプチド探索をペプチドアレイにより開発した（PIASPAC：Peptide array-based Interaction Assay of Solid-bound peptide and anchorage-dependent cells）（図3）[20]。そして，これまでに様々な接着ペプチド[21, 22]，細胞死誘導ペプチド[23, 24]などを発見してきている。

2.3　細胞選択的ペプチド

　埋め込み型医療材料が「異物」として認識されないためにも，目的外の細胞の過増殖や組織化などは避けたい課題である。生体内組織は，非常に秩序だって細胞が制御された構造を取っている。血管組織を例にとると，内側から内皮細胞（EC），平滑筋細胞（SMC），線維芽細胞（FB）の3種類が見事に制御されている。細胞を選択的に制御できれば，副作用は生じにくくなり生体適合性を有する医療機器材料開発につながると考えた。現在筆者らが取り組んでいる医療機器材料開発において，それぞれの医療機器に対して必要な細胞と不要な細胞が存在し，それらをうまく制御することが重要であると考えている（表1）。そこで，生体内のECMタンパク質やサイトカインが細胞選択的に制御する機能を有するという仮説を立て，生体から学び模倣することで「細胞選択的ペプチド」を用いた医療機器材料開発を目指した。筆者らは現在までに数種類の細胞選択的ペプチドを取得しており，効果を検証してきている[25~27]。

139

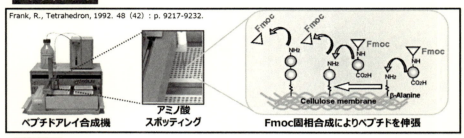

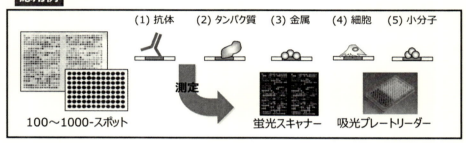

図3 ペプチドアレイとその応用例

表1 各種体内埋め込み型医療機器の必要・不要細胞と副作用

	人工血管	人工骨	癒着防止シート
必要細胞	内皮細胞	骨芽細胞 間葉系幹細胞	中皮細胞
不要細胞	平滑筋細胞 血小板	破骨細胞 線維芽細胞	線維芽細胞
副作用	狭窄	炎症	線維化

3 細胞選択的ペプチドの探索と医療機器材料開発に向けて

本節では，細胞選択的ペプチドの探索事例2種類と，医療材料開発応用に向けての研究事例1種類を紹介する。

3.1 クラスタリング手法を用いた EC 選択的・SMC 選択的ペプチドの探索
〈背景・目的〉

小口径人工血管の開発には，EC 選択性，SMC 選択性が必要となってくる。特に再狭窄の原因となる SMC の過増殖に対しては，人工血管内腔の早期内皮化が必要不可欠である。本項では，EC 選択的ペプチドと，SMC 選択的ペプチドを効率的に探索する。ただし，探索ツールとして

第2章　移植留置型の医療機器表面に再生能を付与する細胞選択的ペプチドマテリアル

用いるペプチドアレイは，網羅性が低いという欠点を有する。そこで，情報処理技術を用いた in silico ライブラリーを作製し，そこから効率的に目的のペプチドを探索することを目標とした。

〈実験手法〉

　データベース上に報告されているアミノ酸物性値（疎水度，電荷，サイズなど）を13種類使用し，3残基ペプチド全8,000種類をクラスタリング手法により200のクラスターに分類する。さらにその中から，ECMタンパク質配列中に多く含まれたり，全く含まれなかったりするような，特徴的クラスターを40個選別し，各クラスターから10配列ずつ合計391ペプチド（10ペプチド以下のクラスターはすべて選択）を探索候補として選択した。細胞には蛍光染色したEC，SMCを用い，細胞接着量を比較することで，EC選択的ペプチド，SMC選択的ペプチドの取得を試みた（図4）。

〈結果〉

　探索の結果，EC選択的ペプチドを43種類，SMC選択的ペプチドを60種類発見した。さらに，アミノ酸物性指標を用いたクラスタリング解析により，それぞれの選択的ペプチドに対して構造的な特徴が発見され，さらにEC選択的ペプチドとSMC選択的ペプチドとでは相反する物理化学的性質を有していることがわかった（図5）。

　また，クラスタリング手法を用いた in silico ライブラリーの効率性を立証するために，ランダム探索との比較を行った。その結果，ランダム探索ではEC選択的ペプチド，SMC選択的ペプチド，どちらにも属さないペプチドなど，統一性のない探索結果になった。一方，クラスタリング探索の結果では，EC選択的ペプチド，SMC選択的ペプチドをまとまって取得することがで

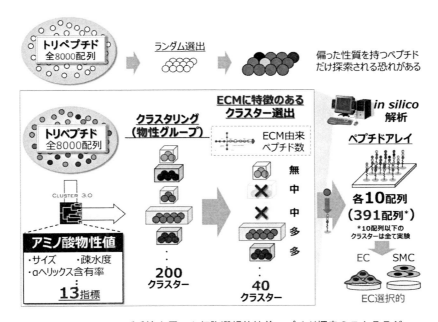

図4　クラスタリング手法を用いた細胞選択的接着ペプチド探索のストラテジー

き，探索の有効性を示唆することができた（図6）。

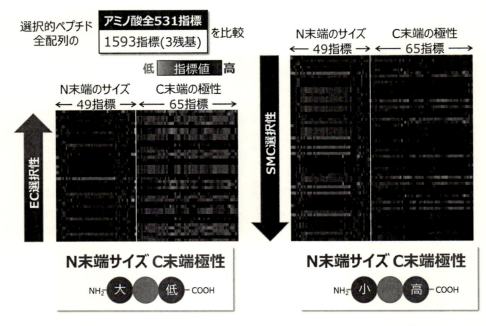

図5　アミノ酸物性値によるEC/SMC選択的ペプチドそれぞれの特徴

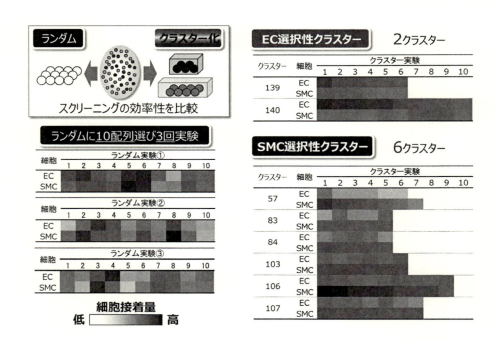

図6　クラスタリング手法を用いた細胞選択的接着ペプチド探索の効率性の検証

第 2 章　移植留置型の医療機器表面に再生能を付与する細胞選択的ペプチドマテリアル

3.2　BMP タンパク質由来の細胞選択的骨化促進ペプチドの探索
〈背景・目的〉

　骨再生は，けがによる骨折や口唇口蓋裂の様な疾病から，外科手術（心臓手術やがん摘出手術）まで幅広い局面で必要とされている。盛んに行われている骨再生研究のひとつに，BMP タンパク質やその機能部位由来の 20 残基ペプチドを使用した報告が挙げられている。しかし，既存の骨再生ペプチドは配列数も長く，骨再生に関わる細胞以外の増殖に関してはほとんど考えられていない。本項では，骨再生に関与するということが知られている骨芽細胞（OB）と臍帯組織由来間葉系幹細胞（UCMSC）に選択的に対して増殖，分化誘導をし，線維化のような副作用の原因となる FB を増殖させない，細胞選択的骨化促進ペプチドの探索を行う。

〈実験手法〉

　BMP タンパク質の中でもよく知られている BMP-2，BMP-4 のサブタイプに着目し，タンパク質データベースの UniProt から 7 種目，合計 12 種類のタンパク質の相同検索を行った。どの種であっても共通に保存されている部位は，骨形成に関連がある領域と考え，その領域から候補ペプチドを選抜する（図 8）。得られた候補ペプチドをペプチドアレイにより合成し，各種細胞を播種し 7 日間培養した。培養ののち，細胞数測定（増殖試験）と骨分化の初期マーカーであるアルカリフォスファターゼ（ALP）活性測定（骨分化）の測定を行い，OB，UCMSC の増殖能と骨分化能が高く，FB の増殖能が低い，細胞選択的骨化促進ペプチドを取得する（図 7）。

〈結果〉

　データベースによる配列探索の結果，相同性が高い保存領域の中から 9 残基ペプチドを 25 種類候補ペプチドとして選抜した。さらに，ペプチドアレイによる細胞増殖・骨分化探索の結果から，6 種類の骨再生促進選択的ペプチドを取得することに成功した（図 8）。選ばれてきたペプチドの一部は，既知配列である KIPKASSVPTELSAISTLYL（Knuckle epitope）を含んでいたが，それ以外の領域からの新たなペプチド配列も発見された（図 9）[28]。今後，発見されたペプチドを用いた骨充填剤等の開発を行っていきたい。

3.3　ペプチド-合成高分子の組み合わせ効果による細胞選択性
〈背景・目的〉

　医療材料開発には，力学特性や生体適合性を有した合成高分子がよく用いられている。もちろん，合成分子そのものだけでも有用な場合もあるが，筆者らが求める体内埋め込み型医療機器においては，再生能力や細胞特性（接着・増殖・分化）が足りていない。そのため，高分子材料に対し機能性分子を修飾する研究がなされており[11,12]，筆者らはその機能特性として細胞を制御する『細胞選択性』の付与を目指している。しかし，高分子材料そのものが持つ物理化学的特性（濡れ性や表面電位）そのものも細胞の運命を決定づけることが言われており[29]，高分子材料が持つ物理化学的特性の細胞への影響を考慮する必要がある。このような状況において，ただ単純な組み合わせを行うだけの足場材料設計では，その組み合わせが無数に存在するため，細胞選択性の

143

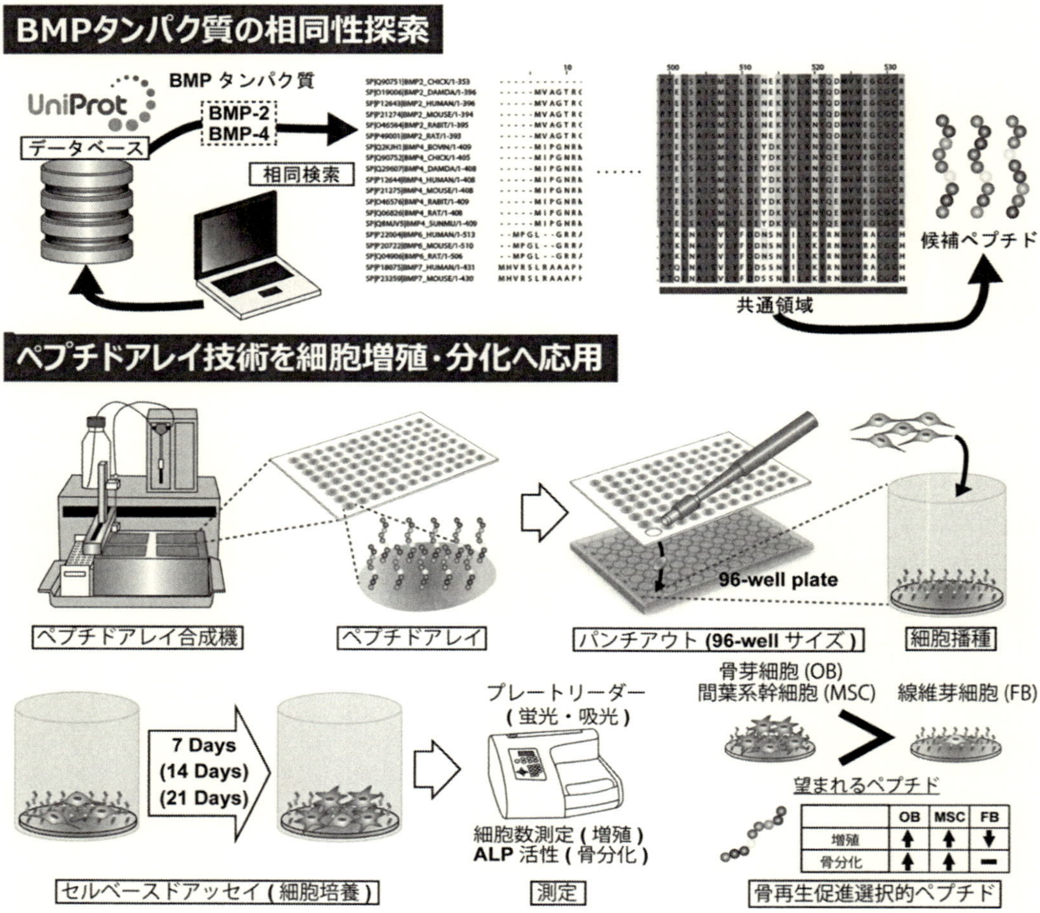

医療・診断をささえるペプチド科学―再生医療・DDS・診断への応用―

図7　骨再生促進選択的ペプチド探索のストラテジー

ような，複雑な機能付加をしなくてはならない材料設計において非常に困難な問題となりうる。

　筆者らは以前にペプチド配列に含まれるアミノ酸物性値（疎水度，電荷，サイズ）により細胞接着を制御できることを示唆している[21]。さらに，高分子材料の濡れ性の影響が，細胞接着ペプチドの効果を変化させることも見出している[30]。本項では，ペプチド物性値と高分子物性値（熱特性，力学特性，物理化学的性質）の組み合わせが，細胞接着にどのような影響を及ぼすのかを調べる。最終的には，ペプチド物性値と高分子物性値を用いた細胞接着の予測を行うことを目標とする。

〈実験手法〉

　我々が過去に報告してきた細胞選択的ペプチド4種類と，異なる物性値を有する6種類の合成高分子を組み合わせた，合計24種類の足場材料を作製する（図10）。高分子材料には，細胞培養環境（37℃）においてモノマー配合率を変えることで結晶状態や融点が変化する poly(ε -

第 2 章　移植留置型の医療機器表面に再生能を付与する細胞選択的ペプチドマテリアル

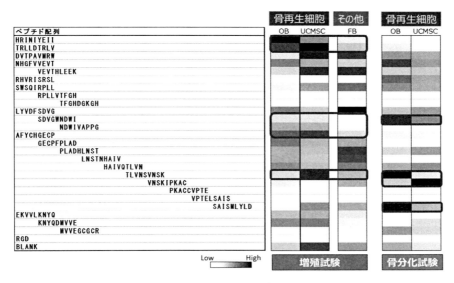

図 8　細胞選択的骨化促進ペプチド探索結果

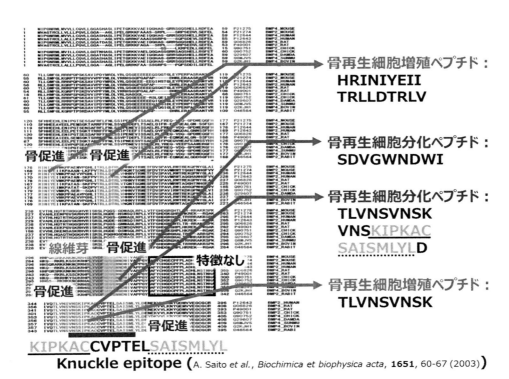

図 9　細胞選択的骨化促進ペプチドの BMP タンパク質内での存在領域と考察

145

caprolactone-*co*-D, L-lactide)（以下，P(CL-DLLA) と表記）を用いた．高分子材料には，結晶性の大きな変化が期待できる配合率である CL/DLLA = 60/40，70/30，80/20 の比率を採用し，材料全体の流動性を大きく変化させることを目標とした．さらに，分子量の違いによる，材料の流動性変化を期待し，100 量体，500 量体の重合度が異なる合成高分子材料を用意した．

作製した 24 種類の足場材料に対し，3 種類の細胞（FB，EC，SMC）の 1 日後の接着実験を行った．細胞は Calcein により蛍光染色をした後，足場材料上に播種し，蛍光顕微鏡にて写真撮影・細胞カウントを行い，同一足場材料に対する細胞間の比較を行う（図 10）．例えば，EC は接着するが FB，SMC が接着しない材料の場合，EC 選択的足場材料となる．

各合成高分子材料の物性を評価するため，融点，粘弾性（貯蔵弾性率，損失弾性率，損失正接），接触角，粗さを含む，合計 11 種類の物性測定を行った（表 2）．また，ペプチドの物性値に関しては上述のアミノ酸物性値（疎水度，電荷，サイズなど）を 13 種類使用し，3 残基ペプチドを合計 39 指標（13 指標×3 残基）の数値として表現した．

〈結果〉

高次元情報を，2 次元に圧縮表示する統計学的手法である，主成分分析を用い，ペプチド物性値，高分子材料物性値と細胞接着の関係性をマップ図に示す（図 11）．縦軸は高分子材料物性値を現しており，指標としては損失弾性率，接触角，融点などが大きく寄与した軸であり，横軸は

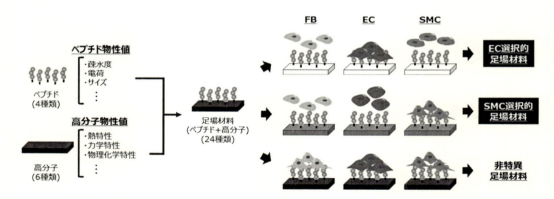

図 10　ペプチド-合成高分子の組み合わせ効果による細胞選択性検証のストラテジー

表 2　高分子材料の物性値測定の結果

No	CL	DLLA	重合度	融点 [℃]	貯蔵弾性率 [Pa]	損失弾性率 [Pa]	損失正接 [−]	接触角 [°]	粗さ [nm]
No. 1	60	40	100 量体	33.8	9.07	1.09×10^3	120.18	90.2	2196
No. 2	60	40	500 量体	39.1	3.12×10^4	4.13×10^4	1.32	94.9	133
No. 3	70	30	100 量体	36.9	1.81	3.23×10^2	178.45	92.8	676
No. 4	70	30	500 量体	40.5	1.06×10^4	2.45×10^4	2.31	90.3	433
No. 5	80	20	100 量体	45.2	1.72×10^6	2.39×10^5	0.14	93.4	605
No. 6	80	20	500 量体	45.7	1.60×10^7	1.48×10^6	0.09	95.4	156

第2章　移植留置型の医療機器表面に再生能を付与する細胞選択的ペプチドマテリアル

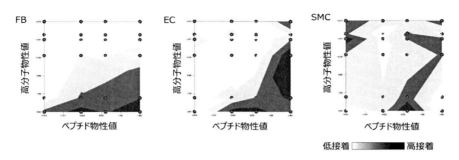

図11　ペプチド物性値・高分子物性値と細胞接着との関連性

ペプチド物性値を現しており，1残基目のサイズなどが大きく寄与した軸となっている。マップ図で表現された図は，黒色が高接着領域を示し，白色が低接着領域を示す。この結果から，ペプチド物性値と高分子物性値により表される物性値マップ図上にて，細胞接着の傾向を評価することができ，物性値にて細胞接着の制御ができる可能性が示唆された。また，細胞種によって同じ物性表面に対する応答がかなり異なっており，この差を最大にする物性値の組み合わせを見つければ，細胞選択性を生み出すことが可能となる。つまり，このマップを描くことで，無限な組み合わせが存在するため，煩雑である細胞選択的足場材料の設計を助ける可能性があると考える[31]。

4　まとめ

本稿では，体内埋め込み型医療機器材料に必要不可欠であると考える，細胞挙動の制御，つまり細胞選択性をいかにして材料設計に取り入れるかについて述べてきた。その一つの手段として，生体模倣を意識した細胞選択的ペプチドの探索を行ってきている。3.1では，人工血管開発のためのEC選択的ペプチド，SMC選択的ペプチドを in silico ライブラリーを効果的に利用することで効率的に多数取得した。3.2では，骨再生材料をターゲットとした細胞選択的骨化促進ペプチドの探索系を構築するとともに，候補ペプチド選抜のための in silico 探索（タンパク質相同探索）を行った。3.3では，高分子材料を高機能化させるためのペプチド修飾の組み合わせ方法を検討した。ペプチドの物性値と高分子材料の物性値を用い，細胞接着の傾向を評価することができた。いずれのテーマも筆者らが軸にしているのは，「細胞」，「ペプチド」，「インフォマティクス」の3つであり，この3軸をうまく回すこと，つまり複合的な分野領域の融合により最適な足場材料を設計する，「ペプチド-バイオマテリアルインフォマティクス（PBI：Peptide-Biomaterial Informatics）」の概念を提唱したい（図12）。

医療機器材料の開発の最終ゴールからすると，道のりの半分もまだ進めていないと考えている。しかし，今後も医療現場に必要な埋め込み型医療機器材料を，生体から学び，情報処理を活用し，分子設計をすることで挑戦していきたい。本稿が医療機器材料開発の研究の一助として貢

医療・診断をささえるペプチド科学―再生医療・DDS・診断への応用―

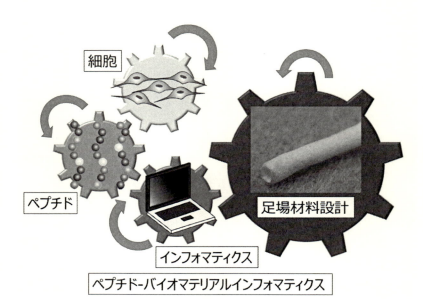

図12　ペプチド-バイオマテリアルインフォマティクスの概念図

献できれば，幸いである。

謝辞
　本稿における研究成果は，名古屋大学大学院工学研究科生物機能工学専攻バイオテクノロジー講座本多研究室において研究遂行の場を与えてくださった本多裕之教授のご支援によるものであり，この場をお借りして御礼申し上げます。実際にデータの取得・解析を行ってくれた名古屋大学工学研究科の大脇潤己さん，田婧さん，名古屋大学創薬科学研究科の栗本理央さん，河合駿さんに感謝申し上げます。材料作製，計測に関しまして施設・装置使用にご助力いただきました，物質・材料研究機構の荏原充宏先生，宇都甲一郎先生，名古屋大学大学院工学研究科の永野修作准教授，原光生助教に心より感謝申し上げます。また，本研究の一部は平成22年度特別研究員奨励費10J08372，平成27～28年度若手研究（B）15K21070の支援を受けて遂行されました，この場をお借りして感謝申し上げます。

文　　　献

1)　R. O. Hynes, *Cell*, **110**, 673（2002）
2)　B. M. Gumbiner, *Cell*, **84**, 345（1996）
3)　A. L. Berrier et al., *Journal of Cellular Physiology*, **213**, 565（2007）
4)　W. Y. J. Kao, *Biomaterials*, **20**, 2213（1999）
5)　A. El-Ghannam et al., *Journal of Biomedical Materials Research*, **41**, 30（1998）
6)　D. W. Leung et al., *Science*, **246**, 1306（1989）
7)　M. R. Urist, *Science*, **150**, 893（1965）

第 2 章　移植留置型の医療機器表面に再生能を付与する細胞選択的ペプチドマテリアル

8)　L. Zhao *et al.*, *Tissue Eng Part A*, **17**, 969 (2011)

9)　A. Saito *et al.*, *Biochim Biophys Acta*, **1651**, 60 (2003)

10)　X. He *et al.*, *Langmuir*, **24**, 12508 (2008)

11)　X. Ren *et al.*, *Chem Soc Rev*, **44**, 5680 (2015)

12)　I. Bilem *et al.*, *Acta Biomater*, **36**, 132 (2016)

13)　M. Lebl *et al.*, *Biopolymers*, **37**, 177 (1995)

14)　G. P. Smith, *Science*, **228**, 1315 (1985)

15)　Y. Shimizu *et al.*, *Nature Biotechnology*, **19**, 751 (2001)

16)　R. Frank, *Tetrahedron*, **48**, 9217 (1992)

17)　R. Frank, *Journal of Immunological Methods*, **267**, 13 (2002)

18)　R. Volkmer, *Chembiochem*, **10**, 1431 (2009)

19)　K. Kanie *et al.*, *Bioengineering*, **3**, 31 (2016)

20)　R. Kato *et al.*, *Mini-Reviews in Organic Chemistry*, **8**, 171 (2011)

21)　R. Kato *et al.*, *Journal of Bioscience and Bioengineering*, **101**, 485 (2006)

22)　C. Kaga *et al.*, *Biotechniques*, **44**, 393 (2008)

23)　R. Kato *et al.*, *Journal of Peptide Research*, **66**, 146 (2005)

24)　C. Kaga *et al.*, *Biochemical and Biophysical Research Communications*, **362**, 1063 (2007)

25)　K. Kanie *et al.*, *Journal of Peptide Science*, **17**, 479 (2011)

26)　F. Kuwabara *et al.*, *Annals of Thoracic Surgery*, **93**, 156 (2012)

27)　K. Kanie *et al.*, *Biotechnology and Bioengineering*, **109**, 1808 (2012)

28)　K. Kanie *et al.*, *Materials*, **9**, 730 (2016)

29)　A. J. Engler *et al.*, *Cell*, **126**, 677 (2006)

30)　R. Kurimoto *et al.*, *International Journal of Polymer Science* (2016)

31)　R. Kurimoto *et al.*, *Anal Sci*, **32**, 1195 (2016)

第3章　接着性成長因子ポリペプチドの設計と合成

多田誠一[*1]，宮武秀行[*2]，伊藤嘉浩[*3]

1　はじめに

生体内に移植される生体材料として，現在までに金属やセラミックス，高分子材料など多様な種類の材料が活用されているが，これらバイオマテリアルに求められる最も重要な特性が生体適合性である。特に，人工物の長期的な生体適合性を考慮すると，細胞接着性のみならず，細胞増殖活性や分化誘導能などの高次な生理活性を付与するのが望ましいと考えられる。筆者らはこれまでに，各種成長因子を基材表面に固定化することで，播種した細胞への持続的な生理活性の誘導が可能になることを報告してきており，現在では成長因子固定化による生体材料表面への生理活性付与というアプローチが広く認識されるようになった。本稿では筆者らによる最近の検討として，金属材料をはじめとする多様な材料表面への接着性成長因子ポリペプチドについて概説する。

現在実際に医療現場にて利用されている生体材料のうち，かなりの割合を金属材料が占めている。金属生体材料は主に人工関節や歯科インプラントなどの硬組織を補う目的で利用されているが，生体組織との融合に比較的長い時間を要することが課題となっている。そこで筆者らは金属を含む様々な材料表面にタンパク質を固定化する手法として，①ムール貝由来接着性ペプチドを利用する手法と，②進化分子工学によって接着性ペプチドを含む成長因子を作製する手法の2種類を検討した。以下に各手法の概要を述べる。

2　ムール貝由来接着性ペプチドを利用した成長因子タンパク質の表面固定化

ムール貝は，糸足から分泌される接着性タンパク質により，濡れた岩場などに自身を強力に固定できる（図1）。さらに，岩場だけでなく，金属，ガラス，木材，プラスチック，歯，骨など，水に濡れた環境ではほぼ全ての素材に可逆的に接着可能である。また，細胞毒性もないために，医

＊1　Seiichi Tada　（国研）理化学研究所　創発物性科学研究センター
　　　　　　　　　創発生体工学材料研究チーム　研究員
＊2　Hideyuki Miyatake　（国研）理化学研究所　伊藤ナノ医工学研究室　専任研究員
＊3　Yoshihiro Ito　（国研）理化学研究所　伊藤ナノ医工学研究室　主任研究員，
　　　　　　　　　創発物性科学研究センター　創発生体工学材料研究チーム
　　　　　　　　　チームリーダー

第3章　接着性成長因子ポリペプチドの設計と合成

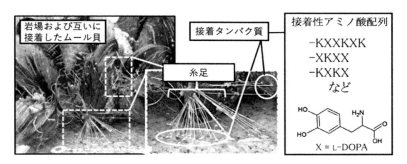

図1　ムール貝から分泌される接着性タンパク質中の接着性アミノ酸配列
（引用文献[13]より改変して許可を得て転載）

療用接着材としての応用が期待されている[1]。接着性タンパク質の本体は，Mussel foot protein (Mfp) である。現在までに少なくとも Mfp-1〜10 の10種類が同定されている[2]。その接着性は，主に3,4-ジヒドロキシ-L-フェニルアラニン（X＝L-DOPA）により生じると考えられている（図1）。L-DOPA は，天然アミノ酸であるチロシン（Y）が酸化され，水酸基が導入されることにより生成する。そのため，L-DOPA はチロシンや水分子と比較してより強く物質と水素結合を形成できる[3〜5]。岩のモデル化合物である SiO_2 との平均水素結合エネルギー（33 kcal/mol）や，チタン表面に形成される酸化チタン TiO_2 との平均水素結合エネルギー（22〜33 kcal/mol）は，ともに水分子の水素結合エネルギーを上回ると推定されている[6,7]。そのため，L-DOPA は物質表面の結合水に打ち勝って水素結合を形成するため，濡れた環境でも可逆的な接着性を発揮すると考えられる（図2）。

さらに，Mfp には，天然アミノ酸であるリシン（K）も高い割合で含まれる。これにより，正電荷を帯びたリシンは，負電荷を帯びたコラーゲンや多糖類などへの吸着を強めると考えられる[8]。また，L-DOPA は，周囲の酸素によって結合力の劣る L-DOPA キノンに酸化されるが，リシンはこの酸化反応を抑制し，結合力維持にも寄与すると考えられている[9]。したがって，Mfp に見られる X と K を多く含むアミノ酸配列により，接着性が生じると考えられている（図1）。このようなことから，Messersmith らが考案した人工接着性ペプチド配列[3]である XKXKXK を目的タンパク質に導入できれば，タンパク質への接着性付与が期待できる。

ここでは，接着性ペプチドを，インスリン様成長因子（IGF-1：Insulin-like Growth Factor-1）に導入し，接着性を付与することを試みた[10]。IGF-1 は，70 アミノ酸残基ほどの小さなタンパク質であるが，さまざまな種類の細胞の増殖を促進する。そのため，IGF-1 を医療材料表面に固定化できれば，移植部周辺の細胞増殖を促進することができる。これにより，歯科インプラントや人工関節などの人工臓器移植後の生着性が向上することが期待できる。

まず，遺伝子工学的手法により，接着性ペプチド XKXKX の前駆体である，YKYKY を IGF-1 の C 末端に導入して，IGF-Tyr を得た。さらに，Y→X の変換を触媒する酵素であるチロシナーゼにより，IGF-Tyr の C 末端に存在する YKYKY を XKXKX に変換し，IGF-DOPA を調

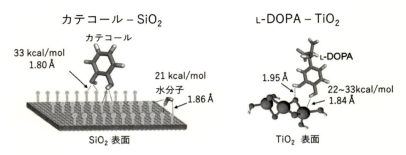

図2 コンピュータシミュレーションによる, L-DOPAの吸着性の推定
(引用文献[13]より改変して許可を得て転載)

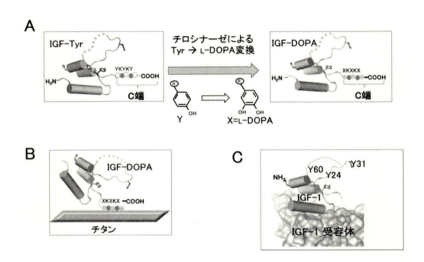

図3 接着性IGF-1の調製
A. チロシナーゼによるL-DOPAの導入, B. 生成したIGF-DOPAのチタンへの固定化, C. 結晶構造によるIGF-1内部のチロシン位置の確認
(引用文献[13]より改変して許可を得て転載)

製した(図3A)。IGF-DOPAは，このC末端でチタンなどの材料に吸着すると考えられる(図3B)。チロシナーゼでYをXに変換する際には，IGF-1にもともと存在するY24，Y31，Y60もXに変換されるが，これらの残基は立体構造を基にIGF-1とその受容体であるIGF-1受容体(IGF1R)との相互作用には含まれないため，IGF-1受容体を介した細胞増殖活性には影響を及ぼさないことを予想した(図3C)。

水晶発振マイクロバランス(QCM)により，IGF-DOPAのチタンに対する吸着力を測定した。その結果，IGF-Tyrの解離定数KD＝29.46 μMに対して，IGF-DOPAではKD＝5.96 μMとなり，吸着力は約5倍増加したことが分かった。さらに，リン酸バッファーでチタン表面を洗浄後でも，IGF-Tyrは半分程度洗い流されてしまうのに対して，IGF-DOPAではほとんど吸着量に変化がないくらい強固に結合していることが分かった(図4)。一方，立体構造から予測したよ

第3章　接着性成長因子ポリペプチドの設計と合成

うに，チロシン残基が修飾されたIGF-DOPAでも生理活性はIGF-1やIGF-Tyrと変わらないこともわかった。

　このようなIGF-DOPAで処理したチタン表面が，結合性の低いIGF-Tyrで処理したものと比較して，細胞成長促進活性が著しく増加することが分かった（図5）。溶解状態と固定化状態で定量的な成長促進活性の解析をすると，固定化によってIGF-1の活性が増加することも分かった。この機構を解明するために，IGF-1とIGF-1受容体（IGF1R）間のシグナル伝達機構を解析した。IGF-1の結合に伴うIGF1Rのリン酸化の経時変化を調べたところ，固定化されたIGF-DOPAは12時間以上リン酸化が持続する一方，溶液IGF-1では，2時間程度で急激にリン酸化が減衰した。これは，溶液IGF-1は細胞表面のIGF-1受容体に結合後，細胞内に取り込まれてシグナル伝達が終結する一方，固定化されている場合にはこうした取り込みが抑制され，長期間細胞刺激が持続するためであると考えられる（図6）。以上より，接着性を付与されたIGF-DOPAは，活性を保ったまま長期間チタン表面に固定され，活性自身も固定化により増加することにより，より強い細胞増殖活性を示すという分子機構が明らかになった。

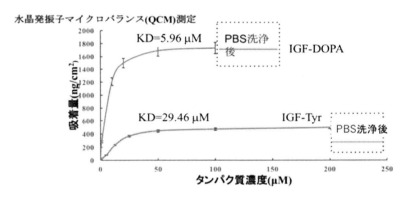

図4　水晶発振子マイクロバランス（QCM）による，IGF-DOPAの吸着性測定
（引用文献[13]より改変して許可を得て転載）

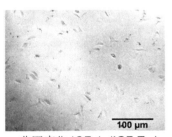 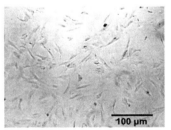

非固定化IGF-1 (IGF-Tyr)　　　固定化IGF-1 (IGF-DOPA)

図5　固定化前後のIGF-1の細胞増殖活性の変化
（引用文献[13]より改変して許可を得て転載）

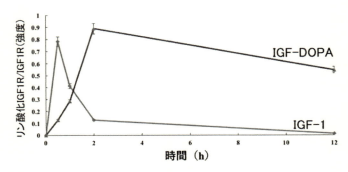

図6　IGF-1 受容体のリン酸化の経時変化
（引用文献 [13] より改変して許可を得て転載）

3　進化分子工学を利用した成長因子タンパク質の表面固定化

　進化分子工学は，ランダムな配列を持つ多数のペプチド鎖の集団（ライブラリー）の中から特定の標的分子に結合する分子を選別し，得られたペプチドの配列を解析することで標的分子に強く結合する配列を特定する手法である。先述の L-DOPA 含有ペプチドを利用した固定化法は，普遍的な材料表面への結合を指向した手法と言えるが，進化分子工学を利用したタンパク質固定化法では特定の材料表面への結合能を示すペプチドを選別・活用するという点で方向性が異なる。

　これまでにファージディスプレイなどの進化分子工学的手法により，特定の材料表面に結合するペプチド配列が複数報告されてきた。しかし，得られた結合性ペプチドと成長因子との融合タンパク質を作製して成長因子の表面固定化を試みると，想定よりも結合能あるいは成長因子の生理活性が低い場合がある。これらは成長因子とペプチドとの連結による構造変化が誘起されるためと考えられる。そこで筆者らは，結合性ペプチドの選別を実施する際にあらかじめ固定化する成長因子をランダム配列のペプチドと連結しておき，その融合タンパク質のライブラリーを用いて結合能の高い配列を選別する方法を構築した[11]。この方法では，ペプチド鎖と成長因子の連結によって変性し，結合能が低下する分子がライブラリー中に存在しても，標的との結合性に基づく選別の過程でそれらが脱落していくと考えられるため，結果として標的への結合能が高い成長因子が得られることが期待される。

　実際の検討ではチタン表面への結合能を示す上皮成長因子（EGF）の開発を目指し，進化分子工学実験を行った。結合性成長因子の選別には，リボソームディスプレイと呼ばれる手法を採用した（図7）。この手法ではまず，ランダムペプチド領域をコードした DNA を作製し，無細胞系で転写・翻訳することでランダム配列のペプチドを調製する。この時，鋳型 DNA 中に終始コドンが現れないように配列を設計する。すると，得られた mRNA に結合したリボソームが翻訳を進めるが，mRNA の 3' 末端に到達した時にリボソームが mRNA から解離しなくなる。結

第3章　接着性成長因子ポリペプチドの設計と合成

果として mRNA と，その配列に基づくペプチドとがリボソームを介して連結された複合体を得ることができる[12]。この複合体溶液を用いて標的物質に結合するペプチドを回収・選別し，最終的に得られた mRNA の配列を解読することで高親和性のペプチド配列を特定することが可能になる。本検討ではランダムペプチド領域の下流に EGF 配列を挿入して複合体形成を行い，チタンビーズを用いてセレクションを実施した。

図7に示したセレクションを5回反復して実施し，配列を解析して，最終的にチタン結合性を有するペプチド配列 A8（YYNNYYSNYYGRSYSSD）を決定した。A8 配列を連結した EGF（A8-EGF）を作製してチタン表面への結合能を評価したところ，通常の EGF と比較して高い表面結合性を示した（図8A）。チタン表面に A8-EGF を固定化した表面に細胞を播種し，5日後の細胞数を非固定化条件と比較したところ，A8-EGF 表面では大幅な細胞増殖の向上が確認さ

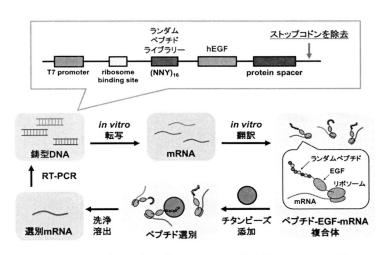

図7　リボソームディスプレイ法によるチタン結合性 EGF のセレクション

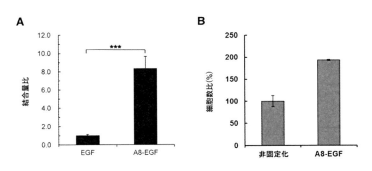

図8　A8-EGF の機能評価
A. 抗 EGF 抗体による A8-EGF のチタン表面への結合量評価．
B. A8-EGF 固定化表面上での HeLa 細胞の細胞増殖評価
（引用文献[11]より許可を得て転載）

れた（図8B）。以上より，本手法によるセレクションを行うことで特定の表面への結合性を有する成長因子を，顕著な生理活性低下を伴うことなく開発できることが示された。

4　おわりに

今回述べた2種類のアプローチは方向性が異なるものの，いずれも多岐にわたる生体材料の表面に生理活性を付与する上で有用かつ汎用性の高い手法である。それぞれ材料表面への結合強度や成長因子の活性への影響などが異なるため，実際の用途に応じた使い分けが必要になるものと考えられる。今回の2例のように，成長因子の固定化法として様々なバリエーションを用意することで，組織工学・再生医療の実用化に大きく貢献できるものと考えている。

文　　献

1) J. K. Waite *et al., Int. J. Adhes. Adhes.,* **7**, 9 (1987)
2) G. S. Heather *et al., Mar. Biotechnol.,* **9**, 661 (2007)
3) A. R. Statz *et al., J. Am. Chem. Soc.,* **127**, 7972 (2005)
4) H. Lee *et al., Proc. Natl. Acad. Sci. USA,* **103**, 12999 (2006)
5) Y. Miaoer *et al., J. Am. Chem. Soc.,* **121**, 5825 (1999)
6) S. Mian *et al., J. Phys. Chem. C,* **114**, 20793 (2010)
7) M. Vega-Arroyo *et al., Chemical Phys. Lett.,* **406**, 306 (2005)
8) P. Suci *et al., J. Colloid Interface Sci.,* **230**, 340 (2000)
9) H. Yamamoto *et al., Biomacromolecules,* **1**, 543 (2000)
10) C. Zhang *et al., Angew. Chem. Int. Ed. Engl.,* **55**, 11447 (2016)
11) S. Tada *et al., Biomaterials,* **35**, 3497 (2014)
12) L.C. Mattheakis *et al., Proc. Natl. Acad. Sci. USA,* **91**, 9022 (1994)
13) 宮武秀行ほか，酵素工学ニュース，**77**, 17 (2017)

第4章 機能性ペプチド修飾による脱細胞小口径血管の開存化

馬原 淳[*1]，山岡哲二[*2]

1 はじめに

　医療機器の医用高分子は，常に臓器・組織・細胞・生体内分子と接触した状態で用いられ，局面に応じたさまざまな機能が要求される。人工血管や血液透析膜の開発の歴史は古く，主にタンパク質や細胞と相互作用しないバイオイナートな血液適合性材料表面の構築が追求されてきた。一方，近年，組織工学・再生医工学が発展して，細胞や組織と積極的に相互作用する材料が注目され，ポリグリコール酸不織布を用いた軟骨再生などが精力的に検討されている。しかしながら，スキャホールドと呼ばれるこれらの人工ECM（細胞外マトリックス）は，細胞の接着・増殖・分化，あるいは，組織の再生を積極的に誘導するような機能を有してはおらず，その効果は限定的である。そこで，細胞／組織親和性，さらには，機能性を有する界面を構築するために，生物学的機能性を有するバイオロジカルスキャホールド（Biological Scaffolds）に期待が集まっている。バイオロジカルスキャホールドは，①コラーゲンなどの生体由来タンパク質から作製された生体由来材料スキャホールド（Bio-derived Scaffold），②生理活性ペプチドなどの機能性分子を搭載した生体模倣スキャホールド（Biomimetic Scaffold），さらには③ヒトや動物の組織から生体成分を除去して細胞外マトリックスのみを残した脱細胞スキャホールド（Acellular Scaffold）に分類することができる。これらの特性を巧みに融合することで，従来不可能であった新たな機能性医療機器の創成も可能となる。本章では，我々が大動物非臨床研究において開存化に成功した異種脱細胞小口径血管の開発戦略とその成果についてご紹介する。移植後すぐに閉塞する内径2 mmの小口径脱細胞血管の内腔に，血管内皮前駆細胞（Endothelial Progenitor Cell：EPC）を補足する機能性ペプチドを搭載した。すなわち，脱細胞スキャホールドと生体模倣スキャホールドとの融合の成果である。

2 脱細胞化組織

3Dプリンターを利用したスキャホールドの開発が注目されているが，似た"形"は作れても

---

* 1　Atsushi Mahara　（国研）国立循環器病研究センター研究所　生体医工学部
　　　　　　　　　　　 組織工学研究室　室長
* 2　Tetsuji Yamaoka　（国研）国立循環器病研究センター研究所　生体医工学部　部長

機能を代替するのは容易ではない。表面化学特性，生理活性シグナルの有無，さらには，力学特性[1]までもが細胞の分化や機能発現に大きな影響を与えるとなると，生体組織をそのまま使用するのが有効である。例えば，我が国では心臓弁の置換術が年間約2万例実施され，約半分はブタの大動脈弁などの生体弁が用いられている。拒絶反応を抑制するためにグルタルアルデヒドで化学架橋されており，10年あまりで石灰化により使えなくなる[2,3]。これを解決するために，脱細胞生体弁の研究と臨床化が進められている。臨床で用いられているのは，提供されたヒト心臓弁の細胞成分を除去して細胞外マトリックスのみを残した脱細胞化スキャホールドであり，先の化学架橋生体弁とは異なり，時間とともに患者組織と置き換わることも可能と期待されている[4〜7]。現在，臨床で用いられている脱細胞化組織として CryoLife 社の脱細胞化心臓弁やパッチや脱細胞化血管がある。Cryolife 社は 2001 年欧州で CE マークを取得し世界ではじめて脱細胞化組織 SynerGraft®の臨床応用を開始した。浸透圧により細胞成分を破壊した後に，酵素による細胞成分の分解と，残渣の除去により作製されている。その後，2008 年には米国食品医薬品局（Food and Drug Administration：FDA）から米国国内における臨床使用に関するテストをクリアーし利用が開始された。このため，欧米諸国では臨床現場において脱細胞化組織の利用が現実のものとなっており，すでに心臓弁においては 6 万例以上も使用されその半数は小児患者へ移植されている。米国国内では，800 以上の医療機関において 1,000 人を超える外科医がこの脱細胞化組織を用いた移植を進めている。心臓弁[8,9]のみならず，神経[10〜12]，角膜[13,14]，真皮[15]，声帯[16]など，さまざまな脱細胞組織が検討されている。例えば脱細胞ヒト真皮である Alloderm®が，認可を受けた医療機器として広く使用されている[17]。いずれも，提供されたヒトの組織を利用しているが，臓器や組織の提供が少ない我が国においては，異種組織を用いた脱細胞スキャホールドに期待せざるを得ないのが実情である。

3 細胞外マトリックスの機能を担うさまざまなペプチド分子

それぞれの ECM タンパク質は，その機能性ペプチド配列を介して特異的な細胞と相互作用している。1970 年代から，ECM に対する受容体が注目され，特に，アルギニン-グリシン-アスパラギン酸の三量体ペプチド（RGD 配列）に対する受容体研究が精力的に進められた[18]。その結果，細胞－マトリックス間の接着を仲介する分子は，細胞表面に存在するインテグリンという分子であることが判ってきた（図1）[19]。インテグリンは，α 鎖と β 鎖からなるヘテロ二量体であり，19 種類の α 鎖と，8 種類の β 鎖の組み合わせで，24 種類のインテグリン分子が存在し，それぞれが特異的な ECM 分子リガンドに結合する。表1に示したように，広範な細胞が

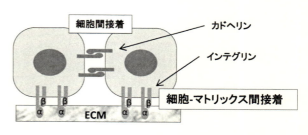

図 1　細胞間接着と細胞－マトリックス間接着

第 4 章　機能性ペプチド修飾による脱細胞小口径血管の開存化

表 1　代表的なインテグリン分子の分布と結合リガンド

インテグリン	細胞	代表的なリガンド （結合する ECM）	報告されている 結合配列
$\alpha 1\beta 1$	広範な細胞	コラーゲン・ラミニン	
$\alpha 4\beta 1$	血管内皮細胞 白血球	フィブロネクチン（CS1） VCAM-1	REDV
$\alpha 5\beta 1$	広範な細胞	フィブロネクチン	RGD
$\alpha 6\beta 1$	広範な細胞	ラミニン	
$\alpha 7\beta 1$	筋肉	ラミニン	
$\alpha \text{IIb}\beta 3$	血小板	フィブリノーゲン	RGD・KQAGDV
$\alpha 6\beta 4$	上皮ヘミデスモソーム	ラミニン	

（細胞の分子生物学，表 19-4 より改変）

有している $\alpha 5\beta 1$ のようなインテグリンだけでなく，細胞の種類によって特異的に発現しているインテグリンがあるために，細胞と ECM との特異的な接着が可能となり，極めて重要な機能につながっている。例えば，最も多くのインテグリンを形成する $\beta 1$ 鎖を欠損したマウスは発生のごく初期で死亡し，また，$\alpha 7$ を欠損するマウスは筋ジストロフィーを発症することが知られている。

　このようなインテグリン特異的ペプチドリガンドが次々と発見され，細胞や組織との相互作用の制御が有用なバイオマテリアル研究において，バイオミメティックな表面構築ツールとして有用性が期待された[20]。研究の発端となった RGD を用いた研究は非常に多く，今でも毎年 500 報近く報告されている[21]。様々な細胞が RGD を認識するインテグリンを有しているために，特異的接着を期待することはできない。例えば，小口径血管の早期内皮化を図る場合，RGD を内腔に固定化すれば血管内皮細胞の接着を亢進すると同時に，血小板粘着や平滑筋細胞の接着も大きく亢進される。*In vitro* で，血管内皮細胞単独の接着実験はうまく行くが，生体内ではなかなか思うように機能しない。そこで，血管内皮細胞の接着を亢進し，血管平滑筋細胞の接着を抑制するような配列も検討されているが[22]，効率の高い"特異的な抑制"というのは容易ではない。我々は，血管内皮細胞の接着を亢進し，血小板の粘着を抑制するペプチド配列の探索を続け有用なペプチドを見出すに至っている（未公開データ）。また，Wei らは，PEG ハイドロゲルで非特異的細胞接着を全て抑制して血管内皮細胞特異的な REDV 配列を固定化することで，内皮細胞のみの接着を亢進させた[23]。このように，*in vitro* での報告は数多くあるが，*in vivo* で様々な細胞やタンパク質共存下での有用性を証明するのは困難である。我々は，脱細胞小口径血管の内腔に REDV を配列することで，内径 2 mm，長さ 30 cm という小口径血管の大動物開存化に成功した（詳細後述）[24]。また，Wei らは，REDV を組み込んだアルギン酸ハイドロゲルによる新生血管誘導を報告している[25]。Koh らは，コラーゲンマトリックスの架橋とペプチドの固定化を同時に行う反応を構築し，生体由来材料のさらなる機能化を検討している[26]。Ren らは，YIGSR を固定化したマトリックス上での血管内皮細胞の遊走挙動を報告した[27]。このような，細胞の接

159

医療・診断をささえるペプチド科学—再生医療・DDS・診断への応用—

表2　マトリックス修飾に有用な機能性ペプチド[21]

ペプチド配列	マトリックス	主な内容	文献
RGD	ポリカプロラクトン	細胞接着の亢進	21)
CAG	–	血管内皮細胞特異的接着 （平滑筋細胞の接着抑制）	22)
REDV	PEG ハイドロゲル	血管内皮細胞接着	23)
REDV	脱細胞血管	小口径血管の開存	24)
REDV	アルギン酸	新生血管誘導	25)
REDV	コラーゲン	ペプチド固定化架橋剤	26)
YIGSR	ポリヒドロキシエチル メタクリレート	血管内皮細胞遊走	27)

着・増殖・遊走・分化に関する，形態学的，分子生物学的な情報は蓄積されているが，血管など
の組織再生につなげるのは容易ではない。

4　リガンドペプチドを固定化した小口径脱細胞血管[24]

　血管移植に用いられる人工血管の最小径は，4 mm である。これよりも細い場合，内腔界面で
起こる血栓形成により人工血管は閉塞する。末梢における血管移植や冠動脈バイパス手術では内
径2 mm 以下の代用血管が臨床現場で求められるが，人工物からなる代用血管は存在しない。こ
のため，自家血管（患者から採取する正常血管）を利用するしか手段がない。一方，小児 BT
（Blalock-Taussig）シャントという特殊な短い血管としての使用に限られている人工血管では，
内径3 mm の ePTFE 血管が使用される。これは，使用される長さが2～3 cm 程度であるために，
両側からの迅速な内皮化形成により閉塞は免れる。このように内径が大きな人工血管の場合や短
い人工血管の場合では問題にならない血栓形成であっても細くて長い人工血管の場合には閉塞を
引き起こすため，小口径人工血管における血栓形成の抑制は大きな課題となっている。

　この問題を解決する人工血管内腔の表面設計として2つに大別することができる。1つはタン
パク質や血小板が付着しない低吸着表面，もう1つは再内皮化を誘導する組織再生型の表面設計
である（図2）。前者については多くの文献や総説で解説されているので割愛するが，再内皮化
を誘導する設計については，ex vivo で人工血管に細胞を播種する方法[28]や，体内にある内皮細
胞や循環している内皮前駆細胞から血管再生させる方法[29~32]が検討されている。特に，カプロラ
クトンと乳酸共重合体スポンジとポリグリコール酸ファイバーからなる生分解性高分子で作製さ
れた人工血管に患者自身の血管由来細胞を播種した人工血管は，Shin'oka らにより世界初の再生
型人工血管の臨床応用例として報告され[33]，その後米国において多くの臨床試験が進められてい
る[34]。また，患者自身の細胞からチューブを作製して，その細胞チューブを脱細胞化した脱細胞
化血管がエール大学の Niklason らにより開発され，これも米国において多くの臨床試験が進め
られている[35, 36]。

第4章　機能性ペプチド修飾による脱細胞小口径血管の開存化

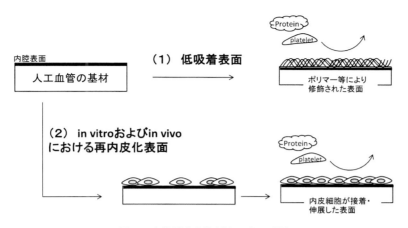

図2　血栓形成を抑制する表面設計

　我々のグループでは，内径2〜4 mmで90 cm程度の長さを有するダチョウ頸動脈に着目し，これを超高圧法[37]により脱細胞化したものを脱細胞小口径血管として開発している（図3）。超高圧処理による脱細胞化法は，生体組織から細胞成分を除去できるだけでなく，組織内部まで均一に滅菌できる効果も有するこ

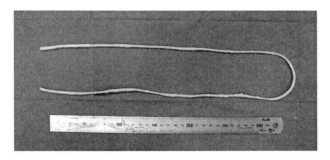

図3　ダチョウ頸動脈由来の脱細胞小口径血管

とから生体組織由来材料を脱細胞化する有効な手法である。また脱細胞血管の内腔には，インテグリン $\alpha 4\beta 1$ に対するリガンドペプチドREDV[38]を固定化している。このリガンドペプチドは，グリシンスペーサーを介してN末端側にコラーゲン結合ドメイン（Pro-Hyp-Glyの繰り返し配列）を有する（図4(a)）。N末端に導入したコラーゲン結合ドメインはコラーゲンフィブリルに対してストランドインベージョンにより安定に三重螺旋を形成することが報告されている[39]。つまりコラーゲン結合ドメインをもつREDVペプチドは，脱細胞血管のコラーゲン繊維に対してストランドインベージョンにより脱細胞血管表面へ固定化される（図4(b)）。

　In vitro において内皮細胞の接着性を評価した結果，未修飾の脱細胞血管の界面では，細胞接着が見られなかったのに対し，ペプチド固定化界面では，播種した内皮細胞の約80％が接着・伸展した。線維芽細胞などの細胞種では接着・伸展を示さなかったことから，ペプチド固定化脱細胞界面は，内皮細胞特異的に接着性を向上させることが示された。また，ミニブタ（ゲッチンゲン，♂）に対して大腿動脈−大腿動脈バイパス術（FF-bypass）として内径2 mm，長さ20〜30 cmの脱細胞血管を移植した結果，未修飾の脱細胞血管では血栓形成による閉塞が認められたのに対して，ペプチド修飾脱細胞血管では血栓形成も認められず良好な開存を示した[24]。さらに

161

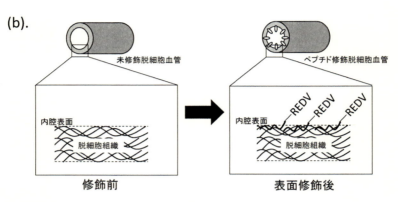

図4 (a)内皮化誘導ペプチドの配列と，(b)リガンドペプチドによる脱細胞人工血管内腔の表面修飾

　開存した人工血管内腔の免疫染色から，グラフト中央部においても移植1週間後で内皮化が形成されることを認めた。このことから，脱細胞血管内腔に対してリガンドペプチドを固定化することにより，血栓形成を抑制しながら早期内皮化による開存を達成できることを見出した。
　現在，早期内皮化に関わる細胞種の同定とそのメカニズムを解析している。ミニブタに対してFF-bypassにより移植した脱細胞血管内腔の様子を観察した結果，前駆系細胞マーカーであるCD34やFlk-1を発現した細胞が移植1日で捕捉している様子を認めた。免疫染色やフローサイトメトリーによって解析した結果，移植7日後において捕捉された細胞はCD31やCD105などの内皮細胞系の表面マーカーを発現していた。これらの結果より，脱細胞組織に固定化されたリガンドペプチドは，血液内を循環している内皮系前駆細胞を捕捉し，内皮細胞への分化を誘導している可能性が示唆された。これにより1週間程度で脱細胞血管内腔において内皮化形成が達成されたことから，大動物に移植した小口径グラフトが安定に開存していたものと考えられる。このような早期内皮化機構に基づく小口径ロングバイパスグラフトは世界初であり，現在この小口径脱細胞化血管を臨床現場で実用化するための種々の試験を進めている。
　脱細胞組織の内腔に対するリガンドペプチドの固定化法は，*in vivo* で組織再生を誘導するための手法として非常に有効であることが示された。リガンド配列やリガンド固定化法などを最適化することで，脱細胞化組織の再細胞化速度やその配置を人為的に誘導できれば，*in vivo* において自家細胞による血管組織の再構築を実現化できるものと期待する。

第4章　機能性ペプチド修飾による脱細胞小口径血管の開存化

5　おわりに

　ペプチドと細胞との相互作用が精力的に検討され，多くの情報が蓄積されている。多くの報告が，将来の医療や福祉に役立つと主張しているが，そこには大きなギャップがある。生体内に近く，複雑で困難な実験系での評価に挑戦することで真に有用な情報を選択することが大切である。

文　　献

1) A. J. Engler, S. Sen *et al.*, *Cell*, **126**, 677 (2006)
2) W. M. L. Neethling, R. Glancy *et al.*, *J. Heart Valve. Dis.*, **19**, 778 (2010)
3) I. Vesely, *Circ. Res.*, **97**, 743-55 (2005)
4) M. E. Tedder, J. Liao *et al.*, *Tissue Eng. Part A*, **15**, 1257 (2009)
5) S. Badylak, A. Liang *et al.*, *Biomaterials*, **20**, 2257 (1999)
6) C. E. Schmidt, J. M. Baier, *Biomaterials*, **21**, 2215 (2000)
7) G. Steinhoff, U. Stock *et al.*, *Circulation*, **102** (19 Suppl 3), III50 (2000)
8) T. C. Flanagan, *Eur. Cell. Mater.*, **6**, 28, discussion (2003)
9) T. W. Gilbert, T. L. Sellaro *et al.*, *Biomaterials*, **27**, 3675 (2006)
10) P. M. Crapo, C. J. Medberry *et al.*, *Biomaterials*, **33**, 3539 (2012)
11) D. Neubauer, J. B. Graham *et al.*, *Exp. Neurol.*, **207**, 163 (2007)
12) Y. Zhang, H. Luo *et al.*, *Biomaterials*, **31**, 5312 (2010)
13) Y. Hashimoto, S. Funamoto *et al.*, *Biomaterials*, **31**, 3941 (2010)
14) Y. Fu, X. Fan *et al.*, *Cells Tissues Organs*, **191**, 193 (2010)
15) D. Eberli, S. Rodriguez *et al.*, *J. Biomed. Mater. Res. A*, **93**, 1527 (2010)
16) C. C. Xu, R. W. Chan *et al.*, *J. Biomed. Mater. Res. A*, **93**, 1335 (2010)
17) P. M. Crapo, T. W. Gilbert *et al.*, *Biomaterials.*, **32**, 3233 (2011)
18) M. D. Pierschbacher, E. Ruoslahti, *Nature*, **309**, 30 (1984)
19) 中村桂子，松原謙一監訳，細胞の分子生物学‐第5版，第19章，ニュートンプレス（2010）
20) Z.-K. Li Z.-S. Wo *et al.*, *J. Biomed. Mater. Sci. Polym. Ed.*, **27**, 1534 (2016)
21) Z. H. Wang H. M. Wang *et al.*, *Chem. Commun*, **47**, 8901 (2011)
22) K. Kanie, Y. Narita *et al.*, *Biotechnol. Bioeng.*, **109**, 1808 (2012)
23) Y. Wei, Y. Ji *et al.*, *Colloids Surf. B Biointerfaces*, **84**, 369 (2011)
24) A. Mahara, S. Somekawa *et al.*, *Biomaterials*, **58**, 54 (2015)
25) W. Wang, L. Guo *et al.*, *J. Biomed. Mater. Res. A*, **103**, 1703 (2015)
26) L. Koh, M. Islam *et al.*, *J. Funct. Biomater.*, **4**, 162 (2013)
27) T. Ren, S. Yu *et al.*, *Biomacromolecules*, **15**, 2256 (2014)
28) N. Noishiki, T. Tomizawa *et al.*, *Nat. Med.*, **2**, 90 (1996)

29) J. M. Bastijanic, R. E. Marchant *et al.*, *J. Vasc. Surg.*, **63**, 1620 (2016)

30) W. Wu, R. A. Allen *et al.*, *Nat. Med.*, **18**, 1148 (2012)

31) K. Miyazu, D. Kawahara *et al.*, *J. Biomed. Mater. Res. B Appl. Biomater.*, **94**, 53 (2010)

32) J. I. Rotmans, J. M. Heyligers *et al.*, *Circulation*, **112**, 12 (2005)

33) T. Shin'oka, Y. Imai *et al.*, *N. Eng. J. Med.*, **344**, 532 (2001)

34) J. D. Drews, H. Miyachi *et al.*, *Trends Cardiovasc. Med.*, **S1050-1738**, 30098-1 (2017)

35) L. E. Niklason, J. Gao *et al.*, *Science*, **284**, 489 (1999)

36) J. H. Lawson, M. H. Glickman *et al.*, *Lancet*, **387**, 2026 (2016)

37) T. Fujisato, K. Minatoya, H. Mori, H. Matsuda (Eds.), "Cardiovascular regeneration therapies using tissue engineering approaches", 83-94, Springer, Tokyo (2005)

38) J. A. Hubbell, S. P. Massia *et al.*, *Nat. Biotechnol.*, **9**, 568 (1991)

39) X. Mo, Y. An *et al.*, *Angew. Chem. Int. Ed. Engl.*, **45**, 2267 (2006)

第5章　リガンドペプチド固定化技術による循環器系埋入デバイスの細胞機能化

柿木佐知朗[*1]，平野義明[*2]，山岡哲二[*3]

1　はじめに

　超高齢化社会を迎え，閉塞性動脈硬化症，虚血性心疾患や腎不全などの循環器系疾患の患者数の増加に伴い，これらを最小限の身体的・経済的負担で速やかに治療するための循環器系デバイスの開発が強く望まれている。循環器系デバイスには，カテーテルやダイアライザーのように治療時にのみ利用される治療用デバイスと，ステントや人工血管のように治療後も半永久的に体内に埋入される埋入デバイスに大別され，特に埋入型デバイスには抗血栓性（血液適合性）と血管などの生体組織との親和性が求められる。抗血栓性が乏しい場合，デバイスと血液との接触部が血栓で閉塞し，血流が遮断される。また，生体組織との親和性が乏しければ，周囲組織はデバイスを異物として認識し，コラーゲン線維で包み込んで体外へ排出する（カプセル化）。このカプセル化によって生じるデバイス−生体組織間の空隙は，免疫系細胞が遊走できないために，病原菌の温床となって感染症を惹起する[1]。現行の循環器系埋入型デバイスの構成基材は，ポリエチレンテレフタレート（PET，Dacron®）繊維にゼラチンをコーティングした大口径人工血管など一部を除き，多くは抗血栓性材料である。そのため，血液との接触面は血管内膜が再生されずに長期間露出され，周辺の結合組織との接触面にはカプセル化による空隙が生じる。このような現象は，閉塞性動脈硬化症の治療に用いられるステントの場合，血管内膜の肥厚による再狭窄や永続的な弱い血小板粘着による遅発性血栓症を引き起こす[2]。また，小口径人工血管でも，埋入期間が長くなると，僅かな血小板の粘着と活性化が引き金となって生じる血栓による閉塞や，カプセル化による感染症などの重篤な合併症の原因となる[3]。すなわち，血液適合性という血球細胞や血小板を"接着させない"性質と，生体組織親和性という結合組織などを"接着させる"性質の相反する2つの性質の両立が，大半の循環器系埋入型デバイスに求められる。

　2つの相反する性質を実現するためには，血液細胞や血小板にはイナート性を示し，血管内皮細胞などの特定の細胞や組織にのみ認識される分子によって循環器系埋入型デバイス基材を修飾するという方法論が最も広く研究されている[4]。ここで有用となる分子がペプチドである。血小

---

*1　Sachiro Kakinoki　関西大学　化学生命工学部　化学・物質工学科　准教授：
　　　　　　　　　　（国研）国立循環器病研究センター研究所　生体医工学部　客員研究員
*2　Yoshiaki Hirano　関西大学　化学生命工学部　化学・物質工学科　教授
*3　Tetsuji Yamaoka　（国研）国立循環器病研究センター研究所　生体医工学部　部長

医療・診断をささえるペプチド科学―再生医療・DDS・診断への応用―

板や細胞は，その膜に存在するインテグリンを主とする接着レセプターと細胞外マトリクス上に存在するリガンドとの特異的な結合を介して適所に接着して機能している。細胞外マトリクスは，主にコラーゲンやラミニン，フィブロネクチンなどのタンパク質とプロテオグリカンやヒアルロン酸などの多糖で構成される細胞の足場である[5]。上述のリガンドの多くは，タンパク質のアミノ酸配列中の一部として存在ており，Arg-Gly-Asp（RGD）や Ile-Lys-Val-Ala-Val（IKVAV）のように数個～十数個のアミノ酸残基で構成される短鎖のペプチドである。比較的容易に合成でき，その活性とレセプターに対する特異性が高いことから，これらリガンドペプチドの固定化は循環器系埋入型デバイス基材の細胞機能化に有用と期待されている。しかし，一般的に循環器系デバイス基材は生体組織に対する影響が少ない，つまり化学的安定性が高いため，リガンドペプチドを固定化することが難しい。また，循環器系デバイス基材の諸特性を維持しつつ，リガンドペプチドを固定化しなければならない。そこで本章では，現在用いられている循環器系デバイス基材とそれらへのリガンドペプチド固定化技術，さらに筆者らが取り組んでいるリガンドペプチド固定化技術およびその機能を紹介し，今後の循環器系埋入デバイスの細胞機能化研究の展望について述べる。

2 循環器系埋入デバイス構成材料

循環器系埋入デバイスは，血液もしくは生体組織と長期間接触し続けるため，生体に対して無害（無毒）な金属材料と高分子材料が主に利用されている（表1）。

人工血管は，その口径によって材料の選択戦略が異なる。大口径人工血管は，血流量が多く血圧の高い上・下行大動脈に埋入されるため，積極的に血栓を形成することで血液の漏洩を防ぐことを目的としてゼラチンをコーティングしたポリエチレンテレフタレート（PET）繊維が用いられている。一方の小口径人工血管は，血栓による狭窄を回避するために抗血栓性の高い延伸ポリテトラフルオロエチレン（ePTFE）やセグメント化ポリウレタン（SPU）が用いられている。この両者の抗血栓性発現機構は異なり，ePTFE は疎水性（撥水性），SPU は親水性によって，血液の接触や血漿タンパク質の吸着を回避することで血栓形成を防いでいる。

人工心臓に利用されている金属材料として，軽量，非磁性，機械的特性と耐食性に優れ，感作性を示さない Ti がある。現在，日本で活発に治験が進められている小型左室補助人工心臓である HeartMate 3™（セント・ジュード・メディカル）や EVAHEART（サンメディカル技術研究所）は，いずれもハウジングが Ti で構成されている。EVAHEART においては，抗血栓性を高めるために，ハウジング内面に 2-メタクリロイルオキシエチルホスホリルコリン共重合体（MPC ポリマー）がコーティングされている。他にも，完全人工心臓の SynCardia（SynCardia Systems, LLC）のハウジングには SPU が用いられている。

人工心臓弁は，パイロライトカーボン製の機械弁と，動物由来組織でなる生体弁に大別される。パイロライトカーボンは，高熱の炭素ガスでグラファイト表面に被覆して研磨することで得られ

166

第5章　リガンドペプチド固定化技術による循環器系埋入デバイスの細胞機能化

表1　循環器系埋込型デバイスに用いられる材料

デバイス	金属材料	高分子材料	その他
人工血管	–	ポリエチレンテレフタレート，ポリテトラフルオロエチレン，セグメント化ポリウレタン	動物由来組織ゼラチン（コーティング剤）ヘパリン（コーティング剤）
人工心臓	Ti	セグメント化ポリウレタン，ポリ塩化ビニル，ポリ（2-メタクリロイルオキシエチルホスホリルコリン）（コーティング剤）	–
人工心臓弁	Ti-6Al-4V 合金（フレーム），Co-Cr-Ni 合金（フレーム）	ポリエチレンテレフタレート（弁輪）	パイロライトカーボン，動物由来組織
ステント	SUS316L，Co-Cr 合金，Ni-Ti 合金，Mg 合金	ポリ乳酸，ホスホリルコリンリンクポリマー（PC1036，コーティング剤）	–
ステントグラフト	SUS316L，Co-Cr 合金，Ni-Ti 合金，Mg 合金	ポリエチレンテレフタレート	–
脳動脈瘤コイル	Pt-lr 合金，Pt-W 合金	–	–
脳動脈瘤クリップ	Ti-6Al-4V 合金，SUS630，Co-Cr 合金	–	–

るセラミクスであり，優れた抗血栓性を示す。パイロライトカーボンの抗血栓性は，アルブミンとの強い相互作用によるものと推測されている[6]。生体弁は，グルタルアルデヒドで架橋した動物由来（ウシなど）の心のう膜や豚大動脈弁でなる弁葉と金属製のフレームとを組み合わせて，ヒト心臓弁の形状に加工したものである。生体弁は，コラーゲンを主成分とした生体組織の細胞外マトリクス成分であることから優れた抗血栓性を示す。さらに近年は，ウシ心のう膜とステントを組み合わせた経カテーテル生体弁も臨床で用いられている。

　ステントには，SUS316L や Co-Cr 合金など，生体内での耐食性に優れた金属材料が用いられている[7]。ステントは，閉塞性動脈硬化部を内側から押し広げて維持する必要があり，高い力学的特性が求められることから金属材料が好んで用いられている。15 年ほど前からは，ポリ乳酸や MPC ポリマーを担体として免疫抑制剤をコーティングした薬剤溶出性ステントが広く普及している。さらに近年は，マグネシウム合金やポリ乳酸でなる生体分解吸収性ステントも臨床で利用されつつある。ステントグラフトとは，胸部解離性大動脈瘤の血管内治療に用いられるデバイスであり，金属製ステントとポリエチレンテレフタレート製人工血管で構成される。

　さらに，脳動脈瘤の破裂を防ぐために瘤内部に充填するコイルには Pt 合金が用いられている[8]。Pt 合金は，弾性と耐食性に優れているのみならず，X 線不透過性で像影性にも優れているため，術後の画像診断に極めて有効である。脳動脈瘤のネックを挟むことで瘤内への血流を遮断するクリップには，Ti-6Al-4V 合金が主に用いられている。Ti-6Al-4V 合金は，軽く，非磁性

167

であることから，脳内への留置に適している。

3 リガンドペプチドの固定化による循環器系デバイス基材の細胞機能化

循環器系埋入デバイス構成材料にリガンドペプチドを固定化する際，目的に応じたペプチドリガンドの選択とその分子設計のみならず，材料の種類や表面の化学的・物理的特性に応じて適切な固定化法を選択しなければならない。様々なバルク材料の表面改質法が研究開発されているが，生体内で用いられる循環器系埋入デバイスに利用できる方法は限定される。また，循環器系埋入デバイス構成材料が備えている抗血栓性や力学的特性，表面形態を損なうことなくリガンドペプチドを固定化しなければ本末転倒である。リガンドペプチドの種類や機能ついては，本書第Ⅱ編に詳述されるので，本稿では汎用の循環器系埋入デバイス構成材料へのリガンドペプチドの固定化技術に限定して紹介する。

バルク材料表面にリガンドペプチドを安定に固定化するためには，材料側の何らかの反応性官能基とリガンドペプチドを共有結合させることが好ましい。しかし，循環器系埋入デバイスに利用されている高分子材料であるPET，ePTFEやSPUが，長期間埋入しても生体組織にほとんど悪影響を及ぼさない（生体親和性が高い）理由は，補体によるオプソニン化のターゲットとなる水酸基（-OH）やアミノ基（-NH$_2$），生理的条件下では負電荷となり血清タンパク質やカルシウムイオンの吸着を引き起こすカルボキシ基（-COOH）やリン酸基（-PO$_4$H$_2$）など，反応性官能基を分子内に含んでいないことによる。それゆえ，これらの高分子材料へリガンドペプチドを直接，化学的に固定化することは難しく，あらかじめ材料表面に反応性官能基を導入するか，リガンドペプチドに基材分子と直接反応しうる官能基を導入する必要がある。最も多く研究されているのは，高分子材料にプラズマを照射することで反応性官能基を導入し，それを足掛かりとしてアミド結合やエステル結合を介してリガンドペプチドを固定化するという方法である[9]。例えば，ePTFEグラフトにアルゴンプラズマを照射して水酸基を生成させ，さらにクロロ酢酸を反応させることでカルボキシ基に変換後，アミド結合を介してタイプⅠコラーゲン由来のリガンドペプチドであるGly-Thr-Pro-Gly-Pro-Gln-Gly-Ile-Ala-Gly-Gln-Arg-Gly-Val-Val（P15）を

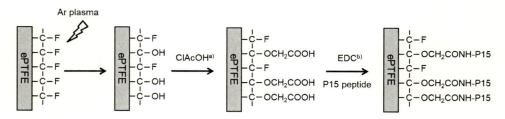

図1　プラズマ照射を利用したePTFEへのリガンドペプチド固定化例
a) ClAcOH：chloroacetic acid
b) EDC：1-ethyl-3-[3-dimethylamino-propyl]carbodiimide hydrochloride

第5章　リガンドペプチド固定化技術による循環器系埋入デバイスの細胞機能化

共有結合で固定化することでePTFEグラフトへの血管内皮細胞接着性の付与に成功した報告がある（図1）[10]。また，プラズマを用いない方法も報告されており，ePTFEフィルムに片末端にアルキル末端フルオロカーボン（C_8F_{17}），もう片末端にプロパルギル基を持つテトラエチレングリコール誘導体をフッ素－フッ素相互作用を介して吸着固定後，クリック反応でアジド基がN末端に導入された抗菌性ペプチドを共有結合した報告もある[11]。同様の方法で，細胞接着性リガンドペプチドをePTFEに固定化することができるであろう。さらに，近年臨床で利用されているヘパリン固定ePTFE製人工血管では，正電荷のポリエチレンイミンと負電荷のデキストラン硫酸のLayer-by-Layer（LbL）膜の上に片末端にアルデヒドが導入されたヘパリン誘導体をend-onで共有結合的に固定化している[12,13]。LbL膜中のポリエチレンイミンが溶出した際の局所毒性が気掛かりではあるが，臨床で長期開存性が示されていることから，デキストラン硫酸とヘパリンでなる再外層が血流下においても安定に維持されていることが推測される。LbL膜は様々な高分子電解質の組み合わせで作製できることから，リガンドペプチドの運動性や二次構造を制御できるLbLの開発などは，リガンドペプチドの固定化によるePTFEの細胞機能化に有効であろう。

　循環器系埋入デバイスに利用されている金属材料へのリガンドペプチドの固定化も多く研究されているが，臨床利用を見据えるとその方法は制限される。循環器系埋入デバイスに利用されているSUS316L，Co-Cr合金やTiなどが耐腐食性に優れ，感作性を示さない最大の理由は，その表面に化学的に安定な不動態皮膜（酸化被膜）が形成されることである。そのため，これら金属材料にリガンドペプチドを固定化するためには，高分子材料と同様，何らかの反応性官能基をあらかじめ導入しなければならない。金属材料への反応性官能基の導入には，シランカップリング剤が最も広く研究レベルでは利用されている。代表的な例として，Ti-6Al-4V表面にγ-アミノプロピルトリメトキシシラン（γ-APS）でアミノ基を導入後，縮合剤や活性化リンカーを介したcyclo-RGDの固定化による細胞接着性の付与などがある（図2上段）[14]。しかしながら，シランカップリング剤は，生体への毒性が懸念されてか，臨床では歯科分野の修復物接着剤などに利

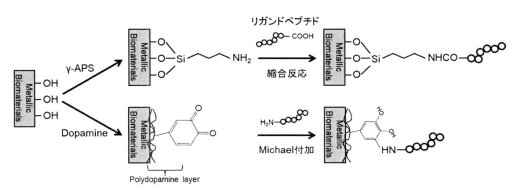

図2　金属材料へのリガンドペプチド固定化例

医療・診断をささえるペプチド科学—再生医療・DDS・診断への応用—

用されているのみであり，循環器系デバイス基材の表面改質は適応していない。近年は，金属材料表面にドーパミンの重合層を形成することでアミノ基もしくはキノンを導入し，その反応性を利用してリガンドペプチドを固定化する方法も数多く報告されている（図2下段）[15,16]。この方法は，生体物質であるドーパミンを利用することができ，その重合層も生理的環境下では安定で，かつ，キノンがアミノ基やメルカプト基（−SH）とマイケル付加反応で供有結合することを特徴としている。循環器系デバイス基材へのリガンドペプチドの固定に有効とは思われるが，ドーパミン重合層の分解に伴うドーパミンの溶出は，血管の拡張と収縮に関与するドーパミンレセプターに直接影響を及ぼすことが予想され，血管生理学的な安全性を立証しなければ臨床には利用できないであろう。

4　チロシンをアンカーとしたリガンドペプチド固定化技術とその応用

　循環器系デバイス基材の細胞機能化を目的とし，様々なリガンドペプチド固定化技術が研究開発されている。しかし，実際の臨床利用を見据えると，リガンドペプチドの機能を発現すれば良いというものではなく，いかにして生体に安全な化合物のみを利用して効果的にリガンドペプチドを基材に固定化するかが重要となる。また，循環器系デバイスとして販売することまでを考えると，経済性や汎用性（反応工程が少ない・応用範囲が広いなど）も要求される。

　筆者らは，ドーパミン重合層を介さず，キノンの高い反応性を活用したシングルステップ反応によってリガンドペプチドを循環器系デバイス基材に固定化する新たな方法を開発した[17]。2003年にノースウエスタン大学のP. Messersmithのグループが，イガイ類の接着タンパク質中に含まれる3,4-ジヒドロキシフェニルアラニン（DOPA）をアンカー分子とし，ポリエチレングリコールを金蒸着ガラス基板やチタン基板上に固定化することで細胞非接着性を示すことを報告して以降，ジヒドロキシフェニル基を持つDOPAやドーパミンをアンカー分子としたリガンドペプチドの固定化も数多く研究されている[16,18]。ジヒドロキシフェニル基は極めて反応性に富むため，リガンドペプチドとの複合体の合成には特殊な保護基の使用を要し，その上，複合体の常温安定性は乏しく長期保存が難しい。このような背景を踏まえて，筆者らはDOPAの前駆体である天然アミノ酸のチロシン（Tyr，T）を末端に導入したリガンドペプチドの酸化を介し，リガンドペプチドを基材に直接固定化する方法を考案した。Tyr残基を含むリガンドペプチドの水溶液に少量の遷移金属触媒と過酸化水素を添加することによってTyr残基のヒドロキシフェニル基をキノンへ直接酸化し，そのキノンの吸着および重合を介してリガンドペプチドをシングルステップで基材に固定化するというものである（図3）。この方法は，多量のドーパミンで構成されるドーパミン重合層を介さず，シングルステップの穏和な酸化反応によって，極めて簡便にリガンドペプチドを多様な基材上に固定化することができる。もちろん，プラズマ照射や他のリンカー分子も用いないため，基材が備えている特性を損なうことなく，アミノ酸のみで構成されるリガンドペプチド固定化層を作製することができる。これまでに，チロシン残基とフィブロネク

170

第5章　リガンドペプチド固定化技術による循環器系埋入デバイスの細胞機能化

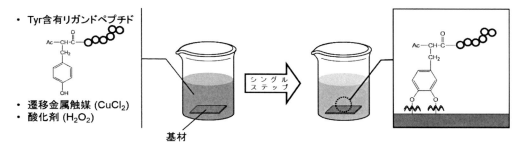

図3　チロシンの直接酸化を利用したリガンドペプチドの固定化[17]

チン由来の血管内細胞接着性リガンドペプチドであるREDV配列で構成されるペプチド（Ac-YG3REDV：Y-REDV）を一般的なFmoc固相法で合成し，医用高分子材料表面（ポリスチレン，ポリエチレンテレフタレート(PET)，ポリ塩化ビニル，延伸テフロン(ePTFE)，ポリ乳酸(PLA)）に固定化することによって，すべての基材に血管内皮細胞の接着性を付与することに成功している。キノンのそれぞれの基材に対する反応機構が異なることが推測され，ラジカル反応性の高い基材にはペプチドの一部が共有結合する可能性があるものの，大半はチロシン残基の疎水性吸着層内でキノン同士が重合することで疑似的な自己組織化膜として基材表面にリガンドペプチドが固定化されていると考えている。キノンは金属イオンと強固な配位結合することも知られており，実際に我々はこの方法でSUS316Lステンレス鋼にY-REDVを固定化することで血管内皮細胞の特異的な接着性の亢進に成功している（図4(A)）[19]。さらに，同様の方法でY-REDV固定化Co-Cr合金製ステント（長さ18 mm，拡張時直径3.0～3.6 mm）を作製し，ウサギ下行大動脈に1週間留置したところ，未修飾のステントではストラットの大部分が露出しているのに対し，Y-REDV固定化ステントではストラットの80％程度が再生内膜と思われる組織で覆われており，Y-REDVを固定化することによってステント内腔の再内皮化が促進される可能性が示唆された（図4(B)）。我々の方法は，他の循環器系デバイス基材にもリガンドペプチドを固定化できることから，人工血管内腔の再内皮化の促進や，人工心臓 – 周辺組織間の接着誘導による感染予防などへの展開も期待される。

5　おわりに

従来の抗血栓性と生体親和性（バイオイナート性）を重視して開発された循環器系埋入デバイスで問題となる内膜再生の遅延による狭窄や，周辺組織の異物認識（カプセル化）による感染などの合併症を克服するためには，デバイスと特定の細胞との親和性のみを向上させる細胞機能化技術は有効である。リガンドペプチドは，その対となるレセプターとの特異性が極めて高い生体分子であることから，細胞機能化のための固定化分子として期待されている。その背景には，1990年代より多くの研究によってリガンドペプチド固定化表面の優れた細胞機能性が立証され

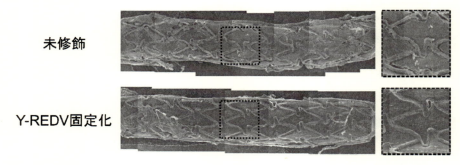

図4 チロシンの直接酸化を利用してY-REDVを固定化した(A) SUS316L プレートへの血管内皮細胞の接着挙動と(B) Co-Cr ステントをウサギ下行大動脈へ1週間留置した際の内腔の電子顕微鏡観察像[19]

てきた経緯がある。一方で，リガンドペプチドを固定化した循環器系埋入デバイスが未だに臨床では利用されていないのが実状であり，培養細胞（*in vitro*）のみではなく，生体内（*in vivo*）でも安全でかつ優れた機能を発現するリガンドペプチド固定化技術の開発が今後は求められる。リガンドペプチドの立体構造や運動性がレセプターとの結合に大きく寄与することから[20]，リガンドペプチドを固定化する際のアンカー分子とリンカー分子の最適な設計が，*in vivo* で機能を発現できる新たな細胞機能化循環器系埋入デバイスを実現するための重要なポイントとなろう。

文　　献

1) O. Gil *et al.*, *PloS ONE*, **5** (4), e10030 (2010)
2) B. Doyle *et al.*, *Circulation*, **116**, 2391 (2007)
3) R. Y. Kannan *et al.*, *J. Biomed. Mater. Res. Part B: Appl. Biomater.*, **74B**, 570 (2005)
4) X. Ren *et al.*, *Chem. Soc. Rev.*, **44**, 5680 (2015)

第 5 章　リガンドペプチド固定化技術による循環器系埋入デバイスの細胞機能化

5) G. E. Davis *et al., Circ. Res.,* **97**, 1093 (2005)
6) S. L. Goodman *et al., J. Biomed. Mater. Res.,* **32**, 249 (1996)
7) B. O'Brien *et al., Acta Biomater.,* **5**, 945 (2009)
8) D. F. Kallmes *et al., Am. J. Neuroradiol.,* **23**, 1580 (2002)
9) C. Baquey *et al., Nucl. Instr. Meth. Phys. Res. B,* **151**, 255 (1999)
10) C. Li *et al., J. Biomed. Mater. Res.,* **71A**, 134 (2004)
11) C. M. Santos *et al., ACS Appl. Mater. Interfaces,* **5**, 12789 (2013)
12) P. Olsson *et al., J. Biomater. Sci. Polym. Ed.,* **11**, 1261 (2000)
13) R. Biran *et al., Adv. Drug Deliv. Rev.,* **112**, 12 (2017)
14) M. C. Portè-Durrieu *et al., Biomaterials,* **25**, 4837 (2004)
15) R. Luo *et al., ACS Appl. Mater. Interfaces,* **5**, 1704 (2013)
16) E. Faure *et al., Prog. Polym. Sci.,* **38**, 236 (2013)
17) S. Kakinoki *et al., Bioconj. Chem.,* **26**, 639 (2015)
18) H. Lee *et al., Science,* **318**, 426 (2007)
19) S. Kakinoki *et al., J. Biomed. Mater. Res. A,* in press (2017)
20) S. Kakinoki *et al., Acta Biomaterialia,* **13**, 42 (2015)

【第Ⅴ編　再生治療】

第1章　再生医療に向けてのゼラチン，コラーゲンペプチド

伊田寛之[*1]，塚本啓司[*2]，平岡陽介[*3]

1　はじめに

　ゼラチンやコラーゲンペプチドは，動物の骨や皮膚に含まれるコラーゲンを熱変性し，低分子化することで得られるタンパク質である[1]。コラーゲン関連物質の高い生体適合性および生分解性は古くから知られており，医療機器の原材料として幅広く使用されてきただけでなく医薬品の添加剤としても使用されてきた経緯がある[2]。当社は，2018年に創業100周年を迎えるゼラチンメーカーであり，時代の変化に合わせて写真フィルム，食品，医療機器など多種多様な用途に合わせたゼラチンを供給してきた。また2010年には，再生医療の産業化に向けて安全性を高めたコラーゲン・ゼラチンとしてbeMatrixシリーズを上市した。本稿では，まず初めにゼラチンに関する基礎的知見を述べ，近年上市したbeMatrixゼラチンの特性および安全性対応について概説する。また，新製品であるbeMatrixコラーゲンペプチドについても併せて紹介する。

2　ゼラチンについて

　図1に，コラーゲン関連物質の分類，構造，特徴についてまとめた。ゼラチンは，骨や皮などのコラーゲン含有率の高い組織を酸やアルカリで前処理し架橋構造を分解することにより，温水で加熱抽出することができる。ゼラチンをより過酷な条件で加水分解し，ゲル化能を失くしたゼラチンをゼラチン加水分解物，通称コラーゲンペプチドと呼ぶ。コラーゲンペプチドは一般的に重量平均分子量が数千程度であるが，二万程度のものもある。

　現在のコラーゲン，ゼラチンの生産量については，牛および豚由来の占める割合が圧倒的に多い。一方，コラーゲンペプチドについては，魚類由来の割合も比較的多い。イメージが良いという消費者の心理や，宗教対応の観点からも魚類由来に対する需要は高まりつつある。

　ゼラチンは医療分野において様々な用途に活用されている。その理由として，ゼラチンが医療

＊1　Hiroyuki Ida　新田ゼラチン㈱　総合研究所　バイオマテリアルグループ　研究員

＊2　Hiroshi Tsukamoto　新田ゼラチン㈱　総合研究所　バイオマテリアルグループ　　　　　　　主任研究員

＊3　Yosuke Hiraoka　新田ゼラチン㈱　総合研究所　バイオマテリアルグループ　　　　　　　主席研究員

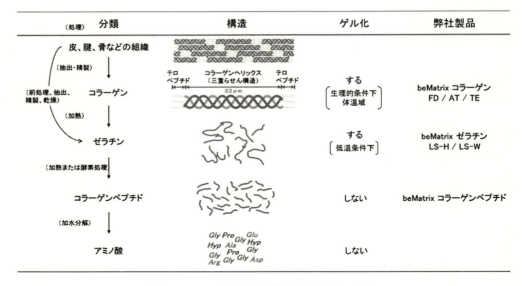

図1　コラーゲン関連物質の分類，構造，特徴

表1　医療用途に役立つゼラチンの機能

機能	内容
生体親和性	生体内で，周辺環境に悪影響をおよぼさない
生体吸収性	各種プロテアーゼにより分解される
細胞接着性	材料表面に細胞接着性を付加できる
化学修飾性	アミノ基，カルボキシル基を介して化学修飾ができる
形状加工性	スポンジ，膜，シートなど，任意の形状に加工できる
ゾル-ゲル転移	温度により，可逆的にゾル-ゲル状態を調節できる
水分保持性	水分を豊富に含んだゲルを作製できる
保護コロイド性	疎水コロイドの凝集を防ぐ
増粘性	溶液の粘度を調整できる

用途に応用する上で役立つ機能を数多く有していることが挙げられる（表1）。ここでは，その中でも代表的な機能について紹介する。

2.1　生体親和性および生体吸収性

　ゼラチンは，元々生体内に存在するコラーゲン由来の物質であることから，優れた生体親和性および生体吸収性を有している。医療用途向けに数多くの生体吸収性合成ポリマーが開発されているものの，これらの中には分解吸収される際に周辺組織のpHを低下させ，生体に悪影響を及ぼすものがある。一方，ゼラチンは，分解吸収される際に周辺環境にほとんど影響を与えず，毒性も認められないため，細胞周辺環境を良好な状態に保つことができる。また，足場が徐々に分解されることにより細胞も増殖する。

第1章　再生医療に向けてのゼラチン，コラーゲンペプチド

2.2　細胞接着性

タンパク質やペプチドの細胞接着性に関わる因子として，RGD 配列が良く知られている。このアミノ酸配列は，元々フィブロネクチンの細胞接着分子として同定され[3]，その後コラーゲンやラミニンなどの多くの細胞接着性分子に含まれることが明らかになった[4]。一般的にゼラチンは高い細胞接着を有すると言われているが，ゼラチンに含まれる RGD 配列の数は比較的少なく，ゼラチン自体の細胞接着性はそれほど高いとは言えない。しかしながら，ゼラチンはフィブロネクチンへの高い結合能を有している[5]。そのため，医療機器や培養機材の表面にゼラチンを塗布することで，血液や培養液中のフィブロネクチンを介した高い細胞接着性を付加することができる。

2.3　加工性および分解性

ゼラチンは加工性に優れた材料であり，シート，マイクロ粒子，スポンジ，ファイバーなど様々な加工品が開発されている[6~8]。DDS や細胞移植などの再生医療用途に用いられることも多く，田畑らが開発した薬剤徐放性ゼラチンハイドロゲルなどがよく知られている[9]。生体内に埋め込まれた後のゼラチンは，各種プロテアーゼによる分解を受け，血液中へと移行した後，大部分が尿として排泄される。

細胞移植担体として使用する際には，ゼラチン加工体を一定期間生体内で保持する必要がある。分解性の制御および物理的強度の向上を目的として，様々な架橋反応が検討されている。古くから実績がある方法としては，グルタルアルデヒドを用いた架橋法，または真空条件下で脱水縮合反応を行う熱脱水架橋法が知られている[10]。最近では，水溶性カルボジイミドを用いた架橋法や[11]，ゲニピンなどの植物由来の架橋剤を用いた方法なども検討されている[12]。

3　医療用途向け素材 beMatrix

冒頭でも述べたように，当社はカプセルや医療機器の原材料として，医療用途向けのゼラチンを提供してきた。しかし，近年の再生医療分野の発展に伴い，従来の製品よりも，純度および安全性の高いゼラチンを必要とする声が高まってきた。当社ではユーザーからの要望に応え，医療用途向け原材料として beMatrix シリーズを販売している（図 1）。beMatrix ゼラチンの製造は，専用のクリーンルームにて行っており，徹底した安全管理のもと製造を行っている[13]。ここでは，beMatrix ゼラチンおよび新製品である beMatrix コラーゲンペプチドについて紹介する。

3.1　beMatrix ゼラチン

現在，beMatrix ゼラチンとして，重量平均分子量の異なる LS-H および LS-W の 2 製品を販売している。LS-H は高分子量品でありゼリー強度が高いため，DDS や細胞移植向けハイドロゲルの作製などに適している。一方で，LS-W は低分子量品であり粘度が低いため，材料表面の

医療・診断をささえるペプチド科学—再生医療・DDS・診断への応用—

コーティングなどに適している。また，これら2製品を混合することにより，各ユーザーの用途に適した物性にカスタマイズすることも可能である。加えて，beMatrix ゼラチンについては，細胞毒性試験，感作性試験，皮内反応試験，発熱性物質試験および抗原性試験の5項目について安全性試験を実施しており，その全てにおいて陰性を確認している。既に，beMatrix ゼラチンを用いた臨床研究がいくつか実施されている他[14]，国内だけでなく海外からもお問い合わせをいただいている。

3.2　安全性対応

　近年の生物由来原料に対する規制強化や，希少価値の高い素材の医療への応用のため，数多くのタンパク質で，リコンビナント製品が開発・上市されている。中でも各種成長因子については，動物から精製することは困難であるが，遺伝子工学的技術を用いることにより人工的に調製することができる。遺伝子工学的技術の進歩は，医療分野の発展に今後も貢献していくことが期待される。一方，コラーゲンおよびゼラチンに関しては，普遍的に動物に存在し，大量に抽出することができるため，医療機器などの医療産業でも古くから使用されてきた。近年では，細胞やヒト由来生物材料を使用した医療が盛んに議論されており，その中で，ゼラチンやコラーゲンに対しても，安全性対応を求める声が大きくなっている。

　リコンビナント製品が開発されている現在においても，安全性対応を検討してきた beMatrix ゼラチンに対する需要は依然として大きい。ゼラチンは比較的安価に製造できるため，リコンビナント品に対してコスト面で優位性を保っている。さらに，これまでの医療用途での実績も多い。また，生物由来原料であっても適切な処理を行うことで安全性を確保できるという事実が，少しずつ世間に広まってきたようにも感じている。

　以下，生物由来原料であるゼラチンを，医療用途に用いる際に注意すべき項目について述べる。また，各項目への対応について表2に簡潔にまとめているので，こちらも併せて参照されたい。

表2　beMatrix ゼラチンの安全性管理

項目	対応
安全性試験	5項目について陰性を確認
エンドトキシン	10 EU/g 以下
ウイルス	ウイルスクリアランス試験実施済み
日本薬局方	第17条適合（USP，EP とハーモナイズ）
無菌試験	陰性
マイコプラズマ否定試験	陰性
原料管理	月齢6ヶ月の国産豚使用
β グルカン	検出限界以下（1%溶液）
メラミン	検出限界以下（1%溶液）
ICH Q3D	全元素規定値以下（定量分析）

第1章　再生医療に向けてのゼラチン，コラーゲンペプチド

3.3　高度精製品

　生物由来原料を医療用途に用いるためには，薬事法により定められた上乗せ規制（生物由来原料基準 第4「動物由来原料総則」3 動物由来原料基準）に従う必要がある。しかし，ゼラチンに関しては，製造工程中に酸・アルカリ処理および熱処理工程が含まれるため，生物由来製品の中でも高度精製品に分類されており，日本国内では規制の対象外となる。そのため，ゼラチンについては健康な動物由来の原料さえ使用すれば，動物由来原料総則を満たすことができる。つまり，屠畜証明証や健康証明証などの適切な書類があれば，非生物由来原料と同様の取り扱いが可能であると言える。しかしながら，現状としては各社が自主的に，ウイルスクリアランス試験や無菌試験を実施し安全性を管理している。

3.3.1　エンドトキシン

　エンドトキシンはグラム陰性菌の細胞壁に存在するリポ多糖であり，血中に混入した場合，発熱などの種々の生体反応を引き起こす内毒素である。一般的に，原料や製造ラインに由来するエンドトキシンがゼラチンには多量に含まれる。エンドトキシンの除去方法として，熱処理法やフィルター吸着法などが知られている。しかし，タンパク質であるゼラチンには適用できない場合が多く，適用できたとしても効果が弱く実用的でない。そのため beMatrix ゼラチンの製造工程においては，特殊なエンドトキシンの失活除去工程が含まれている。また全ての製造ラインについて，エンドトキシンを不活化させてから使用するよう徹底することで，低エンドトキシン化ゼラチンの安定製造を実現している。

3.3.2　ウイルス

　一般的なゼラチンの抽出工程には，強酸または強アルカリでの前処理工程および，高温での抽出工程が含まれている。そのため，最終製品としてのゼラチンに原料由来のウイルスが持ち込まれる可能性はない。beMatrix ゼラチンの製造工程においては通常のゼラチン抽出工程に加えて，特別なウイルス不活化工程を導入している。さらにスパイクテストによるウィルスクリアランス試験を実施することで，ウイルスの低減効果を確認している。日本国内では，ゼラチンは前述した高度精製品に含まれているため，ウイルスクリアランス試験は不要である。しかし米国を含め海外では高度精製品等の免除項目は存在せず，原材料に対してウイルスクリアランス試験の実施を求められる場合が多い。

3.3.3　局方対応

　医薬品用途に用いられるゼラチンは「局方ゼラチン」と呼ばれており，日本薬局方において定められた品質規格に適合している。また第十六改正時には，欧州薬局方（EP）および米国薬局方（USP）との国際調和がなされており，現在の日本国内における局方ゼラチンは，同時に EP および USP の規格にも適合している。コラーゲンペプチドを医療用途に用いる場合にも，日本薬局方に適合した製品を使用することが好ましい。コラーゲンペプチドは，日本薬局方の分類上は「精製ゼラチン」の「非ゲル化グレード」に分類され規格が定められているが，EP および USP との国際調和は未だなされていない。

179

3.3.4 滅菌方法

再生医療用途にゼラチンを用いる場合，何らかの方法で滅菌を行う必要がある。冒頭で述べたように，医療機器の原材料としてゼラチンは幅広く使われている。しかしながら，医療機器の場合には，最終製品の状態で放射線滅菌やエチレンオキシドガス（EOG）などにより滅菌処理を施せるため，原材料であるゼラチンについては，必ずしも滅菌が必要とされなかった。一方で，再生医療等製品の多くは，細胞や組織などを含むため，最終製品の状態で従来通りの滅菌処理を施すことができない。そのため，各原材料に対しての滅菌処理の実施が求められている。

ゼラチンの滅菌に最も広く用いられている方法は，孔径が 0.45 μm 以下のフィルターを用いた濾過滅菌法である。濾過滅菌法はゼラチン自体へのダメージが少ないという点で非常に優れている。しかし，ゼラチン溶液が高濃度の場合には粘性が非常に高くなり，処理効率が著しく低下するという問題がある。濾過滅菌法以外では，放射線滅菌法および EOG 滅菌法がよく用いられている。これらの手法は乾燥状態のゼラチンを滅菌する際に用いられており，短時間でマイコプラズマを含む全ての菌種を死滅させることができる。しかしながら，両滅菌法ともにタンパク質を変性させる恐れがあるため，事前にゼラチンの物性変化を想定して材料を検討しておく必要がある。

3.3.5 原料の管理

ゼラチンの物性は，原料となる皮や骨の状態に依存することが知られている。動物の品種はもちろん年齢が異なるだけでも，原料中のコラーゲンの分子内外の架橋や糖鎖修飾の状態が異なり，得られるゼラチンの物性にも影響が出る。そのため，信頼できる原料サプライヤーを確保し，均一な原料を安定的に仕入れることがゼラチンを製造する上で重要である。当社では beMatrix ゼラチンの原料として，国産のヨークシャー系統とランドレース系統の交配種を使用しており，特定の屠殺場から定期的に購入している。また屠畜年齢を 6ヶ月に定め，常に同じ部位から皮を取り出すことで，ゼラチンの元となる原料の均一性を保っている。

3.3.6 その他

上記以外にも，これまでにユーザーから問い合わせを受けた項目について紹介する。一つ目は，真菌，細菌，植物などの細胞壁成分として広く自然界に分布している β グルカンである[15]。同じ細菌由来成分であるエンドトキシンとは違い，β グルカン自体の人体への明確な影響については詳しくはわかっていない。しかし，製造工程で使用されるセルロース系濾材を用いて濾過を行うと，β グルカン値として検出される場合がある。そのため，一部の医薬品ではクリーン度を保証するためにエンドトキシンに加え，β グルカンを測定しているところもある。また，メラミンおよびメラミン関連物質についても問い合わせを受けることがある。メラミンは食器などの原料として広く使用されている物質であり，基本的にはゼラチンへの混入は考えられない。しかし，2009 年に中国で起こった，粉ミルクへのメラミン混入による死亡事故以降，情報提供を求められることがある。上記以外にも，医薬品中の元素不純物規格である ICH Q3D についても度々問い合わせがある。

第1章　再生医療に向けてのゼラチン，コラーゲンペプチド

　過去に beMatrix ゼラチンについて分析した結果，β グルカン値については1%溶液にて検出限界（4 pg/mL）以下，メラミンおよびメラミン関連物質についても，検出限界（1 ppm）以下であった。また，ICH Q3D については各元素に関して規定値以下であることを確認している。

3.4　beMatrix コラーゲンペプチド

　ゼラチンの分子量は，製造工程中での酵素分解や熱処理により調整することが可能であり，酵素処理や熱分解処理の条件を厳しくすることで，より分子量の小さいゼラチンを調製することができる。処理の結果，分子量が小さくなりゲル化能を失ったものをコラーゲンペプチドと呼ぶ。近年，再生医療分野においてコラーゲンペプチドのニーズが高まっている。具体的に言えば，生体適合性があり，なおかつ使用濃度が高くなった場合においても粘性が低くゲル化しない材料を求めるユーザーが増加している。このような要望に応え，当社においても新製品として beMatrix コラーゲンペプチドを開発した。

　beMatrix コラーゲンペプチドの分子量は数千以下に抑えられており，高濃度にした場合にもゲル化せず粘性も低い。製造方法および製造環境は，基本的に従来の beMatrix ゼラチンと同様であり，安全性管理に努めている。今後，薬剤や再生医療等製品などの安定剤，保護材，賦形剤などの用途で本製品が広く使用されることを期待している。

4　さいごに

　昨今の医療業界ではアニマルフリー化を推す声が増加している。しかしながら，コストおよび機能性について考慮した結果，コラーゲンやゼラチンに関しては生物由来原料品を求めるユーザーは多い。ユーザーに安心して提供できるコラーゲン，ゼラチンおよびコラーゲンペプチドを製造することは当社の責務であると考える。また，ゼラチン，コラーゲンペプチドともに高度精製品に分類されており，その上でさらに，ウイルスクリアランス試験などの安全性対応を行っている現状をお伝えし，医療材料として安心してご使用いただけるよう情報を発信し続ける意向である。コラーゲン，ゼラチンまたはコラーゲンペプチドについて使用を検討しておられる方は，ぜひ一度当社までお問い合わせいただきたい。

文　　　　　献

1)　我孫子義弘，にかわとゼラチン，丸善出版（1987）
2)　S. Reinhard *et al.*, "Gelatine Handbook: Theory and Industrial Practice", Wiley（2007）
3)　M. D. Pierschbacher *et al.*, *Nature*, **309**, 30（1984）

医療・診断をささえるペプチド科学―再生医療・DDS・診断への応用―

4) K. M. Yamada, *J. Biol. Chem.*, **266**, 12809 (1991)

5) E. Engvall *et al.*, *J. Exp. Med.*, **147**, 1584 (1978)

6) 山本雅也ほか, ゼラチンハイドロゲルディスク, 粒子の作製, p.265, メディカルドゥ (2003)

7) 川添直輝ほか, 再生医療用足場材料の開発と市場, p.14, シーエムシー出版 (2016)

8) L. Liu *et al.*, *Biomaterials*, **35**, 6259 (2014)

9) Y. Tabata *et al.*, *Advanced Drug Delivery Reviews*, **31**, 287 (1998)

10) H. Tsujimoto *et al.*, *J. Biomed. Mater. Res. B Appl. Biomater.*, **103**, 1511 (2015)

11) I. Ajioka *et al.*, *Tissue Eng. Part A*, **21**, 193 (2015)

12) L. Solorio *et al.*, *J. Tissue Eng. Regen. Med.*, **4**, 514 (2010)

13) 平岡陽介ほか, 医療をサポートする新田ゼラチン株式会社, 再生医療, **10**, 437 (2011)

14) M. Morimoto *et al.*, *BMJ Open*, **5**, e007733 (2015)

15) 大野尚仁, βグルカンの生体防御系修飾作用, 日本細菌学雑誌, **55**, 527 (2000)

第2章 環状ペプチド性人工 HGF の創製と再生医療への可能性

酒井克也[*1]，菅 裕明[*2]，松本邦夫[*3]

1 はじめに

細胞増殖因子は各種組織の再生・修復を担う生理活性タンパク質である。塩基性線維芽細胞増殖因子（basic Fibroblast Growth Factor）や血小板由来増殖因子（Platelet-Derived Growth Factor）に代表されるように，組換えタンパク質は，創傷治癒促進，皮膚潰瘍治療医薬として使用されている。エリスロポイエチン（Erythropoietin）や顆粒球コロニー刺激因子（Granulocyte-Colony Stimulating Factor）などサイトカインも広義の細胞増殖因子である。したがって，細胞増殖因子の組換えタンパク質は疾患治療に必須の生物製剤医薬として広く利用されている。細胞増殖因子やサイトカインの組換えタンパク質医薬の特徴は，化合物など低分子医薬で代替されない際立った活性をもっていることである。一方で，組換えタンパク質として製造するため，高コストの医薬となることが難点である。したがって，組換えタンパク質の製造によらずに，人工的な細胞増殖因子やサイトカインを創成することができれば，低コストのバイオ医薬創成につながる。筆者らは，特殊環状ペプチドを使って，人工 HGF（Hepatocyte Growth Factor：肝細胞増殖因子）の創成に成功した。人工 HGF 取得のアプローチと特徴・意義について紹介する。

2 HGF-MET 系の生理機能と構造

HGF は肝細胞に対する増殖因子として発見された生理活性タンパク質であり，MET 受容体を介して生物活性を発揮する（図1）[1,2]。MET 受容体は肝細胞やニューロンを含め多くの細胞に発現されている。MET 活性化は，細胞増殖促進，細胞遊走促進，生存促進，上皮細胞での管腔形成誘導など，様々な生物活性の誘導・促進につながり，これらの活性は，組織の再生・修復や傷害や病態に対する細胞・組織の保護を支えている。HGF-MET 系の生理機能は，とりわけ細胞・組織選択的な MET 受容体ノックアウトマウスの解析からも明らかにされている。HGF-MET 系シグナルが破綻すると，傷害や病態にともなう細胞死の増大，細胞増殖や再生の遅延，組織の線維化の増大などが共通にみられる[1,2]。

＊1 Katsuya Sakai 金沢大学 がん進展制御研究所 助教
＊2 Hiroaki Suga 東京大学 大学院理学系研究科 教授
＊3 Kunio Matsumoto 金沢大学 がん進展制御研究所 教授

HGF は 4 個のクリングル構造を有するα鎖とセリンプロテアーゼ様構造をもつβ鎖がジスルフィド結合でつながったヘテロダイマーである（図1）。HGF は 697 個のアミノ酸から構成されており，他の細胞増殖因子・サイトカインに比べ分子サイズが大きい。ただし，ジスルフィド結合が分子内に 19 個あるため，化学的な安定性に優れている。MET 受容体は細胞質領域にチロシンキ

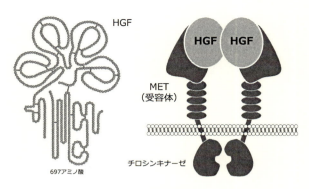

図1　HGF と MET 受容体の構造の概要

ナーゼドメインをもつ細胞膜貫通型受容体である。細胞外領域は，SEMA ドメイン，PSI ドメイン，IPT1〜4 のドメインから構成されている。HGF は MET 受容体のみを活性化し，HGF と MET の関係は 1：1 である。HGF と MET の相互作用により，HGF-MET 多量体が誘導されるとの仮説もあるが[3]，凍結電子顕微鏡などによる観察をもとに，2 分子の HGF と 2 分子の MET-SEMA ドメインとが 4 量体を構成するモデルも推測されている[4]。いずれにしても，HGF は MET 受容体の 2 量体あるいは多量体形成を誘導し，MET 受容体同士のチロシンリン酸化がシグナル活性化につながる。また，MET 受容体には MET-binding domein をもつアダプター分子 GAB1 が結合し，これにより HGF-MET 系に特徴的な生物活性が発揮される。

3　RaPID 技術

20 種類のアミノ酸が n 個つながったペプチドの構造多様性は 20^n 種類となり，10〜16 アミノ酸からなるペプチドの構造多様性は 10^{12}〜10^{14} にも及ぶ。したがって，10〜16 アミノ酸からなるランダムペプチドの中には標的分子に対して，極めて高い親和性で結合できるペプチドが必ず存在すると考えられる。一方，優れた医薬品の 1 つであるサイクロスポリンは環状ペプチド抗生物質であり，サイクロフィリンに高い親和性で結合するとともに，高い生体内安定性を示す。ランダム配列の環状ペプチドから，標的分子に高い特異性で結合するペプチドを高効率に取得する技術は，画期的な創薬技術になると考えられる。RaPID（Random non-standard Peptide Integrated Discovery）システムは菅裕明（東京大学）によって確立された技術で，標的分子に高い特異性で結合する特殊環状ペプチドを高効率に取得する技術である（図2）。RaPID 技術の詳細は菅らの総説に記載されており[5〜8]，本稿では以下に概略を記載する。

RaPID 技術によって得られる最終産物は，10〜16 アミノ酸からなる環状ペプチドであり，環状ペプチドはランダムな配列をもつものから選別される（図2）。ランダム DNA をスタートに，無細胞系でのペプチド翻訳，標的分子に結合したペプチドの回収に続く。鍵となる技術として，人工アミノアシル化リボザイム（フレキシザイム）技術による遺伝暗号のリプログラミングがあ

第 2 章　環状ペプチド性人工 HGF の創製と再生医療への可能性

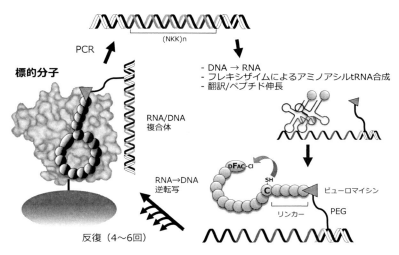

図 2　RaPID 技術による特殊環状ペプチド取得のアウトライン

る。これにより，天然 L 型アミノ酸とは構造の異なる D 型アミノ酸，さらには天然のアミノ酸とは構造の異なる側鎖を持つ修飾アミノ酸がペプチドに取り込まれる。例えば，N 末のアミノ酸として，クロロアセチル-D-フェニルアラニン（DFAC-CL）が取り込まれ，クロロアセチルフェニルアラニンはシステインとの間で，自発的にチオエーテル結合によって結ばれ，その結果，ペプチドの自発的な環状化が起こる。すなわち，天然の構造とは異なる構造をもつ環状のペプチドであることから，特殊環状ペプチドと呼ばれる。また，ペプチド配列をコードする RNA はピューロマイシンとポリエチレングリコール（PEG）をリンカーとしてペプチドと結合しているため，標的分子に結合した状態で回収されたペプチドには，そのペプチドをコードする RNA/DNA が連結されている。PCR によって DNA を増幅することで，標的分子に結合するペプチドに対応する DNA が選択的に濃縮される。そして，このサイクルを繰り返すことによって，標的分子に高親和性結合する特殊環状ペプチドが高効率に取得される。

4　特殊環状ペプチド性人工 HGF

ヒト MET 受容体細胞外領域を標的分子として，RaPID 法によって MET 受容体に結合する特殊環状ペプチドが複数取得され，取得された 23 個の環状ペプチドの中から取得頻度の高い 3 つについて詳しい解析がなされた[9]。その 3 つのペプチド（aML5，aMD4，aMD5）の MET 受容体への結合親和性を示す Kd 値は，それぞれ 19 nM，2.4 nM，2.3 nM と，いずれも親和性は極めて高い。ただし，これら 3 つの MET 結合環状ペプチドは MET 受容体に対する阻害作用はもっていない。一方，細胞増殖因子受容体の活性化には 2 量体 / 多量体形成が必要であることから，MET 結合環状ペプチドを適当な距離で連結することによって，MET 受容体に対する人工的な

医療・診断をささえるペプチド科学—再生医療・DDS・診断への応用—

リガンドになる可能性が考えられたが，実際にMET結合ペプチドをPEGで連結した2価性環状ペプチドは，MET受容体を活性化する環状ペプチド性人工METアゴニスト，言い換えると環状ペプチド性人工HGFとしての活性を発揮した（図3）[9]。

　HGFはMET受容体のチロシンリン酸化を引き金に細胞内シグナル分子を活性化する。ヒト培養細胞を用いた系において，環状ペプチド性人工HGFによるMETチロシンリン酸化を調べると，環状ペプチド性人工HGFは最大活性においてHGFタンパク質と同等の活性を示した（図4）。このとき，環状ペプチド間のPEG鎖長が活性に影響する場合があることから，2量体を形成する際のMET分子間距離や角度がMETチロシンリン酸化に影響すると推測される。一方，環状ペプチド性人工HGFの標的特異性は極めて高い。49種類の増殖因子受容体の活性化に対する環状ペプチド性人工HGFの作用を解析した結果，環状ペプチド性人工HGFはMET受容体のみを選択的に活性化する。

　環状ペプチド性人工HGFは，ヒト正常細胞である，皮膚ケラチノサイト，腎尿細管上皮細胞に対して，細胞増殖促進，細胞遊走促進（図5），3D形態形成誘導（図6）いずれの生物活性を発揮し，その最大活性はHGFタンパク質に匹敵している（図5）。とりわけ，上皮管腔形成誘導活性は，他の増殖因子にはみられない，HGF-MET系にユニークな活性である。管腔形成においては，先端に位置する細胞において，細胞からの突起伸長，細胞外マトリックス（コラーゲン）を分解する複数のメタロプロテアーゼの発現・活性化，それと連動する細胞遊走が進む一方，幹

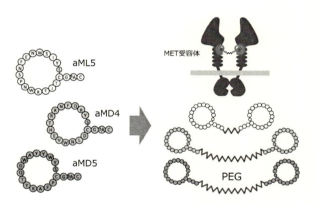

図3　特殊環状ペプチド性人工HGFの構造と作用機作の概略

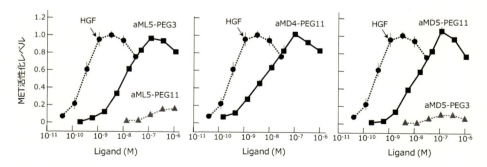

図4　特殊環状ペプチド性人工HGF（aML-PEG3, aMD4-PEG11, aMD5-PEG11）によるMET活性化（チロシンリン酸化）
　　　ヒト培養悪性中皮腫細胞でMETチロシンリン酸化を調べた結果[9]。

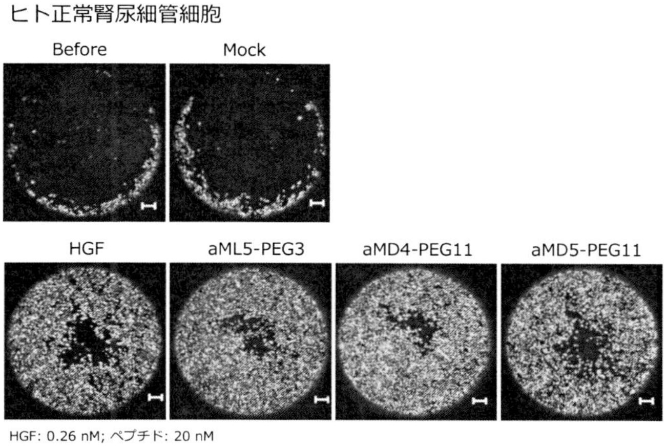

第 2 章　環状ペプチド性人工 HGF の創製と再生医療への可能性

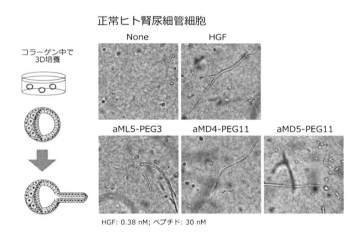

図 5　特殊環状ペプチド性人工 HGF の細胞遊走促進活性[9]

図 6　特殊環状ペプチド性人工 HGF による腎尿細管上皮細胞の 3D 管腔形成[9]

に相当する部分では細胞間接着が維持される。環状ペプチド性人工 HGF は HGF タンパク質と同等に管腔形成を誘導する（図 6）。したがって，MET 活性化とそれによる複数の生物活性発現まで，ほぼ完全な人工リガンドが創製されたと考えられる。

5　HGF の臨床開発と特殊環状ペプチド性人工 HGF の可能性

現在，閉塞性動脈硬化症やバージャー病などの末梢性血管疾患を対象に HGF 遺伝子治療医薬による第Ⅲ相臨床試験が進められている。この場合，HGF 発現用プラスミドを筋肉内に局所投与することによって，一定期間にわたり持続的かつ局所的に HGF 遺伝子が発現することで，血

医療・診断をささえるペプチド科学―再生医療・DDS・診断への応用―

表 1　HGF が薬効を示すことが明らかにされた疾患モデル

組織・臓器	疾患・傷害の種類
消化器系	急性肝炎，劇症肝炎，肝硬変，アルコール性 / 非アルコール性脂肪性肝疾患，胃潰瘍，炎症性腸疾患
腎臓	急性腎傷害，慢性腎疾患，慢性移植腎症
脳・神経系	脳虚血，筋萎縮性側索硬化症（ALS），脊髄損傷，網膜損傷
肺	急性肺傷害，肺線維症，慢性閉塞性肺疾患，アレルギー性気道炎症 / 喘息
皮膚	皮膚潰瘍
循環器系	心虚血再還流傷害 / 心筋梗塞，拡張型心筋症，心移植後閉塞性血管病変，閉塞性動脈硬化症
その他	声帯瘢痕，難聴

管新生が促され，治療効果につながることが期待されている。一方，組換え HGF タンパク質医薬の開発では，HGF タンパク質の髄腔内局所投与による，脊髄損傷ならびに筋萎縮性側索硬化症を対象とした，それぞれ第 I / II 相，第 II 相臨床試験が進められている。後者では，HGF の分子サイズが大きいことによって局所に維持されるため，タンパク質であることがメリットとして活かされている。

　組織特異的 MET 機能不全マウスの結果から，HGF-MET 系が機能しないことは，修復の遅延，細胞死の拡大による組織・臓器の機能低下，炎症性サイトカインの上昇，線維化の進行につながることが明らかにされている。また，非臨床傷害・疾患モデルでの研究から，HGF タンパク質の投与や HGF 遺伝子発現が，複数の疾患に対して，傷害に対する再生促進，治癒促進，線維化の改善を示すことが明らかにされている（表 1）[1,2]。特殊環状ペプチド性人工 HGF は，これらの疾患や傷害に対する治療用医薬になる可能性がある。医薬品としての開発を考慮すると，有効な医薬品がない領域での疾患を対象にすることや，特殊環状ペプチド性人工 HGF の化学的特性が活かされる疾患を対象とすることが重要と思われる。

文　　献

1)　K. Sakai *et al.*, *J. Biochem.*, **157**, 271 (2015)

2)　R. Imamura & K. Matsumoto., *Cytokine*, 印刷中 (2017)

3)　M. Blaszczyk *et al.*, *Prog. Biophys. Mol. Biol.*, **118**, 103 (2015)

4)　E. Gherardi E *et al.*, *Proc. Natl. Acad. Sci. USA*, **103**, 4046 (2006)

5)　林剛介ほか，生化学，**82** (6), 505 (2010)

6)　K. Ito *et al.*, *Molecules*, **18**, 3502 (2013)

7)　T. Passioura & H. Suga, *Trends Biochemical. Sci.*, **39**, 400 (2014)

8)　T. Passioura *et al.*, *Ann. Rev. Biochem.*, **83**, 727 (2014)

9)　K. Ito *et al.*, *Nat. Commun.*, **6**, 6373 (2015)

第3章　線溶系活性化作用を持つ新規ペプチドと再生医療応用

岡田清孝*

1　はじめに

　最近，血栓溶解を誘導する線溶系因子が組織における細胞機能制御や蛋白分解活性制御機能などに関わることで注目されている。この線溶系因子の各組織における機能解析や各病態における解析から線溶活性を制御する低分子薬剤の開発が考えられている。この章では線溶系因子のアミノ酸配列由来合成ペプチドの皮膚創傷に対する新たな再生医療への臨床応用の可能性について述べる。

2　血液線溶と組織線溶

　生体は血管損傷により出血が生じると血小板系と血液凝固系により血栓を形成し止血する。その後，血管修復に伴い不要になった血栓は血液線溶系により溶解される。この血液線溶系は2種類のセリン酵素とその阻害因子で形成されている[1]（図1）。その一つのセリン酵素であるプラスミンは前駆体であるプラスミノーゲンとして循環血液に存在する。血栓が形成されるとフィブリン上でプラスミノーゲンはプラスミノーゲンアクチベーターによりプラスミンに活性化される。このプラスミンがフィブリンを分解する。プラスミノーゲンアクチベーター（PA）にはウロキナーゼ型（u-PA）と組織型（t-PA）が存在する。また，これらの酵素活性はプラスミンがα_2-アンチプラスミン（α_2-AP）に，プラスミノーゲンアクチベーターがプラスミノーゲンアクチベーターインヒビター（PAI）によりそれぞれ阻害される。このように血液線溶系は活性化系と阻害系のバランスで調節されている。

　一方，各組織の様々な細胞には線溶系因子に対する受容体や結合部位が存在し，それぞれの因子の結合を介した細胞機能の調節や細胞周囲での蛋白分解活性による細胞外基質の分解を引き起こす[2]（図1）。細胞外基質を分解するマトリックスメタロプロテアーゼ（MMP）は前駆体（Pro-MMP）で分泌されプラスミンなどにより活性型（Active-MMP）に変換され働く[3]。細胞外基質の分解は細胞外基質に存在している血管内皮増殖因子（VEGF）や肝細胞増殖因子（HGF）などの増殖因子の放出を引き起こす[4]。また，プラスミンやu-PAはHGFやトランスフォーミング成長因子-β（TGF-β）などの増殖因子を直接活性化させる[5]。このような組織の細胞やその

　＊　Kiyotaka Okada　近畿大学　医学部　基礎医学部門研究室　准教授

医療・診断をささえるペプチド科学—再生医療・DDS・診断への応用—

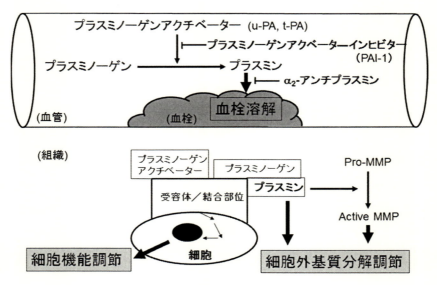

図1　血液線溶系と組織線溶系

血液線溶系は血管内で生じたフィブリン血栓の上でプラスミノーゲンがプラスミノーゲンアクチベーターによりプラスミンに活性化され，フィブリンを分解し血栓溶解を誘導する。また，プラスミノーゲンアクチベーターインヒビターと α_2-アンチプラスミンの2種類の阻害因子により線溶系が制御される。組織線溶系は組織の各細胞に存在するプラスミノーゲンまたはプラスミノーゲンアクチベーターに対する受容体や結合部位に結合し，細胞機能の調節や細胞外基質の分解を引き起こす。
u-PA：ウロキナーゼ型プラスミノーゲンアクチベーター
t-PA：組織型プラスミノーゲンアクチベーター
PAI-1：プラスミノーゲンアクチベーターインヒビタータイプ1
MMP：マトリックスメタロプロテアーゼ

周囲で機能する線溶系を血栓溶解に関わる血液線溶系に対して組織線溶系と呼ぶ[2]。u-PA に対する受容体（u-PAR）[6]はマクロファージなどの細胞に GPI アンカーを介し存在し，インテグリンと相互作用して細胞機能を調節する。t-PA は血管内皮細胞などに存在するアネキシンⅡにプラスミノーゲンと共に結合し，細胞上でのプラスミンの活性化をコントロールする[7]。プラスミノーゲンは分子内にリジン結合部位（クリングル領域の一部）を有し，様々な細胞膜に存在する蛋白の特異的なリジン残基に結合する[8]。プラスミノーゲンに結合する蛋白質にはアネキシンⅡ，α-エノラーゼ，サイトケラチン-8，サイトケラチン-18，チュブリンなどが報告されている[8]。さらに，最近，α_2-アンチプラスミンは線維芽細胞に結合して線維化に関わることが報告された[9]。このような線溶系因子の細胞への結合を介した組織線溶系は細胞内の情報伝達系を介した細胞機能の調節や細胞周囲での蛋白分解活性の制御を行う。その結果，組織線溶系は細胞遊走，血管新生，細胞増殖，組織修復などの生理学的および病態生理学的な機能に関与することが解析されつつある。また，この組織線溶系の機能については各線溶系因子の遺伝子欠損（-/-）マウスを用いた病態モデルの解析からさらに解明が進んでいる[10]。

3 SPのプラスミノーゲン活性化促進作用

プラスミノーゲンの活性化因子には細菌由来のストレプトキナーゼ（SK）[11]とスタフィロキナーゼ（SAK）[12]が存在する。SKは連鎖状球菌 Streptococcus の産生する分子量45 kDaの一本鎖蛋白質である。SAKは黄色ブドウ球菌 Staphylococcous aureus が産生する分子量15.5 kDaの一本鎖蛋白質である。両者はプラスミノーゲン（またはプラスミン）と1：1の複合体を形成し，プラスミノーゲンアクチベーター活性を発現する。このSKは欧米で急性心筋梗塞の治療薬として使用されていた。

プラスミノーゲンは790アミノ酸残基からなる分子量約92 kDaの肝細胞が分泌する一本鎖糖蛋白質である[13]。プラスミノーゲンの一次構造はN末端アミノ酸領域と5個のクリングル領域（K）およびセリン酵素活性領域（C）からなる（図2(B)）。プラスミノーゲン分子はN末端アミノ酸領域がクリングル領域を挟み込んでタイトな構造を形成している。プラスミノーゲンの活性化はプラスミノーゲンアクチベーターにより561アルギニン-562バリン間が切断され，二本鎖分子のプラスミンに変換して起こる。

我々はSAKのプラスミノーゲン活性化機構を検討し，SAK・プラスミン複合体，フィブリンおよびα_2-アンチプラスミンの三者間相互作用による特異的な血栓溶解特性を見出した[14,15]。さらに，SAK分子とプラスミノーゲン分子の反応性について両分子のアミノ酸配列の一部に相当する合成ペプチドを使用して検討した。その際，SAKのアミノ酸配列中の22番目のグリシンか

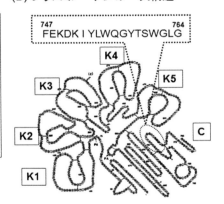

図2　スタフィロキナーゼのアミノ酸配列とプラスミノーゲンの一次構造
(A) スタフィロキナーゼは136アミノ酸残基からなる。SPはスタフィロキナーゼのアミノ酸配列中の22番目のグリシンから40番目のロイシンに相当する19アミノ酸残基からなる。(B) プラスミノーゲンは790アミノ酸残基からなる一本鎖糖蛋白質で，5個のクリングル領域（K）と酵素活性部位（C）を持つ。プラスミノーゲン分子中のSP結合部位は747番目のフェニルアラニンから764番目のグリシンまでのアミノ酸配列が関与する。

ら40番目のロイシンに相当する19アミノ酸残基からなるペプチド（SP：GPYLMVNVTGVDGKGNELL）はプラスミノーゲン分子と結合することを見出した[16]（図2(A)）。このSP・プラスミノーゲン複合体はSAK・プラスミノーゲン複合体とは異なり，プラスミノーゲンアクチベーター作用を持たないが，ほかのプラスミノーゲンアクチベーターの存在下でのプラスミノーゲン活性化に対して促進作用を発揮する[16]。そのSPの作用はプラスミノーゲンに結合することでプラスミノーゲン分子の構造を変化させ，プラスミノーゲンアクチベーターによる活性化を受けやすくなると推測される[17]。また，SPのプラスミノーゲン分子中の結合部位についてその分子のアミノ酸配列中の一部の合成ペプチドを作製して検討した。その結果，SPはプラスミノーゲン分子中の747番目のフェニルアラニンから764番目のグリシンまでのアミノ酸配列（Plg747-764）が関与していた（図2(B)）。また，SPのアミノ酸配列中の一部のアミノ酸を置換した合成ペプチドの検討から，SPの14番目のリジン残基がプラスミノーゲン分子との結合に必須であった[17]。さらに，プラスミノーゲンのSP結合部位（Plg747-764）についても同様のアミノ酸置換合成ペプチドで検討した結果，750番目のアスパラギン酸残基がSPとの結合に必須であった[17]。

　一方，プラスミノーゲンは血管内皮細胞などの種々の細胞に結合し，細胞機能の調節や周囲の蛋白分解活性の制御に関わることについては前項目で述べた。我々はSAK・プラスミノーゲン複合体の血管内細胞上でのプラスミノーゲン活性化機構を検討した[18]。その結果，血管内細胞に結合したプラスミノーゲンに対してSAKとの複合体形成とプラスミノーゲン活性化の促進作用を見出した。さらに，SPにおいても血管内皮細胞上でSP・プラスミノーゲン複合体を形成し，ほかのプラスミノーゲンアクチベーターによるプラスミノーゲン活性化を細胞非存在下よりも促進した[17]。また，マウスの頚動脈血栓モデルにおいてSPの静脈内投与は内因性のプラスミノーゲンアクチベーターによる血栓溶解を濃度依存性に促進した。このことから，SPのプラスミノーゲン活性化促進作用は生体内の *in vivo* 系でも発揮することが推測される。

4　皮膚創傷治癒と組織線溶系

　皮膚の損傷後の治癒過程は，次の3相に分けられる：①止血反応と炎症反応，②再上皮形成と肉芽組織形成，③細胞外基質構造と組織の再構築[19]。皮膚の損傷は血管を破壊され開放創に血液が溢出する。この出血に対して血小板と凝固因子による止血系が働く。また，損傷部位に好中球やマクロファージなどの炎症性細胞が集積し機能する。さらに，治癒の進行に伴い暫定的なフィブリン・マトリックスは，主に線溶系酵素プラスミンによって分解される。皮膚において肉芽組織の形成は，成長因子［例えば線維芽細胞増殖因子-2（FGF-2），血小板由来増殖因子（PDGF），TGF-β など］によって，損傷を受けていない真皮で線維芽細胞の活性化によって，受傷後2，3日中に始まり，細胞増殖や遊走が誘導される[20]。また，組織損傷により障害された細胞外基質の処理はプラスミン／MMP系により処理される[21]。FGF-2は線維芽細胞，血管内皮細胞，平滑筋

第3章　線溶系活性化作用を持つ新規ペプチドと再生医療応用

細胞などを含む中胚葉起源の多種多様な細胞種の強力な分裂促進因子である[22]。さらに，FGF-2 は皮膚損傷後の治癒過程に対して血管新生などの機能として治療的効果が期待される[23]。

皮膚創傷治癒に対する組織線溶系の影響は線溶系因子の遺伝子欠損マウスで検討されている。プラスミノーゲン遺伝子欠損（Plg$^{-/-}$）マウスでは損傷部位のフィブリン痕が長期にわたり残存することで治癒遅延を起こす[24〜27]。この Plg$^{-/-}$ の皮膚創傷治癒の遅延はフィブリノーゲン遺伝子欠損により回復した[28]。また，u-PA と t-PA の両遺伝子欠損（u-PA$^{-/-}$・t-PA$^{-/-}$）マウスでも Plg$^{-/-}$ と同様のフィブリン残存による皮膚創傷治癒遅延を示す[29]。一方，α_2-アンチプラスミン遺伝子欠損（α_2-AP$^{-/-}$）マウスでは，VEGF の発現亢進による血管新生亢進を伴う皮膚創傷治癒促進を示す[30]。

5　SP の皮膚創傷治癒促進作用

皮膚創傷治癒モデルはマウス背面に直径 6 mm の損傷を作製し，治癒過程での残存損傷面積の経時的変化を Plg$^{-/-}$ マウスとその野生型（Plg$^{+/+}$）マウスを用いて解析した[31]。Plg$^{+/+}$ マウスは

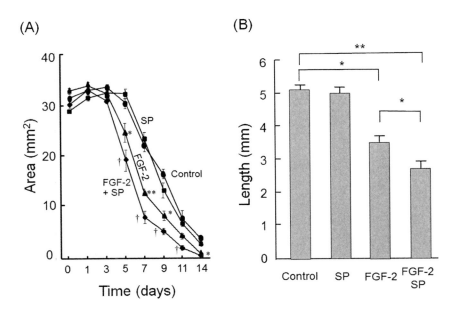

図3　マウス皮膚損傷モデルの治癒過程における FGF-2 と SP の影響
（A）皮膚の治癒過程における体表の残存損傷面積はコントロールに比べ FGF-2 投与で減少し，FGF-2/SP 併用投与でさらに減少した。n=5，コントロール群に対する FGF-2 投与群，＊：$p<0.05$，＊＊：$p<0.01$。FGF-2 投与群に対する FGF-2/SP 併用投与，†：$p<0.05$。（B）皮膚の治癒過程における組織切片上での残存損傷部位の長さはコントロールに比べ FGF-2 投与で減少し，FGF-2/SP 併用投与でさらに減少した。皮膚組織切片はヘマトキシン・エオジン（HE）染色し顕微鏡にて解析した。n=5，＊：$p<0.05$，＊＊：$p<0.01$。

皮膚創傷後経時的に修復が進行し，14日で残存が約5%まで進んだ（図3(A)）。FGF-2の徐放投与群（1 μg/MedGel）では皮膚創傷治癒を有意に亢進した。これに対してSPの徐放投与群（100 μg/MedGel）では非投与群と差がなかった。一方，FGF-2とSPの併用徐放投与群ではFGF-2単独投与群より治癒が有意に亢進した。さらに，皮膚創傷治癒過程について皮膚組織切片のヘマトキシン・エオジン（HE）染色での損傷部位の長さを解析した。皮膚HE染色での治癒解析でも非投与群に比べFGF-2投与群での亢進と，FGF-2/SP併用投与群での相乗効果が認められた（図3(A)）。一方，Plg$^{-/-}$マウスの皮膚創傷では損傷14日後でも80%以上の損傷面積が残存していた。また，Plg$^{-/-}$マウスでの皮膚創傷治癒はFGF-2単独投与およびFGF-2/SP併用投与による促進を認めなかった。

　線維芽細胞はFGF-2によりプラスミノーゲンアクチベーターを分泌促進されることが報告されている[32]。そこで，マウス皮膚の線維芽細胞でのプラスミノーゲンアクチベーター分泌に対するFGF-2の影響を検討した。FGF-2は線維芽細胞のu-PA分泌を濃度依存性に亢進した（図4(A)）。さらに，線維芽細胞の膜結合型u-PAもFGF-2の濃度依存性に亢進した（図4(B)）。また，マウス背側皮下へのFGF-2徐放投与はその皮膚抽出液中のu-PA活性を促進させた。さらに，FGF-2徐放投与はActive MMP-9の活性を増強した。一方，線維芽細胞は皮膚創傷治癒過程で損傷部位に遊走され機能する。そこで，線維芽細胞の遊走能に対するFGF-2とSPの影響についてタイプ1コラーゲンゲル上の二層培養系で検討した。線維芽細胞の遊走能はFGF-2により増加した（図5）。さらに，FGF-2依存性の線維芽細胞遊走能はプラスミノーゲン存在下でSPの濃度依存性に増加した。

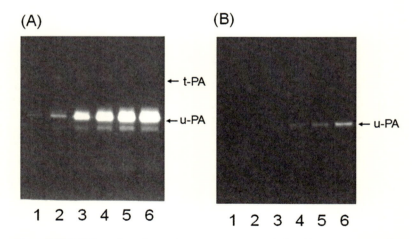

図4　線維芽細胞のプラスミノーゲンアクチベーター産生に対するFGF-2の効果
線維芽細胞のu-PA分泌および細胞膜結合u-PAについてfibrin zymograpy法で検討した。（A）FGF-2は線維芽細胞からのu-PA分泌を濃度依存性に増加させた。（B）FGF-2は線維芽細胞の膜結合u-PAを濃度依存性に増加させた。レーン1からレーン6のFGF-2濃度は0，1，5，15，30，100 ng/mLを示す。

第3章　線溶系活性化作用を持つ新規ペプチドと再生医療応用

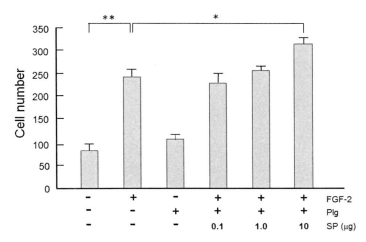

図5　皮膚線維芽細胞の三次元遊走能に対するFGF-2とSPの影響
タイプ1コラーゲンゲル上の二層培養系における線維芽細胞の遊走能はFGF-2により増加した。さらに，FGF-2依存性の遊走能はプラスミノーゲン（Plg）存在下でSPの濃度依存性に増加した。n＝5．＊：$p<0.05$，＊＊：$p<0.01$。

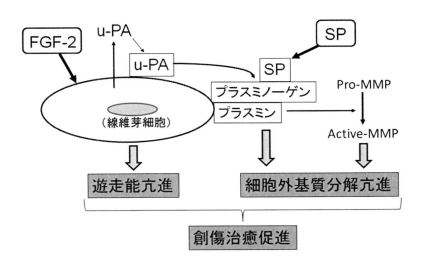

図6　SPのFGF-2依存性皮膚創傷治癒促進作用
FGF-2は皮膚創傷部位周囲の線維芽細胞に対してu-PA分泌促進と遊走能亢進を誘導する。SPは線維芽細胞上のプラスミノーゲンに結合し，u-PAによるプラスミノーゲン活性化を促進する。活性化されたプラスミンはPro-MMPを活性化し細胞外基質の分解を引き起こすことで，線維芽細胞の遊走能を促進させる。これらの機序によりSPはFGF-2依存性皮膚創傷治癒促進作用を誘導する。

以上より，図6に示すように，マウス皮膚損傷後のSPによるFGF-2依存性治癒促進作用は線維芽細胞のFGF-2によるu-PA分泌亢進とSPによるプラスミノーゲン活性化促進構造への誘導によるプラスミン産生の増強が要因の一つと考えられる。

医療・診断をささえるペプチド科学—再生医療・DDS・診断への応用—

6　おわりに

　種々の病態における線溶系因子の機能解析から蛋白分解酵素活性やその機能をコントロールする低分子薬剤が考えられている。例えば，肥満や糖尿病などに脂肪細胞から高発現する PAI-1 に対する阻害因子（PAI-1 阻害剤）[33]や脳梗塞に対する微生物由来の低分子プラスミノーゲン活性化調節因子[34]などの臨床応用が期待されている。この章で紹介した SAK 由来の 19 アミノ酸残基からなる合成ペプチド SP は FGF-2 で誘導される皮膚創傷治癒を促進した[31]。この SP/FGF-2 併用による新しい臨床的アプローチは皮膚創傷に対する再生医療として期待される。

文　　献

1)　D. Collen & H. R. Lijnen, *Blood*, **78**, 3114 (1991)

2)　B. Heissig *et al.*, *Int. J. Hematol.*, **95**, 131 (2012)

3)　H. R. Lijinen *et al.*, *Arterioscler. Thromb. Vasc. Biol.*, **18**, 1035 (1998)

4)　M. Torisevaa & M. Kahari, *Cell. Mol. Life Sci.*, **66**, 203 (2009)

5)　M. Shimizu *et al.*, *Hepatology*, **33**, 569 (2001)

6)　M. Ploug *et al.*, *J. Biol. Chem.*, **266**, 1926 (1991)

7)　K. A. Hajjar, *Thromb. Haemost.*, **74**, 294 (1995)

8)　L. A. Miles & R. J. Parmer, *Semin. Thromb. Hemost.*, **39**, 329 (2013)

9)　Y. Kanno & E. Kawashita, *Sci. Rep.*, **4**, 5967 (2014)

10)　岡田清孝，松尾理，別冊・医学のあゆみ　血液疾患，p.343，医歯薬出版 (2005)

11)　P. D. Boxrud *et al.*, *J. Biol. Chem.*, **279**, 36642 (2004)

12)　H. R. Lijnen *et al.*, *J. Biol. Chem.*, **266**, 11826 (1991)

13)　岡田清孝，松尾理，血漿タンパク質I，p.134，廣川書店 (2001)

14)　K. Okada *et al.*, *Am. J. Hematol.*, **53**, 151 (1996)

15)　O. Matsuo *et al.*, *Blood*, **76**, 925 (1990)

16)　K. Okada *et al.*, *Thromb. Haemost.*, **97**, 795 (2007)

17)　K. Okada *et al.*, *J. Thromb. Haemost.*, **9**, 997 (2011)

18)　S. Ueshima *et al.*, *Blood Coagul. Fibrinolysis*, **7**, 522 (1996)

19)　A. S. MacLeod & J. N. Mansbridge, *Adv. Wound Care*, **4**, 65 (2014)

20)　S. Werner & R. Grose, *Physiol. Rev.*, **83**, 835 (2002)

21)　A. Page-McCaw *et al.*, *Nat. Rev. Mol. Cell Biol.*, **8**, 221 (2007)

22)　M. Rusenati *et al.*, *Mol. Biol. Cell*, **7**, 369 (1996)

23)　R. Tsuboi & D. B. Rifkin, *J. Exp. Med.*, **172**, 245 (1990)

24)　J. Rømer *et al.*, *Nat. Med.*, **2**, 287 (1996)

25)　K. A. Green *et al.*, *J. Inv. Dermat.*, **128**, 2092 (2008)

第 3 章　線溶系活性化作用を持つ新規ペプチドと再生医療応用

26）　B. Rønø *et al.*, *PLoS One*, **8**, e59942（2013）
27）　R. Sulniute *et al.*, *Thromb. Haemost.*, **115**, 1001（2016）
28）　T. H. Bugge *et al.*, *Cell*, **87**, 709（1996）
29）　A. Jogi *et al.*, *PLoS One*, **5**, e12746（2010）
30）　Y. Kanno *et al.*, *J. Thromb. Haemost.*, **4**, 1602（2006）
31）　K. Okada *et al.*, *Thromb. Res.*, **157**, 7（2017）
32）　D. Besser *et al.*, *Cell Growth Diff.*, **6**, 1009（1995）
33）　A. Ichimura *et al.*, *Arterioscler. Thromb. Vasc. Biol.*, **33**, 935（2013）
34）　N. Matsumoto *et al.*, *J. Biol. Chem.*, **289**, 35826（2014）

第4章　オステオポンチン由来ペプチドによる
血管新生と生体材料への可能性

濱田吉之輔[*]

　種々の病態で失われた人体の組織や臓器の機能を再生するためには，人工臓器を体内に埋め込んだり，他人の臓器を移植することによる治療が考えられている。しかし，異物である人工臓器により完全な生体親和性を得ることは難しく，必要な機能を十分に果たすものを開発することも容易ではない。一方，臓器移植には提供臓器の不足，拒絶反応抑制のための免疫抑制剤の使用による副作用の発生，倫理的抵抗などの諸問題をはらんでいる。そこで近年，生物が本来持つ修復・再生能力を利用して，組織や臓器を再生するという再生医療の考えが登場し，医療体系の中で重要な位置を占めつつある。

　欠損組織が再生したり，生体材料が生着して十分に機能を発揮するためには，細胞への酸素や栄養の供給を行っている血管の新生が不可欠である[1]。これまで血管新生作用を促進するタンパク質としては VEGF（vascular endotherial growth factor），bFGF（fibroblast growth factor），HGF（hepatocyte growth factor）などの種々の増殖因子が知られている[2~9]。これらは抽出タンパク質や組換えタンパク質であるので，感染症や副作用の点で予想しえない問題をはらんでいる。例えば VEGF，bFGF，HGF などの増殖因子は，100~200 のアミノ酸残基からなるタンパク質であり，アレルゲンとして免疫学的な問題をおこす可能性も考えられる。

　一方，アミノ酸が 10 個前後結合したペプチドは，副作用を含む安全性，代謝性等で大きな利点を有する。またペプチドはデザインが容易であり高効率な合成法や検定法が確立されている。加えてアミノ酸誘導体はコンビナトリアルケミカルライブラリー構築の都合よいビルディングユニットであり固相合成法によって短時間で構造の最適化が可能である。したがって，もし，血管新生作用を有するペプチドが存在すれば，これを合成し，生体材料に結合することにより，生体材料が接する周囲の軟・硬組織との親和性をより良好にすることができる。しかしながら，血管新生作用を有するペプチドは知られていなかった。

　細胞は生体内で細胞外基質という微小環境に囲まれて存在し，細胞外基質と相互作用を営みながら，機能を発揮している。よって細胞と細胞外基質の関係を抜きにして生体材料の開発は考えられない。

　血管新生を考えたとき，細胞と細胞外基質との相互作用には種々の分子群が関与するが，その

---

[*]　Yoshinosuke Hamada　大阪大学大学院医学系研究科　機能診断学講座分子病理学教室，
　　　医療経済経営学寄附講座　特任准教授

第4章　オステオポンチン由来ペプチドによる血管新生と生体材料への可能性

中で中心的な役割を演じる分子群は細胞表面に存在するインテグリンファミリーである。細胞は細胞膜表面に存在するインテグリン分子との相互作用により，外界である細胞外基質を認識・接着し，存在している。この相互作用は単に接着のみならず細胞の生存，増殖，分化，形態形成などの種々の生物学的な基本現象にも重要な役割を果たしており，これらの細胞の機能は周囲の微小環境である細胞外基質との相互作用の下に制御されている。インテグリンはα，βの2種類のサブユニットが非共有結合で会合するヘテロダイマーである[10]。現在，少なくとも18種のα鎖，8種のβ鎖が見出されており，そのα，β鎖の組み合わせにより，リガンド特異性の異なる多様な分子群が形成され20種以上のインテグリンが存在する。そのリガンドはコラーゲン，ラミニン，フィブロネクチン，ビトロネクチン，オステオポンチンなどの細胞外基質が中心である。

　細胞外基質の一つであるオステオポンチンはシアル酸を多く含むリン酸タンパク質でインテグリン結合に必要な Arg-Gly-Asp（RGD）などのアミノ酸配列を持っている[11]。このタンパク質は，骨組織に豊富に存在して，骨代謝に関係しており，骨芽細胞の機能発現と分化に重要な働きをしていることが報告されている[12〜15]。また，骨組織のみならず腎臓，胎盤，卵巣，脳，皮膚などに広く分布していることが明らかになっている。さらに近年，血管新生にオステオポンチンの発現が何らかの役割を果たしているという報告も見られる[16〜18]。一方，オステオポンチン上の機能ペプチドフラグメントとして1999年にインテグリンα9β1と結合する7個のアミノ酸配列 Ser-Val-Val-Tyr-Gly-Leu-Arg（SVVYGLR）の存在が Yokosaki らによって発見された[19]。そこで，我々はこの7個のアミノ酸配列で構成されるペプチドフラグメント（SVVYGLR）に着目し，このペプチドの血管新生能に及ぼす影響を検討した。

　血管新生を細胞生物学的な現象として考えた場合，血管内皮細胞の生着，増殖，遊走，分化が重要な因子となる[20]。そのためには細胞が効率よくその機能を発現する足場が必要となる。ペプチドは，単独で，または生理緩衝液中に溶解した注射液等の形態で，血管新生が望まれる組織に局所投与することができる。手術や外傷により生じた創傷等の近傍に本ペプチドの血管新生剤を，注射や塗布，噴霧等の方法により局所投与することにより，血管新生が促進され，創傷の治癒が促進されると考えられる。しかし液性物質として機能分子を投与してもミクロレベルで必要な部分に効率よく作用させることは厳密には困難である。また，ペプチドをキャリアに結合し，それを生体に埋め込むことにより血管新生を促進することもできる。ここで，キャリアとしては，特に限定されるものではなく，代用骨や代用歯，人工臓器等に用いられる樹脂や，タンパク質等の生体高分子を挙げることができる。樹脂に上記ペプチドを結合することにより，樹脂を生体に埋め込んだ際に，樹脂と接する周辺組織中での血管新生が促進され，樹脂の生体との親和性がより向上する。そのことから固定化することにより選択的に作用させることを考えた。血管新生においては血管腔を形成するための足場材料が必要になる[21]。我々はまずペプチド SVVYGLR を合成し，足場材料としてのキャリアタンパク質にペプチドを固定化して応用することにした。そこで足場材料としてゼラチンを選択し，ペプチドをゼラチン上に固定化した。そうすれば，必要な部位に選択的に作用させることができる。本実験に使用するキャリアタンパク質は，生体適合

199

医療・診断をささえるペプチド科学—再生医療・DDS・診断への応用—

性を有するいずれのタンパク質であってもよく，かつ，アレルゲンを除去した精製タンパク質であることが，アレルギー反応の防止の観点から好ましい。ゼラチンをキャリアタンパク質にした理由は，例えば，コラーゲンとしては，動物由来のコラーゲンが種々市販されているが，これらは純度が低く，アレルゲンの問題や新たな感染症の問題がある上，品質の再現性も劣るので臨床用途に適用することは好ましくない。動物由来のコラーゲンを部分加水分解し，アレルゲンを除去したゼラチンが臨床用途のために市販されているので，このような精製されたコラーゲンまたはその部分加水分解物を用いることが好ましいと考えた。

　次に，足場材料としてのゼラチンの上にこのペプチドを固定化した際，ペプチドの機能を有効に発揮させるために，ペプチドを単にゼラチンに結合させるのではなく，ペプチドとゼラチンとの結合の間にスペーサーとしてグリシンを介在させた。スペーサーを用いた理由は単にSVVYGLRをゼラチン上に固定化するよりもSVVYGLRに若干の可動性を付与するためである。スペーサーとしてグリシンを選んだのは，グリシンはNH_2–CH_2–COOHの構造をとっておりスペーサーとして用いた後，他の官能基と結合する側鎖を持たないためである。

　次にこのペプチド固定化ゼラチンでの血管新生能を検討するために，*in vitro*においてTRLEC細胞（Transformed Rat Lung Endothelial Cells）を用いた細胞増殖能実験，細胞接着能実験，細胞運動能実験，そして管腔形成能実験を，*in vivo*において血管新生能実験を行った。

　ペプチドは，天然のタンパク質を構成するアミノ酸によって構成されているものであり，生体内ではペプチダーゼの作用を受けてやがてはアミノ酸に分解されるものであるので，安全性が高いと言われている。本実験において細胞増殖能実験では，ペプチドのコーティングの有無，濃度に影響されず，いずれも同程度の増殖が見られた結果からも細胞毒性をSVVYGLR固定化ゼラチンは持たず，適度な増殖能を持つことが解った。

　再生医療には血管新生が不可欠である。生体材料移植後の細胞の迅速な接着と運動による血管新生は移植後の治癒を左右すると言っても過言ではない。細胞が細胞接着分子インテグリンを使い，細胞外基質中のリガンドであるペプチドフラグメントと接着し運動するにあたり，まず接着しなければ運動もできないが，接着が強すぎても運動能は阻害される[22~24]。細胞接着能実験ではSVVYGLR固定化ゼラチンで対照（ゼラチン）に比べて有意に高い接着能を示し，かつペプチド濃度による接着性の差は見られなかった。また細胞運動能実験においては対照（ゼラチン）と比較して有意に高い細胞運動能を示した。SVVYGLRペプチドの存在は細胞増殖能に影響を及ぼさず，細胞接着能，細胞運動能に影響を及ぼすことが明らかになった。

　さて血管組織の特徴とは，まず血管内皮細胞による管腔の形成であり，次にタイトジャンクションの形成と細胞質微細突起の存在による細胞分化である。そこで我々はこのSVVYGLR固定化ゼラチンでの管腔形成能を3次元でのThree-dimensional culture assayにて観た。ポジティブコントロールとして既存の血管新生促進因子であるVEGFと比較した。その結果，対照（ゼラチン）は7日目，14日目とも管腔を形成しなかったのに対しVEGF，SVVYGLRは管腔を形成した。この管腔を横断し電子顕微鏡にて観察してみると，腔内に多数の細胞質微細突起を，

第4章　オステオポンチン由来ペプチドによる血管新生と生体材料への可能性

また腔形成細胞間にタイトジャンクションを確認した。このことより，単に細胞が数個集まって管腔様構造をとったのではなく，細胞が腔の内外を認識し分化したことを示している。

　in vitro において SVVYGLR 固定化ゼラチンが血管新生能を有することが明らかになったので，*in vivo* での血管新生能の検討をラットの皮下組織を使った Dorsal air sac assay にて評価した。今回，血管新生能を一定面積あたりのスパイラルな新生血管の本数により Score 0〜5 に分類し，それぞれの平均値を出したところ対照群（ゼラチン）は 0.00（±0.00），VEGF は 2.75（±2.06），SVVYGLR は 3.75（±1.50）の Score となり，実験群において多数のスパイラル状の血管が確認されたが，対照群（ゼラチン）では全くスパイラル状の新生血管が確認されなかったことから，このペプチドが大きく影響を及ぼしていることが明らかになった。驚くべきことに，このペプチドの血管新生能は血管内皮細胞成長因子として知られる VEGF と同等またはそれ以上であることが明らかになった。本ペプチドは，天然のタンパク質を構成するアミノ酸によって構成されているものであり，生体内ではペプチダーゼの作用を受けてやがてはアミノ酸に分解されるものであるので，安全性が高い。実際に行った，マウスを用いた *in vivo* の実験において，毒性は全く観察されなかった。

　この SVVYGLR ペプチドは，その血管新生能から人工臓器の移植時や虚血生心疾患などの多くの医療分野において有効に利用できる可能性を秘めている。さらには，このペプチドの機能を阻害するデザインを構築することにより，新たな抗癌剤の開発や治療にも有効となりうると考える。

文　　献

1)　Y. Tabata *et al., Biomater. Sci. Polym. Ed.*, **10**, 957（1999）
2)　N. Ferrara *et al., Nat. Med.*, **4**, 336（1998）
3)　N. Ferrara and T. Davis-Smyth, *Endocr. Rev.*, **18**, 4（1997）
4)　M. Shibuya, *Adv. Cancer Res.*, **67**, 281（1995）
5)　T. Mustonen and K. Alitalo, *J. Cell Biol.*, **129**, 895（1995）
6)　Y. Nakamura *et al., J. Hypertens.*, **14**, 1067（1996）
7)　H. Nakagami *et al., Hypertension*, **37**, 581（2001）
8)　M. Okumura *et al., Biol. Pharm. Bull.*, **19**, 530（1996）
9)　E. Tanaka *et al., Biol. Pharm. Bull.*, **19**, 1141（1996）
10)　R. O. Hynes, *Cell*, **69**, 11（1992）
11)　J. Sodek *et al., Crit. Rev. Oral Biol. Med.*, **11**, 279（2000）
12)　Y. K. Liu *et al., FEBS Lett.*, **420**, 112（1997）
13)　S. Nomura *et al., J. Cell Biol.*, **106**, 441（1988）
14)　Y. K. Liu *et al., J. Biochem.*, **121**, 961（1997）

15) T. Komori *et al.*, *Cell*, **89**, 755 (1997)

16) N. Shijubo *et al.*, *Am. J. Respir. Crit. Care Med.*, **160**, 1269 (1999)

17) S. Takano *et al.*, *J. Cancer*, **82**, 1967 (2000)

18) F. Prols *et al.*, *Cell Res.*, **25**, 239, 1 (1998)

19) Y. Yokosaki *et al.*, *J. Biol. Chem.*, **274**, 36328 (1999)

20) 松浦成昭, 濱田吉之輔, 生体材料, **19** (6), 14 (2001)

21) J. A. Madri *et al.*, *J. Cell. Biol.*, **97**, 153 (1983)

22) A. F. Horwitz, *Sci. Am.*, **276**, 68 (1997)

23) M. A. Lawson and F. R. Maxfield, *Nature*, **377**, 75 (1995)

24) M. S. Bretscher, *EMBO J.*, **11**, 405 (1992)

第5章　ペプチドを利用した糖尿病・骨代謝疾患の機能再建と再生

松本征仁[*]

1　超高齢化社会の骨代謝疾患と糖尿病の関係性とペプチド製剤による機能再建

　我が国の総人口は，内閣府の統計によると現在，1億2,711万人となり，65歳以上の高齢者の総人口に占める割合（高齢化率）は26.7％となった（2015年10月）。この高齢化率の数値は，1970年に7％を超え，さらに，1994年には14％に比べると着実に高齢化社会の時代を迎え，2.5人に1人が65歳以上を支える社会構造となっている。また2060年の65歳以上の高齢者の総人口に占める割合が約40％に達すると推計されており，超高齢化社会にともなう我が国の莫大な医療費負担の割合は増加の一途を辿り，ますます深刻な社会問題となっている。

　加齢とともに2型糖尿病などの生活習慣病（メタボリック症候群）に罹患する患者数が312万人以上に増加しており（2014年厚労省の統計），糖尿病における骨の脆弱性が示され続発性骨粗鬆として位置づけられている。自己免疫疾患によってインスリンをつくる膵臓β細胞が破壊されることが成因となる1型糖尿病が明らかな骨折の危険因子であることから，1型および2型糖尿病と骨質劣化による骨粗鬆症などの骨代謝疾患は密接な相関があるといえる。2型糖尿病の治療において，膵β細胞からのインスリンの分泌を促進させ高血糖を降下させる30アミノ酸のペプチドホルモンである glucagon-like peptide-1（GLP-1）などのインクレチン（腸管由来のインスリン分泌促進因子の総称）製剤（デュラグルチド，リラグルチド，エキセナチド）やGLP-1の分解を阻害するDPP-4阻害薬（トレラグリプチン，オマリグリプチン）が2015年上市後に良好な成績を収め，現在では糖尿病治療薬が用いられる患者の7割に処方されている。

　糖尿病などのメタボリック症候群（「メタボ」）の病態解明は，基礎および臨床研究が進み，社会的認知度も定着している。一方，患者数が1,280万人と推計（骨粗鬆症の予防と治療ガイドライン2015年版）される骨粗鬆症や間接リウマチ症などの骨代謝疾患に対する治療薬として，骨吸収を担う破骨細胞を標的としてアポトーシスを誘導するビスホスフォネート製剤，骨形成を促進する84アミノ酸からなるポリペプチドホルモンである副甲状腺ホルモン（PTH）製剤や破骨細胞分化誘導因子RANKLに対する中和抗体（デノスマブ）が上市されており，糖尿病における骨形成の低下による骨脆弱性に対しPTHが有効であるとの考え方が示されている。

　近年提唱されたロコモティブ症候群（「ロコモ」）は，運動器（骨・筋肉・神経など）の障害や

---

　*　Masahito Matsumoto　埼玉医科大学　ゲノム医学研究センター　ゲノム科学　講師

医療・診断をささえるペプチド科学—再生医療・DDS・診断への応用—

加齢によるサルコペニア等の筋力の低下によって歩行困難や要介護のリスクが高まる状態であり，骨粗鬆症等の骨・軟骨代謝疾患による骨折リスクが高まり寝たきりになることにも関係している。また骨・筋組織などの運動器官の恒常性の維持にはエネルギー消費に直結する糖代謝の関与が不可欠である。本稿では，高齢化とともに深刻化する糖代謝疾患と骨代謝疾患に着目し，糖代謝（内分泌代謝）と骨代謝のクロストークによる相互作用から各々の病態に対するペプチドを利用した両疾患の機能再建と再生に関連する最近の知見について概説する。また将来，糖代謝・骨代謝分野のみならずさまざまな分野で臨床応用が期待される優れたペプチド修飾のDDS技術にも触れ，最新の組織再建と疾患治療の可能性と将来の展望について述べたい（図1）。

骨は形態維持やカルシウムなどミネラルの貯蔵器官としての役割のみならず，オステオカルシンを分泌して糖代謝を調節する多機能の内分泌器官として役割を果たしていることが明らかである。このように骨と糖代謝を司る膵臓・筋肉・肝臓の臓器間のネットワークの情報伝達の手段と

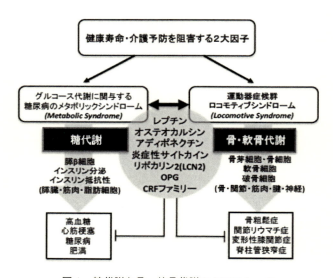

図1 糖代謝と骨・軟骨代謝のクロストーク

健康寿命と介護予防を阻害する2大因子としてメタボリック症候群とロコモティブ症候群が挙げられる。メタボリック症候群は膵β細胞から分泌されるインスリンによる血糖調節機構の破綻，もしくは筋肉や肝臓においてインスリン抵抗性が成因となって高血糖・心筋梗塞・糖尿病・肥満の病態を呈する。一方，加齢・運動不足や偏食による食生活の乱れが生じると骨芽細胞（骨形成）と破骨細胞（骨吸収）のバランスが破綻し，軟骨組織を含めて骨粗鬆症・関節リウマチ症・変形性関節症などの骨代謝疾患を惹起する。糖代謝と骨代謝はレプチン・オステオカルシン・アディポネクチン・炎症性サイトカイン・オステオプロテジェリン（OPG）・corticotropin-releasing factor（CRF）ペプチド等を介するクロストークによって恒常性が維持されると考えられる。近年，リポカリン2（LCN2）が糖代謝機能を改善し，食欲の調節を行う骨ホルモンとして注目されている[7]。

第5章　ペプチドを利用した糖尿病・骨代謝疾患の機能再建と再生

して挙げられるのが，ペプチドホルモン・増殖因子やサイトカインである。しかしながら，老化（加齢）・ストレスや遺伝性および自己免疫疾患が原因となり，糖代謝−骨代謝系ネットワークの恒常性の破綻が惹起された結果，糖尿病患者の骨脆弱性が顕在化する。近年，骨は食欲・腎機能や糖代謝の恒常性を調節するペプチドホルモンを分泌することが明らかとなり，「メタボ」と「ロコモ」の相互作用の理解は，両疾患の予防法と治療法の開発の観点からも重要である。例えば，脂肪細胞から産生されるレプチンは中枢神経系を介してグルコース代謝を促進する[1]と共に，骨代謝においては骨形成を抑制している[2]。また，骨芽細胞から分泌される骨形成因子のオステオカルシンは膵 β 細胞の増殖・インスリン分泌・インスリン感受性にも必要であることが報告されている[3]。脂肪細胞から分泌されるアディポネクチンは血液中に分泌され2型糖尿病の主因であるインスリン抵抗性と肥満を改善すると共に[4,5]，骨代謝では細胞内リン酸化酵素である AKT1 を介して破骨細胞の分化を阻害することが報告されている[6]。

　近年，骨芽細胞から分泌されるリポカリン2（LCN2）が膵臓 β 細胞からのインスリン分泌を誘導し，耐糖能とインスリン感受性などの糖代謝機能を改善し，視床下部の4型メラノコルチン受容体（MC4R）を介して食欲の調節を行う骨ホルモンとして注目されている[7]。著者らは，細胞分化やストレス応答に寄与することが知られている p38MAP キナーゼ（MAPK）が破骨細胞の分化を調節し，転写因子 NFATc1 を介するカテプシン K や TRAP などの破骨細胞マーカーの発現を制御する分化段階調節モデルを提唱した[8,9]。一方，p38MAPK は酸化ストレス下において膵 β 細胞の成熟マーカー因子 MafA の安定性を調節することが明らかである[10]。この他，破骨細胞の分化誘導因子 RANKL のデコイ（おとり）受容体として骨吸収を抑制する骨芽細胞から分泌されるオステオプロテジェリン（OPG）が膵 β 細胞の増殖を誘導する[11]。興味深いことに，OPG の血中半減期は2〜3分である[12]。2型糖尿病治療の創薬標的である GLP-1 の血中半減期が2〜3分であり，Dipeptidyl peptidase（DPP）-4 が GLP-1 を標的として速やかに分解を行い，DPP-4 阻害剤は優れた2型糖尿病治療薬として上市されている。著者は骨代謝を制御する OPG の生理作用として，インスリン分泌による糖代謝を調節する論文を熟読し，未だ同定されていない OPG 分解酵素の存在が創薬標的となると推定した（2015年7月17日）。

　このように，糖代謝と骨代謝の両者を調節する因子は枚挙にいとまがなく，老化・ストレス・免疫応答・栄養供給状態によるさまざまな細胞応答の変化に適応するため，両代謝システムの相互作用は恒常性の維持機構に重要である。

2　CRF ペプチドファミリーのインスリン分泌促進

　これまでに著者らは，視床下部−脳下垂体−副腎皮質（HPA）軸を介するストレス応答で知られる神経ペプチド・コルチコトロピン放出因子（CRF）が，グルコース濃度依存的にヒトとマウスの膵島からインスリンの分泌を促進することを見出した[13]。また，CRF ファミリーのユーロコルチン（Ucn）が CRF 受容体（CRFR2）を介して破骨細胞の分化を阻害することも明らか

にしている[14]。CRF ファミリーの Ucn が糖代謝の調節を行う膵内分泌細胞の分化に重要な転写因子 Pax6 の発現を上昇させること（未発表），レトロウイルスを用いて Pax6 を破骨細胞に過剰に発現させると，*in vitro* で破骨細胞の分化が顕著に抑制されることを見出した。CRF は視床下部から分泌される神経ペプチドとして単離・同定され，鬱病や不安などストレスホルモンとして神経科学分野において注目されている[13]。CRF 受容体は CRFR1 と CRFR2 から構成され，CRF ファミリーのリガンド（CRF, Ucn1, 2, 3）が選択的に結合することが知られている。研究代表者らの実験結果を踏まえて，CRF ファミリーは神経系・糖代謝・運動器系を生体内において代謝ネットワークの制御因子として機能している点は興味深い。

3 CRF ペプチドファミリーを介する血糖調節とアポトーシス抑制

ストレス応答と血糖調節の関係性については報告があるが，血糖調節ホルモンを分泌する膵島における GLP-1 受容体と同じクラス II GPCR に属する CRF 受容体を介する応答性については不明である。HPA 軸下流で副腎皮質から分泌されストレスホルモンとして働くグルココルチコイド（GCs）に対する膵島・β 細胞における CRF ファミリー受容体の発現変動について解析を行った結果，CRFR2 の発現が上昇するのに対して，CRFR1 の発現が低下することが明らかとなった[14]。これらの結果は，CRFR2 特異的リガンドのユーロコルチン 3（Ucn3）および CRFR1 特異的リガンドの oCRF またはユーロコルチン 1（Ucn1）に対する感受性が変化することを示唆しており，CRF ペプチドファミリーを介するストレス応答の変化に対して血糖調節が厳密に調節されていると考えられる。また TNF-α や IL-1 などの炎症性サイトカインが成因となってインスリン抵抗性や膵島細胞のアポトーシスが誘導されることが知られているが，著者らは Ucn1 と Ucn3 にインスリンを分泌するインスリノーマ MIN6 細胞株ならびにヒト膵島細胞の炎症性サイトカインによるアポトーシスを抑制することを見出した（図2）[15]。この抑制効果は，アポトーシス誘導の指標である Caspase-3 の断片化の抑制とアポトーシス促進因子 Bax の発現を低下させることからも支持される。今後，これらのペプチドを利用

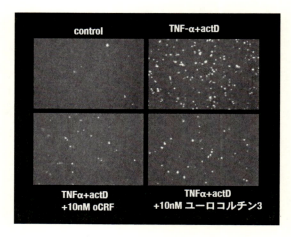

図2 CRF ファミリーペプチドによるインスリノーマ細胞株（MIN6）のアポトーシス抑制（TUNEL assay）
MIN6 細胞株を 24 well プレートに播種し，アクチノマイシン D 存在下で TNF-α（100 μg/mL）を処理し，48 時間後に TUNEL アッセイを行った結果，ユーロコルチン 3 にアポトーシス抑制作用があることが示された。
(Lykke *et al., J. Mol. Endocrinol.* 2014, unpublished results)

第5章　ペプチドを利用した糖尿病・骨代謝疾患の機能再建と再生

して1型糖尿病の再生医療に向けたヒト ES 細胞・iPS 細胞等から試験管内で作出する膵島細胞をストレスによる細胞死から守る保護作用の効果が期待される。糖代謝と骨代謝ネットワークの調節機構を明らかにするため，膵内分泌細胞の分化に重要な転写因子 Pax6 の骨細胞に対する影響を調べた。その結果，興味深いことに Pax6 の発現は CRF ファミリーにより制御され，膵 β 細胞の分化のみならず骨破壊を誘導する破骨細胞の分化を制御することを見出した。これまで著者らは，CRFR1 アンタゴニストが肥満や嗜癖の治療に有効であるのみならず，糖尿病の発症リスクを低下させる可能性があることを報告した。これらの成果がウォールストリートジャーナル（2010 年 2 月 1 日）に掲載され，糖尿病の予防または治療に繋がることが期待されることから注目されている。ストレスホルモンであるグルココルチコイド（GCs）に対する膵 β 細胞の CRF ファミリー受容体の発現調節の結果の解釈については，正常な状態では一過性のストレスホルモンの分泌は，HPA 軸の制御を受けて，過剰な刺激を抑えるためフィードバック機構が働いて収束する。すなわち，ストレス状況下における CRF ファミリーは選択的に受容体を介した細胞内シグナル伝達の調節機構が働き，ホルモンの不足状態や過剰になった場合に備え，互いの受容体が協調してインスリン分泌を調節し血糖値を厳密にコントロールしている可能性が考えられる。

4　1型糖尿病の再生医療の可能性－膵 β 細胞の分化・成熟

　新たな糖尿病の治療標的として注目されている glucagon-like peptide-1（GLP-1）受容体を介する生理作用が，膵 β 細胞からのインスリン分泌や β 細胞分化の促進をはじめとする糖代謝の調節のみならず骨量増加促進など骨代謝の調節にも深く関わることが示されている。今日の 2 型糖尿病の治療は，運動療法を基盤とする SU 剤や GLP-1 アナログ製剤を含めた対処療法が主流のため糖尿病の根治は極めて困難といえる。一方，1型糖尿病の治療は，インスリン療法や膵臓・膵島移植が有効であるが，度重なる注射の患者負担が大きく，移植では免疫学的拒絶の問題に加えてドナーの確保が難しいため，多くの糖尿病患者に満足のいく治療を提供できないのが現状である。

　近年，幹細胞から膵 β 細胞を作る新たな再生医療アプローチ法が期待されており，ヒト iPS 細胞や ES 細胞等の幹細胞から膵 β 細胞への最新誘導プロトコールが昨年報告され[16, 17]，グルコース応答性を獲得した膵 β 細胞の誘導効率が約 38％に達し，糖尿病の再生医療の実現に向け見通しが立ってきたといえる。これらの膵 β 細胞の作出法は基本的に膵内分泌細胞の発生・分化を模倣する形でさまざまな増殖因子や阻害剤を組み合わせて細胞分化を誘導しており（図3）[18, 19]，細胞内シグナル伝達を制御する GSK3 β 阻害剤・アクチビン A や bFGF などこれまでに多くのペプチド・タンパク質・化合物製品が供給されている。β 細胞分化については，幹細胞／前駆細胞と相互作用する微小環境から供給される増殖因子により制御を受けている。従来，β 細胞の分化過程において FGF（fibroblast growth factor）シグナルは必須であると考えられていたが，われわれは二色蛍光標識の iPS 細胞（hIveNry）という独自のツールを使うことにより，FGF シ

医療・診断をささえるペプチド科学—再生医療・DDS・診断への応用—

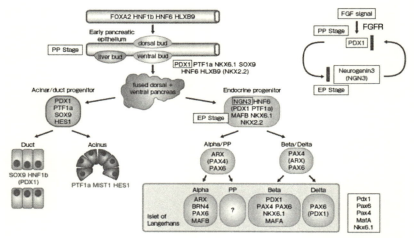

図3　膵内分泌細胞の発生と分化

膵発生はマスター転写因子 Pdx1 の発現が腸管からの膵芽形成に必須である。この膵芽形成過程には FGF シグナルが重要で Pdx1 を誘導する。その後，転写因子 Neurogenin3（Ngn3）を一過性に発現する膵内分泌前駆細胞が膵管に沿って出現する。ユニークな点は Pdx1 と Ngn3 は相互排他的な関係で Ngn3 発現の上昇に伴い Pdx1 発現は低下する。その後，膵 β 細胞の分化に従い Ngn3 発現が低下するのに対して Pdx1 発現が上昇する。膵 β 細胞の成熟過程についてはまだ不明な点が多い。
（Mfopou et al., Diabetes 2010, Islet Equality 2017）

グナルには逆の効果があることを発見した[20]。

　膵前駆細胞の発生起源はおそらく原始腸管に由来し，膵前駆細胞は初期膵上皮からの発芽（budding）の状態から発生し，腹側・背側膵芽が癒合した後，Ngn3 を発現する内分泌前駆細胞が膵管周辺部位に出現し，α 細胞・β 細胞などの内分泌細胞へと分化する。FGF は最初の budding の過程において Pdx1 の発現を誘導するシグナル因子として知られている。ユニークな点は，Pdx1 と Ngn3 の発現は相互排他的（mutually exclusive）な関係である（図4）[19, 20]。Pdx1 の発現は budding の時点で急激に上昇し，内分泌前駆細胞の段階になると Ngn3 の発現が上昇し，逆に Pdx1 の発現は低下する。その後，β 細胞の分化・成熟過程では Ngn3 の発現低下に伴い，Pdx1 の発現が再び上昇する。

　著者らは，ヒト iPS 細胞を用いてインスリンプロモーターと Ngn3 の各プロモーター下流にそれぞれ緑色蛍光タンパク質の Venus，赤色蛍光タンパク質の mCherry を挿入し，β 細胞の分化を追跡できる系を開発した。FGFR シグナルと β 細胞分化過程は，時空間制御という概念を組み込んだ temporal-switching model で説明することができ，FGFR シグナルスイッチのオン／オフを厳密に規定することが効率のよい β 細胞分化に必要であると考えられた（図4）[19, 20]。

第5章　ペプチドを利用した糖尿病・骨代謝疾患の機能再建と再生

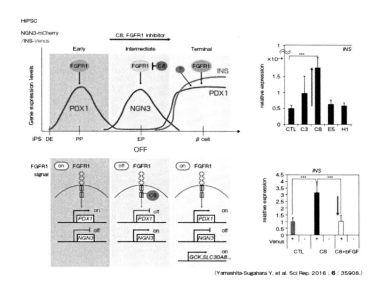

図4　ヒトiPS細胞におけるFGFR1を介する膵内分泌細胞分化の経時的スイッチモデル

腸管からの膵芽形成においてFGF受容体（FGFR）1が活性化されると下流でPdx1発現が上昇し膵前駆細胞となる。Pdx1欠損マウスが膵形成不全になることからPdx1はマスター転写因子である。膵芽形成後，膵管形成が誘発され，膵管周辺よりNgn3陽性の膵内分泌前駆細胞が出現する。このときPdx1の発現は低下し，特異的阻害剤C8処理によってFGFR1シグナルを抑制することが，Ngn3発現をより上昇させ，正常な膵内分泌細胞の分化を促進させることが明らかとなった。Ngn3発現の低下に伴い，Pdx1発現が再び上昇し，続いて膵β細胞の成熟過程へと進む。このようにFGFR1シグナルの厳密な制御が効率の良い膵内分泌細胞の分化に重要であることが示された。

（Yamashita-Sugahara *et al.*, *Diabetes* 2016, *Islet Equality* 2017）

5　ペプチドホルモンによる膵β細胞の成熟促進

ヒトES細胞やiPS細胞を用いて膵β細胞を作製する技術が開発されたものの，1型糖尿病の再生医療の実現に向けて残された課題は次の通りである。試験管内で大量に作製する膵β細胞の品質管理と膨大なコスト・癌化などの安全性の担保・他家移植における免疫応答の制御・成熟過程を促進させる系の確立などが挙げられる。米国ハーバード大学のBonner-Weirらは，齧歯類モデルを用いて胎生期の膵β細胞は未熟であるが出生後数日で成熟することに着目し，甲状腺ホルモン（T3）が転写因子MafAを介してグルコース応答によってインスリン分泌能を獲得できるようになり，膵β細胞の成熟を促進することを見出した[21]。さらに同グループはヒトES細胞から誘導した膵β細胞の成熟過程にもT3がMafAと共に重要な働きをすることを示した[22]。しかしながら，これらの手法を取り入れた米国ハーバード大学のMeltonら，およびカナダのブリ

ティッシュコロンビア大学の Kieffer らの作製した膵 β 細胞は，グルコース応答によるインスリン分泌能が確認されているが，ストレプトゾトシン（STZ）を投与した1型糖尿病モデルマウスの腎皮膜へ移植する細胞数が膵島移植に用いる細胞数に比べると圧倒的に多く1個体当たり 1×10^6 個以上の細胞数が用いられていることから，全てのインスリン産生細胞が成熟しているとは言い難い。したがって，膵 β 細胞の成熟過程には T3 以外にも重要な因子が必要である可能性が考えられ，さらなる研究の進展が待たれる。

6　細胞間コミュニケーションによる品質管理と恒常性維持

　近年，ペプチドホルモンを介した細胞間コミュニケーションが恒常性の維持において重要であることが報告され，将来の再生医療の実用化において患者の QOL の向上を考慮する上で重要な概念といえる。2015年，成熟 β 細胞で豊富に存在する CRF ペプチドファミリーであるユーロコルチン3（Ucn3）の新たな生理作用について報告された。Ucn3 は，膵島内に局在する膵 β 細胞から分泌され，特異的な受容体 CRFR2 を介して δ 細胞に作用し，さらに δ 細胞が β 細胞のインスリン分泌を抑制するネガティブフィードバック機構に寄与することが示された（図5）[23]。具体的には，Ucn3 が高血糖時にインスリンと同時に放出され，δ 細胞上の受容体 CRFR2 を介してグルコース刺激によるソマトスタチン分泌を増強する。このように，パラクリン作用によってUcn3 がソマトスタチン放出を促進し，それにより血中グルコース濃度が正常化すると共にインスリン分泌低下が起こる現象を示している。糖尿病のマウスモデルおよびマカクザルモデルと糖尿病患者の膵島では β 細胞の Ucn3 量が減弱しており，この結果は，Ucn3 が膵 β 細胞からのイ

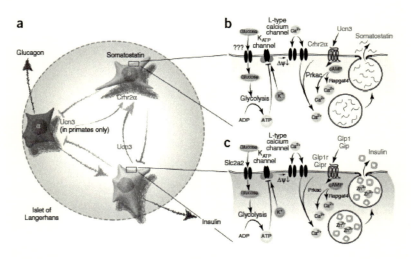

図5　ユーロコルチン3による δ 細胞由来ソマトスタチンのパラクライン
　　　作用を介した膵 β 細胞のインスリン分泌調節機構
（van der Mulen *et al.*, *Nat. Med.* 2015）

第 5 章　ペプチドを利用した糖尿病・骨代謝疾患の機能再建と再生

ンスリン分泌が過剰になり低血糖（必要以上の末梢での糖の取り込み）を防ぐための $\beta-\delta$ 細胞間のコミュニケーションによるフィードバック機構として，血糖調節の恒常性の維持機構として働いていることを示唆している。このように，生体における負のフィードバック機構は過剰な細胞応答による細胞ストレスから細胞を守り，恒常性の維持を担う重要な細胞社会の品質管理システムといえる。このシステムは同一組織内のみならず，視床下部−下垂体−副腎（HPA）軸における臓器間のフィードバック機構や本稿で取り上げる糖代謝（メタボに関与する膵・肝・筋肉・脂肪等）と骨代謝（ロコモに関与する骨・筋肉・神経・腱等）との関係性について触れたように，将来のペプチドを利用した疾患の治療において細胞間コミュニケーションの影響とバランス・安全性を考慮した疾患の治療（予防）デザインが必要である。

7　ペプチドを利用した DDS と疾患の機能再建と再生

　糖尿病および骨代謝疾患における再生医療に向けて，さまざま技術開発や DDS・培養系の改善効果の進展に伴う産業の発展は目覚ましい。しかしながら，各々の効率化や実用化レベルに至っていない技術・方法論については徐放性・特異性（細胞と組織指向性）・キャリアの毒性と安定性など解決すべき多くの課題が残されているのが現状である。このような中で，疾患の治療や予防または診断の応用に対して近い将来の実用化または既に実用化レベルに到達している注目すべき DDS 技術を取り上げる。特に本稿で取り上げる 3 つの技術について，糖尿病と骨代謝疾患の再生治療への応用が期待される。紙面の関係上，これ以外の優れたペプチドを利用したDDS 技術については他の稿を参照されたい。

7.1　骨指向性型ペプチド DDS

　（Asp［D］-Ser［S］-Ser［S］）［DSS］の 6 回繰り返し配列の 18 アミノ酸［DSS］×6 から構成される強酸性ペプチドが，尾静脈注射によって肝臓および骨にデリバリーされることが報告された[24]。標的遺伝子として骨芽細胞分化の負の調節因子である Plekho1（Casein Kinase-2 interacting protein-1（CKIP-1））の siRNA を（DSS）×6 ペプチドとリポソームとの複合体を尾静脈注射した結果，卵巣摘出（OVX）モデルマウスの骨量の減少を抑制し骨量の増加を認めた（図 6）。実際，我々はこれらの手法に基づき，合成した FITC 標識した（DSS）×6 ペプチドを市販のリポソーム試薬と混合して形成した複合体を尾静脈注射し，48 時間後に大腿骨に（DDS）×6 ペプチドの集積を認めた（図 7，未発売）。Zhang らの結果は，標的因子 Plekho1 は，骨形成因子 BMP シグナルによって活性化される転写因子 Smad をユビキチン化する E3 リガーゼである Smad ubiquitylation regulatory factor 1（Smurf1）と相互作用し，骨形成を抑制することが知られており，SKIP-1 欠損マウスが加齢に伴い Smurf1 の活性低下と共に骨量が増加することからも支持される[25]。しかしながら，Zhang らの結果では骨のみならず肝臓にも（DSS）×6 ペプチドが導入されるのに対して，我々の結果では肝臓内への顕著な集積は検出されなかった（図

211

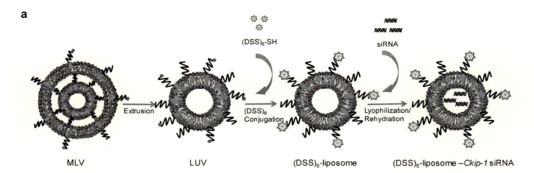

図6 骨指向性ペプチド（DSS）×6回繰り返し配列とリポソーム複合体

リポソーム複合体を合成するため，1,2-Dioleoyl-3-Trimethylammounium-Propane（DOTAP），Dioleoylphosphatidylethanolamine（DOPE），コレステロール（Chol），DSPE-mPEG2000 と DSPE-PEG2000-MAL を各々42：15：38：3：2のモル比で添加する。10 mM PBS（pH 7.4）ともに50℃で multilamellar 粒子（MLV）を形成させる。0.2 μm ポリカーボネート膜と 0.1 μM 膜で5回選抜を繰り返して unilamellar 粒子（LUV）を作製する。アスパラギン酸−セリン−セリン（DSS）の6回繰り返し配列（DSS）×6とN末アセチルシステインを混和し，2時間室温でリポソームを合成する。（DSS）×6と DSPE-PEG2000-MAL を3：1の比率で混和する。セファロース CL-4B カラムで分画し，非結合（DSS）×6を除去し，15 μmol の脂質と任意または Plekho1 siRNA（375 μg）を混和し室温20分で（DSS）×6-liposeome-siRNA 複合体を作製する。

(Zhang *et al.*, *Nat. Med.* 2012 supplementary methods より)

8)。以上より，（DSS）×6ペプチドが血中より効率良く骨内へ移行され沈着されることが再現されたことより，骨粗鬆症・間接性リウマチ症などの骨代謝疾患のみならず骨内転移した癌治療を標的とする DDS システムとして骨を標的とする骨代謝疾患の治療に活用される可能性がある。近年 Zhang らは上述の（DSS）×6ペプチド−リポソーム複合体は，骨内の共存する骨芽細胞以外の細胞にも取り込まれることから特異性が低いことが標的とする骨代謝疾患の治療に副作用などの課題になるため，CH6 アプタマー結合脂質ナノ粒子（CH6-LNPs）を合成し，骨芽細胞に対する指向性の高い DDS を開発した（図9)[26]。将来的に骨芽細胞を標的とする骨形成促進ならびに運動器障害のロコモティブ症候群の改善に繋がる技術に発展する可能性が期待される。

7.2 ポリカチオン型 P[Asp(DET)] ナノミセル粒子

本技術は，再生医療への実現を目指し，mRNA を DDS 標的として用い，より安全性の高い細胞機能を制御するデリバリーシステムである。位高らは，ポリエチレングリコール（PEG）と生体適合性カチオンポリマーを連結したブロックポリマーを基本構造に有するナノキャリア粒子を開発した（図10)[27,28]。ジエチレントリアミン（DET）を側鎖にもつポリカチオン P[Asp(DET)]を用いたナノ粒子は，*in vivo* 導入剤として癌治療に利用されている PEI とは異なり，細胞毒性が極めて低いと考えられている。特筆すべきは，pH 7.4 での側鎖はモノプロトン構造をもち細胞外環境において非特異的な細胞膜障害が減少し，急性の毒性が軽減される。細胞内へエンドサ

第5章　ペプチドを利用した糖尿病・骨代謝疾患の機能再建と再生

イトーシスで取り込まれた後，pHは5.5まで低下するエンドソーム内の酸性環境下においてプロトンの変化によって膜との相互作用が強まり，エンドソームから細胞質への移行が促進される。このように，細胞外と細胞内コンパートメントにおけるpHの変化に伴い，効率良くナノ粒子に結合したmRNAを標的となる組織・細胞内の細胞質内へ移行させ，標的遺伝子の発現を誘導することができるため，合理的かつ効率的なデリバリーシステムである。実際に関節リウマチ症モデルへのRunx1 mRNAの投与により改善効果が認められ，ヒト骨代謝疾患の再生に効果を発揮することが期待される[27]。本技術が優れている特筆すべき点は，mRNAを導入できる点において，プラスミドDNAや他のウイルスベクターを用いる系に比べて，宿主DNAを傷付ける可能性が低く，安全性が高いため，今後さまざまな分野への応用が期待される。

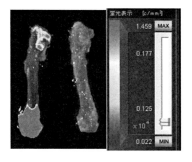

図7　FITC標識した（DSS）×6ペプチドの大腿骨へのDDS
FITC標識した（DSS）×6ペプチドをZhangらの方法に基づき，(DSS)×6-リポソーム複合体をC57BL6/Jマウスの尾静脈に注射（81 µmol/kg）し，48時間後，Clairvivo（島津製作所）を用いて in vivo イメージングを行った。左側がFITC標識（DSS）×6ペプチド投与の大腿骨，右側が生食を投与した野生型コントロール大腿骨。野生型では蛍光シグナルが検出されなかったのに対して，FITC標識ペプチド投与の大腿骨遠位部および近位部で強い蛍光シグナルが検出され，骨内へのペプチドデリバリーを示している。

7.3　セルフアセンブル（自己組織化）型ペプチドDDS

自己組織化ペプチドを有するハイドロゲルは，生分解性であることから副作用などの影響が少なく，生体への吸収性が高く，細胞の正着や増殖性に優れ再生医療への応用が期待されている。アルギニン－アラニン－アスパラギン酸－アラニン（RADA）の繰り返し配列 Ac-(RADA)$_4$-CONH$_2$（㈱スリー・ディー・マトリックスより販売，RAD16（PuraMatrix™））はナノファイバー構造が構築されたものが上市されており，さまざま分野でのスキャフォールド（足場）として，細胞・組織再生の開発に利用されている（図11）[29,30]。糖代謝および骨代謝疾患に対する開発の一例として，RAD16自己組織化ペプチドを含むインスリン製剤が開発され，徐放用のキャリアとして有効に働く作用が期待されている。実際にラットを用いた実験において，市販のインスリン製剤に比べて2% RAD16自己組織化インスリン製剤の皮下投与群の方の効果が5倍に上昇し，さらにその持続時間が長時間に及ぶことが証明されている[31]。また骨再生・肝再生・歯の再生にも利用されており（表1），これらの分野以外にも血管新生や神経再生にもその有効性が示されている。本稿では冒頭で述べたように，糖代謝と骨代謝疾患を標的とする優れたDDS技術を紹介することに焦点をあてているため，僭越ながらセルフアセンブル型ペプチド技術と組織再生の詳細については引用文献の総説[29,30]または他稿を参照されたい。

医療・診断をささえるペプチド科学—再生医療・DDS・診断への応用—

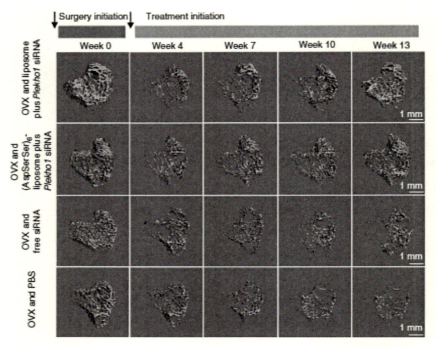

図8　骨指向性ペプチドを用いた骨粗鬆症モデルマウスの骨破壊の抑制効果
(DSS)×6-liposeome-siRNA（Plekho1 siRNA）複合体を用いて，卵巣摘出（OVX）による骨粗鬆症モデルマウスへ腹腔内投与した後，4，7，10，13週後に大腿骨遠位部をマイクロCT解析により評価を行った。OVX処理マウスでは骨量が週齢とともに顕著に減少していくのに対して，(DSS)×6-liposeome-siRNA（Plekho1 siRNA）複合体を投与したマウスでは骨量の減少が有意に抑制されたことを示している（上から2行目のパネル）。
(Zhang et al., Nat. Med. 2012)

8　今後の展望

　本稿では，2型糖尿病の治療薬であるGLP-1アナログの上市例を挙げ，創薬標的となるペプチド科学分野の果たす役割は周知のごとく大きい。今後，再生医療のみならず，さまざまな分野でペプチド製剤が活用されると考えられる。その一つに，CRFファミリーが膵β細胞の分化・生存および細胞間コミュニケーションにおいて重要な役割を果たしていることに触れ，これらの特異的な受容体の活性化を調節することによって，将来ES細胞やヒトiPS細胞を用いた糖尿病の再生医療へ応用できることが期待される。独自に開発した蛍光標識したβ細胞分化の追跡システムを駆使し，CRFファミリーおよびEGFファミリーが膵β細胞の機能の活性化と分化の誘導を促進することを見出した。これらの過程において，膵内分泌前駆細胞の重要なマーカーとなる転写因子Ngn3の発現を調節することが正常なβ細胞分化を規定しており，本研究成果の意味するところは，DNAメチル化やヒストン修飾などのエピゲノム制御の知識と技術応用が，今後の

第5章　ペプチドを利用した糖尿病・骨代謝疾患の機能再建と再生

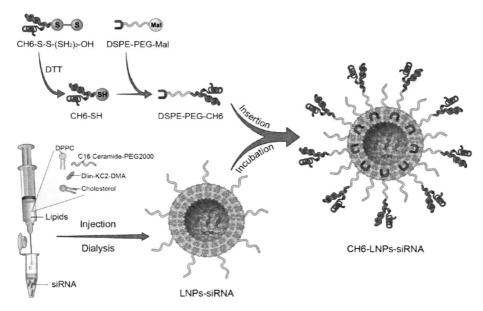

図9　骨芽細胞特異的 DDS CH6-LNPs-siRNA
脂質ナノ粒子（LNPs）は，脂質/EtOH 溶液を任意の siRNA を含む緩衝液に添加後，小胞形成させ透析を作製する。次に3'チオール，2'-O-メチル修飾 CH6 アプタマーを DSPE-PEG2000-Mal に結合させて CH6-PEG2000-DSPE を合成する。CH6-PEG2000-DSPE をミセル内へ移行させ，LNPs の表層に挿入させて CH6-LNPs-siRNA を合成する。
（Liang et al., Nat. Med. 2015）

糖尿病の治療に必要になってくることを示している。近年，既に臨床応用に適応されている GLP-1 アナログや DPP-4 阻害剤に代表される GLP-1 受容体を介する生理作用が，インスリン分泌促進の糖代謝の調節や骨量増加促進の骨代謝の調節に関わることが示され，糖代謝と骨代謝のネットワーク制御のみならず，両代謝系の統合的な理解が今後の糖尿病の治療・予防，さらには加速する高齢化社会における複合的疾患の治療戦略に重要であると考えられる。著者らは最近，線維芽細胞などの体細胞から直接変換によって膵β細胞を作出する技術を開発し，ES/iPS 細胞から膵β細胞を作製する手法に比べて約半分の期間で作出できること，さらに約8割の効率で膵β細胞を作出できるため，1型糖尿病の根治に繋がる画期的な技術と期待されている（図12，未発表）。今後，本技術を DDS 技術やマイクロカプセルなどの医工学技術との融合により，自家または他家移植による再生医療の技術の開発に繋げて，1型糖尿病患者をインスリン注射から離脱できるよう，日本 IDDM ネットワークが掲げる 2025 年の根治実現に微力ながら寄与したいと考えている。本稿では触れなかったが，破骨細胞分化の制御因子である Pax6 を介する自己管理システムによって，過剰な骨破壊による骨粗鬆症などの骨代謝疾患が発症しないよう破骨細胞を監視して正常な骨代謝の平衡関係の維持に寄与しており[32]，さらに Pax6 を制御する因子として CRF ペプチドファミリーが働いていることを見出している。Pax6 は糖代謝を司る膵内分泌

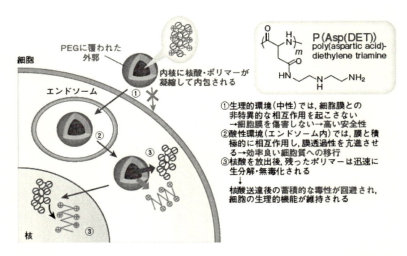

図10　生体適合性ポリカチオン P［Asp(DET)］による安全効率的な核酸送達の細胞内メカニズム

ジエチレントリアミン（DET）を側鎖にもつポリカチオン P［Asp(DET)］を用いた DDS のしくみ。特筆すべきは，pH 7.4 での側鎖はモノプロトン構造をもち細胞外環境において非特異的な細胞膜障害が減少し，急性の毒性が軽減される。細胞内へエンドサイトーシスで取り込まれた後，pH は 5.5 まで低下するエンドソーム内の酸性環境下において 2 つのプロトンが配位し，膜との相互作用が強まり，エンドソームから細胞質への移行が促進される。このように，細胞外と細胞内コンパートメントにおける pH の変化に伴い，効率良くナノ粒子に結合した mRNA を細胞質内へ移行させ，標的遺伝子の発現を誘導することができる優れた DDS である。
（Itaka *et al.*, *Curr. Gene Ther.* 2011, 細胞工学 34：10, 2-7, 2015）

細胞の分化にも必須であることから，今後さまざまな側面から糖代謝と骨代謝のクロストーク制御機構の存在が明らかになることが予測される。このように，上述したレプチン・アディポネクチン・新たな骨ホルモン LCN2・CRF ファミリーや Pax6 をはじめとする骨代謝と糖代謝の両側面の恒常性の維持に重要な役割を果たす因子の存在が明らかとなってきた。さらに，これらの因子を介する糖と骨の両代謝ネットワークの均衡システムの破綻が病的な糖尿病などの糖代謝疾患（メタボリック症候群）や骨粗鬆症などの骨代謝疾患を含むロコモティブ症候群の発症原因となると考えられ，ペプチドを活用した DDS 技術の発展・安全性の評価と共に再生医療の実用化・疾患の予防または臓器・細胞間ネットワークを介する創薬標的の同定とその機能解明によって新たな分野の発展に繋がることが期待される。

第5章　ペプチドを利用した糖尿病・骨代謝疾患の機能再建と再生

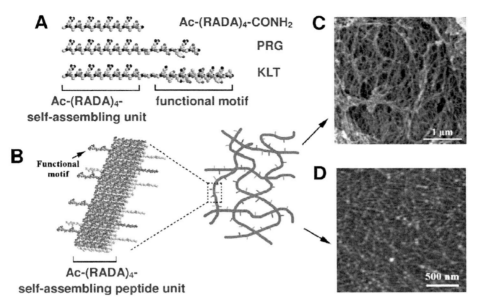

図11　骨芽細胞特異的 DDS CH6-LNPs-siRNA
自己組織化ペプチドアルギニン−アラニン−アスパラギン酸−アラニン（RADA）の4回繰り返し配列 Ac-(RADA)$_4$-CONH$_2$ は，生体への吸収性が高く，細胞の定着や増殖性に優れ再生医療への応用が期待されている．図は理解し易い第2世代のデバイスを表記しているが，現在はよりスキャフォールド（足場）として細胞・タンパク質・ペプチドキャリアーとしての特性を向上させた第3世代のデバイスが開発されている．C，D は電子顕微鏡解析によるナノファイバー構造を示している．
（Koutsopoulos, *J. Biomed. Mater. Res. A* 2016）

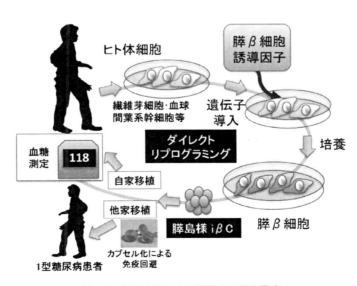

図12　直接変換による糖尿病の再生医療

医療・診断をささえるペプチド科学―再生医療・DDS・診断への応用―

表1 自己組織化 Ac-(RADA)$_4$-CONH$_2$ ペプチドを用いた組織再生

Bone regeneration	*In vivo* bony-bridge formation in calvaria bone defects filled with peptide hydrogel which was not observed in bone defects treated with Matrigel 3D encapsulation of rat osteoblasts in the hydrogel–PolyHIPE scaffold resulted in increased cell growth, differentiation, and bone nodule formation compared with that observed in the PolyHIPE scaffold alone 2D study showed increased mouse pre-osteoblast MC3T3-E1 cell proliferation and osteocalcin secretion on hydrogels containing peptides modified with functional motifs (from osteogenic growth peptide and cell adhesion domains) compared with the unmodified peptide hydrogel 3D encapsulation of MSCs in the peptide hydrogel resulted in differentiation into mature osteoblasts and mineralized ECM
Liver regeneration	3D peptide hydrogel tissue cultures of hepatocytes exhibit non-exponential cell growth kinetics, acquire a spheroidal morphology, and produce progeny cells with mature hepatocyte properties 3D tissue cultures of hepatocytes in functionalized (with laminin receptor -binding motif) peptide hydrogels formed functional bile canaliculi-like structures, produced urea, and secreted hepatocyte produced proteins 3D peptide hydrogel tissue cultures showed primary rat hepatocyte attachment, migration, formation of 80-mm spheroids, albumin and urea secretion, and cytochrome P450IA1 activity which was higher compared with tissue cultures in collagen and similar to that observed in Matrigel
Tooth regeneration	*In vivo* transplantation of co-cultured dental pulp stem cells and HUVECs encapsulated in the peptide hydrogel showed cell migration, capillary network formation, ECM production, and mineralization

(S. Koutsopoulos *J. Biomed. Mater. Res. A*, 104A (2016))

謝辞

　骨指向性 DDS の IVIS 実験のご協力頂きました埼玉医科大学口腔外科の佐藤毅先生，ポリカチオン型ナノミセル DDS の実験ならびに原理についてご教示頂きました東京医科歯科大学教授の位高啓史先生に深謝いたします。本稿で紹介した著者らの実験結果ならびに研究成果の一部は，文部科学省科研費挑戦的萌芽研究（16K15624），（国研）日本医療研究開発機構（AMED）革新的医療技術創出拠点プロジェクト，（公財）テルモ生命科学芸術財団，日本 IDDM ネットワークの研究助成によりご支援頂き，心より感謝申し上げます。

第 5 章　ペプチドを利用した糖尿病・骨代謝疾患の機能再建と再生

文　　　献

1) S. Komahara *et al.*, *Nature*, **389**, 374 (1997)
2) S. Takeda *et al*, *Cell*, **111**, 305 (2002)
3) N. K. Lee *et al.*, *Cell*, **130**, 456 (2007)
4) T. Yamauchi *et al.*, *Nat. Med.*, **7**, 941 (2001)
5) M. Iwabu *et al.*, *Nature*, **464**, 1313 (2010)
6) Q. Tu *et al.*, *J. Biol. Chem.*, **286**, 12542 (2011)
7) I. Mosialou *et al.*, *Nature*, **543**, 385 (2017)
8) M. Matsumoto *et al.*, *J. Biol. Chem.*, **275**, 3155 (2000)
9) M. Matsumoto *et al.*, *J. Biol. Chem.*, **279**, 45969 (2004)
10) T. Kondo *et al.*, *J. Mol. Endocrinol.*, **23**, 1281 (2009)
11) NG. Kondegowda *et al.*, *Cell Metab.*, **22**, 77 (2015)
12) A. Tomoyasu *et al.*, *BBRC*, **245**, 382 (1998)
13) M. Huising *et al.*, *PNAS*, **107**, 912 (2010)
14) M. Huising *et al*, *J. Endocrinol.*, **152**, 138 (2010)
15) L. Blaabjerg *et al.*, *J. Mol. Endocrinol.*, **53**, 417 (2014)
16) A. Rezania *et al.*, *Nat. Biotech.*, **32**, 1121 (2014)
17) F. W. Pagliua *et al.*, *Cell*, **159**, 428 (2014)
18) J. K. Mfopou *et al.*, *Diabetes*, **59**, 2094 (2010)
19) 座談会より Islet quality 6, 5 (2017)
20) Y. Sugahara-Yamashita *et al.*, *Scientific Reports*, **6** 35908 (2016)
21) C. Aguayo-Mazzucato *et al.*, *Diabetes*, **62**, 1569 (2013)
22) C. Aguayo-Mazzucato *et al.*, *J. Clin. Endocrinol. Metab.*, **62**, 1569 (2015)
23) T. Van der Meulen *et al*, *Nat. Med.*, **21**, 769 (2015)
24) G. Zhang *et al.*, *Nat. Med.*, **18**, 307 (2012)
25) K. Lu *et al.*, *Nat. Cell Biol.*, **10**, 994 (2008)
26) C. Liang *et al.*, *Nat. Med.*, **21**, 288 (2015)
27) H. Uchida *et al.*, *J. Am. Chem. Soc.*, **138**, 1478 (2016)
28) K. Itaka *et al.*, 細胞工学, **34** (10), 2 (2015)
29) S. Koutsopoulos, *J. Biomed. Mater. Res. A*, **104A**, 1002 (2016)
30) R. Ravichandran *et al.*, *J. Mater. Chem. B*, **2**, 8477 (2014)
31) 芝田信人ほか，インスリン製剤　公開特許公報（A）_ インスリン製剤（WO2011087024 A1, PCT/JP2011/05371）
32) M. Kogawa *et al.*, *J. Biol. Chem.*, **288**, 31299 (2013)

【第Ⅵ編　DDS】

第1章　バイオ医薬の経粘膜デリバリーにおける細胞膜透過ペプチド（CPPs）の有用性

武田真莉子*

1　はじめに

　バイオ医薬品は，遺伝子組換え技術などバイオテクノロジーを用いて製造された医薬品のことであり，1982年にヒトインスリン製品が誕生して以来，実用化が急速に進んでいる。現在では，ヒト抗体作製技術などの技術も確立され，分子量が大きく，より構造が複雑な抗体医薬品の創出についても可能となってきた。実際，医薬品の世界市場に占めるバイオ医薬品市場の比率は約24％にまで伸びている[1]。現在では，さまざまな種類のバイオ医薬品，すなわちペプチド，タンパク質，抗体，オリゴ核酸など，が新たな治療手段として疾病治療に貢献している。

　一方，このようなバイオ薬物は，親水性であるため消化管粘膜上皮の脂質二重膜の透過性が低く，高分子量のため細胞間隙経路を透過し難く，また，消化管管腔内や粘液層，上皮細胞内において分解酵素による顕著な不活化を受やすい等，粘膜吸収に不利な物性を有している。そのために，バイオ薬物を経口経路から吸収させるのは難しく，さらに細胞内ターゲットへのアクセスや，血管側から組織への移行も極めて困難である。

　現在，日本で上市されているバイオ医薬品は一部を除いてすべて注射剤であり，凍結乾燥製剤あるいは液剤化製剤（バイアル液剤，プレフィルドシリンジ，オートインジェクターなど）として使用されている。注射投与に用いるデバイスは時代と共に大幅に改良されてきてはいるものの[2]，注射という行為自体が患者にとって精神的にも物理的にも大きな負担であることは間違いない。このような負担を軽減し，かつ簡便に使用可能な自己投与剤形として経口や経鼻などの経粘膜投与型製剤が強く望まれており，その開発研究には多大な努力が費やされてきた。これまでにも粘膜吸収促進剤や安定性向上のための酵素阻害剤の併用，さらにはリポソームやハイドロゲル等の送達キャリアの利用などさまざまな非侵襲的デリバリーが試みられてきたが[3~5]，有効性および安全性の両面を満たす手法は依然として確立されていない。バイオ医薬の非注射製剤を創成するためには，より強力かつ安全にその生体膜吸収性を向上させる新たな技術を確立しなければならない。そのような革新的技術の有力な候補として，筆者らは，細胞膜透過性促進ツール：cell-penetrating peptides（CPPs）に着目している。本稿では，CPPsの概要および一般的な利用方法に加え，筆者らが開発しているバイオ医薬のためのCPPs非架橋型経粘膜送達法の高い有用性を紹介する。

---

　*　Mariko Takeda　神戸学院大学　薬学部　薬物送達システム学研究室　教授

2 CPPs の発見と利用性

1988 年に異なる 2 つの研究グループが，HIV-1 の転写制御に関わる transactivator of transcription（TAT）タンパク質が細胞膜を透過し細胞質に効率よく移行することを発見した[6,7]。その後，TAT タンパク質の細胞内在化には RNA 結合領域の 11 アミノ酸が重要であることが明らかにされている[8]。1991 年には，ショウジョウバエの転写因子 Antennapedia のホメオドメインである Drosophila melanogaster のホメオプロテインが TAT と同じように細胞内に内在化することが報告された[9]。これらの事実が広く認知されると，これらのタンパク質構造と細胞内在化機能の関連研究が急速に進展し，細胞膜透過に直接関わるアミノ酸配列の同定が加速した。我々が主に研究に用いているペネトラチン（pAntp(43-58)）は，Derossi らにより 1994 年にその細胞膜透過能が報告されたものである[10]。TAT と Antennapedia ホメオドメインが細胞内在化する性質が報告されて以来，同様の性質を持つ数多くのペプチドが報告され，現在一般的に CPPs と称されている。多くの場合，CPPs は 5～30 個のアミノ酸で構成されており，非特異的に組織や細胞膜を透過する。特定のレセプターと相互作用することはなく，エネルギー依存的あるいは非依存的に細胞膜透過すると考えられている。

また CPPs は，自分自身のみならず，ペプチド，タンパク質，DNAs，siRNAs，あるいはナノ粒子やリポソームなどの薬物送達キャリア，さらにはある種の低分子などについても細胞内に導入させその作用を発揮させることができる。CPPs は様々な細胞への transfection などの基礎研究にも活用されている。つまり，CPPs はこれまでアクセスが難しかった細胞内あるいは組織内コンパートメントへ目的物質を送達し細胞内濃度を高めることができる画期的なデリバリーツールであるといえる。

CPPs の利用法としては，細胞内に導入したい目的物質を化学的手法で CPP と共有結合（ジスルフィドあるいはチオエステル結合）する，あるいは遺伝子工学的手法で CPP 融合タンパク質とするなどが一般的である。また，薬物送達キャリアであるリポソームやミセル，ナノ粒子の構造の一部に CPP を組み込む例も報告されている[11~14]。一方，薬物と CPP が静電的あるいは疎水結合により分子間相互作用することを利用した非架橋型による活用も有用性が高い[15~21]。この方法による利点としては，何よりも薬理活性が保持されることであるが，両者の相互作用により，プロテアーゼやヌクレアーゼ分解から保護され血中半減期が延長することもある程度期待できる[19,22]。

高分子物質の細胞膜透過性を改善する吸収促進剤としては，界面活性剤やキレート剤などがよく知られているが，粘膜上皮細胞膜への刺激作用や，細胞間隙経路の物質透過を制御するタイトジャンクション構造の変化を誘発するなど，消化管の本来有する異物防御機構の破綻を引き起こす場合が少なくない。一方，CPPs は粘膜に適用しても従来の吸収促進剤に認められるような有害作用を惹起することなく安全に使用できることが in vitro および in vivo で多数報告されている[15,18,20]。

第1章　バイオ医薬の経粘膜デリバリーにおける細胞膜透過ペプチド（CPPs）の有用性

3　CPPs の種類とその特徴

　表1に代表的な CPPs をリストした。カチオン性に分類される oligoarginines（特に R8 や R9）の細胞内在化能は TAT の部分配列のアナログよりも強い。さらに，内在化に重要な構成アミノ酸としては塩基性アミノ酸の中でもリジンよりもアルギニンであると報告されている[23]。その理由として，アルギニンの側鎖のグアニジノ基は，生理学的 pH で負電荷を持つ細胞膜成分中の，例えばリン酸基，硫酸基，カルボキシ基などと2本の水素結合を形成できる。これに対してリジンは1本の水素結合しか形成できないので，アルギニンの方が強く細胞膜上の分子と相互作用可能であるためと考えられている。また，両親媒性クラスの CPPs は極性および非極性領域の両方を持っており，リジンやアルギニン以外に，疎水性領域となるバリン，ロイシン，イソロイシンあるいはアラニンなどが配列に含まれる。疎水性クラスの CPPs では，非極性残基を含むためネットチャージは低く，細胞膜の疎水性領域に対して親和性が高い。このクラスの CPPs はエネルギー非依存的に自発的に細胞膜透過することが報告されている[24]。

4　CPPs の細胞膜透過メカニズム

　CPPs の細胞膜透過メカニズムについては精力的に研究されてはいるものの，未だ完全には解明されていない。さまざまな仮説が提唱されているが，エネルギー非依存の直接膜透過と，エネルギー依存で起こるエンドサイトーシスの2つに大きく分けられるという点では，ほぼコンセンサスが得られている。さらに詳細な経路については，CPPs の物性，チャージ，分子量，架橋の有無，実験に用いる細胞種（細胞特異的膜構成成分や脂質組成に依存）や適用濃度などの条件により異なり，数多くの細胞内在化メカニズムが提唱されている[25,26]。エネルギーに依存しない直接膜導入は CPP の適用濃度が高いときに起こり，一般的にはエネルギーに依存するエンドサイトーシスによって細胞内に侵入すると考えられている。

　直接膜導入経路（direct penetration）による内在化機構は，エネルギー非依存下，低温条件下，あるいはエンドサイトーシス阻害剤存在下などでも起こる。この内在化機構は，CPP の正電荷と細胞表面のプロテオグリカン，細胞膜成分中あるいはリン脂質二重膜の負電荷の分子との静電的相互作用から始まり，transient pore formation（細胞膜内で，toroidal pores や barrel-stave pores を形成）あるいは membrane destabilization（carpet-like モデル，逆相ミセル形成メカニズム）などさまざまなモデルが提唱されている[26]。例えば，toroidal pores では，リン脂質膜の外葉に CPPs が集積し，CPPs のグアニジノ基と細胞膜の脂肪酸が結合することで膜のゆがみが起こり一時的に孔を開けるという仮説である[27]。barrel-stave pores モデルでは，CPPs が細胞膜内で親水性面を内部に向けた α ヘリックス構造化していると提唱されている[28]。

　エンドサイトーシス経路では，macropinocytosis, clathrin- あるいは caveolin-mediated endocytosis，さらに clathrin/caveolin-independent endocytosis などが CPP の内在化に関与す

223

医療・診断をささえるペプチド科学―再生医療・DDS・診断への応用―

表1　各種 CPPs とその配列，由来および物性

CPP	配列	由来	物性
HIV-1 TAT protein, TAT$_{48-60}$	GRKKRRQRRRPPQ	HIV-1 TAT protein	カチオン性
HIV-1 TAT protein, TAT$_{49-57}$	RKKRRQRRR	HIV-1 TAT protein	カチオン性
HIV-1 Rev protein 34-50	TRQARRNRRRRWRERQR	HIV-1 Rev protein	カチオン性
Penetratin, pAntp (43-58)	RQIKIWFQNRRMKWKK	Antennapedia Drosophila melanogaster	カチオン性
PenetraMax	KWFKIQMQIRRWKNKR	analog of penetratin	カチオン性
Oligoarginines	Rn	chemically synthesized	カチオン性
DPV1047	VKRGLKLRHVRPRVTRMDV	chemically synthesized	カチオン性
pVEC	LLIILRRRIRKQAHAHSK	murine vascular endothelial cadherin	カチオン性
MPG	GALFLGFLGAAGSTMGAWSQPKKKRKV	HIV glycoprotein 41/SV40 T antigen NLS	両親媒性
Pep-1	KETWWETWWTEWSQPKKKRKV	Tryptophan-rich cluster/SV40 T antigen NLS	両親媒性
pVEC	LLIILRRRIRKQAHAHSK	vascular endothelial cadherin	両親媒性
ARF（1-22）	MVRRFLVTLRIRRACGPPRVRV	p14ARF protein	両親媒性
BPrPr（1-28）	MVKSKIGSWILVLFVAMWSDVGLCKKRP	N terminus of unprocessed bovine prion protein	両親媒性
MAP	KLALKLALKALKAALKLA	chemically synthesized	両親媒性
TRANSPORTAN	GWTLNSAGYLLGKINLKALAALAKKUL	chimeric galanin-mastoparan	両親媒性
P28	LSTAADMQGVVTDGMASGLDKDYLKPDD	azurin	両親媒性
VT5	DPKGDPKGVTVTVTVTGKGDPKPD	chemically synthesized	両親媒性
Bac 7（BAC$_{1-24}$）	RRIRPRPPRLPRPRPRPLPFPRPG	Bactenecin family of antimicrobial peptides	両親媒性
C105Y	CSIPPEVKFNKPFVYLI	α 1-Antitrypsin	疎水性
PFVYLI	PFVYLI	derived from synthetic C105Y	疎水性
Pep-7	SDLWEMMMVSLACQY	CHL8 peptide pharge clone	疎水性

A：アラニン，E：グルタミン酸，F：フェニルアラニン，G：グリシン，H：ヒスチジン，I：イソロイシン，K：リジン，L：ロイシン，M：メチオニン，N：アスパラギン，P：プロリン，Q：グルタミン，R：アルギニン，S：セリン，T：スレオニン，V：バリン，W：トリプトファン

第1章　バイオ医薬の経粘膜デリバリーにおける細胞膜透過ペプチド（CPPs）の有用性

ると考えられている。エンドソームからの脱出機構は，CPP の正電荷がエンドソーム膜成分の負電荷と相互作用して膜が破れる，エンドソーム内の酸性環境が CPP と膜との相互作用を促進して transduction を促進する，あるいはエンドソーム内の物質濃度が高くなるため放出される，などが提唱されている[26]。

5　CPPs の機能を利用した前臨床研究

5.1　CPPs－薬物架橋型による研究

　CPPs－薬物架橋型を用いた前臨床研究においては，アンメットメディカルニーズの領域における研究が盛んである[26]。例えば，脳虚血性疾患治療における TAT-JBD$_{20}$ や TAT-δPKC inhibitor の有効性が検討されている。また，低酸素虚血脳損傷時の周産期感染症を対象に TAT-NBD（NF-κB essential modulator-binding domain），デュシェンヌ型筋ジストロフィーを対象に Antp-NBD，筋萎縮側索硬化症や心筋虚血再灌流障害を対象に TAT$_{48-57}$-BH4 の有効性が検討されている。また，がん領域においても RI-TAT-p53C'，TAT-DRBD/siRNA あるいは MPG-8/siRNA などの治療効果が現在精力的に検討されている。

　また，キャリアに CPPs を結合させる手法も多数研究されている。Oligoarginine 修飾リポソーム[11]やエクソソーム[29]，oligoarginine 固定化高分子による粘膜投与型ワクチン開発なども研究されている[30]。また，TAT 修飾高分子ミセルによるナノ粒子は，経鼻投与後，脳内全体に核酸を効率良く送達することが報告されている[13]。

5.2　CPPs 非架橋型薬物送達研究

　CPPs をバイオ薬物の経粘膜バイオアベイラビリティの改善ツールとして利用する場合は，非架橋型で活用する方が有効である。CPPs の DDS への利用法を検討した筆者らの初期の研究では，過去の論文を参考に，バイオ薬物 leuprolide に CPP として oligoarginine（R6）を架橋し（leuprolide-D-R6 conjugate：XHWSYILRPrrrrrrk（FITC）-NH$_2$（MW2636））[31]，その消化管吸収性の改善を試みた。しかしながら結果として，この方法ではバイオ薬物の吸収を改善することはできなかった。これはおそらく，CPPs と薬物とを化学結合したことにより細胞内在化は促進されたとしても，結合体は中に留まり，基底膜から血管への薬物移行がむしろ妨げられたのではないかと考察している。そこで，薬物が血管の方に移行しやすい形として，あえて CPPs と架橋をしない物理混合法を検討した結果，バイオ薬物の吸収性が予想を遥かに超えて改善することを見出した[15~22,32~34]。表2に，これまでに筆者らが検討したバイオ薬物と各種 CPPs，その併用効果についてまとめた。バイオ薬物の粘膜吸収における CPPs 併用効果は，バイオアベイラビリティあるいは AUC の増加で評価した。また in vivo 評価として，経鼻および経口投与により CPPs の効果や投与条件の比較検討を行った。表2に示したように，CPPs の違いのみならず，各 CPPs を構成するアミノ酸の立体異性も透過促進作用の強度に影響していることから，CPPs

225

医療・診断をささえるペプチド科学―再生医療・DDS・診断への応用―

表2　CPP 非架橋型送達法によるバイオ薬物の吸収促進効率

薬物	分子量	等電点	投与量	CPP（濃度）	投与経路	Bioavailability（%）	文献
Gastrin	2,000	2.8	331.1 nmol/kg（132 μM）	D-R8 1 mM	消化管（回腸）	AUC 2.0 times ↑	33
GLP-1	3,298	5.5	331.1 nmol/kg（132 μM）	D-R8 1 mM	消化管（回腸）	AUC 6.9 times ↑	33
Calcitonin	3,400	9	331.1 nmol/kg（132 μM）	D-R8 1 mM	消化管（回腸）	AUC 1.3 times ↑	33
Exendin-4	4,200	4.5	331.1 nmol/kg（1325 μM）	D-R8 1 mM	消化管（回腸）	No effect	33
GLP-1	3,298	5.5	0.1 mg/kg	L-penetratin 0.5 mM	鼻粘膜	15.9	34
				D-penetratin 0.5 mM	鼻粘膜	4.1	34
			1.25 mg/kg	L-penetratin 0.5 mM	消化管（回腸）	5	34
				D-penetratin 0.5 mM	消化管（回腸）	0.4	34
Exendin-4	4,200	4.5	0.25 mg/kg	L-penetratin 0.5 mM	鼻粘膜	7.7	34
				D-penetratin 0.5 mM	鼻粘膜	1.1	34
			1.25 mg/kg	L-penetratin 0.5 mM	消化管（回腸）	1.8	34
				D-penetratin 0.5 mM	消化管（回腸）	0.2	34
Insulin	5,807	5.3	50 IU/kg	L-R6 2.6 mM	消化管（回腸）	0.3	15
				D-R6 2.6 mM	消化管（回腸）	4.1	15
				D-R8 2.6 mM	消化管（回腸）	14.1	15
				D-R10 2.6 mM	消化管（回腸）	10.9	15
				L-R8 0.5 mM	消化管（回腸）	0.3	19
				D-R8 0.5 mM	消化管（回腸）	4	19
				L-Penetratin 0.5 mM	消化管（十二指腸）	4.2	19
				L-Penetratin 0.5 mM	消化管（空腸）	6.9	19
				L-Penetratin 0.5 mM	消化管（回腸）	12.4	19
				L-Penetratin 0.5 mM	消化管（結腸）	2.7	19
				D-Penetratin 0.5 mM	消化管（十二指腸）	3.7	19
				D-Penetratin 0.5 mM	消化管（空腸）	2.5	19
				D-Penetratin 0.5 mM	消化管（回腸）	2.4	19
				D-Penetratin 0.5 mM	消化管（結腸）	4.5	19
				L-pVEC 0.5 mM	消化管（回腸）	4.1	16
				D-pVEC 0.5 mM	消化管（回腸）	0.1	16
				L-RRL helix 0.5 mM	消化管（回腸）	1.1	16
				D-RRL helix 0.5 mM	消化管（回腸）	0.4	16
				HIV-Rev 0.5 mM	消化管（回腸）	No effect	16
				HIV-Tat 0.5 mM	消化管（回腸）	No effect	16
				L-R12 0.5 mM	消化管（回腸）	No effect	16
				L-PenetraMax 0.5 mM	消化管（回腸）	19.2	19
				D-PenetraMax 0.5 mM	消化管（回腸）	26.2	19
				L-penetratin 2 mM	消化管（回腸）	35.4	16
				D-penetratin 2 mM	消化管（回腸）	No effect	16
			1 IU/kg	L-penetratin 2 mM	鼻粘膜	43.4	18
				L-PenetraMax 2 mM	鼻粘膜	99.5	18
			10 IU/kg	L-R8 0.5 mM	鼻粘膜	5.2	32
				D-R8 0.5 mM	鼻粘膜	9.7	32
			10 IU/kg	L-penetratin 5 mM	経口	2.5（PA*）	22
				D-penetratin 5 mM	経口	18.2（PA）	22

（つづく）

第1章　バイオ医薬の経粘膜デリバリーにおける細胞膜透過ペプチド（CPPs）の有用性

表2　CPP 非架橋型送達法によるバイオ薬物の吸収促進効率　　　　　（つづき）

薬物	分子量	等電点	投与量	CPP（濃度）	投与経路	Bioavailability（%）	文献
Interferon β	22,000	9.2	0.18×10^6 IU/kg	L-penetratin 0.5 mM	鼻粘膜	6.2	34
				D-penetratin 0.5 mM	鼻粘膜	11.1	34
			1.0×10^6 IU/kg	D-penetratin 2 mM	鼻粘膜	8.3	20
			2.25×10^6 IU/kg	L-penetratin 0.5 mM	消化管（回腸）	No effect	34
				D-penetratin 0.5 mM	消化管（回腸）	0.2	34
PEGylated Interferon β	63,000		2.26×10^6 IU/kg	D-penetratin 2 mM	鼻粘膜	AUC>60 times↑	20
FD-4	4,400		10 mg/kg	L-R8 0.5 mM	消化管（回腸）	AUC 1.3 times↑	21
				D-R8 0.5 mM	消化管（回腸）	AUC 4.7 times↑	21
				L-Tat 0.5 mM	消化管（回腸）	AUC 4.3 times↑	21
				D-Tat 0.5 mM	消化管（回腸）	No effect	21
				L-penetratin 0.5 mM	消化管（回腸）	AUC 7.9 times↑	21
				D-penetratin 0.5 mM	消化管（回腸）	AUC 25.5 times↑	21
				L-PenetraMax 0.5 mM	消化管（回腸）	AUC 6.2 times↑	21
				D-PenetraMax 0.5 mM	消化管（回腸）	AUC 6.8 times↑	21
FD-10	11,000		10 mg/kg	L-R8 0.5 mM	消化管（回腸）	AUC 3.0 times↑	21
				D-R8 0.5 mM	消化管（回腸）	AUC 6.5 times↑	21
				L-Tat 0.5 mM	消化管（回腸）	AUC 4.3 times↑	21
				D-Tat 0.5 mM	消化管（回腸）	AUC 2.8 times↑	21
				L-penetratin 0.5 mM	消化管（回腸）	AUC 5.2 times↑	21
				D-penetratin 0.5 mM	消化管（回腸）	AUC 13.2 times↑	21
				L-PenetraMax 0.5 mM	消化管（回腸）	AUC 11.3 times↑	21
				D-PenetraMax 0.5 mM	消化管（回腸）	AUC 12.0 times↑	21
FD-70	69,000		10 mg/kg	L-R8 0.5 mM	消化管（回腸）	No effect	21
				D-R8 0.5 mM	消化管（回腸）	No effect	21
				L-Tat 0.5 mM	消化管（回腸）	No effect	21
				D-Tat 0.5 mM	消化管（回腸）	No effect	21
				L-penetratin 0.5 mM	消化管（回腸）	No effect	21
				D-penetratin 0.5 mM	消化管（回腸）	AUC 4.5 times↑	21
				L-PenetraMax 0.5 mM	消化管（回腸）	No effect	21
				D-PenetraMax 0.5 mM	消化管（回腸）	No effect	21

PA＊は薬理学的利用率を示す。

自身の消化管での安定性や分解を受けた各 CPP 断片の細胞内在化能の違いが関与していると推察される。消化管吸収促進作用が顕著なのは，部位では小腸下部，CPPs としては，penetratin，penetraMax，oligoarginine（R8）などであり，吸収促進可能な薬物の分子量としては6万程度が限界のように考察される。また，薬物の分子量がより大きい場合，あるいは経口投与時のように消化酵素の影響が強い場合には，D 体 CPPs の方がより有効である。インスリンについては，CPPs 併用により皮下投与に対する相対的バイオアベイラビリティは L-penetratin（0.5 mM）では 5.5%，L-penetratin（2.0 mM）では約 35% まで上昇した。マウス経口投与による Proof-of-concept 試験の結果では，CPPs 併用により薬理学的利用率として約 18% が得られている[22]。実際の経口投与においては胃や小腸内でのインスリンの安定性を向上させる必要があるためそれを回避する製剤的工夫が必要であるが，インスリンの経口製剤化の可能性が期待される。

　表2から明らかなように，鼻粘膜における CPPs の吸収促進効果は，消化管適用時と比較してより強力であるが，それは消化管および鼻腔粘膜の透過性の差と，それぞれの粘膜における酵素

分解の程度の差異が影響していると推察される。鼻粘膜は小腸粘膜と同様に絨毛構造によって吸収面積が大きく，さらに肝初回通過効果を回避できる投与経路であることから，鼻粘膜を介した送達法は有用性が高い。また鼻腔内には，投与された物質が血液を経由せずに脳脊髄液あるいは脳に直接移行するルートがあり[35]，近年，脳への薬物輸送経路として着目されている。CPPs 非架橋型薬物送達法はこの経路においても極めて有効で，筆者らも鼻腔経路からのバイオ薬物の効率的脳内移行を実証している[36,37]。

5.3 CPPs 非架橋型薬物送達法における吸収促進メカニズム

筆者らは薬物を CPPs に化学的に架橋しなくても薬物の経粘膜吸収促進が起こることを見出してきたが，この場合は，薬物と CPPs 間の分子間相互作用が重要な因子となる。CPPs 非架橋型薬物送達法の概念図をインスリンを例として図1に示した。Oligoarginine は生理的 pH 条件下では強く正に荷電しているため，負電荷を持つ薬物とは静電的相互作用を介して分子間相互作用すると考えられるが，筆者らは実際に両者が強く結合し，また有効な吸収促進作用を発現するためには一定量の CPPs が薬物分子に結合する必要があることを表面プラズモン共鳴結合実験により見出してきた[33]。一方，penetratin についてはアミノ酸配列中に塩基性アミノ酸のみでなく，疎水性アミノ酸であるトリプトファンが含まれていることが特徴的であり，このトリプトファンが penetratin の細胞内取り込み能に関与していることも報告されている[38]。そのため，両親媒特

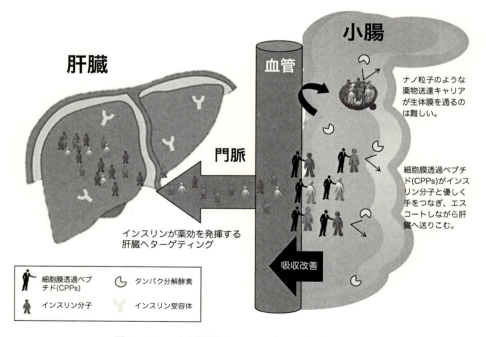

図1 CPPs 非架橋型インスリン経口送達法の概念図

第1章 バイオ医薬の経粘膜デリバリーにおける細胞膜透過ペプチド（CPPs）の有用性

性を持つ penetratin は，薬物に対する静電的相互作用のみでなく疎水的結合を引き起こす可能性も考えられる。実際，正電荷を有するインターフェロンβ（等電点：9.2）に対しても penetratin は顕著な吸収改善作用を示している（表2）。このように，他の薬物の経粘膜吸収へのCPPs の応用性を推定する上では，分子間相互作用を一つの指標として用いることが可能である。

CPPs により上皮細胞刷子縁膜側からのバイオ薬物の内在化が増大するとしても，取り込まれた薬物の基底膜側から血管側への移行機構については，現時点では不明である。これまでの報告から，CPPs 自身は細胞内に留まると考えられるため，薬物－CPP 複合体がそのままの形で細胞外へ放出されているとは考えにくい。おそらく細胞内に取り込まれた後は，複合体から解離した薬物が何らかの機構で細胞外へと移行していると推察される。

筆者らは，CPPs によるバイオ薬物吸収促進作用において，構造中の何が重要な因子であるかを理解することを目的として，penetratin のアミノ酸配列を改変した誘導体を用い，各ペプチド構造とインスリンに対する吸収促進効率の関係について比較検討を試みた[17]。まず，penetratin のアミノ酸配列中の塩基性および疎水性アミノ酸を他のアミノ酸に置換したペプチド，さらに penetratin 配列を基に断片化，末端への tetraarginine（R4）の付加，もしくは penetratin 全体のアミノ酸配列をシャッフルしたペプチドなどを用いて薬物吸収促進効率の増減を検討した。その結果，細胞内在化と同様に，グアニジノ基を側鎖に持つアルギニンが吸収促進作用の発現において重要であることが示唆された。また，penetratin の N もしくは C 末端への R4 の付加による吸収促進効率の増大は認められなかったことから，カチオン性の上昇による細胞表面結合の増大が必ずしも細胞内への到達を促進するわけではなく，penetratin の有する両親媒特性を最適に保持する必要があると考えられた。同様に，イソロイシンとフェニルアラニンをアルギニンに置換した誘導体および6番目のトリプトファン残基をフェニルアラニンに置換した誘導体の吸収促進効率は低下したことからも，penetratin の吸収促進作用において疎水性アミノ酸（特に6番目のトリプトファン）の存在，さらには最適な両親媒特性の形成が脂質二重膜との相互作用において重要因子となっていることが強調される。

6 臨床開発の状況

CPPs を化学結合させた薬物については，これまでに蓄積された多くの知見に基づき，現在，複数の製薬会社が局所あるいは全身適用を目的として，臨床試験が実施されている[26,39]。代表的なものとして，KAI-9803（TAT$_{47-57}$ ペプチドを結合させた選択的δPKC阻害剤（KAI Pharmaceutical, Inc.）），DTS-108（塩基性CPP を結合させた SN38 のプロドラッグ（Diatos Pharmaceuticals, Inc.）），RT002（150 kDa-botulinum toxin type A を CPP に結合したもの（Revance Therapeutics, Inc.））などがあり，臨床試験においてその有効性と安全性が検証されている。一方，CPPs の非架橋型送達法の臨床試験についてはまだ報告がない。

229

医療・診断をささえるペプチド科学—再生医療・DDS・診断への応用—

7　おわりに

　CPPs が見出されて以来，世界中で薬物治療における有効な利用法の探索と生体膜透過促進メカニズム解明が精力的に研究されている。CPPs の臨床活用を加速するためにはメカニズム解明は必須であろうし，また CPPs には細胞選択性がないため，利用するにあたってはそのリスク・ベネフィットを充分に考える必要があろう。このように解決しなければならない課題はあるとしても，CPPs は創薬における "生体膜透過" という高いハードルを越えるための極めて有用なツールであることは間違いない。今後，臨床で有効活用されることを期待している。

文　　献

1)　赤羽宏友，政策研ニュース，No.51, 9 (2017)
2)　朝倉俊成，Drug Delivery System, **31**, 408 (2016)
3)　M. Morishita *et al.*, *J. Control. Release*, **110**, 587 (2006)
4)　El-S. Khafagy *et al.*, *Adv. Drug Deliv. Rev.*, **59**, 1521 (2007)
5)　M. Morishita Biodrug Delivery Systems, p.7, Informa Healthcare (2009)
6)　A. D. Frankel and C. O. Pabo, *Cell*, **55**, 1189 (1988)
7)　M. Green and P. M. Loewenstein, *Cell*, **55**, 1179 (1988)
8)　E. Vives *et al.*, *J. Biol. Chem.*, **272**, 16010 (1997)
9)　A. Joliot *et al.*, *Proc. Natl. Acad. Sci. USA*, **88**, 1864 (1991)
10)　D. Derossi *et al.*, *J. Biol. Chem.*, **269**, 10444 (1994)
11)　M. Furuhata *et al.*, *Int. J. Pharm.*, **371**, 40 (2009)
12)　Y. Yamada *et al.*, *J. Pharm. Sci.*, **105**, 1705 (2016)
13)　T. Kanazawa *et al.*, *Biomaterials*, **34**, 9220 (2013)
14)　A. Vasconcelos *et al.*, *Int. J. Nanomedicine*, **10**, 609 (2015)
15)　M. Morishita *et al.*, *J. Control. Release*, **118**, 177 (2007)
16)　N. Kamei *et al.*, *J. Control. Release*, **132**, 21 (2008)
17)　El-S. Khafagy *et al.*, *J. Control. Release*, **143**, 302 (2010)
18)　El-S. Khafagy *et al.*, *Eur. J. Pharm. Biopharm.*, **85**, 736 (2013)
19)　El-S. Khafagy *et al.*, *AAPS J.*, **17**, 1427 (2015)
20)　Y. Iwase *et al.*, *Int. J. Pharm.*, **510**, 304 (2016)
21)　N. Kamei *et al.*, *J. Pharm. Sci.*, **105**, 747 (2016)
22)　E. J. B. Nielsen *et al.*, *J. Control. Release*, **189**, 19 (2014)
23)　二木史朗，中瀬生彦，生物物理，**50**, 137 (2010)
24)　J. R. Marks *et al.*, *J. Am. Chem. Soc.*, **133**, 8995 (2011)
25)　D. Zhang *et al.*, *J. Control. Release*, **229**, 130 (2016)

第1章　バイオ医薬の経粘膜デリバリーにおける細胞膜透過ペプチド（CPPs）の有用性

26）　G. Guidotti *et al.*, *Tends Pharmacol. Sci.*, **38**, 406（2017）
27）　H. D. Herce *et al.*, *J. Am. Chem. Soc.*, **136**, 17459（2014）
28）　P. Jarver *et al.*, *Tends Pharmacol. Sci.*, **31**, 528（2010）
29）　I. Nakase *et al.*, *Sci. Rep.*, **7**, 1991（2017）
30）　K. Miyata *et al.*, *Bioconjug. Chem.*, **27**, 1865（2016）
31）　N. Kamei *et al.*, *J. Control. Release*, **131**, 94（2008）
32）　El-S. Khafagy *et al.*, *J. Control. Release*, **133**, 103（2009）
33）　N. Kamei *et al.*, *J. Control. Release*, **136**, 179（2009）
34）　El-S. Khafagy *et al.*, *Int. J. Pharm.*, **381**, 49（2009）
35）　坂根稔康，ファルマシア，**29**, 1261（1993）
36）　N. Kamei *et al.*, *J. Control. Release*, **197**, 105（2015）
37）　N. Kamei *et al.*, *Mol. Pharm.*, **13**, 1004（2016）
38）　B. Christiaens *et al.*, *Eur. J. Biochem.*, **271**, 1187（2004）
39）　A. Dinca *et al.*, *Int. J. Mol. Sci.*, **17**, 263（2016）

第2章　タンパク質の細胞質送達を促進するヒト由来膜融合ペプチド

土居信英*

1　はじめに

　第Ⅱ編第5章や第Ⅲ編第1章，本編の他の章でも述べられているように，細胞透過性ペプチド（Cell-penetrating peptide；以下CPP）はタンパク質や核酸の細胞質送達に広く利用されているが，膜透過効率のさらなる改善が求められている（図1A）。最近我々は，CPPによる細胞質送達を数十倍促進することができるヒト由来の膜融合ペプチド（Fusogenic peptide；以下FP）を発見したので（図1B）[1]，本稿ではその発見に至る経緯と得られたペプチドの特性について概略を紹介したい。

2　細胞融合に関与するタンパク質の部分ペプチドの利用

　標的分子に対して高い特異性と親和性をもつ抗体やペプチド，核酸などのバイオ医薬は，従来の低分子化合物医薬と比べて副作用が少なく，治療効果が高い究極の分子標的薬として注目されているが，細胞膜透過性が低いという欠点があった。HIV1由来のTAT[2]や人工的なポリアルギニン[3]などのCPPを融合したタンパク質が細胞内に移行されることが見出されて以来，CPPはタンパク質などの細胞内導入ツールとして広く用いられているが，エンドサイトーシスで細胞内に取り込まれた後，エンドソームから細胞質への脱出効率が低いことが問題点の1つとして挙げられていた（図1A）。

　修士課程まで発生・生殖分野の研究室に所属していた新倉は，受精において精子と卵子が細胞融合するために必要なタンパク質の部分ペプチドが，抗体医薬などのタンパク質の細胞内デリバリーに応用できるのではないかという着想を得て，博士課程から当研究室で研究を開始した。その結果，ウニの受精に関与するタンパク質Bindinに含まれる55アミノ酸残基のコアドメインB55（図2）が，ヒト培養細胞に共添加したデキストランやIgG，プラスミドDNAなどの様々な高分子の細胞質へのトランス型の膜透過を促進することを発見した[4]。また，B55の中でも特に膜融合に重要であることが知られていた18アミノ酸残基のB18をFPとしてCPPであるTATとともに蛍光タンパク質eGFPに融合し（図2B），eGFP融合タンパク質を大腸菌で大量発現・精製して，ヒト培養細胞（Hela細胞）に添加し，蛍光タンパク質の細胞内への取り込み

＊　Nobuhide Doi　慶應義塾大学　理工学部　生命情報学科，大学院理工学研究科　教授

第2章　タンパク質の細胞質送達を促進するヒト由来膜融合ペプチド

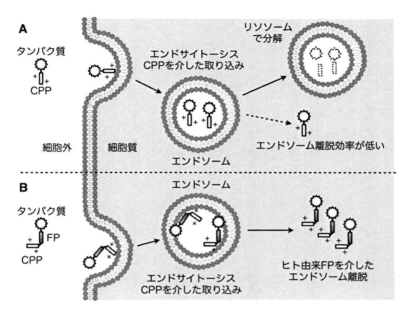

図1　細胞透過性ペプチド（CPP）および膜融合ペプチド（FP）を利用したタンパク質の細胞質送達

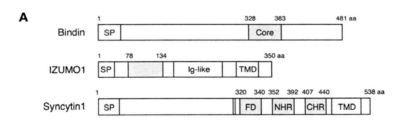

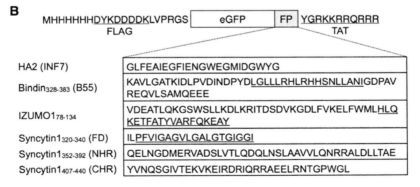

図2　タンパク質の細胞質送達を促進する膜融合ペプチド（FP）の探索
（A）細胞膜融合に関与するタンパク質のドメイン構造の模式図。FPの候補領域を灰色で示す。（B）eGFP融合タンパク質の模式図。FPのうちB55の配列中の下線はB18，FD中の下線はS19を示す。N末に精製用の6×HisタグとFLAGタグ，C末にCPPであるTATを含む。

を共焦点蛍光顕微鏡で観察した結果，従来から知られていたインフルエンザウイルス由来のFPであるHA2を用いた場合よりも約10倍高い取り込みを示すことを見出した[4]。

さらに，B18またはB55を上皮成長因子受容体（EGFR）に対する一本鎖抗体と融合したタンパク質を大量発現・精製し，EGFRの発現量が異なるヒト培養細胞に添加した。その結果，B18を融合した抗EGFR一本鎖抗体は，EGFRの発現量が多いヒト培養細胞により多く取り込まれた[5]。また，B55を融合した一本鎖抗体は，共添加した蛍光標識デキストランの取り込みを促進したが，このとき，EGFRの発現量が多い細胞ほどより高い取り込みが確認された[5]。これらの結果は，FPと膜抗原に対する低分子抗体との組み合わせが細胞選択的DDSに応用できる可能性を示している。

3　ヒト由来の膜透過促進ペプチドの探索

上記ウニBindinタンパク質の部分ペプチドの機能解析の結果，従来から知られていたウイルス由来のFP以外にも，細胞融合に関与するタンパク質の部分ペプチドをFPとしてタンパク質などの様々なバイオ医薬の人為的な膜透過を促進できる可能性が示された。しかし，B18はウニ由来のペプチド配列であるため，そのままバイオ医薬に適用するには免疫原性の懸念があった。ウニBindinタンパク質のヒトホモログは存在しないため，新たに，細胞融合に関与することが知られているヒト由来のタンパク質の中から，人工的な膜透過促進ペプチドとして機能し得る部分ペプチドを探索することとした[1]。

具体的には，ヒトの受精に関与するIZUMO1，および，ヒト胎盤形成における細胞融合に関与するSyncytin1というタンパク質の中から，膜融合に関与すると推定されていた部分ペプチドをFP候補として選択し（図2A：灰色），TATとともにeGFPに融合し（図2B），eGFP融合タンパク質を大腸菌で大量発現・精製してHela細胞に添加した結果，IZUMO1の78〜134番目のペプチドと，Syncytin1の320〜340番目のペプチドを融合した場合に高い取り込みが観察された[1]。さらに，それらの長さをさらに短くした融合タンパク質を作製し，機能に必要な領域を絞り込んだ結果，IZUMO1については116〜134番目（図2B：下線），Syncytin1については322〜340番目まで短くしても細胞取り込み活性を維持していた[1]。

特に，Syncytin1の19アミノ酸残基のペプチド（S19と命名）をeGFPに融合した場合に高い取り込みが観察されたことから（図3A），これ以降はS19を中心に解析を進めた。まず，このペプチドが細胞毒性を示さないことを確認するために，eGFP融合タンパク質を添加した際のHela細胞の生存率を測定したところ，細胞の増殖や生存には影響はみられなかった（図3B）。さらに，これらのS19融合タンパク質の膜透過性を迅速かつ正確に評価するために，核移行シグナル配列（NLS）の利用について検討した。蛍光顕微鏡観察では，エンドソーム内のタンパク質と細胞質のタンパク質を区別して定量することは簡単ではなかったが，融合タンパク質にあらかじめNLSを融合しておくことにより（図3C上），エンドソームを離脱し細胞質に移行した融

第2章 タンパク質の細胞質送達を促進するヒト由来膜融合ペプチド

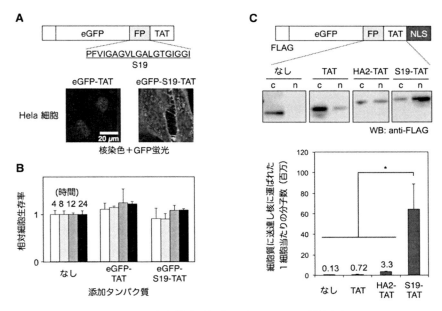

図3 ヒト由来膜透過促進ペプチドS19の機能解析
(A) eGFP融合タンパク質をHela細胞に添加して1時間後の共焦点蛍光顕微鏡画像。(B) eGFP融合タンパク質をHela細胞に添加して4〜24時間後の細胞生存率をWST-1アッセイにより定量。(C) 核移行シグナル（NLS）を付加したeGFP融合タンパク質をHela細胞に添加して1時間後，核画分（n）とエンドソームを含む核以外の画分（c）に分離し，抗FLAG抗体を用いたウェスタンブロット(WB)により核に移行した分子数を定量。

合タンパク質のみが核に輸送されるため，その後，分画により核画分を抽出して核に含まれる融合タンパク質を定量することで，FP融合タンパク質の膜透過性を定量的に評価することができた（図3C中）。その結果，S19を融合することで，TATのみの場合よりも約90倍，従来のFPとしてHA2を用いた場合よりも約20倍高い細胞質送達効率を示した（図3C下）。

さらに，このS19ペプチドの効果は，Hela細胞以外の様々なヒト培養細胞（A431，HepG2，SK-N-SHなど）に対して，eGFP以外のタンパク質（116 kDaのサブユニットが四量体を形成する大きな酵素であるβ-ガラクトシダーゼや，細胞内標識によく用いられている20 kDaの酵素であるSNAPタグ）を融合した場合にも観察されたことから[1]，膜透過促進ペプチドとして汎用性が高いことも確認できた。特に，SNAPタグはベンジルグアニンと共有結合するので，今後，ベンジルグアニン標識した様々な高分子の細胞内送達にそのまま利用することが期待できる。

以上のように，従来の膜作用性ペプチドよりも効率よく細胞質送達を促進するヒト由来の膜透過促進ペプチド配列を同定することに成功した。

医療・診断をささえるペプチド科学—再生医療・DDS・診断への応用—

4　ヒト由来の膜透過促進ペプチド S19 の作用機序

　S19-TAT を融合したタンパク質がどのような経路で細胞質に送達しているかを明らかにすることは，より効率的な膜透過促進ペプチドの合理的デザインにもつながる。TAT などの塩基性ペプチドは細胞表面の負電荷を帯びたプロテオグリカンとの静電的相互作用をきっかけとしてマクロピノサイトーシスなどのエンドサイトーシス経路を介して細胞内に移行することが知られている[6]。そこで，まず，各種エンドサイトーシス阻害剤を用いて細胞内取り込みへの影響を調べた結果，S19-TAT を融合した蛍光タンパク質も TAT と同様にマクロピノサイトーシスを介して細胞内に取り込まれていることが確認できた[1]。また，初期エンドソームから後期エンドソームへの移行を阻害する化合物も細胞質送達を抑制したことから，S19-TAT 融合タンパク質は初期エンドソーム（EE）ではなく後期エンドソーム（LE）から細胞質に離脱していることが示唆された[1]。そこで，次に，このことを検証するために，EE および LE の脂質組成を模倣したリポソームを調製し，S19-TAT ペプチドとの相互作用を調べることにした。

　従来の FP である HA2 や GALA は，エンドソーム内の酸性の pH に応答してヘリックス構造を形成することが膜透過促進活性に重要であることが知られている[7,8]。そこで，まず，化学合成した S19-TAT ペプチドの 2 次構造形成能の pH 依存性を調べたところ，ペプチド単独や EE 模倣リポソーム存在下ではいずれの pH でも 2 次構造を形成しなかったが，LE 模倣リポソーム存在下では pH に依らず β ストランド構造を形成した（図 4A）。この 2 次構造は TAT ペプチドのみでは形成されなかったことから，S19 部分に由来していることが示唆された。次に，S19-TAT と LE 模倣膜との相互作用を調べるために，S19-TAT または TAT を融合した eGFP を内包したリポソームを調製し，蛍光タンパク質の局在を共焦点蛍光顕微鏡で観察したところ，EE 模倣リポソームでは eGFP の蛍光はリポソーム内部全体に一様に広がっていたのに対し，LE 模倣リポソームでは S19-TAT および TAT のみを融合した eGFP はどちらも LE 膜近傍に局在した（図 4B）。この理由は LE 膜に含まれる負電荷をもった脂質 BMP[9] とカチオン性の TAT との間の静電的相互作用によるものと考えられる。さらに，リポソーム漏出アッセイの結果，蛍光色素カルセインを内包した LE 模倣リポソームの外側に S19-TAT ペプチドを添加したときに最も顕著に蛍光色素の漏出が検出された（図 4C）。

　以上の結果から，S19-TAT は TAT 部分で細胞膜のプロテオグリカンと相互作用してマクロピノサイトーシスで細胞内部に取り込まれた後，EE でプロテオグリカンから解離し[6]，LE に移行したときに TAT 部分で LE 膜と結合し，その結果，S19 部分が β 構造を形成して LE から細胞質への離脱を促進しているのではないかと考えられる。S19 がどのようにして膜透過を促進しているかは未だ不明であるが，HA2 や GALA のような α ヘリックス構造ではなく β 構造が膜透過を促進する例も報告されており[10,11]，S19 も β ストランド構造を形成して膜に挿入されて膜を不安定化することで膜透過を促進している可能性がある。または，TAT を二量体化することで膜透過が促進されることが報告されていることから[12]，2 つの S19-TAT 分子間の平行 β シート

236

第2章 タンパク質の細胞質送達を促進するヒト由来膜融合ペプチド

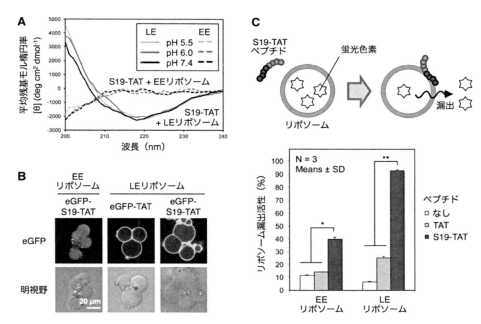

図4 S19-TATペプチドとエンドソーム膜模倣リポソームとの相互作用解析
(A) 初期エンドソーム (EE) または後期エンドソーム (LE) 模倣リポソーム存在下におけるS19-TATペプチドの円二色性スペクトル。(B) eGFP融合タンパク質を内包したEEまたはLE模倣リポソームの共焦点顕微鏡画像。(C) 蛍光色素を内包したEEまたはLE模倣リポソームの外側にS19-TATペプチドを添加した際のリポソーム内部漏出活性の定量（*$p<0.001$；**$p<0.000001$）。脂質組成は，DOPC：DOPE：cholesterol＝65：15：20（EE模倣リポソーム），または，BMP：DOPC：DOPE＝77：19：4（LE模倣リポソーム）。

構造の形成により二量体を形成することで膜透過が促進されている可能性もある。

5 おわりに

今回我々が発見したヒト由来の膜透過促進ペプチドを用いて，これまでCPPのみで行われていたタンパク質の細胞質送達を大幅に向上させることで，ヒト細胞内へのタンパク質導入を必要とする基礎研究やDDSなどの応用研究に貢献することが期待できる。ヒト由来FPの免疫原性はまだ*in vivo*で評価されてはいないが，ヒト以外のペプチドを用いる場合よりも潜在的な抗原性は低いことが期待できる。将来的には，我々のヒト由来FPと様々な膜抗原に対する低分子抗体とを組み合わせることで，細胞内の疾患標的に対するバイオ医薬（抗体，ペプチド，核酸など）の細胞選択的なDDSへの応用についても検討中である。

謝辞
本研究を遂行してくれた須藤慧君，新倉啓介博士をはじめとする当研究室メンバーに感謝いたします。

医療・診断をささえるペプチド科学—再生医療・DDS・診断への応用—

文　　献

1) K. Sudo *et al.*, *J. Control. Release*, **255**, 1 (2017)
2) E. Vives *et al.*, *J. Biol. Chem.*, **272**, 16010 (1997)
3) S. Futaki *et al.*, *J. Biol. Chem.*, **276**, 5836 (2001)
4) K. Niikura *et al.*, *J. Control. Release*, **212**, 85 (2015)
5) K. Niikura *et al.*, *J. Biochem.*, **159**, 123 (2016)
6) J. S. Wadia *et al.*, *Nat. Med.*, **10**, 310 (2004)
7) J. Lorieau *et al.*, *Proc. Natl. Acad. Sci. USA*, **109**, 19994 (2012)
8) E. Goormaghtigh *et al.*, *Eur. J. Biochem.*, **195**, 421 (1991)
9) T. Kobayashi *et al.*, *Nat. Cell Biol.*, **1**, 113 (1999)
10) J. Oehlke *et al.*, *FEBS Lett.*, **415**, 196 (1997)
11) P. Wadhwani *et al.*, *Eur. Biophys. J.*, **41**, 177 (2012)
12) A. Erazo-Oliveras *et al.*, *Nat. Methods*, **11**, 861 (2014)

第3章　核酸医薬のデリバリーを指向した Aib含有ペプチドの創製

和田俊一[*1], 浦田秀仁[*2]

1　はじめに

アミノ酸の3文字記号 Aib で表される α-aminoisobutyric acid は，ノンコーディングアミノ酸の一種であり，その化学構造はアラニンの α-水素がメチル基に置換した α,α-ジメチル構造を有する。Aib を含有する天然由来ペプチドとしては，真菌の代謝産物である抗菌性ペプチド「peptaibol」が古くから知られており，その構造と活性について研究されてきた[1]。Aib が組み込まれたペプチドは，Aib の α,α-ジメチル構造によりコンフォメーションの自由度が制限され，そのペプチドはヘリックス構造を指向[2]することが知られており，また脂溶性の増大による膜に対する親和性の上昇[3]や細胞膜透過性の亢進[4]，生体内での各種酵素に対する安定性[5]や熱安定性の上昇[6]などを示すことが知られている。近年，Aib がタンパク質やペプチドに組み込まれ，機能が向上した例として，熱安定性タンパク質，サーモリシンの Aib 含有 C-末端フラグメントが熱安定性の上昇を示したこと[6]，HIV カプシドタンパク質から誘導された Aib 含有ペプチドが細胞膜透過性の上昇と抗ウィルス効果の増大を示したこと[4]，さらに Aib とアルギニンを組み合わせた両親媒性ヘリックスペプチドが種々の微生物に対し抗菌活性を示したことなどが報告されている[7]。

著者らはこのような特性を有する Aib を細胞膜透過性ペプチドに組み込み，その膜透過性の検討を行ってきた。細胞膜透過性ペプチドは，塩基性アミノ酸であるリシン（Lys）やアルギニン（Arg）を含む塩基性ペプチドが主で，これらをドラッグデリバリーツールとしてさまざまな極性化合物や高分子化合物，例えばペプチドやタンパク質，オリゴヌクレオチド，極性小分子の細胞内輸送の応用例が報告されている[8]。これらの膜透過が困難な物質のうち，著者らは核酸医薬に用いられる合成オリゴヌクレオチドの細胞内デリバリーに興味を持って検討を行ってきた。合成オリゴヌクレオチドを基盤とした核酸医薬は，低分子医薬，抗体医薬に続く医薬品として期待されており，その代表として核酸アプタマー，アンチセンス核酸，低分子干渉 RNA（small interfering RNA：siRNA），リボザイム，デコイ核酸などが挙げられる。しかし，これまでに医薬品として上市されたものは数種にとどまっている。核酸を生体に適用する上で障壁となっている要因として，核酸分子の生体内不安定性（ヌクレアーゼによる分解）と膜透過性の低さが挙げ

＊1　Shun-ichi Wada　大阪薬科大学　機能分子創製化学研究室　准教授
＊2　Hidehito Urata　大阪薬科大学　機能分子創製化学研究室　教授

医療・診断をささえるペプチド科学―再生医療・DDS・診断への応用―

られる。これらの問題を解決するツールとして Aib 含有ペプチドを本稿で紹介する。本稿の内容としては，著者らがデザインした「peptaibol 由来の Aib 含有ペプチド」および「Aib 含有両親媒性ヘリックスペプチド」による細胞膜透過性と，それらを用いたオリゴヌクレオチドの細胞内デリバリーについて詳述する。

2 　細胞膜透過性ペプチド中の Aib 残基の重要性

2.1 　Peptaibol 由来 Aib 含有ペプチドの細胞膜透過性[9, 10]

　著者らは，真菌（*Trichoderma viride*）より単離された 11 残基の peptaibol のアミノ酸配列をベースとしたペプチド，TV-XIIa が細胞膜透過性ペプチドの 1 種であることを見出した（表 1）。TV-XIIa は，分子内に Aib を 3 残基有し，主に 3_{10^-} ヘリックス構造をとるペプチドである。また，TV-XIIa 中に存在する Aib 残基が細胞膜透過において重要であること，分子中のヘリックス含量が多いほど細胞膜透過能が高いことを見出した。具体的なその構造活性相関研究として，Aib 残基の影響を検討する目的で，TV-XIIa 中に存在する 3 つの Aib 残基を Ala に置換したペプチド 3 種類（P-I〜P-III），コンフォメーションの影響を検討するために TV-XIIa 中に存在するヘリックス形成に関与する水素結合をもたない 2 つの Pro 残基をヘリックス形成促進残基である Aib に置換したペプチド 3 種類（P-IV〜P-VI）の合成を行い，ヒト肺がん細胞（A549）に対する細胞膜透過性を検討した（表 1）。ペプチドの細胞膜透過性は，ペプチドの C-末端 Cys 残基の側鎖チオール基を介して蛍光ラベル化後，合成した蛍光ラベル化ペプチドを A549 細胞に作用させ，細胞に取り込まれた蛍光量を測定することによりペプチドの細胞膜透過能を評価した。図 1 に示すように，TV-XIIa 中の 3 つの Aib 残基のうちの 1 つでも Ala に置換すると（P-I〜P-III），TV-XIIa より細胞膜透過能が低下し，2 つの Pro 残基のうちの 1 つを Aib に置換する（P-V，P-VI）とその細胞膜透過能は TV-XIIa と同等かやや優れているということがわかった。また，さらに TV-XIIa 中の 2 つの Pro 残基の両方を Aib に置換する（P-IV）と著しく細胞膜透過性が上昇することを明らかにし，この透過性は細胞膜透過性ペプチドとしてよく知られている Arg 残基が 8 つ連続している Arg-octamer（R8）より優れていることがわかった。これ

表 1 　膜透過性ペプチド TV-XIIa とその類縁体

	アミノ酸配列											
	1	2	3	4	5	6	7	8	9	10	11	12
TV-XIIa	acetyl-Aib-Asn-Ile-Ile-Aib-Pro-Leu-Leu-Aib-Pro-Ile-Cys-NH$_2$											
P-I	acetyl-Aib-Asn-Ile-Ile-Aib-Pro-Leu-Leu-Ala-Pro-Ile-Cys-NH$_2$											
P-II	acetyl-Ala-Asn-Ile-Ile-Aib-Pro-Leu-Leu-Aib-Pro-Ile-Cys-NH$_2$											
P-III	acetyl-Aib-Asn-Ile-Ile-Ala-Pro-Leu-Leu-Aib-Pro-Ile-Cys-NH$_2$											
P-IV	acetyl-Aib-Asn-Ile-Ile-Aib-Aib-Leu-Leu-Aib-Aib-Ile-Cys-NH$_2$											
P-V	acetyl-Aib-Asn-Ile-Ile-Aib-Pro-Leu-Leu-Aib-Aib-Ile-Cys-NH$_2$											
P-VI	acetyl-Aib-Asn-Ile-Ile-Aib-Aib-Leu-Leu-Aib-Pro-Ile-Cys-NH$_2$											

第3章　核酸医薬のデリバリーを指向したAib含有ペプチドの創製

らのペプチドのコンフォメーションをCDスペクトルを用いて解析すると, Aib→Ala置換したP-I～P-IIIは, TV-XIIa同様, 主に3_{10}-ヘリックス構造をとり, Pro→Aib置換したP-IV～P-VIは, 主にα-ヘリックス構造をとっていることがわかった。これらペプチドのヘリックス含量を比較してみると, Aib→Ala置換したP-I～P-IIIは, それぞれほぼ同じヘリックス含量を示し, Pro→Aib置換したP-IV～P-VIは, 前者のペプチドよりヘリックス含量が増加する傾向を示した。特にTV-XIIaの2つのPro残基を両方ともAibに置換したP-IVは, 最もヘリックス含量が多いことがわかった。つまり, このヘリックス含量の増加傾向と細胞膜透過性の強さは一致していることがわかった。これらのデータから, Aib含有ペプチドが細胞膜透過性を発揮するには, Aib残基の存在とその数, およびヘリックス構造が重要であることがわかった。

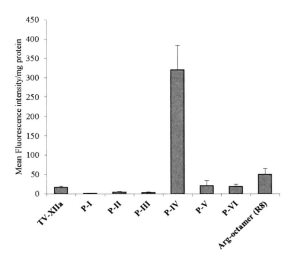

図1　TV-XIIa, Aib→Ala置換体（P-I～P-III）およびPro→Aib置換体（P-IV～P-VI）とArg-octamer（R8）の細胞膜透過性

A549細胞に10μMの蛍光ラベル化ペプチドを37℃, 2時間作用させた後, 細胞を溶解し, 細胞内に移行した蛍光量を測定した。

2.2　細胞膜透過性両親媒性ヘリックスペプチド中のAib残基の重要性[11]

前項で細胞膜透過性ペプチドのヘリックス構造形成および細胞膜透過能に対するAib残基の重要性が明らかになったことにより, 著者らは次にヘリックス構造を形成する細胞膜透過性ペプチドMAP（Model Amphipathic Peptide）にAibを組み込むことを考えた。MAPは, 疎水性アミノ酸（Leu, Ala）と親水性塩基性アミノ酸（Lys）を組み合わせてデザインされた両親媒性ヘリックスペプチドで（図2(a)）[12], このペプチドの細胞膜透過性や核酸分子のデリバリーツールとしての有用性が報告されている[13]。著者らは, MAPのAla残基をAibに置換することによって, Aib残基を組み込んだペプチドの特長である, リジッドなヘリックス構造の形成, 細胞膜透過性の向上, 加水分解酵素に対する抵抗性を有した細胞膜透過性ペプチドの創製ができるのではないかと考えた。具体的なAib残基の置換位置については, MAPのヘリックス軸における疎水性領域に配置されている5個のAla残基をすべてAibに置換したペプチドを合成し, MAP(Aib)と命名した（図2）。細胞を用いた実験より, このヘリックスペプチド中のAla→Aib置換が細胞膜透過性を向上させることを明らかにした。図3にA549細胞に対するMAPとMAP(Aib)の蛍光ラベル化体の細胞内取り込み能を示した。この結果より濃度（0.5～2.0μM）および時間（3～24時間）依存的にMAP(Aib)が細胞内に移行していることがわかり,

(a)

	アミノ酸配列[a,b]
MAP	acetyl-KLALKLALKALKAALKLA-NH$_2$
MAP(Aib)	acetyl-KLULKLULKULKAULKLU-NH$_2$
P-VII	acetyl-KLULKLULKULKAULKLUG*C(cRGDfC)*-NH$_2$
P-VII-acetamide[c]	acetyl-KLULKLULKULKAULKLUG*C(CH$_2$CONH$_2$)*-NH$_2$
P-VIII	acetyl-KLULKLULKULKA*C(cRGDfC)*LKLUG-NH$_2$
P-IX	acetyl-K*C(cRGDfC)*ULKLULKULKA*C(cRGDfC)*LKLUG-NH$_2$
P-X	acetyl-KLULKLU*C(cRGDfC)*KULKA*C(cRGDfC)*LKLUG-NH$_2$
P-XI	acetyl-K*C(cRGDfC)*ULKLU*C(cRGDfC)*KULKA*C(cRGDfC)*LKLUG-NH$_2$

[a] Aib含有両親媒性ヘリックスペプチドとcRGDfC[cyclo(-Arg-Gly-Asp-D-Phe-Cys-)]の縮合は，ジスルフィド結合形成により行った。
[b] U：α-aminoisobutyric acid (Aib)。[c] Cysのチオール基にacetamide基を結合させた。

(b)

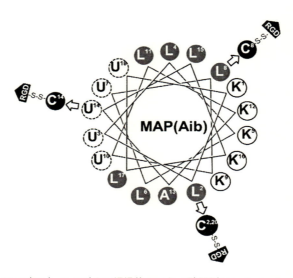

図2 MAPとMAP(Aib)およびその類縁体のアミノ酸配列とhelical wheel diagram
(a) MAPとMAP(Aib)およびMAP(Aib)-cRGDfC[cyclo(-Arg-Gly-Asp-D-Phe-Cys-)]類縁体。
(b) MAP(Aib)のhelical wheel diagramとcRGDfC[cyclo(-Arg-Gly-Asp-D-Phe-Cys-)]の結合位置。ヘリックス構造中の疎水性領域あるいはC-末端にCysを配置し，ジスルフィド結合を介してcRGDfCと結合させた。

ベースとしたMAPより強い細胞膜透過能を有することがわかった。また加水分解酵素であるトリプシンやプロナーゼに対してMAPが10分以内に完全に加水分解される条件で，MAP(Aib)はこれらの酵素による加水分解に対して耐性を示し，トリプシンに対しての半減期 ($t_{1/2}$) は約72分，プロナーゼに対しては32分の半減期を示した。この両親媒性ヘリックスペプチドにおいてもAla→Aib置換が細胞膜透過において重要であることが示された。

第3章 核酸医薬のデリバリーを指向した Aib 含有ペプチドの創製

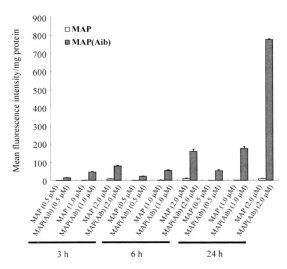

図3 蛍光ラベル化 MAP および MAP(Aib)の細胞膜透過性
ペプチド濃度：0.5〜2.0 μM，インキュベーション温度：37 ℃，インキュベーション時間：3〜24 時間で細胞膜透過性実験を行った後，細胞溶解液の蛍光量を測定した。

3 Aib 含有細胞膜透過性ペプチドの核酸医薬のデリバリーツールとしての可能性

3.1 Peptaibol 由来 Aib 含有ペプチドによるアンチセンス核酸の細胞内デリバリー[10]

TV-XIIa の Aib 置換体の内，最も細胞膜透過能が高かった P-IV をアンチセンス法で用いられる1本鎖オリゴヌクレオチド（ODN）のデリバリーツールとして用い，アンチセンス効果の検討を行った。アンチセンス ODN（AODN）を用いるアンチセンス法とは，タンパク質を発現するメッセンジャー RNA（mRNA）をターゲットとして，その相補的塩基配列を有する 20 mer 程度の ODN を細胞内に導入することで，ODN が mRNA と相補的に結合し，タンパク質への翻訳を阻害する手法である。P-IV と ODN はジスルフィド結合を介してコンジュゲート体とし，P-IV の細胞膜透過能を利用し AODN を細胞内に導入し，活性発現を起こす設計をしている（図4）。細胞内はグルタチオンが高濃度で存在する還元的環境になっており，分子内にジスルフィド結合を有した化合物が細胞内に入ると，グルタチオンによって還元されることが知られている[14]。それ故，P-IV-AODN コンジュゲート体が細胞内に入ると，ペプチドと活性本体である AODN が細胞内還元により解離し，AODN が細胞内で相補的に mRNA と結合するという戦略である。用いた ODN はルシフェラーゼ安定発現 A549（A549-Luc）細胞のルシフェラーゼ遺伝子 341〜355 番目に対するアンチセンス鎖，およびネガティブコントロールとしてそのセンス鎖を用い[15]，アンチセンス効果の測定は，ルシフェラーゼの発現量を測定することより行った。図5に示したように，P-IV-ODN コンジュゲート体を 5，10 μM で作用させたところ，細胞内に移

243

行したAODNによりルシフェラーゼの発現量が減少し，アンチセンス効果が起こったことがわかった。しかし，P-IVの強い細胞膜透過性を考えると，予想よりも低いアンチセンス効果しか示さなかった。P-IVとODNとの共有結合性のコンジュゲート形成によるP-IVの物性変化に伴って，本来の細胞膜透過能が発揮できなかったと考えられ，活性の向上が今後の検討課題である。

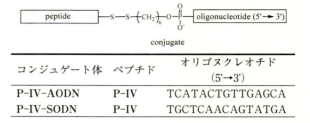

コンジュゲート体	ペプチド	オリゴヌクレオチド (5'→3')
P-IV-AODN	P-IV	TCATACTGTTGAGCA
P-IV-SODN	P-IV	TGCTCAACAGTATGA

図4 ペプチド-オリゴヌクレオチドコンジュゲート体
オリゴヌクレオチドはホスホロチオエート型のものを用い，AODNはルシフェラーゼ遺伝子の341〜355番目と相補的塩基配列を有するもの，SODNはコントロールとしてそのセンス鎖を用いた。

3.2 MAP（Aib）によるsiRNAの細胞内デリバリー[16]

　RNA干渉法（RNA interference：RNAi）に用いるsiRNAは，mRNAを認識するアンチセンス鎖とその相補鎖のセンス鎖からなる短鎖の合成2本鎖RNAである。siRNAが細胞内に入ると，そのアンチセンス鎖がヌクレアーゼ活性を有する内因性タンパク質と複合体（RNA-induced silencing complex：RISC）を形成し，これが標的となるmRNAを切断する。このように，RNA干渉法はアンチセンス法同様，mRNAからタンパク質への翻訳を阻害する手法であるが，アンチセンス法と比較して低濃度のsiRNAで効率よく遺伝子発現を抑制できるため，核酸医薬として有望視されている。

　細胞膜透過能を有するMAP（Aib）をさらにsiRNAのがん細胞へのデリバリーツールとして展開するため，がん細胞に過剰に発現している$α_vβ_3$インテグリンレセプターに特異的に結合するRGD（Arg-Gly-Asp）モチーフ[17]をMAP（Aib）に結合させ，標的認識能を付加させた。RGDモチーフは，cyclo(-Arg-Gly-Asp-D-Phe-Cys-)（cRGDfC）を用い，MAP（Aib）の両親媒性構造の疎水性面側のアミノ酸残基をCysに置換，あるいはC-末端にCysを配置し，ジスルフィド結合を介してcRGDfCを結合させ，MAP（Aib）中の様々な位置にRGDの個数の異なる類縁体を合成した（図2）。標的認識能を付加したMAP（Aib）によるsiRNAの細胞内デリバリーとしては，「①静電的相互作用を利用しペプチド/siRNA複合体を形成させる，②その複合体ががん細胞表面に過剰発現している$α_vβ_3$インテグリンレセプターを認識する，③その後MAP（Aib）の細胞膜透過能を利用し複合体が細胞内に移行する，④細胞内に移行した複合体からsiRNAの放出，RNA干渉効果を引き起こす。」という戦略を立てた。

　蛍光ラベル化siRNAを用いた細胞膜透過性実験から，cRGDfCの数や位置によりMAP（Aib）の細胞内デリバリー能力が異なることがわかった（図6）。RGD配列を持たないP-VII-acetamideを基準としてsiRNAの細胞内取り込み量を比較すると，MAP（Aib）のC-末端にRGD配列を有するP-VII，2，14番目にRGD配列を2個有するP-IXがP-VII-acetamideよりも強く，最も細胞内取り込み量が多いことを示した。またP-VIII，P-XIは細胞内取り込みが認

第3章 核酸医薬のデリバリーを指向したAib含有ペプチドの創製

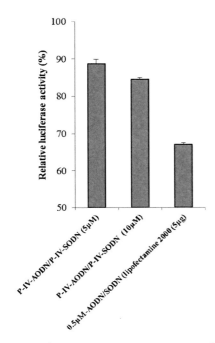

図5 ペプチド-オリゴヌクレオチドコンジュゲート体によるアンチセンス効果
A549-Luc細胞に5μM, 10μM濃度でP-IV-ODNコンジュゲート体を作用させた。またポジティブコントロールとしてAODN（0.5μM）/lipofectamine 2000（5μg）を用いた。縦軸の%は、「（AODNによるルシフェラーゼの発現量／SODNによるルシフェラーゼの発現量）× 100」で算出した。

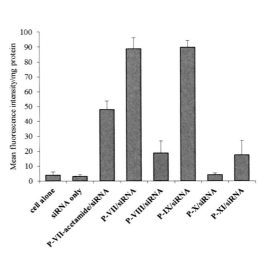

図6 ペプチド/蛍光ラベル化siRNA複合体の細胞膜透過性
ペプチド/蛍光ラベル化-siRNA複合体（2.5μM/25 nM）を37℃, 8 h, A549細胞に作用させた後、細胞を溶解し、蛍光量を測定した。

められるものの，P-VII-acetamideよりも弱い結果であった。一方，P-Xに関しては全く取り込みが認められなかった。

　最も取り込み能の強いP-VII/siRNA, P-IX/siRNA複合体の細胞内取り込み機構は，共焦点レーザー顕微鏡を用いた実験および低温実験から，P-VII/siRNA複合体はエンドサイトーシス機構と非エンドサイトーシス機構の両導入メカニズムを有すること，P-IX/siRNA複合体は主にエンドサイトーシス機構であることがわかった。また，標的認識性に関しては，$α_vβ_3$インテグリンレセプターに対して選択的かつ高い親和性を有するcyclo(-Arg-Gly-Asp-D-Phe-Val-)（cRGDfV）[18]とP-VII/siRNAあるいはP-IX/siRNA複合体の細胞内共取り込み実験より，P-VII/siRNA複合体は$α_vβ_3$インテグリンレセプターを認識していることがわかったが，P-IX/siRNA複合体については現在のところ明瞭な結果が得られていない。

　次に，細胞内に移行したペプチド/siRNA複合体のRNAi効果の検討を行った。A549-Luc細胞に対して抗ルシフェラーゼ-siRNA（sense strand：5'-CUU ACG CUG AGU ACU UCG A dTdT-3'; antisense strand：5'-UCG AAG UAC UCA GCG UAA G dTdT-3')[19]を用い，前項同様，ルシフェラーゼ発現量を定量することによりRNAi効果を検討した。図7に示すように蛍光siRNAの取り込み能に優れた，P-VII/siRNA複合体のみにルシフェラーゼの発現抑制が認められ，その抑制効果は既存のトランスフェクション試薬であるlipofectamine 2000を用いた場合より強いことがわかった。またRGD配列を持たないP-VII-acetamideに全く抑制効果が認められなかったことから，MAP（Aib）にRGDを付与することの重要性が認められた。また，蛍光siRNAの取り込み能が強かったP-IX/siRNA複合体に関しては，培養時間を延長すると活性発現が引き起こされ，RNAi効果が遅延して発現することがわかった。これは，先で述べたようにP-IX/siRNA複合体の細胞内取り込みメカニズムが

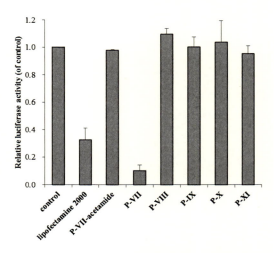

図7 ペプチド/siRNA複合体およびlipofectamine 2000/siRNA複合体のRNA干渉効果
A549-Luc細胞にペプチド/抗ルシフェラーゼ-siRNA複合体（1.0 μM/10 nM）を37℃，8hインキュベーション後，24h培養した。化合物を含まない細胞のルシフェラーゼの発現量を1.0（control）とし，各複合体のルシフェラーゼ発現量をその相対値で示した。

エンドサイトーシスであることから考えると，エンドソーム／リソソーム中にトラップされた複合体が細胞質に放出されるのに時間を要するものと考えられる。

4　まとめ

今回，本稿に述べた真菌由来の膜透過性ペプチドTV-XIIaをベースとしたAib含有ペプチドおよび細胞膜透過性ペプチドMAPのAla残基をAibに置換したMAP（Aib）が，もとのペプチドよりも強い細胞膜透過性を示し，細胞膜透過性ペプチド中にAibを組み込むことの有用性を示した。またこれらを核酸のデリバリーツールとしての利用を考え，前者のペプチドアナログに関しては核酸と共有結合を介して，後者のMAP（Aib）類縁体に関しては静電的相互作用を利用して核酸と複合体を形成し，核酸を細胞内に送達することが可能であることを示した。

近年，抗体医薬をはじめとする高分子医薬品の開発研究が活発に行われ，核酸医薬に関してもいくつかの臨床試験が進行しており[20]，2017年7月に日本で初めて乳児型脊髄性筋萎縮症（SMA）治療薬としてアンチセンスオリゴヌクレオチドが製造販売承認された。また，臨床試験が進行している中で，治療抵抗性乳がんを対象とした抗RPN2-siRNAに対してはペプチド（Ac-Ala-Ala-Ala-Ala-Ala-Ala-Lys-NH$_2$）がデリバリーツールとして用いられている[21]。本稿で述べたAib含有ペプチドに関しても核酸医薬のデリバリーツールとして機能し，核酸医薬開

第 3 章　核酸医薬のデリバリーを指向した Aib 含有ペプチドの創製

発におけるブレイクスルーとなるとことを期待している。

文　　　献

1)　M. S. P. Sansom, *Q. Rev. Biophys.*, **26**, 365 (1993)
2)　I. L. Karle *et al.*, *Biochemistry*, **29**, 6747 (1990)；C. Toniolo *et al.*, *Macromolecules*, **24**, 4004 (1991)
3)　J. W. Taylor *et al.*, *Methods Enzym.*, **154**, 473 (1987)；K.-P. Voges *et al.*, *Biochim. Biophys. Acta*, **826**, 64 (1987)
4)　A. Lampel *et al.*, *Chem. Commun.*, **51**, 12349 (2015)
5)　H. Yamaguchi *et al.*, *Biosci. Biotechnol. Biochem.*, **67**, 2269 (2003)；S. Zikou *et al.*, *J. Pept. Sci.*, **13**, 481 (2007)
6)　V. D. Filippis *et al.*, *Biochemistry*, **37**, 1686 (1998)
7)　S. Zikou *et al.*, *J. Pept. Sci.*, **13**, 481 (2007)
8)　S. Reissmann, *J. Pept. Sci.*, **20**, 760 (2014)；J. L. Zaro *et al.*, *Front. Chem. Sci. Eng.*, **9**, 407 (2015)
9)　S. Wada *et al.*, *Bioorg. Med. Chem. Lett.*, **18**, 3999 (2008)
10)　S. Wada *et al.*, *Bioorg. Med. Chem.*, **20**, 3219 (2012)
11)　S. Wada *et al.*, *Bioorg. Med. Chem.*, **21**, 7669 (2013)
12)　J. Oehlke *et al.*, *Biochim. Biophys. Acta, Biomembranes*, **1414**, 127 (1998)
13)　J. Oehlke *et al.*, *Eur. J. Biochem.*, **269**, 4025 (2002)
14)　G. Saito *et al.*, *Adv. Drug Deliv. Rev.*, **55**, 199 (2003)；S. Takae *et al.*, *J. Am. Chem. Soc.*, **130**, 6001 (2008)
15)　O. Zelphati *et al.*, *Pharma Res*, **13**, 1367 (1996)
16)　S. Wada *et al.*, *Bioorg. Med. Chem.*, **24**, 4478 (2016)
17)　F. Danhier *et al.*, *Mol. Pharmaceutics*, **9**, 2961 (2012)
18)　S. Bloch *et al.*, *Mol. Pharmaceutics*, **3**, 539 (2006)
19)　S. M. Elbashir *et al.*, *Nature*, **411**, 494 (2001)；W. Gong *et al.*, *Bioorg. Med. Chem.*, **22**, 6934 (2012)；M. Alam *et al.*, *Bioconj. Chem.*, **22**, 1673 (2011)
20)　特許庁（平成 28 年度 3 月），平成 27 年度　特許出願技術動向調査報告書（概要）核酸医薬
21)　松田範昭ほか，現代化学，p.18，東京化学同人（2015）

第4章　ペプチド修飾リポソームによるDDS

濱野展人[*1]，小俣大樹[*2]，髙橋葉子[*3]，根岸洋一[*4]

1　はじめに

　抗がん剤に代表されるいくつかの医薬品は，優れた薬効を示すものの，重篤な副作用に悩まされるという問題点を抱えている。このような欠点を改善すべく，薬物送達システム（Drug delivery system：DDS）が注目され，医薬品のライフサイクルマネジメントという側面からも近年着目されている。ターゲティング化技術を生かしたDDS製剤として，生体膜由来のリン脂質で構成される脂質二重膜であるリポソームに抗がん剤であるドキソルビシンを内封したドキシルがあり，ほかにもナノ粒子を扱った研究が盛んに行われている[1]。これらナノ粒子は，EPR（Enhanced permeability retention）効果と呼ばれるパッシブターゲティングを利用しており，効率的にがん組織に薬物をデリバリー可能である[2]。一方でナノ粒子のがん組織に対する移行量は，投与量に対し，数％という報告もあり，いまだ改善の余地が残されている[3]。そこで，さらにナノ粒子のがん組織への集積性を向上させるために，正常細胞に比べ，がん細胞表面や，がん血管で特に発現が亢進している分子に対する特異的リガンドをナノ粒子に導入し，その特異的相互作用を利用した，アクティブターゲティングが用いられている。リガンドとしては，葉酸，フェリチンなどの低分子や，抗体，ペプチドなど種々の分子が利用されている[4]。中でも筆者らは，リポソーム表面をペプチドで修飾することで，がん組織や脳に対し集積性を有する遺伝子・薬物キャリアの開発に成功してきた。さらにそのリポソームに超音波造影ガスを封入することで，遺伝子導入のみならず，疾患部位の描出も可能となり，診断と治療の融合（セラノスティクス）における有用なツールになり得るものと考えられる（図1）。本章では，これらの結果を交えながら，ペプチド修飾リポソームによるDDSへの可能性を紹介する。

＊1　Nobuhito Hamano　ブリティッシュコロンビア大学　薬学部
　　　　　　　　　　　薬物送達・ナノ医療研究室　ポストドクトラルフェロー
＊2　Daiki Omata　帝京大学　薬学部　薬物送達学研究室　助教
＊3　Yoko Takahashi　東京薬科大学　薬学部　薬物送達学教室　助教
＊4　Yoichi Negishi　東京薬科大学　薬学部　薬物送達学教室　准教授

第 4 章　ペプチド修飾リポソームによる DDS

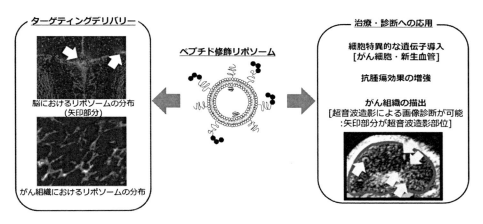

図 1　標的部位に対する治療・診断応用が可能なペプチド修飾リポソームの開発

2　がんを標的としたペプチド修飾リポソーム

2.1　AG73 ペプチドを利用した遺伝子デリバリー

　細胞外マトリックス成分の一つであるラミニン 1 の α 鎖に由来する 13 アミノ酸残基からなる AG73 ペプチド（RKRLQVQLSIRT）は，細胞膜貫通型プロテオグリカンである Syndecan-2 に接着することが知られている[5]。また，この Syndecan-2 は様々ながん細胞において発現が上昇すること，また血管新生に関与することが知られている[6,7]。そこで，筆者らはがん細胞選択的な遺伝子デリバリーシステムの構築を目指し，AG73 ペプチドを利用した遺伝子キャリアの開発を行ってきた（図 2）[8,9]。レポーター遺伝子としてルシフェラーゼをコードしたプラスミド DNA（pDNA）とポリ-l-リジン（PLL）の複合体を形成させた後，この複合体を含む溶液で脂質の薄膜を再水和することで pDNA を搭載したリポソームを調製した。リポソームの構成脂質として，DOPG，DOPE，DSPE-PEG$_{2000}$-Mal を使用した。システインを含む AG73 ペプチド（Cys-AG73：CGGRKRLQVQLSIRT）を合成し，システインのチオール基と PEG 末端のマレイミド基を反応させることで AG73 リポソームを調製し，ペプチドと PEG の修飾は HPLC により確認した。まず，AG73 リポソームの物性を評価した。光動的散乱法を用いて粒子経およびゼータ電位を測定した結果，pDNA/PLL 複合体において粒子経は約 150 nm でありプラスの電荷を帯びていた。一方，AG73 リポソームでは，粒子経は同様に 150 nm 程度であったが，若干のマイナス電荷を帯びていた。これは，プラスの電荷を帯びた pDNA/PLL 複合体が脂質膜に覆われたことで，表面電荷がマイナスに変化したためと考えられた。つぎに，AG73 リポソームの Syndecan-2 過剰発現がん細胞への結合について評価した。蛍光標識した AG73 リポソームと Syndecan-2 発現細胞を培養後，フローサイトメトリーにより測定した。ペプチド未修飾 PEG リポソームやスクランブルペプチドを修飾した PEG リポソームと比較して，AG73 リポソームを添加した群において強い蛍光強度が観察された。このことから，AG73 リポソームは

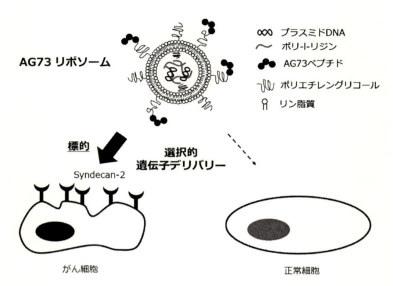

図2　AG73ペプチド修飾リポソームによるがん細胞選択的遺伝子デリバリー

Syndecan-2発現細胞と結合することが示された。蛍光標識pDNAを利用した共焦点レーザー顕微鏡による観察から，AG73リポソームによりpDNAが細胞内へと導入されていることを確認している。続いて，AG73リポソームによる遺伝子発現について評価した。Syndecan-2発現細胞において，ペプチド未修飾PEGリポソームやスクランブルペプチド修飾PEGリポソームと比較して，AG73リポソームで処理した群でおよそ100倍高いルシフェラーゼ活性を示した。また，Syndecan-2発現量の遺伝子導入効率への影響を検討した。Syndecan-2の発現が低いがん細胞と比較し，高発現しているがん細胞をAG73リポソームで処理した際に，およそ100倍高いルシフェラーゼ活性が認められた。遺伝子導入試薬であるLipofectamin® 2000を使用すると，Syndecan-2発現量の異なる細胞での遺伝子発現に有意な差は認められなかった。これらのことから，AG73ペプチドを利用することでSyndecan-2を高発現したがん細胞選択的な遺伝子デリバリーシステムを構築できると期待される。

2.2　AG73ペプチドを利用したドラッグデリバリー

前述のように，AG73リポソームは，がん細胞に高発現している，Syndecan-2を特異的に認識・細胞取り込みが行われることから，抗がん剤をがん細胞へと選択的にデリバリーさせるDDSキャリアとしての応用も期待される[8]。そこで，抗がん剤として知られるドキソルビシンを内封したAG73リポソームの調製を試みた。

はじめに逆相蒸発法およびリポソーム内外のpH勾配を利用したリモートローディング法により，ドキソルビシン内封PEGリポソーム（PEG-Dox）を調製した。後に，Cys-AG73ペプチドを加え，DSPE-PEG$_{2000}$-Malのマレイミド基（Mal）にペプチド修飾することで，ドキソルビシ

第 4 章　ペプチド修飾リポソームによる DDS

ン内封 AG73 リポソーム（AG73-Dox）とした。AG73-Dox の細胞相互作用性を Syndecan-2 発現細胞およびマウス大腸がん由来細胞（colon26）を用いて，フローサイトメトリーにより測定した。その結果，AG73-Dox は，Syndecan-2 を介して相互作用し，細胞内へと取り込まれることが示唆された。さらに共焦点顕微鏡で観察してみると，24 時間後以降で，核の断片化が観察され，48 時間後では断片化している細胞が，より多く見受けられた。この現象と相関して，PEG-Dox およびスクランブルペプチドで修飾したドキソルビシン内封 PEG リポソーム（AG73T-Dox）の処理群と比較して，有意な殺細胞効果を認めたことから，AG73 リポソームは抗がん剤の DDS キャリアとして十分に機能することが示された[10]。

　AG73-Dox の in vivo での有用性を明らかとするために，担がんモデルマウス（colon26 細胞移植モデルマウス）を用いて，AG73 リポソーム自身のがん組織内局在について検討した。蛍光顕微鏡による観察の結果，がん組織内に分散しているだけでなく，がん組織内血管に強く接着していることが明らかとなった。さらに AG73-Dox のがん縮小効果について検討を行ったところ，PEG-Dox では，ドキソルビシン単独群と比較し，有意ながん縮小効果を得られなかったのに対し，AG73-Dox では有意ながん縮小効果が認められた。これは，AG73-Dox が EPR 効果によるがん組織への蓄積だけではなく，がん組織内血管にも集積することで，がん組織自身に対するがん縮小効果に加え，がん組織内血管の増殖を抑えたことで，がん縮小効果が増強したと考えられる。よって，AG73 リポソームは，がん治療における抗がん剤デリバリーにおいても，有用な DDS キャリアとなり得るものと期待される。

2.3　AG73 バブルリポソームを利用した超音波造影剤と遺伝子デリバリー

　前項において，AG73 リポソームが，がん治療において有用な DDS キャリアとしての可能性を示した。一方，がん治療を行うにあたり，がん病巣を検出するための診断イメージング法は必要不可欠である。中でも超音波検査は，その安全性から臨床現場でも広く汎用されている。そこで AG73 リポソームが，がん組織および，がん組織内血管へのターゲティング能を有するという，前項からの知見を生かし，診断用超音波造影ガスを封入した，AG73 バブルリポソーム（AG73-BLs）を調製し，がん組織へのターゲティング型超音波造影剤としての有用性を評価した。前述と同じ担がんモデルマウスに AG73-BLs を投与した結果，AG73-BLs を投与してから 20 分後のがん組織内分布から，ほかのバブルリポソーム（BLs）と比較し，がん組織内に長時間かつ多くの AG73-BLs が集積していることが明らかとなった。また，ペプチド未修飾の BLs のがん組織内分布に着目すると，BLs の顕著な集積が認められなかった。これは BLs のサイズがおよそ 500 nm 程度であることから，EPR 効果による血管外漏出と，それに伴うがん組織内集積は起こらなかったと考えられる。一方で AG73 リポソームが，がん組織内の血管に強く接着し，健常組織には顕著な集積を示さなかったことから，AG73-BLs でも同様にがん組織内血管に強く親和性を示したことが考えられる。実際にがん組織に対する超音波造影能について検討したところ，BLs を投与した場合，投与してから 4 分後において，超音波造影輝度の増強がほとんど認められ

251

なかったのに対し，AG73-BLs を投与した場合では輝度の増強の維持が認められた．これらの結果から，診断用超音波造影ガスを封入したAG73-BLs は，がん組織へのターゲティング型超音波造影剤として有用であることが示唆された[11]．

このように AG73-BLs は，腫瘍内の血管に親和性を有することから，抗血管新生療法においても有用となり得ると，筆者らは考えた．抗血管新生療法において，血管内皮細胞増殖因子（VEGF）レセプターに対する抗体医薬品（ベバシズマブ，ラムシルマブなど）の投与だけではなく，遺伝子導入により，血管新生を抑制する試みも行われている[12]．筆者らはこれまでに，BLs と超音波の併用により効率の良いキャビテーション（超音波による音圧の急激な変化により気泡が生じ破裂すること）を誘導し，*in vitro* および *in vivo* において遺伝子導入が可能であることを明らかとしてきた[13,14]．そこで，本 AG73-BLs を遺伝子導入におけるツールとして応用することを試みた．細胞にはヒト臍帯静脈内皮細胞である HUVEC を用い，ルシフェラーゼ活性を指標に遺伝子導入効率を評価したところ，BLs，またはコントロールペプチドである AG73T を修飾したバブルリポソーム（AG73T-BLs）と超音波照射を併用した群と比較し，AG73-BLs において，有意なルシフェラーゼ活性を得ることができた（図3）．また，BLs と超音波照射併用における，細胞生存率を検討したところ，未処理時と同様の細胞生存率であったことから，本法は新生血管において非侵襲的な遺伝子導入方法であることが示唆された[15]．このように，AG73 ペプチドを利用した BLs と超音波照射を組み合わせた本法は，がんに対する非侵襲的な診断方法と治療法を併せ持つ，有益な手法となり得るものと期待される．

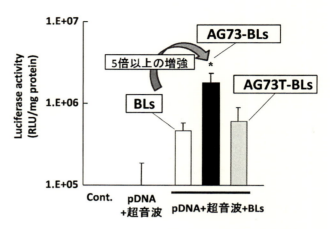

図3　AG73 ペプチド修飾リポソームと超音波併用による遺伝子導入効果

3　脳を標的としたペプチド修飾リポソーム

超高齢社会である現在，加齢とともに発症リスクの高まる中枢神経疾患の患者数は急増しており，有用な治療薬開発の必要性がより一層高まっている．しかしながら，脳には血液脳関門（Blood-brain barrier：BBB）が存在するため，脳への薬物移行が制限されることが大きな障壁となっている．この課題を克服すべく，様々な脳へのデリバリー戦略が研究されている．BBB の構成細胞の一つである脳毛細血管内皮細胞上の受容体を介したデリバリーとして，トランスフェリン受容体，インスリン受容体，LDL 受容体関連タンパク質（Low density lipoprotein receptor-related protein 1：LRP1）をターゲットとしたものが広く検討されている[16〜18]．その

第4章　ペプチド修飾リポソームによる DDS

ほかに，鼻腔を介した直接的な脳内デリバリー，超音波などの物理的な外部エネルギーを利用した脳内デリバリーも盛んに研究されている[19,20]。これまでに筆者らは，BLs と超音波照射を併用することで，低侵襲的に BBB の透過性を亢進し，薬物や遺伝子のデリバリーが可能となることを報告してきた[21]。そこで，さらなるデリバリー効率の向上を図るため，前項までに示した技術を基盤に，LRP1 への親和性を有する Angiopep-2（Ang2）ペプチドを表面に修飾したバブルリポソーム（Ang2-BLs）を調製し，脳組織への集積性を有する新規ペプチド修飾 BLs の開発を試みた[22]。

　超音波造影ガスを封入する前の Ang2 リポソームの調製の際には，前述の AG73-PEG リポソームとは異なり，先に DSPE-PEG$_{2000}$-Mal のマレイミド基にペプチドを修飾し，それを逆相蒸発法により調製したリポソーム（DSPC/DSPE-PEG$_{2000}$-OMe）に挿入する方法（post-insertion 法）を用いて行った。はじめに，Ang2 リポソームと脳血管内皮細胞（bEnd.3）との相互作用について，フローサイトメトリーにより測定した。その結果，ペプチド未修飾 PEG リポソームと Ang2 リポソームにおいて，その相互作用に顕著な違いは認められなかった。そこで，細胞とペプチドとの相互作用増強を目的に，ペプチドが結合していない PEG を短鎖の PEG$_{750}$ へと変更した。その結果，細胞との相互作用は，ペプチドの修飾率依存的に増大した。リポソーム表面の PEG の立体構造は，長鎖と短鎖の PEG を組み合わせることで変化することが報告されている[23]。このことから，ペプチドが修飾された PEG 鎖が PEG$_{750}$ の存在により伸展したことにより，細胞との相互作用が増大したと考えられる。次に，Ang2 リポソームに超音波造影ガスを封入した Ang2-BLs を調製した。bEnd.3 との相互作用について，フローサイトメトリーにより測定したところ，ペプチド未修飾の BLs，およびコントロールペプチドである Angiopep-7 を修飾した BLs（Ang7-BLs）と比較して，細胞との相互作用が増大すること，さらにその相互作用は，抗 LRP1 抗体の前処理によりコントロールレベルまで減弱することが示された。このことから，Ang2-BLs は LRP1 を介して bEnd.3 と相互作用していることが示唆された。そこでさらに，*in vivo* における Ang2-BLs の脳組織への集積性の評価を試みた。蛍光標識を施した各 BLs をマウス尾静脈から投与し 10 分後，臓器（脳・心臓・肺・肝臓・脾臓）を摘出し，蛍光イメージング装置で評価した。さらに脳の凍結切片を作製し，蛍光顕微鏡を用いて観察した。その結果，ペプチド未修飾 BLs や Ang7-BLs 投与マウスと比較し，Ang2-BLs 投与マウスの脳組織において強い蛍光が認められた。以上の結果より，Ang2 ペプチドを利用した BLs は，脳組織への集積性を有することから，超音波照射との併用による BBB 透過性亢進をさらに向上させる新たなツールとなり得るものと期待される。また現在，カチオン性脂質を利用し，その表面への遺伝子および核酸の搭載が可能な Ang2-BLs を開発している。これにより，診断用超音波との併用による標的部位の描出のみならず，治療用超音波との併用による BBB の透過性亢進と遺伝子・核酸導入のさらなる効率化が図れるものと考えられる（図4）。今後，疾患モデル動物を用いた検討を進めることで，脳疾患に対する新規遺伝子治療法としての有用性を評価していきたいと考えている。

253

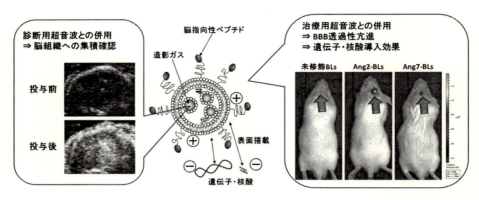

図4 脳におけるAng2ペプチド修飾バブルリポソームによる超音波造影・遺伝子導入効果

4 おわりに

　以上，各項で紹介したように，ペプチドをリポソームに修飾することで，がん組織や脳などの標的部位にデリバリーでき，さらに標的部位特異的な遺伝子導入・薬物送達・疾患の描出が可能となる。このようにペプチドをはじめ，ナノ粒子表面にリガンドを修飾することで，様々な臓器を標的とすることが可能となることが報告されている一方で，現在，ペプチド修飾に限らず，アクティブターゲティングを主張したDDS製剤は上市されていない。また，がん組織におけるターゲティング化したナノ粒子のがん組織へのデリバリー効率は，ターゲティングしていないものとほとんど差がないという報告もある[24]。現在，筆者らはラミニンのアミノ酸配列を網羅するペプチドライブラリー（ラミニンペプチドライブラリー）を利用して細胞特異的な活性ペプチド同定し，種々の疾患に特化した細胞・組織選択的ペプチド修飾リポソームの開発を進めている。今後，このようなペプチド修飾リポソームを開発し，さらに超音波技術を応用することで，個別化医療（Precision medicine）にも応用可能な，疾患特異的なセラノスティクスシステムの構築に繋げていきたいと考えている（図5）。

第4章 ペプチド修飾リポソームによるDDS

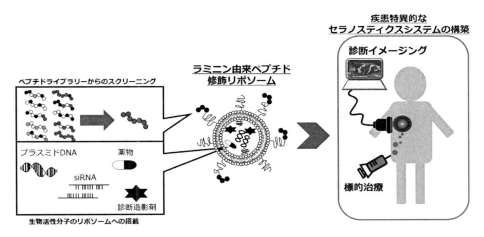

図5 ラミニンペプチドライブラリーを活用したペプチド修飾リポソームの開発とその応用

謝辞

　本稿で紹介した研究成果は，東京薬科大学薬学部薬物送達学教室の多くの卒業生の精力的な研究活動により得られた成果であり，また東京薬科大学薬学部病態生化学教室の野水基義先生，片桐文彦先生，帝京大学薬学部薬物送達学研究室の丸山一雄先生，鈴木亮先生，国際医療福祉大学医学部の江本精先生，東京医科大学医学部の森安史典先生，杉本勝俊先生，ネッパジーン㈱の早川靖彦氏，鈴木孝尚氏をはじめ多くの共同研究者の協力の賜です。ここに深く御礼申し上げます。また本研究は科学研究費補助金（日本学術振興会），（国研）新エネルギー・産業技術総合開発機構（NEDO）の助成により，行うことができましたこと，心より御礼申し上げます。

文　　献

1) Y. Barenholz, *J. Control. Release*, **160**, 117 (2012)
2) H. Maeda *et al.*, *J. Control. Release*, **65**, 271 (2000)
3) M. Torrice, *ACS Cent. Sci.*, **2**, 434 (2016)
4) S. D. Steichen *et al.*, *Eur. J. Pharm. Sci.*, **48**, 416 (2013)
5) M. Nomizu *et al.*, *J. Biol. Chem.*, **270**, 20583 (1995)
6) E. Tkachenko *et al.*, *Circ. Res.*, **96**, 488 (2005)
7) C. Y. Fears & A. Woods, *Matrix Biol.*, **25**, 443 (2006)
8) Y. Negishi *et al.*, *Biol. Pharm. Bull.*, **33**, 1766 (2010)
9) Y. Negishi *et al.*, *Mol. Pharm.*, **7**, 217 (2010)
10) Y. Negishi *et al.*, *Results Pharma Sci.*, **1**, 68 (2011)
11) Y. Negishi *et al.*, *Biomaterials*, **34**, 501 (2013)

医療・診断をささえるペプチド科学——再生医療・DDS・診断への応用——

12) Y. Chen *et al., Adv. Drug Deliv. Rev.*, **81**, 128 (2015)
13) R. Suzuki *et al., J. Control. Release*, **117**, 130 (2007)
14) Y. Negishi *et al., J. Control. Release*, **132**, 124 (2008)
15) Y. Negishi *et al., Biopolymers*, **100**, 402 (2013)
16) K. Ulbrich *et al., Eur. J. Pharm. Biopharm.*, **71**, 251 (2009)
17) R. J. Boado *et al., Biotechnol. Bioeng.*, **96**, 381 (2007)
18) W. Ke *et al., Biomaterials*, **30**, 6976 (2009)
19) S. V. Dhuria *et al., J. Pharm. Sci.*, **99**, 1654 (2010)
20) K. Hynynen *et al., Radiology*, **220**, 640 (2001)
21) Y. Negishi *et al., Pharmaceutics*, **7**, 344 (2015)
22) Y. Endo-Takahashi *et al., Biol. Pharm. Bull.*, **39**, 977 (2016)
23) Y. Sadzuka *et al., Int. J. Pharm.*, **238**, 171 (2002)
24) S. Wilhelm *et al., Nat. Rev. Mat.*, **1**, 16014 (2016)

第5章 機能性ペプチド修飾型エクソソームを基盤にした細胞内導入技術

中瀬生彦*

1 はじめに

　近年，タンパク質や核酸，人工高分子をはじめとした，様々な機能性分子を用いて細胞内機能の制御や，細胞内イベントの可視化が試みられている。日進月歩で新しい機能性分子が創成され，将来的な疾患治療や診断に応用可能な次世代の薬物候補物質として大きく期待されている。しかしながら，機能性分子自体の細胞内取り込み効率が乏しく，またエンドサイトーシスによる細胞内取り込みが生じても，細胞内でエンドソームからサイトゾルに脱出しない限り，ある意味「金庫に閉じ込められた」状態で機能性分子の活性が発揮できず，最終的にリソソームで分解を受けるといった実用性が低い場合が多い。また，細胞内にはミトコンドリアやゴルジ体といったオルガネラが存在し，例えばミトコンドリアで働くべき機能性分子が細胞内移行後に核内に局在する場合は，本来の機能を発揮できない。ある意味，細胞内で配達物が宛名の住所に届くことが重要である。

　そこで，狙った細胞内に効果的に機能性分子を届けるために，薬物送達技術（Drug Delivery System：DDS）の開発が進められている。例えば，細胞表面の受容体を標的とするリガンドタンパク質や，脂質を基盤としたリポソーム，分岐状構造を有するデンドリマー，ウイルス性キャリアーや細胞内へ高効率に移行する膜透過性ペプチド等が細胞内導入のための運搬体として知られており，これらの運搬体と化学的，もしくは遺伝子工学的に結合，および，内包や複合体形成によって，機能性分子を運搬体によって細胞内へ導入することができる。それぞれの運搬体には，DDSにおける長所と短所が知られており，例えば細胞内移行効率や細胞毒性，運搬体自体の調製の難しさ，動物における体内動態や血中安定性，運ぶことができるカーゴ分子の性状等が異なり，それぞれの長・短所を理解して，目的の機能性分子を運ぶ際の最適な運搬体の選択を行わなければいけない。また，例えば，機能性分子をサイトゾルに送達させないといけない場合，運搬体のほとんどはエンドサイトーシス経路で細胞内へ取り込まれ，エンドソーム内からの脱出効率は通常どの運搬体も比較的低いことから，さらにエンドソーム脱出を助ける機能性分子を搭載する必要が生じる。体内に移行後に，運搬体自体の免疫原性の問題も未だ改善すべき課題として残されている。したがって，オールマイティーなベストな運搬体は存在せず，細胞内へ運びたい機

　＊　Ikuhiko Nakase　大阪府立大学　研究推進機構　21世紀科学研究センター
　　　特別講師（テニュア・トラック講師）

能性分子の性状や，必要な細胞内導入効率，標的オルガネラ，望まれる体内動態や安定性を考慮して，その目的に最適な運搬体の選択が必要となっている。また，がん細胞等の受容体標的をどのように運搬体を用いて達成するかについても常に課題となる。

一方で，最近DDS開発における新しい運搬体として，細胞由来の小胞であるエクソソームが注目されている。詳細は後述するが，体液中に多量に存在するエクソソームを採取し，必要な薬物を内包させることで薬物運搬体としての将来の応用を見据えた研究が進められている。各患者由来のエクソソームに応用できれば，それぞれにとって最も体に優しい薬物運搬体になることが考えられる。本稿では，エクソソームの基本的な性質をはじめ，著者らが現在進めている機能性ペプチド修飾型エクソソームを基盤とした細胞標的技術について紹介する。

2 エクソソーム

エクソソームは体液中（血液や尿，唾液や母乳等）に大量に存在し，例えば血液 $1\,\mu\text{L}$ 中に300万個を超えるエクソソームが存在していることが知られている（図1）。エクソソームは細胞内のマルチベシクラーエンドソーム（multivesicular endosome：MVE）内で作られ，その際に，サイトゾルに存在するmicroRNAや酵素等が内包される[1]。そのエクソソームができるにはセラミドやスフィンゴシン 1-リン酸シグナル等の関与が指摘されているが[2]，詳細な機構は未だ解明されていない部分が多い。MVEは細胞形質膜と膜融合することで，MVE内部のエクソソームが細胞外に放出される[1]。エクソソームの構成分子として，細胞膜由来であるため，脂質，タンパク質，糖鎖等で構成され，エクソソーム内部は遺伝子（DNA, RNA, microRNA 等）や各種酵素，アクチン等の骨格タンパク質が存在する[3]。分泌されたエクソソームは周辺の細胞によって取り込まれることで，エクソソーム内包物が運ばれ，細胞間で情報伝達を行っている。エクソソームはウイルスとは異なり，エクソソームを複製（増殖）するための材料は入っていない。細胞間での情報伝達物質のみが入っていると考えられる。細胞外分泌小胞として，エクソソームの他にマイクロベシクル（microvesicle）やアポトーシス小体（apoptotic body）が知られている[4]。大きさとしてはエクソソームが直径約 30〜200 nm に対し，マイクロベシクルは約 100 nm〜1 μm，アポトーシス小体は約 1〜5 μm となる[4]。エクソソームはMVEが由来になるが，マイクロベシクル，および，アポトーシス小体は細胞形質膜が由来となる[4]。エクソソームにはマーカータンパク質が発現しており，例えばCD9やCD63といったテトラスパニンやLAMP1/2等が，エクソソームの目印となる[5]。分泌されたエクソソームは，周辺の細胞によってエンドサイトーシスで細胞内に取り込まれ，エクソソーム膜のCD9やCD81タンパク質が受け手側の細胞の認識に関わっていることが考えられているが[6〜9]，細胞内への取り込み

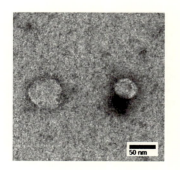

図1　エクソソームの電子顕微鏡写真

第5章　機能性ペプチド修飾型エクソソームを基盤にした細胞内導入技術

機序に関しても詳細が解明されていない部分が多い。

　また，体液中のエクソソーム内包分子を調べることで，疾患診断を行う研究が進展している[10]。例えば，Fetuin-A のエクソソーム内包においては急性腎不全，miR-141 や miR-195 のエクソソーム内包では乳がんといった疾患を特定する技術開発が進められており，患者への負担の少ない診断手法として大きく期待されている[10]。また，疾患由来のエクソソーム内包マイクロRNA は，周辺細胞がそのエクソソームを取り込むことで，細胞機能に影響を与えることも知られている。例えば，ヒト乳がん由来の SKBR3 細胞が分泌するエクソソーム内の miR-223 は細胞浸潤を増強し，ヒト前立腺がん由来の PNT-2 細胞が分泌するエクソソーム内の miR-143 は細胞増殖を抑制することが知られている。がん細胞由来のエクソソームは，がんの転移を助ける働きがある場合もあり，例えば卵巣がん由来のエクソソーム（MMP1 遺伝子を内包）が，腹膜の中皮細胞に対して細胞死を誘導させることで，腹膜播種性転移が促進することが発見されている[11]。

　このようにエクソソームは，細胞間コミュニケーションにおいて，疾患進展にも寄与する重要な役割を担っていることが明らかにされている。一方で薬の観点からエクソソームを考えると，細胞機能を制御する天然の機能性エクソソームを薬剤として利用することで，治療に応用可能であることが考えられ，また生体由来の材料であることから，体に優しい薬剤として発展する可能性が考えられる。しかし，エクソソーム膜は基本的に負電荷を帯びており，同じく負電荷を帯びている細胞膜に対して DDS の観点からは集積性が低く，細胞内取り込み効率の改善や，細胞標的化の技術開発が必要不可欠となっている[12]。

3　エクソソームの細胞内移行におけるマクロピノサイトーシス経路の重要性

　上述のように，エクソソームの細胞内移行機序としてエンドサイトーシスの関与が示唆されているが，詳細な機序が不明な部分が未だに多い。一方で，著者らの研究グループは新たにマクロピノサイトーシスの経路に着目して，エクソソームの細胞内移行への影響について調べた[12]。マクロピノサイトーシスはクラスリン非依存的なエンドサイトーシスの一種で，細胞内の低分子量G タンパク質 Rac が活性化することでアクチン骨格の重合が伴う形質膜の波打ち構造（葉状仮足，ラメリポディア）が生じ，1 μm よりも大きな物質を細胞外から細胞内に取り込むことができる[13~15]。後述するが，マクロピノサイトーシスはがんの増殖に伴う栄養分の効率的な細胞内取り込み経路として知られ，特定のがん細胞で促進していることが知られている。一方で，クラスリン依存的なエンドサイトーシスの場合，エンドソームができる時にクラスリンがエンドソームの大きさに影響し，約 100 nm 程度までの物質が内包されることが報告されている[13]。エクソソームの大きさを考慮すると，著者らはクラスリン依存的なエンドサイトーシスと比較して，マクロピノサイトーシスでの細胞内移行のほうが高い効率性を有すると考え，マクロピノサイトー

259

シスでのエクソソームの細胞内移行性について詳細に検討した[12]。

　上皮成長因子受容体（epidermal growth factor receptor：EGFR）は，EGF 等のリガンドによって活性化されると細胞の増殖や分化，細胞生存に関わることが知られており，がん細胞においても高発現している場合が多い。よって，がん治療の標的受容体としても知られている。またEGFR が活性化されると，上述の Rac が細胞内で活性化することでマクロピノサイトーシスが誘導されることが知られている。著者らは，EGFR を高発現しているヒト類表皮がん由来のA431 細胞において，エクソソームの細胞内取り込み量を調べた結果，EGF で EGFR を刺激することで顕著にエクソソームの細胞内移行量が増大することを発見した（例えば 500 nM の EGF刺激によって，エクソソームの細胞内移行量が約 27 倍増大(24 時間での細胞内取り込み実験))[12]。さらに，がんの悪性化に関わる K-Ras 変異体の細胞内発現が，マクロピノサイトーシス誘導促進によって細胞外の栄養分を効率的に取り込むことが指摘されている[16]。著者らは，K-Ras 変異体発現すい臓がん細胞 MIA PaCa-2 細胞（マクロピノサイトーシス経路が促進）と，野生型 K-Ras を発現した同じすい臓がん細胞 BxPC-3 細胞（マクロピノサイトーシスの誘導性が比較的低い）でのエクソソームの細胞内取り込み効率を検討した。その結果，K-Ras 変異体を発現し，マクロピノサイトーシスが促進された MIA PaCa-2 細胞で，エクソソームの顕著に高い細胞内移行が認められた（BxPC-3 細胞と比較して，24 時間条件において約 14 倍も高い細胞内移行量)[12]。加えて，エクソソームを基盤とした生理活性タンパク質の細胞内送達について，リボソーム不活化タンパク質のサポリン（分子量が約 3 万）の抗がん活性について検討した。エレクトロポレーションによってサポリンをエクソソームに内包し，エクソソームで細胞内に到達したサポリンの抗がん活性を検討した結果，マクロピノサイトーシスを誘導した細胞において顕著に上昇することが確認された[12]。これらの研究結果により，エクソソームの細胞内取り込みにおいてマクロピノサイトーシスが大切な経路であることが初めて明らかとなり，細胞間コミュニケーションにおける本経路の重要性のみならず，DDS において本機構をフィードバックできれば，より効果的なエクソソームを基盤とした薬物送達技術の開発に繋がると考え，後述のペプチド修飾型エクソソームの開発研究に進展した。

4　人工コイルドコイルペプチドを用いたエクソソームの受容体ターゲット

　上述のように，EGFR の活性化でマクロピノサイトーシスを誘導することで，エクソソームの細胞内移行効率が上昇する。そこで著者らは，エクソソーム自体に標的細胞の EGFR を活性化できるシステムを，機能性ペプチドを用いて試みた（図 2）。著者らは既に，人工的に EGFR の受容体活性化を制御する方法として，人工コイルドコイルペプチドを利用し，ヘリックス間相互作用認識で EGFR の二量体化と活性化を制御できる技術を報告している[17]。本技術では，ヘテロなコイルドコイルを形成する人工ペプチド E3（(EIAALEK)$_3$）と K4（(KIAALKE)$_4$）を用い，標的細胞膜での遺伝子工学を用いた E3 配列融合受容体 E3-EGFR の構築，および，二価性

第5章 機能性ペプチド修飾型エクソソームを基盤にした細胞内導入技術

リンカーで化学的な架橋を行った二量体化 K4 ペプチドをリガンドとして設計し,本 K4 リガンドを用いることで,標的細胞膜上で E3-EGFR の二量体化と,それに伴う受容体活性化が達成された[17]。本技術において E3-EGFR は,遺伝子工学的に天然の EGFR の二量体形成に関わる細胞外ドメインⅠ～ⅢとドメインⅣの一部を欠失させ,EGF 等のリガンドで二量体化できないように工夫した。一方で,細胞外に提示される N 末端に E3 配列を組み込み (E3-EGFR),K4 ペプチドが細胞膜で認識・結合できるようにした。10 Å 前後の長さのリンカーを用いて 2 分子の K4 ペプチドを連結した人工リガンドは,標的細胞膜上で E3-EGFR に結合し,受容体を二量体化することで活性化し,そのシグナル伝達による細胞応答が確認された[17]。

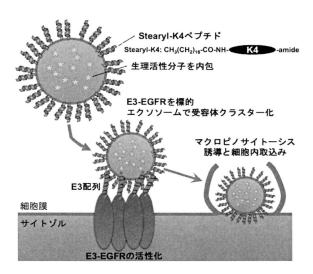

図2 人工コイルドコイルペプチドを利用したエクソソームの EGFR 標的
エクソソームとステアリル基を有する K4 ペプチドを混合するのみで,エクソソーム膜上に K4 ペプチドを搭載。E3 配列を標識した EGFR (E3-EGFR) を細胞膜上で認識・結合することで,受容体をクラスター化・活性化し,最終的にマクロピノサイトーシス誘導でエクソソームが標的細胞内に移行する。

次に,本技術をエクソソームの EGFR 標的へ適用した[18]。エクソソーム膜に K4 ペプチドを提示させるために,ステアリル基を有する K4 ペプチドを合成し,ペプチドとエクソソームを混合することでエクソソーム膜上にステアリル基を挿入する方法でペプチドを提示した。上述した E3-EGFR を発現した細胞に対し,K4 ペプチド修飾型エクソソームは標的細胞膜上で E3-EGFR に結合し,受容体のクラスター化誘導に伴う活性化を達成した。その結果,ラメリポディア形成によるマクロピノサイトーシスの誘導によって,エクソソームが効果的に細胞内へ取り込まれることが示された[18]。E3-EGFR を発現していない細胞においては,K4 ペプチドを修飾したエクソソームによって,細胞内取り込み量の上昇は認められなかった[18]。このように,人工コイルドコイルペプチドを用いることで,EGFR 標的と活性化誘導が可能になり,細胞内移行機序の解明研究で明らかとなったマクロピノサイトーシス経路の重要性をフィードバックすることで,エクソソームの細胞内移行効率の制御が可能となった。本技術は他の受容体にも応用が可能であることが考えられ,エクソソームを基盤とした受容体標的技術として幅広い適用が今後想定される。

医療・診断をささえるペプチド科学―再生医療・DDS・診断への応用―

5　アルギニンペプチドのエクソソーム膜修飾によるマクロピノサイトーシス誘導促進と効率的な細胞内移行

　膜透過性アルギニンペプチドとして知られる HIV-1 Tat タンパク質由来のペプチド（Tat（48-60））やオリゴアルギニンといった配列中にアルギニン残基に富むペプチドは CPP（cell-penetrating peptide）と呼ばれ，高効率に細胞内に移行する性質を有する[19, 20]。本ペプチドの細胞内移行機序として，マクロピノサイトーシスを誘導することが知られている[19, 20]。代表的な膜透過性アルギニンペプチドの一つであるオクタアルギニン（R8）は，細胞膜上でプロテオグリカンのシンデカン-4 に結合することでクラスター化を誘導し，その結果，細胞内で PKCα が syndecan-4 に結合することで生じるシグナル伝達によってマクロピノサイトーシスが促進される[21]。著者らは，エクソソーム膜に R8 ペプチドを結合させることで，エクソソーム自体でマクロピノサイトーシスを誘導できるか検討を行った[22]。上述の E3-EGFR の研究と同様に，エクソソーム膜へのペプチド修飾方法として，N 末端をステアリル化した R8 ペプチドを合成し，ペプチドとエクソソームを混ぜるだけで提示する方法を用いた。R8 ペプチド修飾型エクソソームは，標的細胞の形質膜において syndecan-4 のクラスター化を誘導し，最終的にラメリポディア形成によるマクロピノサイトーシスを促進することを確認した。その結果，マクロピノサイトーシスによって 24 時間条件で約 30 倍もエクソソームの細胞内移行量が上昇することが示された[22]。加えて，エクソソーム膜に結合させるペプチドのアルギニン残基数が，エクソソームの細胞内移行効率や，細胞内でのエクソソーム内包物のサイトゾル放出に影響を及ぼすことも明らかにした[23]。著者らは，異なるアルギニン残基数（Rn：n=4～16）を有するアルギニンペプチドをエクソソームに結合し，エクソソームの細胞内移行への影響について検討した[23]。本研究では，ペプチドのエクソソーム膜への修飾に，二価性リンカーの EMCS（N-ε-maleimidocaproyl-oxysulfosuccinimide ester）を利用してエクソソーム膜タンパク質のアミノ酸側鎖との共有結合でペプチドを結合させた[23]。結果として，R8 ペプチドを修飾したエクソソームの細胞内移行量が最も高いことが明らかとなった（24 時間条件で約 29 倍の細胞内移行量が上昇）。一方で，エクソソーム内にサポリンを内包させたエクソソームを用いた抗がん活性実験の結果においては，16 残基のアルギニンを配列中に有する R16 ペプチドを結合させたエクソソームの方が，サポリンの抗がん活性が高いことが明らかとなった。興味深いことに，R8 ペプチドと比較して R16 ペプチドを修飾したエクソソームの方が細胞内移行性は低い。サポリンはリボソーム不活化タンパク質であり，その活性を引き出すにはサイトゾルへの放出が必要である。よって，ペプチド配列中のアルギニン残基数が，エクソソーム内包物のサイトゾル放出に影響を及ぼすことが明らかとなった[23]。アルギニンペプチドを用いる場合に，エクソソームの細胞内導入効率のみならず，細胞内移行後のエクソソーム内包物の放出性も考慮したペプチドの選択が大切であることを示している。

262

第5章　機能性ペプチド修飾型エクソソームを基盤にした細胞内導入技術

6　おわりに

エクソソームの細胞内移行におけるマクロピノサイトーシスの重要性の発見を基に，人工コイルドコイルペプチドを用いた EGFR の標的化，および，アルギニンペプチドを用いた手法によって，標的細胞へのマクロピノサイトーシス誘導で，エクソソームを高効率に細胞内に取り込む技術の構築に成功した。エクソソームの薬学的な観点からの優位性を活用した次世代の薬物運搬技術において，生体に優しい，しかもがんをはじめとした疾患に対して効果的な薬物送達可能なさらなる技術開発が期待されているが，これらのマクロピノサイトーシス経路を利用した，また，ペプチド化学を用いた本研究成果が，今後のエクソソームを用いた DDS 研究開発において有用な基礎的技術・知見になることを期待する。また本稿がエクソソームの概論，細胞内移行機序や薬物運搬体としての技術開発の理解に少しでも役立てるように願ってやまない。

謝辞

　本研究成果は，二木史朗教授（京都大学化学研究所），吉田徹彦訪問教授，ベイリー小林菜穂子訪問講師（慶應義塾大学医学部遺伝子医学，東亞合成㈱先端科学研究所），中瀬朋夏准教授（武庫川女子大学薬学部），野口公輔氏，植野菜摘氏，片山未来氏，青木絢子氏，平野佳代氏（大阪府立大学 NanoSquare 拠点研究所）をはじめ共同研究者の皆様の多大な協力によって得られました。心より感謝申し上げます。

文　　献

1)　G. Raposo *et al., J. Cell Biol.*, **200**, 373（2013）
2)　T. Kajimoto *et al., Nat. Commun.*, **4**, 12712（2013）
3)　A. V. Vlassov *et al., Biochim. Biophys. Acta.*, **1820**, 940（2012）
4)　A. Tan *et al., Adv. Drug Deliv. Rev.*, **65**, 357（2013）
5)　S. Ohno *et al., Adv. Drug Deliv. Rev.*, **65**, 398（2013）
6)　A. E. Morelli *et al., Blood*, **104**, 3257（2004）
7)　C. Théry *et al., Nat. Rev. Immunol.*, **9**, 581（2009）
8)　T. Tian *et al., J. Cell. Biochem.*, **111**, 488（2010）
9)　K. J. Svensson *et al., J. Biol. Chem.*, **288**, 17713（2013）
10)　F. Properzi *et al., Biomarkers Med.*, **7**, 769（2013）
11)　A. Yokoi, Y. Yoshioka *et al., Nat Commun.*, **8**, 14470（2017）
12)　I. Nakase, N. B. Kobayashi *et al., Sci. Rep.*, **5**, 10300（2015）
13)　S. D. Conner, S. L. Schmid, *Nature*, **422**, 37（2003）
14)　L. A. Swanson, C. Watts, *Trends Cell Biol.*, **5**, 424（1995）
15)　J. A. Swanson, *Nat. Rev. Mol. Cell Biol.*, **9**, 639（2008）
16)　C. Commisso *et al., Nature*, **497**, 633（2013）

医療・診断をささえるペプチド科学―再生医療・DDS・診断への応用―

17) I. Nakase, S. Okumura *et al., Angew. Chem. Int. Ed. Engl.,* **51**, 7464 (2012)
18) I. Nakase, N. Ueno *et al., Chem. Commun. Camb.,* **2**, 317 (2017)
19) I. Nakase, H. Akita *et al., Acc. Chem. Res.,* **7**, 1132 (2012)
20) I. Nakase, T. Takeuchi *et al., Adv. Drug Deliv. Rev.,* **60**, 598 (2008)
21) I. Nakase, K. Osaki *et al., Biochem. Biophys. Res. Commun.,* **4**, 857 (2014)
22) I. Nakase, K. Noguchi *et al., Sci. Rep.,* **6**, 34937 (2016)
23) I. Nakase, K. Noguchi *et al., Sci Rep.,* **1**, 1991 (2017)

264

第6章　創薬研究におけるホウ素含有アミノ酸および ペプチド

服部能英[*1]，切畑光統[*2]

1　はじめに

　有機ホウ酸誘導体であるボロン酸（boronic acid）とそのエステル（boronic ester）およびボロン酸の環状3量体であるボロキシン（boroxine）は，これまで有機合成試薬や工業用素材として広く利用されてきた。中でも，ボロン酸は鈴木–宮浦クロスカップリング反応による炭素–炭素間結合構築反応の合成中間体として，研究室レベルだけでなく工業的にも広く利用されている。最近では，糖鎖構造に対する分子認識能を有するハイドロゲル[1]としての有用性が注目されるなど，ファインケミカルにおける機能性材料物質としての利用が進展している。一方，生命科学分野におけるボロン酸の活用例は少なく，糖類水酸基との相互作用を利用した分離精製，特定部位の保護基，糖センサーの開発研究などに限定されてきた。ボロン酸が生命科学分野で大きな注目を集めるようになったのは，ボロン酸残基（ジヒドロキシボリル基）をファーマコフォアとするペプチドBortezomibが多発性骨髄腫の治療薬として登場したのを契機としている。近年では，種々のホウ素官能基（ボロン酸や籠型ホウ素クラスター）を組み込んだホウ素化合物が新たな可能性を秘めた創薬分子として注目されている[2]。

　本稿では，ホウ素原子団をボロン酸および20面体の籠型ホウ素クラスターであるドデカボレート（*closo*-Dodecaborate）と*o*-カルボラン（*o*-Carborane）に限定し，これらを含む生理活性ホウ素化アミノ酸およびペプチドに関する最近の研究を中心に解説する。

2　プロテアソーム阻害剤

　ボロン酸残基を含有するホウ素化合物が薬剤として認可されたのは，プロテアソーム阻害活性を有する分子標的薬が最初である。プロテアソームは，真核生物の細胞核を含む細胞質内に広く分布する約2.5 MDaの酵素複合体であり，ユビキチン–プロテアソームシステムを介して不要になったタンパク質の分解・除去を行うことで，細胞周期の制御や免疫応答などの多くの細胞プロセスにおいて重要な役割を担っている[3]。

　一般に，プロテアソームを阻害しても正常細胞に対して深刻な細胞毒性を起こすことはなく，

　＊1　Yoshihide Hattori　大阪府立大学　BNCT研究センター　講師
　＊2　Mitsunori Kirihata　大阪府立大学　BNCT研究センター　特認教授

医療・診断をささえるペプチド科学—再生医療・DDS・診断への応用—

一時的な影響を受けるだけで次第に回復することが知られている。しかし，多くの腫瘍細胞においては，プロテアソーム阻害による選択的なアポトーシス誘導が引き起こされることが1990年代に見出され，このことに着目したプロテアソーム阻害活性を持つ抗癌剤の開発研究が盛んに行われるようになった[4]。その中で，セリンあるいはシステインプロテアーゼの阻害

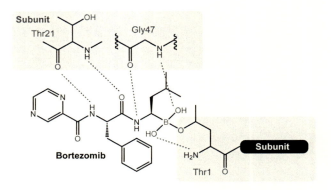

図1　Bortezomibとプロテアソームの相互作用

剤として知られていたペプチドアルデヒドが，初めて薬剤として用いられた。今日でもMG-132 (Z-Leu-Leu-Leu-CHO)[5]のようなペプチドアルデヒドがプロテアソーム阻害剤として利用されている。その後，MG-132のアルデヒド基をボロン酸残基に置換したMG-262 (Z-Leu-Leu-Leu-B(OH)$_2$) が100倍ものプロテアソーム阻害活性を示すことが報告され，にわかにボロン酸残基を有するペプチドの開研究が注目されるようになった[6]。そして2003年に，ホウ素含有ペプチドであるBortezomib[7]が多発性骨髄腫の治療薬としてFDAに認可され，わが国でも2006年に医薬品として承認されている。

　これらのボロン酸ペプチドのプロテアソーム阻害機構として，20SプロテアソームのN末端に位置するスレオニンの側鎖水酸基とボロン酸残基が正四面体型のボレートアニオンを形成してプロテアソームの活性を可逆的に阻害する機構（図1）[8]が報告されている。またこの際，スレオニンのアミノ基や周辺のサブユニットに位置するグリシン残基のアミドなどがボロン酸残基に配位し，この相互作用の安定性向上に寄与していると考えられている。ペプチドアルデヒドとボロン酸ペプチドの反応性を比較すると，チオール基などの求核剤と反応性の高いアルデヒド基に対して，求核反応を受け難いボロン酸残基はチオール基との相互作用は弱く，システインプロテアーゼを阻害することはない。さらに，ボロン酸ペプチドの20Sプロテアソーム阻害活性は，セリンプロテアーゼに対する阻害活性に比べて遥かに高くプロテアソーム特異的な阻害剤といえる。

　最近に至っても，ボロン酸ペプチド型プロテアソーム阻害剤の開発研究は，継続して行われている。2015年にはIxazomib[9]が経口投与型の多発性骨髄腫の治療薬としてFDAの認可を受け，後続のDelanzomib[10]は自己免疫疾患薬としての治験が進められており，今後のさらなる発展が期待されている。

第6章 創薬研究におけるホウ素含有アミノ酸およびペプチド

3　ホウ素中性子捕捉療法（BNCT）に用いるホウ素化合物

　BNCT は，腫瘍細胞に選択的に高集積した ^{10}B-ホウ素が熱中性子と核反応を起こし，この時に発生する飛程の短い $α$ 粒子や Li 反跳核などによって腫瘍細胞のみを破壊に導く細胞選択的がん治療法である[11]。この基本原理から，^{10}B-ホウ素は BNCT の不可欠要素であり，"^{10}B-ホウ素をどのようにして腫瘍細胞のみに安全に送達・高集積させるか"が，BNCT の成否を分ける最重要な課題となっている。

　これらの課題を克服すべく，多くのホウ素化合物が BNCT 用ホウ素薬剤として設計・合成されてきたが[12]，これまでに臨床研究に用いられているホウ素化合物は僅かに次の3例である。すなわち，籠型ホウ素クラスターである BSH（undecahydromercaptododecaborate）[13] と GB-10（decahydrodecaborate）[14] の2つの多面体アニオン性ホウ素籠型化合物，およびボロン酸残基を有するホウ素アミノ酸である L-BPA（4-borono-L-phenylalanine）[15] である（図2）。これらの中で，L-BPA を主成分とする世界初の BNCT 用ホウ素製剤（SPM-011）が我が国で開発され，臨床試験中である。これら3種のホウ素化合物以外に臨床に利用されている化合物は存在せず，より有効な次世代の BNCT 用ホウ素化合物の開発が強く求められている。

　BNCT 用ホウ素化合物には以下の性質が求められる。すなわち，①腫瘍に選択的に集積する（腫瘍細胞／正常細胞の比率（T／N 比）が少なくとも3以上），②腫瘍内のホウ素濃度が 30 ppm 以上，③低毒性と高い安全性，④1分子中のホウ素占有率が高く中性領域下で高い水溶性を持つ，⑤一定時間，腫瘍組織に滞留し治療後は速やかに排出される，⑥PET などの非侵襲的測定法により体内動態が画像化，把握し得る，といった諸性質である。これらの諸性質に加えて，著者らは，BNCT 用ホウ素化合物は顕著な薬理活性やファーマコフォアを持たず，また，体内代謝を受けることなくホウ素送達分子（ホウ素キャリヤー）としての機能のみを備えたホウ素化合物が適していると考えている。

　一般的な BNCT 用ホウ素化合物は，腫瘍親和性分子にリンカーを介してホウ素原子（団）が共有結合で導入された構造をとっている。これは腫瘍親和性分子のホウ素原子団による化学修飾と言い換えることができる。この場合，腫瘍選択性（T／N 比）の多くは母核となる腫瘍親和性分子の構造に依存することとなり，腫瘍に高発現する受容体などに認識される分子や，絶え間な

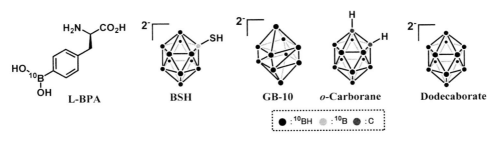

図2　BNCT のホウ素薬剤

医療・診断をささえるペプチド科学—再生医療・DDS・診断への応用—

い細胞増殖を保障するための代謝やエネルギー源となる分子などが腫瘍親和性分子として用いられている。最近では，安全性，水溶性などの観点から，アミノ酸，ペプチド，タンパク質などの生体関連分子や生理活性天然物などが選択される場合が多い。

また，ホウ素原子団にはボロン酸，ボリン酸の他に，ホウ素占有率が高く導入法が確立されている疎水性籠型ホウ素クラスターのo-カルボランや親水性のドデカボレートが用いられている。

3.1 ホウ素アミノ酸

腫瘍細胞では，異常増殖を保障するための栄養要求性が高まっており，Na^+非依存的に中性アミノ酸を輸送する L-type amino acid transporter（LAT）が重要な役割を果たしている。金井らは，LAT のサブタイプである LAT1 が脳腫瘍や肺がん，前立腺がんなどの多くの腫瘍細胞に高発現し，正常組織にはほとんど発現していないことを見出した[16]。その後，BNCT の臨床に実用されている L-BPA は，LAT1 を介して腫瘍細胞に選択的に取り込まれることが明らかにされた[17]。また，L-BPA は正常細胞には別のサブタイプである LAT2 を介して取り込まれることも明らかにされ，ここに，がん細胞と正常細胞における L-BPA の選択的集積性機構の全容が明らかとなった[18]。渡邊らは，LAT1 および LAT2 によって取り込まれるアミノ酸種の差異に着目し，ある種のアミノ酸の事前投与が L-BPA の T／N 比を向上させ，BNCT による治療効果の改善に繋がることを報告している[19]。LAT1 はホウ素化合物設計の重要な標的の一つと考えられ，今後，LAT1 を標的とする新規ホウ素アミノ酸の開発が期待される。

L-BPA は，腫瘍選択性や安全性などのホウ素キャリヤーとしての優れた特性を有しているが，ホウ素占有比（重量比で 4.8%）および溶解度（1.6 g/L）が共に低いという欠点を有している。特に，ホウ素占有率の低さは重大で，滞留時間の短い L-BPA により 30 ppm 以上の腫瘍内ホウ素濃度を達成するためには，多量の L-BPA を注入する必要があり大きな課題となっている。L-BPA のこれらの欠点の克服には，ホウ素占有率の高い籠型ホウ素クラスターの導入が有効であると考えられ，カルボラン（$C_2B_{10}H_{12}$）やドデカボレート（$B_{12}H_{12}$）などを導入したホウ素クラスター含有アミノ酸の合成が報告されている。

疎水性ホウ素クラスターであるカルボランは，有機溶媒に可溶で反応性の高い炭素原子を有し，炭素−炭素間結合構築によるがん親和性分子への導入が容易であり，Zakharkin や Brattsev らは，側鎖に o-カルボランを導入したホウ素占有率の高い α-アミノ酸の合成を報告している[20]。しかし，これらのアミノ酸は疎水的で細胞毒性が認められたため実用には至っていない。

一方，カルボランと同様に高いホウ素占有率を有するアニオン性のドデカボレート（$[B_{12}H_{12}]^{2-}$）は，親水性が高く低毒性で，そのチオール誘導体である BSH は脳血液関門を通過できることから脳腫瘍 BNCT に臨床実用されている。ドデカボレートのホウ素−炭素間結合による有機分子化は困難であるが，Gabel らを中心に，ヘテロ原子を介してドデカボレートを有機分子と結合する手法が開発され，多様なホウ素キャリヤーが合成されている[21]。また，BSH のチオール基のマイケル付加や S-アルキル化反応を利用したドデカボレート骨格のがん親和性

268

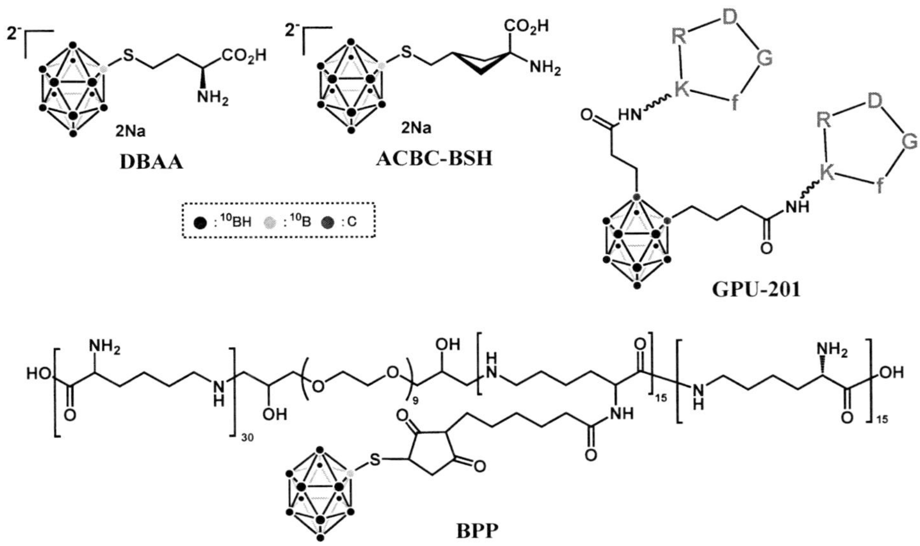

第 6 章　創薬研究におけるホウ素含有アミノ酸およびペプチド

図 3　ホウ素アミノ酸およびペプチド

分子への導入は，比較的容易に行うことができ，ペプチドやタンパク質の修飾剤に利用されている。

　筆者らは，BSH の S-アルキル化反応を基盤とする光学活性なドデカボレート含有アミノ酸の合成法を確立，これを応用して側鎖部位にドデカボレートを導入した DBAA や ACBC–BSH のようなアミノ酸類を合成，BNCT のホウ素キャリヤーとしての適性を評価した（図 3）[22]。これらのドデカボレートアミノ酸は高水溶性，低細胞毒性であり，ミクロ分布解析により腫瘍細胞の核周辺に局在集積することが明らかとなった。また，中性子照射実験から，L–BPA と同程度のホウ素を送達することで高い BNCT による殺細胞効果を示すことを明らかにしている。

3.2　ホウ素ペプチド

　ボロン酸およびホウ素クラスターアミノ酸が開発され，これを構成アミノ酸とするホウ素ペプチドが注目されている。初期のホウ素ペプチドは，L–BPA などのボロン酸残基を含むアミノ酸のジおよびトリペプチドが主流であったが，このようなペプチドでは，1 分子当たりのホウ素占有率が低く，腫瘍組織内ホウ素濃度や T／N 比は期待された程に高くなく，副作用も認められ BNCT には適用されていない。

　近年では，腫瘍細胞表層に高発現する受容体タンパク質に高い親和性を持つペプチドをカルボランやドデカボレートで化学修飾したホウ素ペプチドが合成され注目されている。永澤らはインテグリン $\alpha_v\beta_3$ を標的として，BSH あるいは o-カルボランに，環状 RDG ペプチドを 1～2 分子導入したペプチドを報告している。これらのペプチドは $\alpha_v\beta_3$ への高い親和性を示し，中でも o-カルボランに 2 分子の環状 RDG ペプチドを導入した GPU–201 は，腫瘍モデルマウスでの実

269

験で高い腫瘍選択性および集積性を示すことが報告されている[23]。

近年，がん組織における高分子薬剤のEPR（enhanced permeability and retention effect）効果を期待して，ポリペプチド，タンパク質，デンドリマーなどに複数の籠型ホウ素クラスターを共有結合で導入した高分子をBNCTのホウ素キャリヤーとする手法も数多く報告されている。長崎らは，側鎖がマレイミドで修飾されたε-ポリリジンへBSHをマイケル付加反応によって導入したBPPを合成し，これを用いて100 nm程のナノ粒子を開発した。この巨大分子は担がんマウスの腫瘍部位に選択的に集積するということを報告している[24]。

また，中村らはドデカボレートを生体高分子であるアルブミンに結合させ，担がんマウスの腫瘍部位に選択的にホウ素を送達させることに成功したと報告している[25]。彼らの研究では，当初，アルブミンのシステインおよびリジン残基へのドデカボレートの導入が行われたが，低い導入効率であった。その後，光ラジカル反応を利用してチロシン残基にドデカボレート導入する手法を開発，これを併用することで効率的にアルブミンをホウ素化できることが報告されており，今後の発展が期待されている[26]。

さらに最近では，腫瘍に高い選択性を持つ抗体にホウ素クラスターを担持させる研究も進められている。今後，低・中分子型のホウ素化合物のみならず，様々な手法を用いたBNCT用薬剤の研究が進展していくものと期待される。

4 結語

本稿では，創薬研究の視点からホウ素原子団としてボロン酸，カルボラン，ドデカボレートに焦点を当て，薬剤として実用されている，あるいは実用への期待の高いホウ素アミノ酸やホウ素ペプチドについて紹介した。これらの機能や用途は多岐に渡り，必ずしもホウ素原子団の種類に関係しない。例えばボロン酸は，ファーマコフォアとして機能する場合があるが，BNCTのホウ素薬剤のように，特別な生理機能を示さずホウ素キャリヤーとしてのみ活用される場合もある。紹介しきれなかったが，この他にもホウ素と細胞膜表面の糖鎖との相互作用を利用した膜透過性ペプチドへの応用研究など，薬剤のみならずケミカルバイオロジーの分野全般に渡ってホウ素化合物の利用は広まりつつあり，今後のさらなる広がり深化が期待される。

文　　　献

1) M. Ikeda *et al.*, *Nat. Chem.*, **6**, 511 (2014)
2) W. Yang *et al.*, *Med. Res. Rev.*, **23**, 346 (2003)
3) D. Hoeller & I. Dikic, *Nature*, **458**, 438 (2009)

第6章　創薬研究におけるホウ素含有アミノ酸およびペプチド

4) A. Rentsch *et al.*, *Angew. Chem. Int. Ed.*, **52**, 5450 (2013)

5) S. Tsubuki *et al.*, *Biochem. Biophys. Res. Commun.*, **15**, 1195 (1993)

6) J. Adams *et al.*, *Bioorg. Med. Chem. Lett.*, **8**, 333 (1998)

7) V. J. Palombella *et al.*, *Proc. Natl. Acad. Sci. USA*, **95**, 15671 (1998)

8) J. Schrader *et al.*, *Science*, **353**, 594 (2016)

9) M. Shirley, *Drugs*, **76**, 405 (2016)

10) M. K. Bennett & C. J. Kirk, *Curr. Opin. Drug Discov. Devel.*, **11**, 616 (2008)

11) R. F. Barth *et al.*, *Radiat. Oncol.*, **7**, 146 (2012)

12) A. H. Soloway *et al.*, *Chem. Rev.*, **98**, 1515 (1998)

13) S. Miyatake *et al.*, *Neurosurgery*, **61**, 82 (2007)

14) Y. Mishima *et al.*, *Lancet*, **2**, 388 (1989)

15) A. E. Schwint & V. A. Trivillin, *Ther. Deliv.*, **6**, 269 (2015)

16) Y. Kanai *et al.*, *J. Biol. Chem.*, **273**, 23629 (1998)

17) A. Wittg *et al.*, *Radiat. Res.*, **153**, 173 (2000)

18) 金井好克, 膜 (MEMBRANE), **33**, 108 (2008)

19) T. Watanabe *et al.*, *BMC Cancer*, **16**, 859 (2016)

20) I. L. Zakharkin *et al.*, *SSSR Ser. Khim.*, 106 (1970)

21) D. Gabel *et al.*, *Inorg. Chem.*, **32**, 2276 (1993)

22) Y. Hattori *et al.*, *Amino Acids*, **46**, 2715 (2014)

23) S. Kimura *et al.*, *Bioorg. Med. Chem.*, **19**, 1721 (2011)

24) M. Umano *et al.*, *Appl. Radiat. Isot.*, **69**, 1765 (2011)

25) S. Kikuchi *et al.*, *J. Control. Release*, **237**, 160 (2016)

26) S. Sato *et al.*, *Eur. J. Inorg. Chem.* (2017), inpress

【第Ⅶ編　診断・イメージング】

第1章　胆道がんホーミングペプチドによる
新規腫瘍イメージング技術の開発

齋藤　憲[*1]，近藤英作[*2]

1　はじめに

これまでに，細胞内透過性の機能を持つ HIV-1 由来の TAT 配列や *Drosophila* 由来の pAnt 配列，人工的ポリアルギニン配列などのペプチド[1~6]（表1）は，蛍光物質等を融合することで生体内イメージングまたはドラッグデリバリーとしてナノメディシンへの応用が試みられている[7,8]。しかしながら，「標的細胞特異性」という最重要課題が依然とり残され，またリポソーム，

表1　代表的な細胞透過性ペプチド；Cell-Penetrating Peptide（CPP）

CPP	Origin	Sequence
Cationic		
TAT（48-60）	HIV-1	YGRKKRRQRRR
VP22	HSV-1	DAATATRGRSAASRPTERPRAPARSASRPRRPVE
Penetratin（pAnt）（43-58）	Drosophila melanogaster	RQIKIWFQNRRMKWKK
DPV3	Human heparin binding protein	RKKRRRESRKKRRRES
Polyarginines	*de novo*	RRRRRRRRR，(R)n：6＜n＜12
Amphipathic		
Transportant	Galanin/Mastoparan（Chimeric）	GWTLNSAGYLLGKINLKALAALAKKIL
pVEC	Murine vascular endotherial cadherin	LLIILRRRIRKQAHAHSK
MPG	HIV-gp41/SV40 T-antigen（Chimeric）	GALFLGFLGAAGSTMGAWSQPKKKRKV
Pep-1	HIV-reverse transcriptase/SV40 T-antigen（Chimeric）	KETWWETWWTEWSQPKKKRKV
MAP	*de novo*	KLALKLALKALKAALKLA
R$_6$W$_3$	*de novo*	RRWWRRWRR
Hydrophobic		
FGF	Kaposis sarcoma	AAVALLPAVLLALLAP
PreS2	Hepatitis-B virus	PLSSIFSRIGDP

＊1　Ken Saito　新潟大学　大学院医歯学総合研究科　分子細胞病理学分野，
　　　医学部　実験病理学分野（病理学第二講座）　准教授
＊2　Eisaku Kondo　新潟大学　大学院医歯学総合研究科　分子細胞病理学分野，
　　　医学部　実験病理学分野（病理学第二講座）　教授

医療・診断をささえるペプチド科学—再生医療・DDS・診断への応用—

デンドリマーなどのナノ粒子による生体内イメージングおよびドラッグデリバリーにおいては，肝・脾などの臓器集積性や難分解性，代謝経路，リソソーム内トラップなどの問題点が指摘される。

そこで，これらの課題を克服し，がん浸潤範囲および転移を正確に把握することを目的として，私たちはヒト各種がん細胞に選択的に透過する「腫瘍ホーミングペプチド」の研究・開発を進めている[9]。このようなペプチドは一般にデザイン改変の自由度が高く生体低侵襲性である大きな長所を持ち，蛍光物質，薬剤，核酸などの化合物との創成が可能である利点をもつ[10]。

本稿では，このような利点をもつペプチドを探索し，その1例として蛍光物質を付加した「胆道がん選択的透過性ペプチド」が，医療現場における内視鏡検査や外科的切除における診断・治療の正確な判定を大きく改善する手立てとなり得る可能性について概説する。

2　がん細胞選択的透過ペプチドの単離

私たちは，ヒトがん細胞に透過するペプチド「Cell-Penetrating Peptide（CPP）」を単離するために，mRNA display 技術（mRNA 配列に対応付けられたアミノ酸と同 mRNA を連結させた分子を作製する技術：in vitro virus 法）を応用し，まず数千億から1兆個ほどのペプチド−核酸のキメラ分子から構成されるランダムペプチド−核酸ライブラリーを構築する[11,12]。このライブラリーを目的とするがん細胞と反応させ，細胞を洗浄後，細胞内に取り込まれたペプチド−核酸キメラ分子を分離する（図1）。このような一連の（ライブラリーと細胞の反応から細胞内に取り込まれた分子の分離まで）in vitro 操作を繰り返すことで，目的とするがん細胞に選択的に高い透過性を示したペプチド−核酸キメラ分子が濃縮され，核酸配列＝ペプチド配列であることから核酸部分を PCR で増幅し，最終的にシークエンサーを用いて塩基配列を解読することで，がん細胞内に取り込まれたペプチド配列が同定できる。

このように上記の1次スクリーニングで判明した数十種類の CPP については，2次スクリーニングとして核酸部分を除くペプチド部分のみを化学合成し，蛍光物質（FITC など）を付加した蛍光−CPP と各種系統のがん細胞パネルを用いて，CPP のがん細胞吸収性を蛍光顕微鏡下で目視により再確認し，さらに CPP の絞り込みを行う。

次に，担がんモデルマウスを用いた in vivo 評価系を用いて，背景の正常組織とがん組織を比較し，がん組織に高吸収性能を発揮する CPP のみを同定する。このような1次スクリーニングから2次スクリーニング，in vivo 評価を経て得られる CPP は数個程度である。

3　胆管がん選択的透過ペプチドの開発

胆管がん患者の多くは，初発症状の1つとして黄疸を示し，進行度が高い状態で発見され，またステージが進行すると根治治療が難しくなり，ステージにもよるが手術適応の場合の5年生存

第1章　胆道がんホーミングペプチドによる新規腫瘍イメージング技術の開発

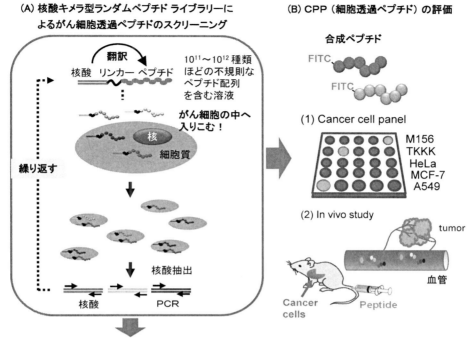

図1　細胞透過ペプチドの同定と評価
(A)mRNA display 技術によりランダムペプチド−核酸ライブラリーを構築し，目的とするがん細胞と反応後，細胞を洗浄し細胞内に取り込まれたペプチドを分離する。この一連の *in vitro* 操作を繰り返し，がん細胞選択性の高い透過ペプチドを濃縮，単離・同定する。(B)同定した数種類のペプチドを合成し，各種系統のがん細胞パネルおよび担がんモデルマウスを用いてペプチドの性能を評価する。

率は約30〜50％前後，切除不能例の患者5年生存率は1％と低いことが知られている。

　現在のところ，胆管がんの根治的治療は外科的治療が主であり，胆管がんは多彩な浸潤パターンや肝浸潤・転移を示すことから，内視鏡治療上あるいは外科手術治療上として「正確ながん浸潤範囲や微小転移巣が把握困難」な問題点が大きく，不完全切除ががんの再燃につながると考えられる[13]。そこで，私たちは胆管がんの早期診断と浸潤パターンを判定し，生体低侵襲性に描出するためにペプチドをベースとしたイメージングツールを開発し，同時にペプチドの取り込みメカニズムから胆管がんについての新たな知見と治療への応用が展開できると期待している。

4　胆管がん細胞透過ペプチド BCPP-2 の *in vitro* 評価と改良点

　胆管がん細胞透過ペプチドを得るためには，はじめに述べた，ペプチド−核酸ライブラリーからスクリーニングを行い，胆管がん細胞に高く透過するCPPをスクリーニングする。今回，私

たちは，12個のアミノ酸から構成される環状化ペプチド（BCPP-2）を単離し（直鎖状ペプチドは単離されていない），現在までに9株の胆管がん細胞のうち6つの胆管がん細胞株にBCPP-2が取り込まれることを明らかにしている。

　一般的にデリバリーツールや薬剤を生体内に適用させるためには，生体低侵襲性や低抗原性のほかに水溶性であることが求められる。今回，得られたBCPP-2ペプチドは難水溶性であることから生理食塩水等に溶けるための工夫が必要であり，また選択的がん細胞透過性を損なわない改変が必須である。私たちはその1つとしてBCPP-2配列における疎水性度が大きく，かさ高い側鎖を持つアミノ酸残基1つに着目し，アラニンまたはアルギニンに置換したBCPP-2AおよびBCPP-2Rを作製し，溶媒への可溶性と胆管がん細胞選択的透過性を検討した。結果として，BCPP-2Rペプチドが生体内に適用可能な可溶性と胆管がん選択的透過性を保持した。

　次に，正常組織由来の細胞株および系統の異なるがん細胞株へのBCPP-2R細胞透過性の検証において，胆管がん細胞以外のがん細胞ではBCPP-2Rの取り込みと細胞内局在はほとんど認められない。また正常細胞への取り込みも低く，正常細胞と比較した胆管がん細胞へのBCPP-2R透過比は10倍以上であることを確認した。すなわち，これらのことからBCPP-2Rは胆管がん細胞にシフトした透過性を示すペプチドであると考えられる。

　さらに，in vivo試験の前評価として，MMNK-1細胞（胆管上皮正常細胞）とM156細胞（胆管がん細胞）を共培養し，いくつかの条件（ペプチド濃度，反応時間，血清濃度，細胞障害など）を設定し評価することで，胆管がん細胞の浸潤を描出できる可能性と生体に応用できる可能性を確認した。また必要に応じてさらなる改良を加えことが求められる場合もある。1つの例として，0〜50％血清濃度下における細胞透過実験から，L体BCPP-2Rは血清濃度の上昇に依存して細胞透過性が低下する。一方，光学異性体であるD体BCPP-2RはL体に比べ透過性は劣るが血清濃度によらない安定した透過性とがん細胞選択性を示した。このことは光学異性体D体ペプチドを用いることで，プロテアーゼに対する分解耐性を獲得し，血中安定性が増加する報告[14, 15]を反映しているものと考えられ，D体BCPP-2Rが生体内で有用である可能性を示唆する。

5　担がんモデルマウスによるBCPP-2Rペプチドのin vivo評価

　このような細胞レベルでの検証を踏まえ，胆管がん肝内移植モデルマウスを作製し，L体およびD体BCPP-2Rの細胞透過性を生体内で評価した。具体的には，蛍光標識BCPP-2Rペプチドをマウス尾静脈から投与し90分後に蛍光顕微鏡下で観察した。図2に示すように肝内に移植した胆管がん細胞選択的にL体BCPP-2Rが吸収され，さらに腫瘍の浸潤を描出できる可能性を示す画像が得られた。とくに図2(B)に示す腫瘍割面の蛍光画像からも肉眼ではとらえられないがんの浸潤部をL体BCCP-2Rで可視化できると考えられる。さらにD体BCPP-2Rの胆管がん細胞への透過性はL体よりも高く（図2(C)，(D)），この差は血中安定性の増加に起因するものと考えられる。さらにD体BCPP-2RはL体と同様に腫瘍の浸潤部を検出できる可能性を持つ。

第1章 胆道がんホーミングペプチドによる新規腫瘍イメージング技術の開発

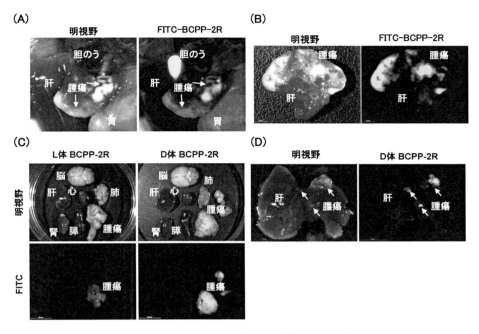

図2 BCPP-2R の胆管がん組織への透過性
(A)蛍光ラベル BCPP-2R ペプチドの腫瘍への吸収が認められた。胆囊，胃，胸膜は自家蛍光を示す。(B)BCPP-2R ペプチドは腫瘍割面のイメージより胆管がんの浸潤をとらえられる可能性がある。(C)L 体，D 体 BCPP-2R の細胞透過性の比較。腫瘍に集積した蛍光強度は D 体が強い。(D)D 体 BCPP-2R を用いた腫瘍への吸収。胆管がんの浸潤が描出される。

6 BCPP-2R ペプチドの細胞透過メカニズム

　CPP の細胞内取り込みの機序を明らかにすることは，胆管がんの性質や生体内における安全性を考えるために不可欠である。これまでに細胞外物質の取り込み経路に対する各種阻害剤[16〜18]を用いた BCPP-2R 透過性を検討した結果，BCPP-2R の胆管がん細胞透過性はクラスリン非依存的エンドサイトーシスによることが示唆された（図3）。詳細なメカニズムについては現在検討中であるが，BCPP-2R の取り込みに特異的なレセプターおよびトランスポーター等が胆管がん細胞に存在することが考えられる。このことは胆管がんの診断および治療を考える上で新たな視点になると期待される。

7 おわりに

　1兆個ほどのペプチド－核酸ライブラリーから10個程度のがん細胞選択的ペプチドを得た後，さらなる改良を経て生体で応用できるものは2，3種類のペプチドであるが，今回，私たちが単離した胆管がん選択的透過性ペプチドは，これまでに報告された胆管がん細胞表面を認識・結合

する分子[19, 20]よりも低濃度，短時間で選択的に胆管がんを描出できる可能性を持ち，生体内における胆管がんの浸潤範囲と微小転移巣をとられる可能性を持つ点で卓越したバイオツールになると期待される。今後，これらの結果から内視鏡・外科手術におけるイメージガイドツールや診断ツール，また抗がん剤などのドラックデリバリーツールとして胆管がん選択的透過性ペプチドを臨床応用へ繋げていきたいと考えている。

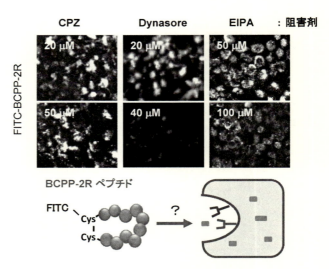

図3　ペプチド透過メカニズム

BCPP-2Rペプチドの取り込みはダイナミン阻害剤で抑制されたことからクラスリン非依存的エンドサイトーシス経路でペプチドが取り込まれることが考えられる。今後，siRNA libraryや質量分析を用いてレセプターなどの分子を同定しメカニズムを明らかにする。

謝辞

本研究に際して，久留米大学医学部・第一病理矢野博久先生，愛知県がんセンター中央病院・研究所 山雄健次先生をはじめとする多くの先生方，新潟大学大学院医歯学総合研究科・分子細胞病理学教室の皆様に深謝いたします。

文　献

1) E. Vives et al., *J. Biol. Chem.*, **272**, 16010 (1997)
2) D. Derossi et al., *J. Biol. Chem.*, **269**, 10444 (1994)
3) D. J. Mitchell et al., *J. Pept. Res.*, **56**, 318 (2000)
4) S. Futaki et al., *J. Biol. Chem.*, **276**, 5836 (2001)
5) C. Bechara & S. Sagan, *FEBS Lett.*, **587**, 1693 (2013)
6) H. Liu et al., *J. Control. Release*, **226**, 124 (2016)
7) J. S. Wadia et al., *Nat. Med.*, **10**, 310 (2004)
8) E. Koren & V. P. Torchilin, *Trends Mol. Med.*, **18**, 385 (2012)
9) E. Kondo, K. Saito et al., *Nat. Commun.*, **3**, 951 (2012)
10) K. Saito, N. Takigawa et al., *Mol. Cancer Ther.*, **12**, 1616 (2013)
11) R. W. Roberts & J. W. Szostak, *Proc. Natl. Acad. Sci. USA*, **94**, 12297 (1997)

第1章　胆道がんホーミングペプチドによる新規腫瘍イメージング技術の開発

12)　N. Nemoto, E. Miyamoto-Sato *et al.*, *FEBS Lett.*, **414**, 405（1997）

13)　D. Sia, V. Tovar, *et al.*, *Oncogene*, **32**, 4861（2013）

14)　P. A. Wender, D. J. Mitchell *et al.*, *Proc. Natl. Acad. Sci. USA*, **97**, 13003（2000）

15)　I. Nakase, Y. Konishi *et al.*, *J. Control. Release*, **159**, 181（2012）

16)　J. P. Richard, K. Melikov *et al.*, *J. Biol. Chem.*, **280**, 15300（2005）

17)　E. Macia, M. Ehrlich *et al.*, *Dev. Cell* **10**, 839（2006）

18)　J. A. Swanson & C. Watts, *Trends Cell Biol.*, **5**, 424（1995）

19)　H. Kitahara, J. Masumoto *et al.*, *Mol. Cancer Res.*, **9**, 688（2011）

20)　A. Silsirivanit, N. Araki *et al.*, *Cancer*, **117**, 3393（2011）

第2章　機能ペプチドを利用した生体光イメージング

近藤科江[*1]，口丸高弘[*2]，門之園哲哉[*3]

1　はじめに

タンパク質が持つ機能ドメインを構成するペプチド配列を切り出し，組み合わせることで，より高機能化したペプチドを創製することが可能である。我々は，このような汎用されている方法を用いて，病態を光で検出する生体光イメージングプローブの開発を行っている。

生体光イメージングは，21世紀初頭に小動物を対象とした汎用機器が市販され，普及するにつれて，創薬や再生医療，発生，病態解析など様々な研究分野で広く利用されるようになり，小動物を用いた研究では必須の技術となりつつある。検出機器の感度の向上や，長波長領域の利用により，小動物であれば生体深部の情報も4次元解析が可能な時代になってきている。さらに，複数のモダリティを組み合わせ，各モダリティの特徴を生かし，欠点を補うことで，高解像度，高感度，高速にイメージングできるマルチモダリティ機器の開発研究が急速に進んでいる。

光を利用したマルチモーダルイメージングは，ヒトへの光イメージング診断を先取りしているといっても過言ではない。現在は，内視鏡や術中での利用に限られている光イメージング技術が，汎用的なヒト診断機器として利用される日もそう遠くないかもしれない。

2　生体光イメージングの鍵となる「生体の窓」

生体には，光を吸収する分子が多く存在する。なかでも，水とヘモグロビンは，生体内に最も多く存在する光の吸収体である。生体の70％が水で構成されており，血液体積のおよそ40〜45％がヘモグロビンを有する赤血球である。また，メラニンや脂質も光を吸収して，光イメージングの感度を下げる要因になっている。さらに，細胞は，ビタミン類，神経伝達物質，補酵素やアミノ酸など，蛍光を発する分子で溢れており，いわゆる「自家蛍光」の原因となる。「自家蛍光」は，共役電子構造を有する様々な分子から放出され，広い波長域に存在するが，特に多い「自家蛍光」の原因分子であるトリプトファン，NADH，FADの発光領域は650 nm以下である[1]。そのため，これらの吸収や自家蛍光が比較的少ない650〜1,350 nmの波長域を「生体の窓」と呼ぶ[2]（図1）。なかでも，波長が短い領域650〜950 nmは「第1の生体の窓，近赤外第1領域（NIR-I，

---

*1　Shinae Kondoh　東京工業大学　生命理工学院　教授

*2　Takahiro Kuchimaru　東京工業大学　生命理工学院　助教

*3　Tetsuya Kadonosono　東京工業大学　生命理工学院　助教

第2章　機能ペプチドを利用した生体光イメージング

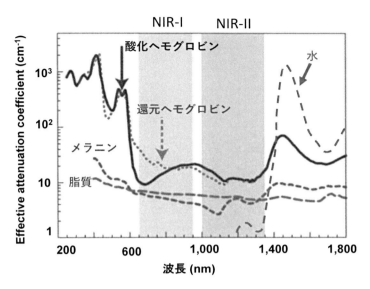

図1　生体の主な吸収分子の波長と第1，第2の生体の窓の波長域
文献2) より，一部改変して引用。

first near-infrared window)」と呼ばれ，この領域を使ったイメージングプローブや機器の開発が盛んに行われている[3]。

3　第1の生体の窓を利用した発光イメージング

生体光イメージングで用いられるのは，蛍光と発光が主である。NIR-Iの利用は，有機系蛍光色素が多く用いられ，臨床にも使われているICG（励起波長774 nm，蛍光波長805 nm）の構造を基にして，多くの誘導体が開発されている[4]。発光は，自家発光がほとんど検出されず，高いシグナル・ノイズ比が得られるため，生体イメージングでは汎用されている。しかし，生体発光イメージングに最も良く使われているホタルルシフェラーゼ（firefly luciferase：Fluc）とその基質であるD-ルシフェリン（D-Luci）の化学反応によって産生される光の最大発光波長は562 nmで，可視光領域である。しかも，体内の光吸収物質が極めて多い波長領域にあるため，検出感度を上げるために，Flucを改変して発光強度を高めたり，D-Luciの誘導体を開発して，産生される光の波長を長波長側にシフトさせたりする研究が活発に進められている。我々は，最近，電気通信大学のグループと一緒に，NIR-I領域に発光波長（最大発光波長677 nm）をもつ，実用的な新規D-Luciの誘導体の開発に成功した（図2A)[5]。この基質の生体での有効性を評価したところ，光イメージングでは検出が困難な肺がんを，D-Luciよりも10倍以上の感度で検出することができた（図2B)[5]。今後この基質の利用により，生体発光イメージングの発展が期待される。

281

医療・診断をささえるペプチド科学―再生医療・DDS・診断への応用―

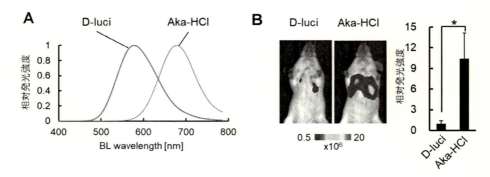

図2 近赤外発光基質を用いた生体イメージング
A）F-Luc と各基質との発光スペクトル。
B）F-Luc を発現するがん細胞を移植して作製した同一の肺がんモデルマウスに5 mM の基質100 μL を投与し，IVIS-SPECTRUM（フィルターなし）で発光イメージングした。*$P<0.05$

4 酸素依存的分解機能ペプチド

低酸素誘導転写因子 HIF の構成因子である HIFα タンパク質は，正常組織においては，予期しない低酸素に曝された細胞を細胞死から守るため，低酸素を感知する細胞の酸素センサーprolyl hydroxylase（PHD）によって，翻訳後修飾を受けている。すなわち，酸素が十分にある時は，転写因子 HIF が機能しないように速やかに分解されるが，酸素が不足すると分解機構がOFF になり，HIFα タンパク質は速やかに核に移行し，転写因子 HIF が機能する（図3）。転写因子 HIF によって，血管新生因子，グルコーストランスポーター，解糖系代謝の一連の酵素など，低酸素状態の細胞が生き延びるために必要な様々な遺伝子の発現が誘導される[6]。がん組織は，HIF 活性が恒常的に高いものが多い。低酸素領域の多いがんは悪性度が高いものが多く，その悪性度の向上に HIF 活性が寄与している[7]。したがって，HIF を標的にした薬剤の開発も進められている。

我々は，HIF-1α の酸素依存的分解機能を担っているペプチド配列 oxygen-dependent degradation（ODD）ドメインを切り出し，任意のタンパク質に融合することで，任意のタンパク質の機能を酸素依存的に制御できることを見出した[8]。HIF-1α の酸素依存的分解は，通常酸素状態では ODD ドメインにある 402 番目と 564 番目のプロリン残基が PHD により水酸化修飾された HIF-1α は，ユビキチン－プロテアソーム機構により分解されるが，低酸素状態ではPHD による水酸化が起こらないことによる[9]。我々が ODD ドメインの一連の変異体を作製して，融合した任意のタンパク質の機能を酸素依存的に制御できるか否かで評価したところ，564 番目のプロリン残基を含む 18 個のアミノ酸配列があれば，酸素依存的分解制御機能を任意のタンパク質に付与できることがわかり，さらにその周囲のアミノ酸を含む 548～583 の配列を融合することで，融合したタンパク質に，最も高い酸素依存的分解制御機能を付与できることが判っ

第2章 機能ペプチドを利用した生体光イメージング

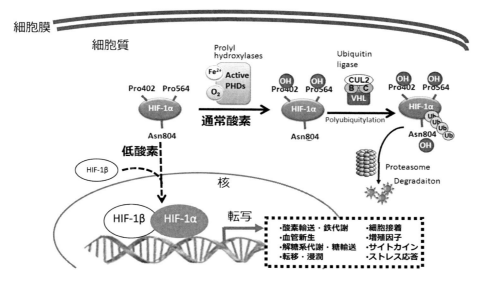

図3 HIF-1転写因子の酸素依存的制御機構
HIF-1αは，通常酸素状態（実線矢印）では，プロリン水酸化酵素により修飾され，その修飾をユビキチンライゲースが見つけ，ユビキチン化された後，プロテアソームで分解される（図上側）。一方，低酸素環境（点線矢印）では，HIF-1βと二量体を形成して核に移行し，特定のDNA配列に結合して，低酸素環境で生き抜くための様々な遺伝子の発現を誘導する。

た（図4）。

ODD機能ペプチドを融合することで，任意のタンパク質の安定性を酸素濃度によって制御できることが判ったが，そのODD融合タンパク質の分解は，HIF-1αと同様にPHDによる翻訳後修飾とユビキチン－プロテアソーム機構によって行われる[10]。つまり，細胞外のODD融合タンパク質は，酸素がいくらあっても，分解制御を受けることはない。ODD融合タンパク質を酸素依存的分解制御下に置くためには，細胞内に導入する必要がある。

5 細胞膜透過性ペプチド

膜透過性ペプチド（protein transduction domain：PTDまたは，cell-penetrating peptide：CPP）は，細胞膜を自由に透過する10～20個程度のペプチドで，膜透過性ペプチドを付加した生体分子（核酸，タンパク質）やリポソーム，ナノ粒子など様々な物質も膜を透過させることが示されており，細胞内輸送ツールとして活用されている[11]。膜透過性ペプチドとしては，AIDSウイルスのTATタンパク質の48-60位にある13アミノ酸のTAT配列：GRKKRRQRRRPPQが最も有名である。PTD/CPP配列の多くは，アルギニン（R）やリジン（K）といった塩基性アミノ酸を多く含んでおり，正電荷を帯びていることで，負電荷を帯びている細胞膜に結合することは解明されているが，膜を透過する機構は正確には分かっていない。*In vitro* では，エンド

サイトーシスで細胞に取り込まれる機構やエネルギー非依存的に膜透過する機構も報告されており，いくつかのモデルが提唱されている[11]。生体では，TAT を融合したタンパク質を腹腔内に投与することで，活性をもったままのタンパク質が，脳を含む全身の細胞内に送達されることが報告されている[12]。つまり，TAT を融合したタンパク質は，血液脳関門も通過可能であることを示しているが，どのように膜を通過しているかは，未だ解明されていない。

我々は，最近 PTD/CPP が腫瘍血管に高発現するニューロピリン 1（NRP1）に結合し，腫瘍血管から腫瘍内への移行を促進していることを見出した[13]。NRP1 は，R-x-x-R カルボキシル末端モチーフをもつ CendR ペプチドの受容体として機能し，血管透過性を上げることが知られている[14]。PTD/CPP は，CendR ペプチドのひとつである iRGD と競合的に NRP1 に結合するが，iRGD と異なり血管からの漏出を促進することなく，PTD/CPP 融合タンパク質の腫瘍血管から腫瘍組織への移行を促進する。

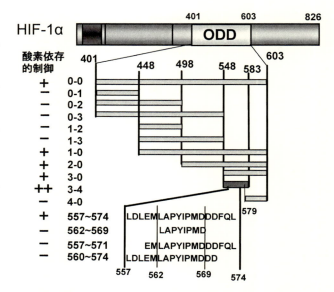

図 4　酸素依存的制御に重要な ODD ペプチド配列の同定
HIF-1α の ODD ドメインを図のように様々な長さのペプチドとして切り出し β-ガラクトシダーゼに融合させ，β-ガラクトシダーゼ活性を通常酸素と低酸素で比較することで，酸素依存的制御のある（＋）なし（−）を検証した。3-4 ペプチドが最も酸素依存的制御が強かった（＋＋）。

6　ペプチドプローブを使った光イメージング

前述した膜透過性ペプチド（PTD）と酸素依存的分解機能ペプチド（ODD）を組み合わせた PTD-ODD ペプチドで，HIF が活性化した病態組織のイメージングに成功している。最初に作製した光イメージングプローブは，always-on タイプの光イメージングプローブで，PTD-ODD に Halo-tag ペプチドを融合させ，近赤外の蛍光色素（N）で標識した Halo-tag リガンドと共有結合させて，機能性光イメージングプローブ POH-N を作製した（図 5A）。POH-N を，脳梗塞モデル[15]や脈絡膜血管新生誘発モデル[16]に投与することで，血管新生を誘導する HIF 活性を時間空間的に観察することができている。

POH-N を用いて，恒常的に HIF 活性が高いがんを非侵襲的に光イメージングすることにも成功している（図 5B）。さらに ex vivo で腫瘍の HIF 活性を示す発光イメージングと POH-N プ

第2章　機能ペプチドを利用した生体光イメージング

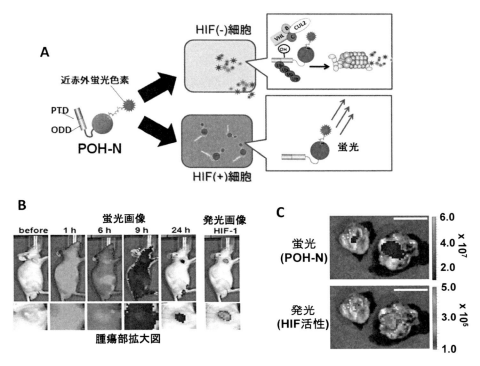

図5　POH-N 近赤外蛍光イメージングプローブ
A) 膜透過ペプチド（PTD），酸素依存的分解制御ペプチド（ODD）に Halo-tag ペプチドを融合させ，Halo-tag リガンドを介して近赤外蛍光色素をつけたプローブをマウスに投与すると，HIF 活性がない細胞［HIF(-)細胞］では，速やかにユビキチンプロテアソーム系によって分解され，HIF 活性がある細胞［HIF(+)細胞］では，安定化して光り続ける。
B) POH-N 投与後，1，6，9，24 時間に蛍光シグナルをイメージングした。右側の発光画像は，同一マウスの HIF(+)腫瘍を発光で可視化したもの。
C) POH-N 投与 24 時間後に腫瘍を摘出して *ex vivo* イメージングした。POH-N の蛍光イメージ（上図）と HIF 活性(+)腫瘍の発光イメージ（下図）を示している。

ローブによる蛍光イメージを比較したところ，ほぼ同じ組織部位でシグナルが観察された（図5C）。また，膵臓がんの同所移植モデルにおいても同様の解析を行ったところ，POH-N プローブを腹腔内投与することで，膵臓だけでなく，肝転移や腹膜播種など転移・浸潤した HIF 活性化がん細胞を感度良く検出することができた[17]。

我々は，上記プローブを用いて，直径数 mm 程度の微小ながんでも可視化することに成功している。また，放射性同位元素で標識した Halo-tag リガンドを共有結合させた POH の positron emission tomography（PET）プローブでも，同様に腫瘍内 HIF 活性領域特異的イメージを得ることができている[18]。

7 BRETを用いた生体光イメージングプローブ

Always-onの光イメージングプローブは，特異的なイメージが得られるまで時間がかかることが難点であった．特にPOH-Nプローブは，ODDドメインの機能により，標的以外の細胞では速やかに壊れ，標的細胞内で安定化することで，標的特異性を出している．つまり，体の大多

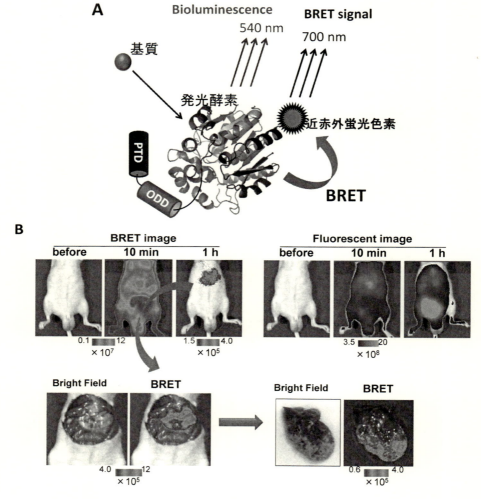

図6 BRETを利用したPOL-N近赤外蛍光イメージングプローブ
A) 膜透過ペプチド（PTD），酸素依存的分解制御ペプチド（ODD）に発光酵素を融合させ，末端に近赤外蛍光色素をつけた．POL-Nプローブが無傷の時だけ，基質と反応して生じる発光（540 nm）により近赤外蛍光色素が励起され，BRETシグナル（700 nm）を得ることができる．
B) POL-Nプローブを投与して10分後と1時間後にBRETシグナル（左上図）と蛍光シグナル（右上図）をイメージングした．1時間後に開腹して腹部を，その後肝臓を取り出し，それぞれ ex vivo イメージングを行った．

第2章　機能ペプチドを利用した生体光イメージング

数を占める標的以外の細胞で壊れた POH-N から遊離した近赤外蛍光色素（N）が，血中や排せつ臓器（肝臓・腎臓）から消滅するのを待たないと，特異的なシグナルを検出することが不可能であった。そこで，プローブが完全な形で残っている時のみシグナルを発するプローブの開発を試みた。POH-N のイメージングでは，励起光を蛍光色素に照射して蛍光シグナルを観察していたが，励起光を照射する代わりに生物発光反応によって生じた光で蛍光色素を励起することで，遊離した蛍光色素からのシグナルが生じないようなプローブ POL-N をデザインした（図 6A）[19]。POL-N は，Halo-tag ペプチドを発光酵素 Renilla luciferase（最大発光波長 547 nm）に替えて，近赤外蛍光色素（最大発光波長 702 nm）を C 末の Cys を介して標識した。POL-N が無傷の状態であれば，Renilla luciferase の基質であるセレンテラジンを加えることで近赤外光シグナルを出す。POL-N によって，POH-N では特異的なシグナルを得るまでに 20 時間以上かかっていたものが，1 時間程度に短縮され，これまで不可能であった排せつ臓器である肝臓のがんの検出にも成功した（図 6B）。

8　おわりに

　現在，抗体に匹敵する結合力を持つ抗体代替ペプチドの開発も行っている。上記機能性ペプチドに加えて，標的特異性ペプチドを用いたイメージングプローブの開発は，臨床応用にも繋がることが期待される。人工的な融合タンパク質の臨床応用は，国内では例がなく，世界でも数例しかない。しかし，抗体医薬の躍進により，機能性ペプチドにも注目が集まってきている。今後，ペプチドを用いたイメージング剤や治療薬の開発も進んでいくことが期待される。

文　　　献

1)　A. A. Heikal, *Biomark. Med.*, **4**, 241 (2010)
2)　A. M. Smith *et al.*, *Nat. Nanotechnol.*, **4**, 710 (2009)
3)　近藤科江，実験医学，**34**（14），2339 (2016)
4)　A. Yuan *et al.*, *J. Pharm. Sci.*, **102**, 6 (2013)
5)　T. Kuchimaru *et al.*, *Nat. Commun.*, **7**, 11856 (2016)
6)　G. L. Semenza, *Trends Pharmacol. Sci.*, **33**, 207 (2012)
7)　G. L. Semenza, *Nat. Rev. Cancer*, **3**, 721, (2003)
8)　H. Harada *et al.*, *Cancer Res.*, **62**, 2013 (2002)
9)　A. C. Epstein *et al.*, *Cell*, **107**, 43 (2001)
10)　H. Harada *et al.*, *FEBS Lett.*, **580**, 5718 (2006)
11)　A. van den Berg & S. F. Dowdy, *Curr. Opin. Biotechnol.*, **22**, 888 (2011)

12) S. R. Schwarze *et al.*, *Science*, **285**, 1569 (1999)

13) T. Kadonosono *et al.*, *J. Control Release.*, **201**, 14 (2015)

14) T. Teesalu *et al.*, *Proc Natl. Acad. Sci. USA*, **106**, 16157 (2009)

15) Y. Fujita *et al.*, *Plos One*, **7**, e48051 (2012)

16) S. Takata *et al.*, *Sci. Rep.*, **5**, 9898 (2015)

17) T. Kuchimaru *et al.*, *Plos One*, **5**, e15736 (2010)

18) S. Kimura *et al.*, *Radioisotopes*, **65**, 247 (2016)

19) T. Kuchimaru *et al.*, *Sci. Rep.*, **5**, 34311 (2016)

第3章　放射性標識ペプチドを用いた分子病理診断・内用放射線治療薬剤の開発

長谷川功紀*

1　諸言

2016 年，本邦でも In-111 標識されたソマトスタチン模倣ペプチド（somatostatin-mimicking peptides：SMP）が神経内分泌腫瘍（neuroendocrine tumor：NET）の診断薬剤として上市された。また海外ではすでに Lu-177 標識した SMP が切除不能または転移性 NET の内用放射線治療に用いられている。2017 年にその第 3 相試験の結果が報告され，既存の薬物治療よりも高い治療効果を示すことが明らかになった。それにともない今後，多くの放射線治療薬剤が臨床応用されると期待が高まっている。そして世界中で放射性標識ペプチドを用いた様々な診断・治療薬剤開発が行われている。本稿ではその開発に向けて，その基礎の合成戦略，薬剤開発プロセス，そして治療への展開までを概説する。

2　イメージングと内用放射線療法

診断のためには疾患の性状を詳しく知る必要がある。多くの診断機器のうち，CT（computed tomography）は"形態"を描出するのに対し，ポジトロン断層撮影（positron emission tomography：PET），および単一光子放射断層撮影（single photon emission computed tomography：SPECT）は"性質"を検出する。すなわち疾患部位にどのような分子が集積するのかを知ることができる。例えば ^{18}F 標識 fluorodeoxyglucose（FDG）-PET では，糖の誘導体である FDG を投与し，集積した部位からの放射線を PET で検出する。それにより糖代謝の高い部位が判る。ペプチドに PET もしくは SPECT 用の核種を標識した場合，例えば SMP を用いればソマトスタチン受容体が高発現する部位および受容体発現量が判る。もし腫瘍組織にソマトスタチン受容体が高発現していれば，次に SMP に放射線治療用の核種を標識し，投与することで集積部位のみをピンポイントに放射線照射でき，効果的な治療が行える。これを内用放射線療法といい，外部照射に比べ副作用を低減できる可能性が高く，現在世界中で様々な核種や薬剤などが研究されている。

＊　Koki Hasegawa　京都薬科大学　共同利用機器センター　准教授

医療・診断をささえるペプチド科学—再生医療・DDS・診断への応用—

表1　腫瘍イメージングに用いられた放射標識ペプチドプローブ

ペプチドリガンド	受容体	腫瘍	プローブの例
ソマトスタチン	SSTR	神経内分泌腫瘍	DOTA-TOC
ボンベシン	GRPR/BB2	乳癌，前立腺癌，GIST	NeoBOMB1
コレシストキニン	CCK2R	甲状腺髄様癌	demogastrin
GLP-1	GLP-1R	インシュリノーマ	$[Lys^{40}(DOTA-Ahx)]$-Exendin-4
α-MSH	MC1R	メラノーマ	DOTA-Nle-CysMSH$_{hex}$
サブスタンス P	NK-1	膠芽腫	DOTAGA-substance P
CXCL12	CXCR4	がん幹細胞	Pentixafor

3　ペプチドを放射性薬剤化する利点

ペプチドは他の低分子化合物に比べ標的に対する高い親和性と特異性を示し，低毒性であることが多い。さらに比較的簡単に合成可能で，修飾も容易であり，放射標識しやすい。また抗体などの高分子に比べ組織透過性が高く，クリアランスが早いので比較的短時間で標的組織のみに放射性元素を運び，集積させることができるなどの利点がある。また多くの腫瘍でペプチド受容体が高発現していることも報告され，その点もペプチドが放射性薬剤として開発される一因と思われる[1]。すでに臨床実用・研究レベルで腫瘍検出のための放射性ペプチド薬剤がいくつも報告されており，それを表1に示す[2]。特に受容体の中で病態の進行に関与するもの，すなわち悪性度と発現強度に相関がある受容体には高い診断価値があり，疾患のステージングや治療効果判定に大きな有用性がある。

4　放射性元素の利用とペプチドへの標識

ペプチドへの放射標識ではその用途により核種が変わる。現在までペプチドに標識された核種の例を表2に示す。用途により SPECT，PET イメージング，または内用放射線治療の3種に大別できる。イメージングに用いられる核種の選択基準は，まずペプチドの生物学的半減期と核種の物理的半減期を考え，それに合った核種が選択される。例えば，生物学的半減期が分単位のペプチドでは物理的半減期が68分の Ga-68 が標識されることが多い。それに対し生物学的半減期が日単位になると，物理的半減期が12.7時間の Cu-64 が標識されることが多い。内用放射線治療核種の選択基準は，半減期や飛程を参考にまずは選択し，最終的には臨床試験の治療成績によって決まる。

内用放射線治療の前段階として標識薬剤の生理的集積や体内動態をイメージングで明らかにし，被曝量を計算し投与量などが決定される。また治療効果の追跡もイメージングで評価される。具体例として，Lu-177 標識した SMP の NET 内用放射線治療の場合，治療前にまず Ga-68 標識された SMP を用い全身の薬剤分布を明らかにし，副作用や効果，被曝の程度を予測した後，Lu-177 標識した SMP が投与される。

第 3 章　放射性標識ペプチドを用いた分子病理診断・内用放射線治療薬剤の開発

表 2　診断・治療に用いられる放射性同位元素

核種	半減期	主要エネルギー（keV）	主な用途	性質
^{99m}Tc	6 時間	141	SPECT イメージング	金属
^{201}Tl	3 日	71, 135, 167	SPECT イメージング	金属
^{123}I	13.2 時間	159	SPECT イメージング	ハロゲン
^{111}In	2.8 日	171, 245	SPECT イメージング	金属
^{67}Ga	3.3 日	93, 185	SPECT イメージング	金属
^{64}Cu	12.7 時間	511	PET イメージング	金属
^{68}Ga	68 分	511	PET イメージング	金属
^{18}F	110 分	511	PET イメージング	ハロゲン
^{67}Cu	2.5 日	93, 185	放射線治療	金属
^{131}I	8 日	365, 606	放射線治療	ハロゲン
^{90}Y	2.7 日	2280	放射線治療	金属
^{177}Lu	6.6 日	208, 498	放射線治療	金属

　ペプチドへの標識では，核種の性質が金属かハロゲンかによって標識法が異なる。金属核種の場合，まずはペプチドにキレーター修飾し，そこに金属核種を配位させ間接的に標識する。金属の性質により用いられるキレーターが異なる。キレーターの例を図 1 に示す。^{99m}Tc の標識では HYNIC や N4（テトラアミン）を用いることが多い。また ^{111}In，$^{67/68}$Ga，^{90}Y，^{177}Lu，$^{64/67}$Cu では DTPA，DOTA，NOTA などを用いる。また化合物の熱安定性により使用するキレーターが選ばれる。DOTA に $^{67/68}$Ga を標識する場合，95 ℃の熱を必要となる。熱で変性する化合物であれば 37 ℃程度で標識可能な NOTA が選ばれる。

　またハロゲンでは，ヨウ素（$^{123/131}$I）とフッ素（^{18}F）がペプチドの標識に用いられる。直接的ヨウ素標識としては chloramine T 法または Iodogen®法によりペプチドのチロシンまたはヒスチジン残基へヨウ素標識反応が行われる。対して間接的標識法では，まず小分子補助基にヨウ素化もしくはフッ素化を行い，その小分子補助基をペプチドに反応させて標識を行う。そのため小分子補助基にはペプチドのスルフヒドリル基と反応するマレイミドや，アミノ基と反応する N-ヒドロキシスクシンイミドエステルを有する化合物が用いられる。現在までに用いられた小分子補助基を図 2 に示す。また最近ではクリックケミストリーを応用して，あらかじめアルキンまたはアジド基をペプチドに導入し，そこに標識した小分子補助基をクリック反応で導入する研究も盛んに行われている[3]。

　ペプチドへの直接的ハロゲン標識は，キレーターや補助基を介する方法に比べ立体的かさ高さが軽減されるので，受容体結合能への影響が少ない。しかし，標識ペプチドが細胞内に取り込まれた後，分解を受けるとハロゲンは細胞外へ遊離する可能性がある。また標識反応中にペプチドが酸化される可能性もある。また F-18 は半減期が 109 分と短いので，用いられる反応には限界があるなどの欠点もある。しかし本法は研究レベルで多用されている。

　小分子補助基を用いるハロゲン標識の利点は，ペプチドが有機溶媒へ溶けにくいこと，激しい

291

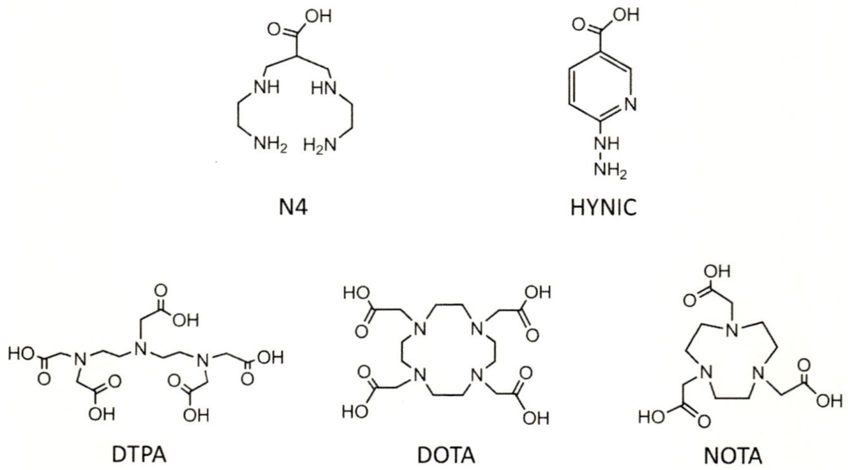

医療・診断をささえるペプチド科学―再生医療・DDS・診断への応用―

N4 HYNIC

DTPA DOTA NOTA

図1　キレーターの化学構造

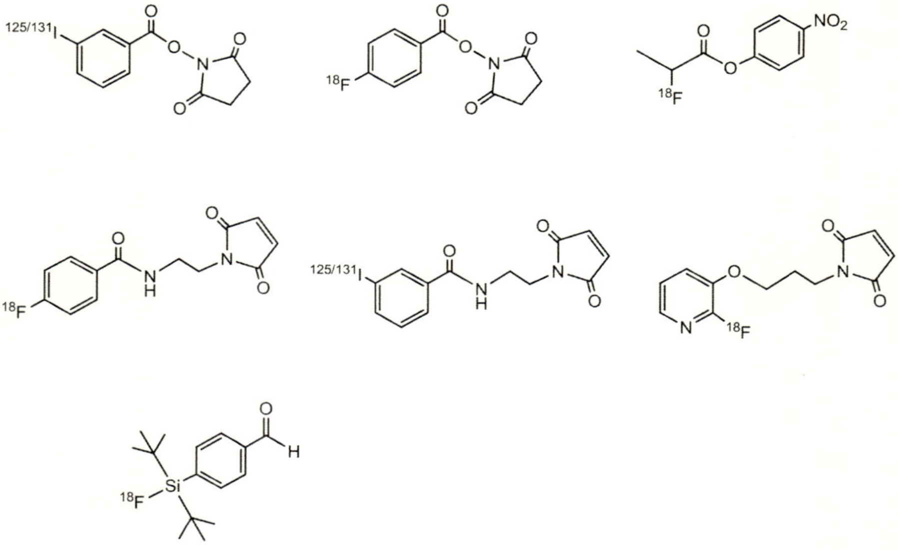

図2　小分子補助基の化学構造

反応条件下で変性しやすいという問題を回避できる。フッ素化は通常，激しい反応条件が必要とされる。そこでまず，小分子補助基に標識を行い，次に温和な条件下で小分子補助基をペプチドへ導入する二段階の戦略が取られる。この方法でペプチドの部位選択的標識を行おうとすると，保護基が必要で，反応後に脱保護も必要となり，標識はさらに煩雑となる。しかし，反応条件を最適化すれば高い比放射能，放射化学収率が達成できる方法である。もし標識反応条件下ペプチドが安定であれば，先に小分子補助基をペプチドへ導入し，そこへ選択的に標識することも可能

292

第3章　放射性標識ペプチドを用いた分子病理診断・内用放射線治療薬剤の開発

である。

キレーターを介する間接標識法では温和な条件下でキレーターを導入し，さらに二段階目の金属核種の配位も比較的温和に行える。この方法はキレーターを導入した時点で標識前駆体の活性を検討でき，キレーター修飾の影響を標識前に確認できる。ただし金属核種を配位するとキレーターの電荷が変化するため，標識体と全く同じ活性・動態とは言えない。クリックケミストリーを用いる方法もキレーターを導入する方法と同じ利点を有する。これらの方法は標識前駆体までは放射線管理区域外で調製でき，比較的容易な反応のためペプチドを用いた放射性薬剤合成では高い頻度で用いられる。

5　臨床応用されている放射性標識ペプチドの開発プロセス

すでに欧米ではいくつかの放射性標識ペプチドが臨床研究に用いられている。その中で SMP と PSMA リガンドについて紹介する。ソマトスタチン受容体（SSTR）は NET に高発現することが知られている。NET は低悪性度であっても転移する可能性があり，また腫瘍が小さくても産生するホルモンによって腫瘍随伴症候群を引き起こすことがあり，感度の高い画像診断によって微小腫瘍を検出することの有用性は高い。SMP としては DOTA-TATE，DOTA-TOC，DOTA-NOC が用いられており，その構造を図3に示す。共通の特徴として，ファーマコフォアとなる Phe-Trp-Lys-Thr を模した構造を有し，ジスルフィド結合でペプチドが環化されている。また N 末端にキレーターとして DOTA（1,4,7,10-テトラアザシクロドデカン-1,4,7,10-四酢酸）が修飾されており，そこに金属核種を配位させて標識を行う。SMP の設計目標としては，各 SSTR サブタイプへの親和性向上である。例えば DOTA-TATE では主に SSTR2 に結合する。それに対し DOTA-NOC は SSTR2, 3, 5 に結合できる。NET は主に SSTR2 を発現するが，その割合は 80％程度との報告がある。また他の腫瘍では SSTR2 より 1 や 3 を優位に発現する腫瘍もある。よって適応疾患を拡大するため，現在でも各サブタイプに強い結合能を有する誘導体の開発が進められている[4]。

PSMA リガンドは，前立腺癌で広く高発現している PSMA（Prostate specific membrane antigen）を標的とする。前立腺癌は早期に摘出術を受けても微小転移が残り再発する例が多い。また進行性前立腺癌においても血中マーカーの PSA が低値の例もあり，必ずしも PSA 値が腫瘍の有無に反映されない。よって感度の高い画像診断によって腫瘍を検出することの有用性は高い。PSMA リガンドの特徴は，PSMA の基質となる N-acetyl-Asp-Glu-OH を素としたジペプチド構造を有し，さらに代謝耐性となるようペプチド結合をウレイド構造（-NH-CO-NH-）に置換し，さらにアミノ酸を置換した Glu-NH-CO-NH-Lys をファーマコフォアとする。臨床研究で多く用いられている誘導体はキレーターとして HBED-CC を用いた PSMA-11，およびキレーターとして DOTA を用いた PSMA-617，また ^{18}F 標識された PMSA-1007 がある。それぞれの構造を図4に示す[5]。PSMA リガンドは標的受容体との結合において疎水性部位が重要な要

293

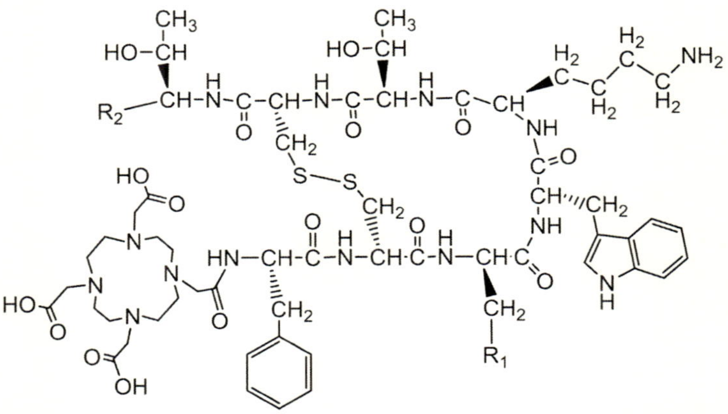

医療・診断をささえるペプチド科学—再生医療・DDS・診断への応用—

ペプチドプローブ	R$_1$	R$_2$
DOTA-TOC	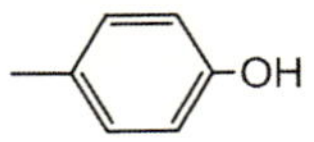 ◯-OH	-CH$_2$OH
DOTA-TATE	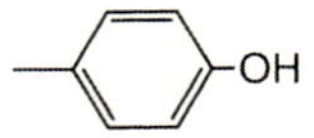 ◯-OH	-COOH
DOTA-NOC	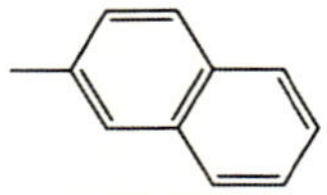 ◯◯ (ナフチル)	-COOH

図3　ソマトスタチン模倣ペプチド（SMP）の化学構造

素となる。PSMA-11 では HBED-CC の芳香環が PMSA の疎水性領域と相互作用することで結合を強固にする。PSMA-617 および PSMA-1007 では標識部位とジペプチドの間のリンカーに疎水性アミノ酸を導入し改善を図っている。またリンカーを検討することによって結合親和性だけでなく細胞内取込能をも向上させている。さらに PSMA-1007 では PSMA-617 との荷電バランスをとるために疎水性構造とともに Glu2 残基をリンカーに導入している。つまり，PSMA リガンドはファーマコフォアと標識部位，そしてその間に存在するリンカーと3つの構成要素が組み合わさって成り立つ。PSMA リガンド開発経緯としては，ファーマコフォアに様々なキレーターおよびリンカーを持つ化合物が検討され，腫瘍集積性，肝・腎への低集積性，体内動態などが最良の PSMA-11 が見出された。PSMA-617 開発の経緯としては，PSMA-11 では治療用核種の Lu-177 を標識できないことから，リンカーに疎水性構造を導入し，キレーターに DOTA を用いた PSMA-617 が開発され，同じ薬剤を用いて診断・治療が行えるようになった。次にPSMA-617 と同等の診断能を持ち，なおかつ [18]F 標識された化合物として PMSA-1007 が開発された。[18]F 標識化合物が開発された経緯は，PSMA-617 の標識には [68]Ge/[68]Ga ジェネレーターが必要であり，またジェネレーターでは1回に合成できる放射線量がサイクロトロンを用いた合成

第3章 放射性標識ペプチドを用いた分子病理診断・内用放射線治療薬剤の開発

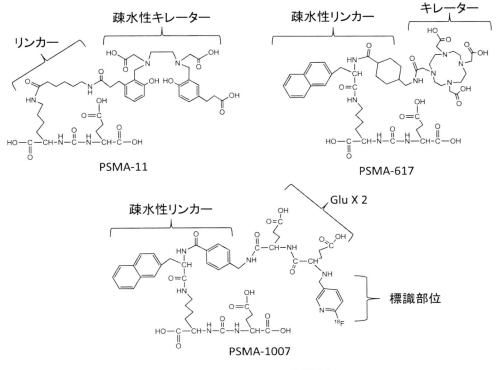

図4 PMSAリガンドの化学構造

に比べ少ないこと，^{68}Ga の半減期が 68 分と短いことなどが理由として挙げられる[6]。この場合，診断は PMSA-1007 で行われ，治療は PSMA-617 で行われる。

すでに臨床研究に用いられている SMP と PSMA リガンドを例に設計展開を紹介した。臨床研究が始まり，その結果が示されると次に様々な問題点が明らかになる。それに伴い問題解決を目指したプローブ開発が行われる。問題の全くないプローブなど存在しない。各プローブそれぞれの特色を生かし，各施設で合成できるもの，疾患に適したプローブが使用されている。

6　放射性ペプチド薬剤を用いた内用放射線療法

DOTA-TATE, DOTA-TOC, DOTA-NOC や PSMA-617 はキレーターとして DOTA が修飾され，治療用核種である Y-90 や Lu-177 が標識できる。両核種の標識は 1M 酢酸アンモニウム緩衝液 (pH 5) 中，37℃，1 時間程度で行われる。Y-90 は半減期が 64 時間で β 線最大飛程が 11 mm，Lu-177 は半減期が 162 時間で最大飛程は 2 mm である。両核種の違いは半減期と飛程である。Y-90 の方が大きい飛程を有すため大きな腫瘍には Y-90 の方が高い治療効果を示す可能性が示唆されている。ただ小さい腫瘍の場合は正常組織への被曝が大きくなるため副作用が生じる可能性もある。ただこれらはまだはっきりとした結果が示されておらず，様々な臨床試験

の結果を待たなくてはならない。Lu-177 の利点としては β 線の他に同時に γ 線も放出するため SPECT を用いて動態を可視化することができる[7]。

2017 年に報告された切除不能または転移性の中腸 NET に対する Lu-177 標識 DOTA-TATE を用いた第 3 相試験の結果では，20 か月無増悪生存率は Lu-177 標識 DOTA-TATE で 65.2% であり，コントロールとした高用量 octreotide LAR（長時間作用型徐放性製剤）投与群の 10.8% に比べ大きな差を示した。また奏効率は Lu-177 標識 DOTA-TATE で 18%，コントロール群で 3% であった。この結果から，Lu-177 標識 DOTA-TATE を用いた内用放射線療法は中腸 NET 患者において効果的な治療法であることが示された[8]。ただし内用放射線療法にも問題がいくつかあり，晩発障害として骨髄抑制と腎障害が報告されている。ペプチド薬剤は腎臓に高い生理的集積を示す。そこで 3～5 回の分割投与が行われ，1 回あたりの投与量を減らし，投与間隔を 6～12 週空けることで正常組織の回復を図りながら治療を行う。また塩基性アミノ酸（Arg, Lys）を事前に大量投与することでペプチド薬剤の腎集積を低減させている。

最近では線エネルギー付与率が大きい α 線放出核種を用いた内用放射線療法の研究も行われている。用いられる核種としては金属として Ac-255，ハロゲンとして At-211 が展開されている。臨床研究の結果，Lu-177 標識 PSMA-617 による内用放射線療法が効果を示さなかった例に対し，Ac-255 標識 PSMA-617 を投与したところ著効を示し，画像診断で腫瘍が消え，PSA 値も 0.1 ng/mL に下がったとの報告があった[9]。

今までは全身に転移した腫瘍に対しては化学療法しか選択肢はなく，それが耐性を示すと他に選択肢がなかった。しかし内用放射線療法は全身に治療用放射線が届き，腫瘍に取り込まれて治療が行われる。また化学療法に比べ副作用も少ないという報告もある。新しい治療法として期待も大きく，薬剤だけでなく様々な核種も臨床研究に登場してきている。今後，増々の発展が期待される。

7　今後の展望；Theranostics への課題

放射性薬剤を用いた分子病理診断（Diagnosis）から内用放射線治療（Therapeutics）までの一連の流れを併せて "Theranostics" と名付けられている。同じ薬剤に異なる核種を標識し，診断から治療までを行える手法は画期的で，その治療効果の高さに早期の本邦導入が期待される。しかしそれには解決しなければならない問題も多く存在する。放射線は厳しい管理下で取り扱いが制限されている。薬剤合成では被曝を軽減するために自動合成装置が用いられるため医療法，放射線障害防止法，薬事法，医薬品医療機器等法など多くの法律で規制される。新規事項に法律の対応が追い付かず，欧米など諸外国に比べ研究の進展は遅く，また臨床応用にたどり着かないという問題がある。また内用放射線治療では投与後はしばらく入院の必要が生じる。そのためのベッド数は限られている。また核種製造に関しても病院にある小型サイクロトロンでは製造できない核種もあるため，本邦で診断から治療までを行おうとすると輸入に頼らざるを得ないなどの

第3章　放射性標識ペプチドを用いた分子病理診断・内用放射線治療薬剤の開発

問題もある。日本では研究したくてもなかなか実現できないこともある。そして日本では放射性薬剤を合成できる人材が圧倒的に不足している。今後の課題として，一つは現実に即した規制緩和であり，また病棟やサイクロトロン，核種製造用原子炉など設備の充実，そして人材育成にあると考えられる。すでに日本核医学会では 2016 年に Lu-177 標識ソマトスタチンアナログを用いた内用放射線療法の治療マニュアルが作成され，治験に進むべく準備が図られている[10]。そして Ga-68 を用いた臨床研究のガイドライン作成が進められている。今後さらに体制が整い，世界に追いつき，最先端の研究ができるようになるであろう。欧米では臨床医，基礎研究医，薬剤師，放射線技師，看護師だけでなく，化学者，生物学者，物理学者，電気・電子・計算科学者などが密に連携を取り研究を進めている。本邦でも様々な分野の方々が参画・連携し，世界に先駆けた治療法開発を目指し，研究が大きく進展することを期待している。

文　　献

1) E. Wynendaele *et al.*, *Curr. Pharm. Design*, **20**, 2250（2014）
2) M. Jamous *et al.*, *Molecules*, **18**, 3379（2013）
3) J. P. Meyer *et al.*, *Bioconjugate Chem.*, **27**, 2791（2016）
4) M. Sollini *et al.*, *Sci. World J.*, **2014**, 194123（2014）
5) E. Gourni *et al.*, *Molecules*, **22**, 1（2017）
6) F. L. Giesel *et al.*, *Eur. J. Nucl. Med. Mol. Imaging*, **44**, 678（2017）
7) J. J. Zaknun *et al.*, *Eur. J. Nucl. Med. Mol. Imaging*, **40**, 800（2013）
8) J. Strosberg *et al.*, *New Eng. J. Med.*, **376**, 125（2017）
9) C. Kratochwil *et al.*, *J. Nuc. Med.*, **57**, 1941（2016）
10) 日本核医学会，ルテチウム-177 標識ソマトスタチンアナログ（Lu-177-DOTA-TATE）注射液を用いる内用療法の適正使用マニュアル（第 2 版）

第4章 ペプチド固定化マイクロビーズを用いた バイオ計測デバイスの開発

臼井健二[*1], 南野祐槻[*2], 宮﨑 洋[*3],
横田晋一朗[*4], 山下邦彦[*5], 濵田芳男[*6]

1 はじめに

分析分野において，ペプチドをガラス基板やマイクロビーズなどに固定化した状態で測定を行うことは，ペプチドを溶媒に溶かした状態で測定を行うことに起因する問題点の多くが解決できると見込まれる。ペプチドの固定化を採用している代表的な分析方法の1つに，マイクロアレイ[1]が挙げられる。マイクロアレイとは，捕捉分子（ペプチド，タンパク質，抗体，DNA，有機小分子など）を基板上に多数固定化させたものである。マイクロアレイを利用することで，標的分子（DNA，RNAやタンパク質などの生体分子）との相互作用などを網羅的に解析することが可能となるため，次世代の簡便な診断技術として注目されている。特に基板上にペプチドを配置させたペプチドマイクロアレイは，他のタンパク質などの生体分子と比べ分子の構造が単純であり分子量も小さいため，安定かつ位置特異的に配置できることから，アレイ作製が比較的容易である[2]。またペプチドは，抗体などに比べ小さい分子ゆえに，親和性が比較的低いことが欠点ではあるものの，逆に様々な配列のペプチドを多数配置することで，リガンド探索やエピトープマッピング，酵素活性評価，複雑な生体分子のアナログ探索などの生体分子の機能解析を迅速に行えることが期待でき，次世代ツールとして注目されている。マイクロアレイなどの計測デバイスにおいて，分析素子であるペプチドを固定化する利点は以下のようなものが挙げられる。

① 測定溶媒の置換が可能である

測定溶媒の置換を行うことで，未反応物質や非特異的に吸着した物質を洗い流すこと（洗浄操作）が可能となる。またこれにより，過剰量の被験物質を添加することができ，ペプチドとの相互作用が弱い物質などにおいても分析が可能となる。

② 再利用が可能となる

＊1 Kenji Usui 甲南大学 フロンティアサイエンス学部（FIRST） 准教授

＊2 Yuuki Minamino 甲南大学 フロンティアサイエンス研究科（FIRST）

＊3 Hiroshi Miyazaki ㈱ダイセル 研究開発本部 研究員

＊4 Shin-ichiro Yokota 甲南大学 フロンティアサイエンス学部（FIRST）

＊5 Kunihiko Yamashita ㈱ダイセル 研究開発本部 上席技師

＊6 Yoshio Hamada 甲南大学 フロンティアサイエンス研究科（FIRST） 特別研究員

第4章　ペプチド固定化マイクロビーズを用いたバイオ計測デバイスの開発

標的分子を洗い流すことができれば固定化ペプチドの再利用が可能である。一般にマイクロアレイなどの計測デバイスは高価となるので，再利用が可能となれば分析にかかるコストの削減に繋がる。

③　固定化ペプチド同士での相互作用が起こりにくくなる

特に集合化しやすいペプチドを1分子ごとに固定できれば自己集合の抑制が可能となる。さらに，捕捉分子の固定化量を制御できると，結合定数や結合比などを算出する詳細解析が可能となる。

④　保管が容易となる

ペプチドはタンパク質や抗体と比べ乾燥のような過酷な状況においても比較的安定な物質であり，固定化後の計測デバイスの保管も容易となる。

固定化担体に用いられるものとしてはガラス基板が主に挙げられる。ペプチドをガラス基板上に高密度に配置することにより，非常にコンパクトに1枚のガラス板にペプチドマイクロアレイなどの計測デバイスを作製することができる。また，一般的に市販されているスライドガラスサイズの測定が可能な蛍光スキャナなど，測定においても汎用性のある機器を使えるのでハイスループットに測定できる。しかし，測定系によっては，固定化担体にガラス基板を用いず，マイクロビーズを用いる方が有効である場合もある。マイクロビーズとは，直径 0.1 mm 程度のポリスチレン高分子ゲルのビーズのことである（レジンや樹脂ビーズともいう）。ペプチドの固相合成にも使用されており，マイクロビーズを分析の際にもそのまま使用するという発想は以前から考えられてきた[3]。最近当研究室では，従来から行われているマイクロビーズを用いた分析手法をさらに発展させた形で，医工学関連の計測デバイス開発を行っている。そこで本章では，当研究室で行っているマイクロビーズを用いた医工学関連の計測デバイス開発である，アミロイドペプチド固定化マイクロビーズの開発（第3節）と皮膚感作性試験用ペプチド固定化マイクロビーズの開発（第4節）について概説する。

2　ペプチド固定化担体にマイクロビーズを用いる利点

ペプチド固定化担体にマイクロビーズを用いる利点には以下のようなものが挙げられる。

①　ペプチド1配列ごとの独立した機械的操作が可能

1枚の板に，何千何万種といったペプチドが配置されたガラス板とは違い，ビーズの場合は1つのビーズに必ず1種類のペプチドが配置されている。こうすることで，装置は比較的大型となるものの，1種類のペプチドごとに機械的操作が可能となる。例えば，スクリーニングの結果，有効そうなビーズが見つかった場合，そのビーズのみを取り出して，配列解析やさらなる確認実験・発展実験などの詳細解析や二次解析が可能となる。またこれらの操作はロボットによるオートメーション操作も可能になると考えられる。

②　測定時の反応性の向上

医療・診断をささえるペプチド科学——再生医療・DDS・診断への応用——

　　ペプチドが3次元に配置されているマイクロビーズは2次元に配置されているガラス基板に比べると，表面積が大きくなり，溶媒や反応物との接触面積が増大する。これにより，測定系の高感度化や，測定時間の短縮などの効果が期待できる。

③　二次解析が容易

　　マイクロビーズは3次元の固相担体なので，ペプチドをビーズから遊離できれば，詳細解析やその他の発展的な解析などの二次解析に必要なペプチド量を1ビーズで確保できる可能性が高い。例えば，ペプチド合成用ビーズを用いる場合，1ビーズに数十～数百 pmol のペプチドが配置されている計算となり，配列解析などの詳細解析も行える[4,5]。ペプチドをビーズから遊離させる方法としては，光切断リンカーを配置して光照射により遊離させる方法，塩基性条件下で不安定なリンカーを配置して塩基性溶液などの化学的処理により遊離させる方法，基質配列などをリンカーに配置して酵素を用いて生化学的に切断する方法などが考えられる。

④　デバイスの作製が容易

　　ペプチドの固相合成法はもともと，ペプチド合成用マイクロビーズを用いた手法である。よって，高純度合成法が確立できれば，ペプチド合成後，保護基を取り除くだけで，ペプチド固定化マイクロビーズデバイスが比較的簡単に作製できる。

　そのほかの利点としては，通常のペプチド合成などに用いられるポリスチレンビーズではなく，磁気ビーズなどを用いれば，機械的操作の多様化も図れる。また，1粒1粒のマイクロメートルオーダーの微小操作も可能となる。

　以上のように，ガラス基板への固定化に比べ，ハイスループット性や汎用性は落ちるものの，ガラス基板には持ちえない利点や魅力も多数持ち合わせている。次節以降，実際にペプチド固定化マイクロビーズを用いた我々の研究例を二つ紹介する。

3　アミロイドペプチド固定化マイクロビーズの開発

　高齢化社会である日本において，アルツハイマー病やパーキンソン病，ハンチントン病といった，ペプチドやタンパク質の誤った構造形成（ミスフォールディング）の産物であるアミロイド凝集体（線維，ポリマー）による重大疾病（アミロイド病）が社会問題化しており，アミロイドに関する様々な研究がなされている[6~11]。しかし，どのようなペプチド配列が凝集し毒性を示すのか，といった根本的な知見は未だに見出されていないのが現状である。また，治療や診断への応用が期待できるアミロイド形成を促進・抑制するようなペプチド配列も体系的には見出されてはいない。以上のような知見が体系的・網羅的に得られれば，これら疾病の原因究明や診断薬，治療薬の開発につながる。しかしながら，現在のアミロイド研究では，散発的に成果や知見は得られてはいるものの，遅々として体系的な成果は得られず，本分野の研究全体としては大きな進展が見られないのが現状である。その最大の要因として，アミロイド研究において最も基本的か

第4章 ペプチド固定化マイクロビーズを用いたバイオ計測デバイスの開発

つ重要なステップである、凝集体調製の難しさが挙げられる。アミロイド形成ペプチド・タンパク質が毒性を最も示す状態は、線維形成過程の途上のペプチドがオリゴマーを形成している段階といわれ、このオリゴマー状態を維持することが難しい。さらに、その過程の出発点であるペプチドの1分子状態（モノマー状態）を作製する方法が統一されておらず、各研究で様々な手法が採用されている[6～11]。このモノマー化条件が各研究によって異なることや、さらにモノマー化後のアミロイド形成条件も多種多様となっていることが主な原因で、他人が同実験を行うと再現性がとれない事象が多く、結果として研究の停滞を生み出していると考えられる。そこで、本研究ではペプチドやタンパク質のアミロイド形成プロトコルを統一（規格化）し、その後様々なアッセイをいつでも誰でも同条件で、網羅的・体系的に行えるシステムの構築を目指すことにした。

　具体的には、まず、モノマー化されたペプチドをマイクロビーズ上に簡便に配置する方法の確立として、ポリスチレンマイクロビーズを用いてペプチドをモノマー化し、さらに測定時に、ペプチドをいつでも誰でも同条件でビーズから遊離させてアミロイド形成を始めることができる方法の確立を行った（図1）。本法はペプチド合成用のマイクロビーズをそのまま用いる方法であり、ペプチド合成によって結果的にビーズ上にペプチドが配置されるという手法である。その際、光切断リンカー人工アミノ酸[12～14]を、ペプチドとマイクロビーズとのリンカー部分にペプチド合成と同様の手法で導入しておく。こうすれば高純度合成が必要ではあるものの、ペプチドを精製した後に固定化する工程を省略でき、合成し脱保護をしたペプチドは全て必ずモノマー化されていることになる。その後、ビーズに光を照射することにより、ビーズからペプチドを遊離（脱樹脂）させ、線維化プロセスに移行できる。

　このような考えのもと、光切断リンカー含有アミロイドペプチド固定化マイクロビーズを通常のFmoc固相合成法で合成したのちに、光照射による遊離方法の最適な条件を見出した。その後、遊離した直後のペプチドが完全にモノマー化されている状態であることをゲルろ過などで確認した。また比較のために、ジメチルスルホキシド（DMSO）を用いるモノマー化（DMSO法）を行ったが、DMSO法では完全なモノマー化がされていないことが分かった。さらに、DMSO

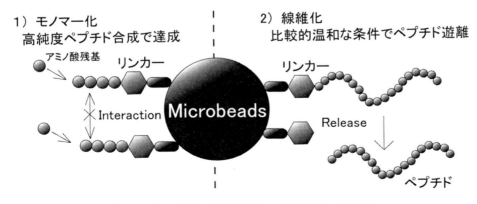

図1　アミロイドペプチド固定化マイクロビーズの開発

法においては DMSO を取り除くために測定前に簡易のゲルろ過などの操作手順も必要であることから，簡便さにおいても本法は優れているといえる。次に遊離したペプチドのオリゴマー化，線維化を観察することにした。その結果，本法においては，モノマー状態からオリゴマー状態までには時間がかかり，そこから一気に線維化がはじまる，理想的な線維化過程であるシグモイダルな経時変化の線維化反応が見られた。一方，DMSO 法では，すでに，一部凝集が始まってしまっている結果が得られた。

　以上より，本法は，モノマー化が簡便に行え，かつ線維化測定の調製も容易であり，線維化過程も理想的な挙動を示すことがわかった。現在は，ペプチドの遊離方法として，光切断よりも，さらに簡便な方法として，塩基処理で遊離する方法も検討している。

4　皮膚感作性試験用ペプチド固定化マイクロビーズの開発

　人の肌に直接触れる可能性のある化粧品，医療品の開発において，製品に含まれる化学物質の皮膚感作性の評価は，安全性評価における重要な項目の一つとなっている。皮膚感作性試験において，これまで，マウスなどの動物を用いた試験法が主流を占めていた。しかしながら，コストや試験期間の長さなどの観点，そして近年，大きく注目をされるようになった倫理的な観点から，動物実験や臨床試験に頼らない，*in vitro* 皮膚感作性試験法が注目され始めている。このような背景から，様々な *in vitro* 皮膚感作性試験法が提唱され，その一つにペプチドと感作性物質の結合反応を利用したペプチド結合性試験法（Direct peptide reactivity assay 法：DPRA 法）が開発されている（図 2a），b））[15~17]。しかしながら，DPRA 法は水系溶媒中で反応を進行させるので，化粧品・医療品などの原料に多く用いられる難水溶性物質は反応溶媒中に溶解せず，評価が困難であることが大きな欠点となっている。また，システイン含有ペプチドの場合，反応前あるいは反応中に酸化によりジスルフィド結合を生じ，ペプチドの凝集・沈殿を促進させてしまう。そのため，HPLC 分析において，見かけ上反応が進んだように評価されてしまい，疑陽性となる可能性がある。さらに HPLC 分析においては，ペプチドと被験物質の極性が近い場合，未反応ペプチドと多量に添加した被験物質の溶出時間が重なり，ペプチド量の定量が困難になる場合がある。そこで最近筆者らは，これまでのマイクロアレイ研究の知見[2, 14, 18]をもとに，新規な *in vitro* 皮膚感作性試験法の開発に取り組むことにした。本手法は，DPRA 法で使用する試験用ペプチドを，マイクロビーズに固定したものを使用して測定を行う方法である。用いるビーズは，有機溶媒中，水溶液中どちらにもなじみ（両親媒性），膨潤するようになっている。そのため，例えば，難水溶性の被験物質であっても有機溶媒などに溶解させ，そこにペプチドビーズを投入すれば，ビーズ中のペプチドが被験物質と容易に接触できるようになる。これにより有機溶媒中，水系溶媒中どちらにおいても，DPRA 法と同様に結合反応を行うことが可能となり，さらに反応終了後は，マイクロビーズをとどめることができるフィルター付きカラムを用いることで，未反応の被験物質を洗い流すことができる。その後，ペプチドを簡便な操作で切断できるようなリンカー

第4章　ペプチド固定化マイクロビーズを用いたバイオ計測デバイスの開発

をビーズとペプチド間に配置しておくことで，ペプチドをビーズから切り離し，DPRA 法と同様に HPLC 分析によるペプチドの検出を行うことが可能となる（図2c）。

ペプチド固定化マイクロビーズは，第3節と同様にペプチド合成用ポリスチレン樹脂ビーズを現段階では採用している。マイクロビーズには水系溶媒にもなじむようポリエチレングリコール（PEG）が修飾され，一般的に行われるトリフルオロ酢酸による脱保護処理でも，ビーズからペプチドが切り出されないよう，通常のペプチド合成で用いるリンカーを有しないビーズを用いている。このビーズに通常の Fmoc 固相合成の要領で，ペプチドを合成し，脱保護を行うことで，ペプチドの固定化を達成させる。合成した配列は，温和な状況でビーズからペプチドを切断できるよう，第3節と同様に光照射により分解するリンカー（光切断リンカー）[12～14]を配置することにした。これにより，DPRA で使用

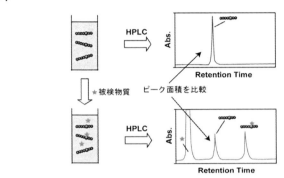

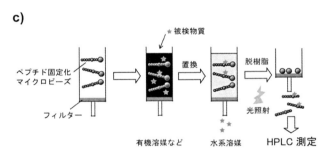

図2　皮膚感作性試験用ペプチド固定化マイクロビーズの開発
a) DPRA 法で用いられるペプチド。b) DPRA 法の概要。
c) ペプチド固定化マイクロビーズを用いた改良 DPRA 法の概要。

するペプチドをビーズに固定化させ，そのペプチドと被検物質を DPRA 法と同様に結合反応させることが可能となる。また，HPLC 分析の直前にペプチドと被検物質との結合を解離させずにビーズからペプチドを切断できるため，HPLC 分析によるペプチドの定量が可能となる。

ペプチドは精製を行わないため，合成方法の最適化，合成後の保護基の脱保護法を検討し，高純度合成法の確立を行った。その結果，以降の感作性試験の検討に使用できる程度の純度のペプチドを合成することができた。実際に世界標準で使用する際には，合成法，脱保護法をさらに検討する必要がある。

本手法で合成したペプチド固定化ビーズを用いて実際に皮膚感作性試験を行った。HPLC 検出までの操作は，従来の DPRA 法よりも非常に簡便に行うことができた。評価結果は，従来法で

303

医療・診断をささえるペプチド科学—再生医療・DDS・診断への応用—

評価可能な陰性物質のペプチド減少率が最も低く，陽性物質は従来法と同程度のペプチド減少率であったことが確認できた。さらに，難水溶性の陽性物質ではおおむねペプチド減少率が高い結果となった。以上のことから，マイクロビーズを用いた DPRA 改良法により従来の DPRA 法では評価困難であった難水溶性物質を含む多くの物質の正確かつ簡便な測定が可能になることが示唆された。

　本法は，従来の DPRA 法の欠点の多くを確実に改善できる，次世代 in vitro 皮膚感作性試験法として大いに期待できる。今後はさらにいくつかの改善を模索している。まず，検出に HPLC を用いる従来法では，ロースループットで，ある程度の熟練も必要となり，汎用性にも欠ける。したがって，いつでもだれでも簡便に測定できる改善策として，検出に HPLC を採用せず，色素などを用いて分光光度計で測定する手段を考案し，現在，検討を行っているところである。さらに，DPRA 法で使用する配列にはグアニジノ基をもつアルギニンや C 末端のカルボン酸なども存在し，本当にリシンやシステイン側鎖のアミノ基，チオール基の反応だけを検出できているのか疑問が残る。またアレルギー反応は個人で差があり，それも反映させたテーラーメイド医薬品開発への展開に今後皮膚感作性試験は適用されていくことも考えられる。よって，DPRA 法で使用されている配列だけではなく，多種多様なペプチド配列を配置したペプチドマイクロアレイ[2, 18]を用いて測定を行うことにより，以上のような詳細解析や，今後の皮膚感作の作用機序の解明などの研究に大いに役立つのではと考えられる。

　このような改善を進めていけば，今後，ペプチドを利用した in vitro 皮膚感作性試験法は，現状の化粧品業界に使用されるものだけでなく，製薬・医療業界などにおいても，動物実験，臨床実験の前の初期チェック，ファーストスクリーニングとして非常に有望で，適用範囲の広い手法になるのではと期待できる。

5　おわりに

　以上のように，ペプチド固定化マイクロビーズは医工学装置へ応用していくシーズとして有望であることを概説した。どちらの研究例とも，依然として数種類のみのペプチドをビーズ上に配置したデバイス開発に留まっており，基礎的な研究段階の域を超えていない。しかしながら，ペプチド固定化マイクロビーズはペプチド溶液よりも，精製などの工程を省略できる可能性があり，安価・容易な生産が期待できる。また，溶液に比べ，操作・取扱いも簡便である。マイクロビーズはガラス基板と比べ，ハイスループット性や汎用性においては劣るものの，ガラス基板には持ちえない利点や魅力を多数持ち合わせている。これらの特徴を踏まえて研究を進めれば，未開拓の医療・診断装置開発への応用展開も期待できる。特に多数多種類のペプチド固定化ビーズをアレイ化したものは，ロボット工学も駆使してシステム化を行えれば，少々大掛かりになるものの，ハイスループット性も上がり，網羅的解析も可能となる。今後も，本シーズを活かして，様々なペプチド固定化マイクロビーズデバイスやペプチドビーズアレイの研究を行い，医療・診

第4章　ペプチド固定化マイクロビーズを用いたバイオ計測デバイスの開発

断装置開発に貢献していきたい。

謝辞

　本研究は，甲南大学フロンティアサイエンス学部の疋田晋也氏，岡平理湖氏，㈱マンダムの目片秀明氏，髙石雅之氏をはじめとする関係各位の協力により達成されたものです。これらの方々に感謝いたします。また，本研究の一部は，㈱マンダム「平成29年度マンダム動物実験代替法国際研究助成金」，ホーユー科学財団「平成27年度研究助成」，中谷医工計測技術振興財団「平成26年度技術開発助成」，㈱日本学術振興会科学研究費助成事業（若手研究（B）26750375）からの助成を受けたものであり，ここに感謝いたします。

文　　　献

1) K. -Y. Tomizaki *et al.*, *ChemBioChem*, **6**, 782（2004）
2) K. Usui *et al.*, *Methods. Mol. Biol.*, **570**, 273（2009）
3) K. Nokihara and E. Ando, Peptide Chemistry 1993, p.25（1994）
4) 軒原清史，化学と生物，**34**, 610（1996）
5) K. Nokihara, *Amino Acids*, **48**, 2491（2016）
6) Y. Fezoui *et al.*, *Amyloid*, **7**, 166（2000）
7) M. Hoshino *et al.*, *Nat. Struct. Biol.*, **9**, 332（2002）
8) J. Sato *et al.*, *Chem. Eur. J.*, **13**, 7745（2007）
9) K. Usui *et al.*, *Proc. Natl. Acad. Sci. USA*, **106**, 18563（2009）
10) 濱田芳男，木曽良明，ペプチド医薬の最前線，p.1，シーエムシー出版（2012）
11) Y. Hamada *et al.*, *Bioorg. Med. Chem. Lett.*, **25**, 1572（2015）
12) K. Usui *et al.*, *Chem. Commun.*, **49**, 6394（2013）
13) T. Kakiyama *et al.*, *Polym. J.*, **45**, 535（2013）
14) K. Usui *et al.*, *Methods Mol. Biol.*, **1352**, 199（2016）
15) G. F. Gerberick *et al.*, *Toxicol. Sci.*, **81**, 332（2004）
16) G. F. Gerberick *et al.*, *Toxicol. Sci.*, **97**, 417（2007）
17) OECD, OECD Guideline for the Testing of Chemicals, Test No. 442C：*In Chemico* Skin Sensitization, Direct Peptide Reactivity Assay（DPRA）（2015）
18) 臼井健二ほか，シングルセル解析の最前線，p.17，シーエムシー出版（2009）

第5章 ペプチドマイクロアレイ PepTenChip®システムによる検査診断

軒原清史*

1 はじめに

ハイペップ研究所は創業以来，生体機能・分子認識の産業応用として設計した合成ペプチドを用いた検査ならびに創薬を中心に研究開発を進めてきた。生体における分子同士の認識は関与する分子同士の"構造対構造"であり，その相互作用は蛍光強度変化で検出できることを世界に先駆けて実証した[1,2]。タンパク質の基本構造に基いて設計した合成ペプチドをセンサー素子（捕捉分子）として検体との相互作用に用いるため，基板上に配置（アレイ化）した検査診断用のバイオチップの実用化開発を進めてきた。そして，2015年，検体タンパク質をペプチド誘導体で認識させるマイクロアレイ技術（PepTenChip®システム）の4つの基盤技術（次節）を完成させ，現在，実サンプル（ヒト体液）を用いてデータ解析を進めている。PepTenChip®システムによる生体計測の原理は従来法とは異なり，既知の標的分子そのものの検出ではなく，1：1対応も含まれる多様な分子標的群の変化を捉える新規な方法であり，実際のタンパク質の相互作用により近いと考えられる。タンパク質と相互作用した捕捉分子（蛍光標識ペプチド）の立体構造が認識前とは異なり，用量依存的な蛍光強度変化で検出できる。例えばプリオン病はタンパク質の構造変性に起因する病気であり，いくつかの種類に分類され，遺伝子検査は有効ではない。著者らはプリオン病検査の研究においてこの原理の有用性を示した。すなわち，狂牛病（BSE）でも定型（肉骨粉による発症），非定型（弧発性），また動物種による違い等がペプチド素子で区別できた[3]。PepTenChip®システムでは，類似構造のペプチドを数多くアレイ化することにより，蛍光強度変化のパターンが検体であるタンパク質によって特徴的なバーコードに変換でき（プロテイン・フィンガープリント法），それにより検体中の未知の生体分子の同定を行う。従来法では一般に検体を標識するが当該手法では捕捉分子が標識されている。従来法では検体を載せてから洗浄せねばならず操作が煩雑となるため，本法はより簡便で優れている。近年，検査診断では疾患特異的マーカー分子を標的とし，1：1の対応である抗原−抗体反応や酵素反応を用いるアッセイが主流となっている。しかしながら，現実には抗体や酵素の特異性や，既知の標的だけでは検査診断ができない例が多く見出されるようになった。また既知の標的マーカーの種類は限られている。例えば，前立腺がんは，男性の長寿命化に伴って患者数が増加しつつあるが，従来のPSAというマーカー分子だけでは判定できない症例が増加している。同じく肺がんでは，エッ

＊ Kiyoshi Nokihara ㈱ハイペップ研究所 代表取締役・最高科学責任者

第5章　ペプチドマイクロアレイ PepTenChip®システムによる検査診断

クス線胸部撮影で相当程度確定診断が可能であるが，この段階での発見は，手術を行っても予後が悪く，生存率は低いとされる。また，多くのがんは転移を起こし，さらに予後を悪化させるため，早期発見が重要であることは言うまでもない。そこで簡便迅速な無侵襲診断的検査が強く望まれている。近年，質量分析や分子イメージングによる診断技術も発展しているが，いずれも専門家と大型・高額な装置が不可欠である。生体内の分子認識の中心はタンパク質同士の相互作用であるが，ミクロな観点ではペプチド同士の相互作用である。生体内で機能するタンパク質の高効率な同定・定量法の開発は研究分野のみならず，診断や検査等において社会的な要求度が極めて高い。近年，ヒトゲノム解明の成功についで，産生するタンパク質の意義の解明や同定が盛んとなった。しかし実際に同定するべきタンパク質の種類と数は，翻訳後修飾や生体の置かれた環境による変化も加味すると膨大であり，個々に特異的な抗体等を用意する従来法は現実的でなくなる。また多くの重要なタンパク質の発現量は非常に少量であり，DNA のように増幅する技術がない。さらにタンパク質の発現量パターンの多くは細胞の状況やシグナル分子によっても鋭敏に変化する。生体機能において最も複雑で多様性の高いタンパク質検出に関しても，DNA チップの延長でプロテインチップが提唱されたが，実用的な製品は市場にはなく，未知のターゲットの解明は困難である。

　筆者は現東京工業大学の三原教授と 2000〜2002 年度，産学官連携イノベーション創出事業（独創的革新技術開発研究提案公募制度：通称ミレニアムプロジェクト）による補助金を受け，当時脚光を浴びた他のプロテインチップと差別化できる独自のバイオチップの開発を目指した。タンパク質検出のためのペプチドチップは，DNA チップやタンパク質を搭載したプロテインチップとは基本的に異なる。ペプチドの分子量はタンパク質より小さいため，タンパク質と比べて相互作用でのアフィニティが低いため，多くのバイオ研究者はペプチドを認識素子として用いることはできないと考えた。しかし，筆者らは，捕捉分子としてデザイン標識ペプチドを用いる創案で，当時，国内外で他では全く行われていなかった全く新しいシステムを発明した（日本，欧州主要国，米国特許取得）。すなわち，タンパク質同志の相互作用を，検体となるタンパク質とデザインペプチド（捕捉分子）によりミメティック（模倣）できる，プロテイン・フィンガープリント法を発明し，世界に先駆けてペプチドアレイによるプロテイン検出のコンセプトを示した（図1）。当該プロジェクト成果に対する評価は当時極めて高く，国やベンチャーキャピタルから強い勧めがあり，筆者は独立・起業を決心し，実用化を目指してハイペップ研究所を設立した。

2　マイクロアレイによるバイオ検出の基盤技術と新規な生体計測法

　マイクロアレイによるバイオ検出システムは次の4つの要素からなり，筆者らは最近これらの基盤技術を完成させた。①捕捉分子として用いる，高純度アレイ用標識ペプチド群（糖ペプチドを含む多種の構造ペプチド）の高効率化学合成技術を確立しライブラリー2,000 種以上を確保した。②捕捉分子を搭載するために新規な基板素材，アモルファスカーボンを開発，固定化のため

医療・診断をささえるペプチド科学—再生医療・DDS・診断への応用—

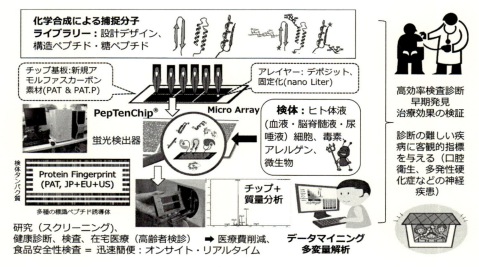

図1　PepTenChip®システムのコンセプトと特長

の表面化学を確立した。新規基板素材に関しては，欧州主要国・日本・米国で複数件の特許を取得した。③ナノテクノロジーを駆使し，チップ基板上に極微量ペプチド群（数百 pico L/spot）を基板上に定量的にアレイ化する技術を確立し，生産用のアレイヤーをクリーンルーム内に完備した。④オンサイトで使用可能な簡易型検出器を設計製造し読み取りのためのソフトウエアを開発した。以上4要素の確立でマイクロアレイの製造と検出とができるようになった。次は得られたデータの解析，データマイニングである。開発当初，「体液中には数多くの分子が存在し，1：1対応でないと解析は不可能である」という見解にしばしば遭遇した。タンパク質間の相互作用を検体タンパク質とデザインペプチドによりミメティック（模倣）できるという点が筆者らのコンセプトの基盤であり，アレイ化されたペプチド捕捉分子に対し，個々の検体（タンパク質混合物を含む）に特徴的なパターンが生み出され，DNAや抗原抗体反応，あるいはレセプターとリガンドといった1：1の対応でなくてもペプチドがセンサー素子としてタンパク質検出に応用できることを世界に先駆けて示した。当該コンセプトは，1：1の対応も含まれ，また多数のターゲットの変化も計測できる点が実用化において極めて魅力的である。チップの蛍光検出で得られたパターンは蛍光強度変化（構造の変化を反映）を色の違いで表示することによって，バーコード様のイメージとなる。フィンガープリントパターンによる統計学的解析法が一般に理解されにくく，特許審査請求後，審査官との多くのやりとりがあったが，最終的には特許査定に至った。というのも，筆者らの発明に遅れて米国バンダービルト大学のカプリオリ教授のグループが質量分析装置を用いた組織病理的解析の画期的な手法を発表した[4]。いうまでもなく組織切片中には無数のペプチド・タンパク質が存在するが，彼らは，筆者らのペプチドアレイでの混合物系の解析と全く同様の統計学的手法を用いて解析を可能とし，PepTenChip®技術の妥当性が支持された。当該法を多変量解析という。4要素の確立後，実サンプルによる解析・データマイニングを

第5章　ペプチドマイクロアレイ PepTenChip® システムによる検査診断

開始した。正常，各種疾患（がん等）の体液（血清等），唾液等を検体とし，疾病を反映するイメージングによる診断を行うためのデータ取得を開始し，統計学的手法によってデータベースを構築するための，実用化を進めている。

3　バイオチップのための新規基板材料と表面化学

　従来，マイクロアレイでは安価なスライドガラス基板が用いられてきた。しかしながらガラスは定量も含めたバイオチップには適当ではない。シラノール結合は酸に弱く，表面化学で誘導体化できる量は微少であり，1：1対応の定性的検出には使用できても，固定化量が少ないために定量的な高感度検出ができない。さらに大きな問題は，定量的固定化ができないため，正確な品質管理ができない。これらの欠点を改善するため，筆者らは新規な基板素材，アモルファスカーボンを考案し，誘導体化のための表面処理技術の開発にも成功した[5]。従来，表面官能基は X 線によって解析する方法が行われてきたが，この手法では反応のストイキオメトリーが反映されない。すなわち，表面の官能基の誘導体化量を精確に定量する手法は知られてなかった。しかし，捕捉分子の固定化では，再現性や品質管理上，基板表面官能基の定量が不可欠である。筆者らは基板上の反応性アミノ基量の定量法として，電気伝導度検出を応用した新規超微量定量法を発明（日本国特許第 5062524 号）した。定量の結果から当該基板でのアミノ基量は約 40～100 pmol/mm^2 であった。表面官能基量はガラス基板に比べはるかに多いため，固定化が容易である。さらに従来の市販のガラス基板は非特異的な吸着が強いため，アミノ基量を正確に定量できない。プロテインチップでは検出したタンパク質の定量的解析が重要な課題の一つであるが，マイクロアレイのスポットの外周に高濃度で蛍光が集積し，リング状となり不均一な蛍光強度を示すため（図3C），界面活性剤や金属イオンを添加する必要があった[6]。しかしながら，改良された特殊表面技術により，PepTenChip® では添加剤等なしでも均一なスポット形状でマイクロアレイを作製することができた。また，当該基板が繰り返し使用できることも示された。アモルファスカーボンの表面 C–C ボンドにアミノ基を導入した基板表面はアミノ基であるが，これを基にカルボキシル基，マレイミド基，ブロモアセチル基，ビオチン，ストレプトアビジン等多様な誘導体化が可能である。また，裸の素材のままでの利用，さらに加工性の良さからマイクロ流路の堀削やナノウェルの製作も容易である（細胞チップ：後述）。優れたナノバイオ基板用素材としてのアモルファスカーボンは，加工性と精度に優れ，機械的強度・操作性（保存／運搬）に優れており（ガラスに比べて割れにくいため，取り扱いやすい），化学的に安定で熱・電気伝導性にも優れている。自家蛍光はほとんどなく（低バックグランド），均一な表面官能基の分布は高再現性を与える。図2，3にカーボン基板と従来の基板素材の比較を示す。

　カーボン素材の非特異吸着に着目して，基板全面ではなく，部分的に誘導体化した基板も各種製作した。アレイヤーは高額であり，またクリーンルームを必要とする。これらの設備を有しない，研究室でも簡便にチップ製作を可能とさせ，またバイオセイフティレベル3のような封じ込

医療・診断をささえるペプチド科学—再生医療・DDS・診断への応用—

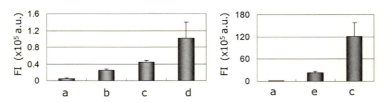

図2　日立製蛍光レーザースキャナーで測定した各種素材の自家蛍光の比較（左）とタンパク質の非特異吸着の比較（右）
a：PepTenChip®基板素材，b：Super clean glass，c：Diamond-like coating，d：Plastics，e：amino-carbon

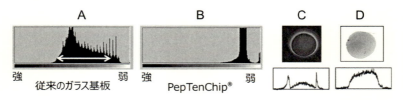

図3　蛍光強度による表面官能基の分布の均一性
蛍光強度のバラツキはアミノ基局在化を示し，測定時の再現性に寄与する。A, C：ガラス基板，B, D：カーボン基板．Cに示される通り，ガラス基板上のスポットは，外周に高濃度で集積したリング状となり，蛍光強度は不均一である。

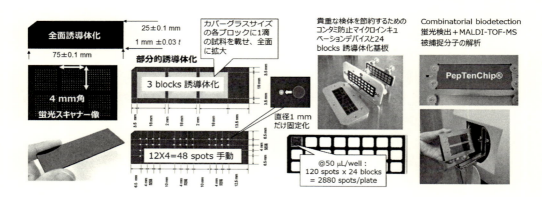

図4　製作した各種の基板とコンビナトリアル解析

PepTenChip®基板は電気伝導度が高いため，分子量の比較的小さいペプチド（＜2,500）ではマトリックスがなくても質量分析が可能である。図右端は蛍光検出の後MALDI-TOF-MSで捕捉された分子を解析しているところで，タンパク質の場合捕捉分子（蛍光標識ペプチド）より分子量が大きいため容易に解析ができた。

め実験室でも研究を可能とさせるため，マニュアルアレイ用の基板も開発した。これを用いてバイオチップ基板上で認識した物質（被認識分子）の質量測定が可能である事も証明した（図4）[7]。

310

第 5 章　ペプチドマイクロアレイ PepTenChip®システムによる検査診断

4　アレイ化法の検討とマイクロアレイのための蛍光検出器の設計製作

　極微量のペプチド溶液を均一かつ再現性良く基板上に搭載することをアレイ化という。PepTenChip®に使われているデザインペプチドは，独自に開発した高効率合成法で製造されている。すべて長波長の検出を可能とする蛍光色素で標識され，一つ一つその純度を確認したものである。SPOT 合成[8]と称するペプチド合成法は，平板や膜の上にアミノ酸を順次載せていく方法であるが，この手法ではペプチドを再現性良く合成することができないばかりか，載っているペプチドの量も純度も不明であるため，認識反応における再現性に問題がある。SPOT 合成によるアレイは，エピトープ探しのような単純な作業を除いてほとんど役に立たない。マイクロアレイ PepTenChip®の特長であるが，タンパク質とは異なりペプチド捕捉分子は乾燥後でも検体溶液に接触すると構造をとり認識能を有する（図5）[2]。このため筆者らのバイオチップは保存や運搬上有利，すなわち工業製品としても有利である。捕捉分子が標識されているため，検体を標識する必要がなく，検体を載せた後洗浄する必要もない。蛍光強度ではなく蛍光強度変化を検出するため，高純度の捕捉分子が必須である。この観点からも SPOT 合成は利用できない。筆者らの検出は単に「有・無」ではなく，定量を行う。微量の液体を精密に分注するための装置がアレイヤーである。これまでの方式としては，ピンを用いる方法，シリンジやピストン・ソレノイドバルブによる圧送吐出法，ピエゾ素子による

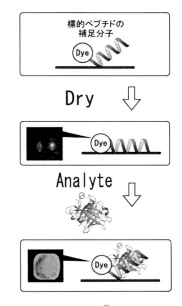

図 5　PepTenChip®は乾燥してもその認識能に問題はない
PepTenChip®の特長であるが，タンパク質とは異なりペプチド捕捉分子は乾燥後でも検体に会うと構造をとり，認識能を有する[2]。このため保存や運搬上有利，すなわち工業製品として有利である。捕捉分子が標識されているため，検体を標識しないでよい。従来法のように検体を載せた後洗浄する必要がない。蛍光強度ではなく蛍光強度変化をみるため，高純度の捕捉分子が必須である。この観点から SPOT 合成は利用できない。

超微量吐出法が知られている。1995 年頃からコンビケムがブームとなり，多種化合物のハイスループットスクリーニングが流行し，ここにハイスループットの精密微量分注の需要が拡大，各社が装置製造で参入した。一部メーカーはアレイヤー製作に参入した。2000 年のミレニアムプロジェクト開始時には信頼できる市販品がなかったため，筆者は国内メーカーにマイクロシリンジによる吐出方式の微量分注装置を特注したが，技術レベルが低く，使用できる装置はできなかった。そこで，世界中を調査したところ，スタンフォード大学の Braun 教授が世界で初めてアレイ論文を出したとき用いたピンによるアレイ化方式に注目し，2002 年に米国 Arrayit 社から実験機をバラックで購入した。その後，米国の P 社が Packard 社を買収してピエゾ素子方式の Piezorray の製造販売を開始した。NEDO の助成を受け，2005 年ハイペップ研究所はこれを

医療・診断をささえるペプチド科学―再生医療・DDS・診断への応用―

導入したが，実用上全く役に立たず，すぐに詰まってしまい，また，製造メーカー側に問題解決の能力が全くなく，アフターサービスも全くなく結局廃棄せざるを得なかった。アレイ化で新規な方式としてフランスのツールーズにある国立研究所では，カンチレバーを用いるフェムトリットルの分注・アレイが可能な方式を特許化，これをフランスのベンチャーが実用化をめざして技術導入したという情報を得，2009年末実験のために実サンプルを持参し渡欧した。しかしシステムそのものが未熟で，数日実験を共同で行ったがアレイ化は達成できなかった。米国のArrayit社はピン方式の改善・改良を続け，製造用の装置を完成させたため，2010年渡米して試用，その結果これまでの方式の中では最も再現性があり，複数のピンの同時使用でスループットも高く，生産に適しているという結果を得た。一方，ドイツのマックスプランク研究所からスピンオフで起業したScienion社も訪問し，実サンプルで検証した。すでに経験したように，ピエゾ方式は，多サンプルの扱いには不適当である。とりわけ，ピン先の洗浄とクロスコンタミネーションの回避の観点からでも不利である。スループットを上げるためにはモジュラータイプの装置が複数台必要で極めて高額となる。結局，多サンプルのアレイ化にはピン方式が迅速で優れており，現在，ハイペップ研究所では，ピン方式でバイオチップの製造を行っている。

　チップを写真のフィルムに例えるならその普及にはカメラが不可欠である。現在市販されている蛍光検出器は研究用で，高額，大型，メンテナンスも煩雑である。さらに，感染の危険があるサンプルを扱う場合，バイオ・セーフティ・レベル（BSL）3以上の閉鎖空間で使用しなければならない。先のプリオンの研究ではサンプルの取扱いをBSL3で行った。筆者らは安価，小型，操作簡便，メンテナンスフリー（部品交換不要）の蛍光検出装置の開発を独自に進め，故障が生じやすい摺動部を有しないシステムを設計し，ポータブルタイプの測定器の製作に成功した。これまでの共同研究（BSEプロジェクト等）で実用性を確認し，技術的課題の多くを解決した。（実用新案取得）。PepTenChip®は工業的製造に優れ，乾燥にも強く，長期保管できるので，辺境等や乾燥地域でも実用性を有する。この特長を生かすために簡易小型蛍光検出器が不可欠と考え商品化した（製造用アレイヤーの導入や蛍光検出器の設計では新技術財団の支援も受けた）。

5　これまでのPepTenChip®の基礎的研究における応用例

　当該技術の有用性を示すため，糖ペプチドライブラリーをアレイ化したバイオチップによって菌，毒素検出を試みた。これに関してはすでに，シーエムシー出版にて発表しているのでご参照いただきたい[9]。BSE（プリオン病）の検査プロジェクト（生物系産業創出のための異分野融合研究支援事業：異分野融合研究開発型，2007〜2011年度）では，デザインペプチド素子とタンパク質の相互作用から，感染・非感染，あるいはプリオン株の識別が可能であることを世界に先駆けて示した。これは特定のペプチド誘導体がタンパク質構造の微妙な違いを区別するということを示す研究成果である[3]が，政治的な判断からBSE検査の研究開発は中断した。カーボン基板の優れた加工性に着目し，研究成果最適展開支援事業（JST-A-STEP-FS 2009〜2010年度）を

第5章 ペプチドマイクロアレイ PepTenChip®システムによる検査診断

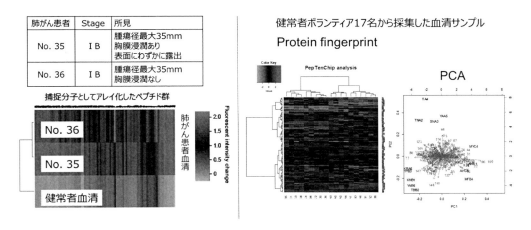

図6 ヒト血清を検体とする PepTenChip®の蛍光データ

東京工業大学の三原教授と共同研究開発を実施、分子配置型の細胞分類・検査アレイ、細胞チップの技術シーズを創製した[10,11]。肺がん患者から摘出した腫瘍組織からプライマリーカルチャーを作製した細胞と、市販の肺がん細胞およびメラノーマ細胞で蛍光強度変化パターンが異なるデータを取得した[12]。図6は血清検体のフィンガープリント解析の例である。予備実験として倫理委員会承認と患者同意書を得た上で採材した、肺がん患者の血清と比較のために健常者の血清とを検体例として用い、PepTenChip®によって、どのようなフィンガープリントが取得されるかを検証した。これは PepTenChip®による最初のヒト体液データである（図6左）。さらに、健常者ボランティアから採材した血清サンプルを PepTenChip®上にアプライし、室温でインキュベート後、自社製蛍光検出装置を用いて蛍光強度変化を測定した。このデータを元に多変量解析により検体を測定した。健常者17名分のプロテイン・フィンガープリントの Heatmap 分析の結果（図6中央）、類似蛍光強度変化を示す検体が多く、検体間に大きな差違はなかった。一方、主成分分析（PCA）の結果では大きく3つのグループに分類され、それぞれの検体間にわずかな違いが認められた（図6右）。

6　結語

ハイペップ研究所が創業以来総力を挙げて開発してきた生体計測技術（PepTenChip®と命名したバイオチップ）を用いる検査の模式を図7に示す。実用上の標的として正常、各種疾患（がん等）の体液（血清等）を検体とし、疾病を反映するイメージングによる識別（診断）を簡便に行うためのデータを取得し先制医療への実用性の検証を行うところである。これまで明確な標的に対する検出法が精力的に開発されてきたが、いずれも「1：1」の対応に基づく既知物質の検出であり、未知の標的やサロゲートマーカー等関連する物質の解明は困難であった。我々は未知標的群を含めた多変量解析による正常、疾患等が判別できるバイオチップの実用化を目指し、この

医療・診断をささえるペプチド科学—再生医療・DDS・診断への応用—

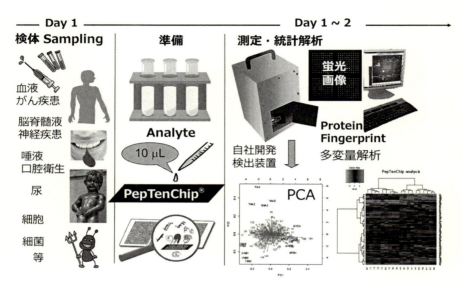

図7　現在研究開発中の検体と検査の流れ

捕捉分子配置型アレイ技術シーズで，タンパク質の検定，菌毒素や細胞検査における実用性を見出した。世界で最も関心ある疾患はがん（56%）であり，その検査標的の53%がタンパク質である。世界の医薬市場は2015年108兆円，その中で検査・診断の市場は8兆円であり，増加を続けている。過去2年で成長率は2倍となった。特にアジアの成長率は日本・欧・米の倍で7%と報告されている。2016年の日本の予算96.7兆円のうち医療費は40%を占め，削減は必須課題である。日本の医療機器市場は2.7兆円とされる（世界で40兆円）。最近，医療機器産業の重点5分野の開発技術が発表されたがその内3つはバイオチップが関与する。①低侵襲治療，②画像診断イメージングによる早期診断による効率向上（健康寿命の延伸），③在宅医療（高齢化社会の医療現場ニーズ対応，口頭で体調の不具合を訴えることが困難な方，特に高齢者の診断等）である。PepTenChip®はクラス1医療機器で，非侵襲でオンサイト診断POCが可能である。医療ニーズ国際展開も実施し，アジアの成長率の大きさに着目し，2016年，パートナーを得てハイペップ韓国法人を設立した。本システムは，特に発症初期の明確な診断基準がない疾患等において，医師の個人的な技量にすべてを依存することのない客観的な検査も可能とする。また，健康診断にも適しており，疾病の早期発見につながると期待され，医療費削減はもとより，患者の生活の質の向上にも貢献できると確信する。

第5章　ペプチドマイクロアレイ PepTenChip®システムによる検査診断

文　　献

1) M. Takahashi *et al.*, *Chem. Biol.*, **10**, 53 (2003)；K. Nokihara, Solid-Phase Synthesis and Combinatorial Chemical Libraries 2004, p.83, Mayflower Scientific (2004)；軒原清史ほか, 高分子論文集, **61**, 523 (2004)；K. Usui *et al.*, *Mol. Divers.*, **8**, 209 (2004)；K. Usui *et al.*, *Biopolymers*, **76**, 129 (2004)；軒原清史, 未来材料, **6**, 42 (2006)

2) K. Usui *et al.*, *Mol. BioSyst.*, **2**, 113 (2006)

3) K. Kasai *et al.*, *FEBS Lett.*, **586**, 325 (2012)

4) M. L. Reyzer and R. M. Caprioli, *Curr. Opin. Chem. Biol.*, **11**, 29 (2007)

5) K. Nokihara ほか, Peptide Science 2007, 106 (2008)；日本国特許第4490067号；同4694889号；同5041680号

6) Y. Deng *et al.*, *J. Am. Chem. Soc.*, **128**, 2768 (2006)

7) K. Nokihara ほか, Peptide Science 2009, 337 (2010)

8) R. Frank, *Tetrahedron*, **48**, 9217 (1992)；R. Frank, *J. Immunol. Methods*, **267**, 13 (2002)；K. Hilpert *et al.*, *Nat. Protoc.*, **2**, 1333 (2007)

9) T. Kawasaki *et al.*, *Bull. Chem. Soc. Jpn.*, **83**, 799 (2010)；K. Nokihara *et al.*, Peptide Science 2009, 337 (2010)；バイオチップの基礎と応用—原理から最新の研究・開発動向まで—, P.103, シーエムシー出版 (2015)

10) K. Usui *et al.*, *Bioorg. Med. Chem. Lett.*, **21**, 6281 (2011)；H. Mihara *et al.*, *Peptides*, **2013**, 22 (2013)

11) K. Usui, *Bioorg. Med. Chem.*, **21**, 2560 (2013)

12) K. Nokihara *et al.*, Peptide Science 2013, 389 (2014)

医療・診断をささえるペプチド科学
―再生医療・DDS・診断への応用―

2017 年 10 月 30 日　第 1 刷発行

監　　修	平野義明		(T1059)
発 行 者	辻　賢司		
発 行 所	株式会社シーエムシー出版		
	東京都千代田区神田錦町 1 － 17 － 1		
	電話 03 (3293) 7066		
	大阪市中央区内平野町 1 － 3 － 12		
	電話 06 (4794) 8234		
	http://www.cmcbooks.co.jp/		
編集担当	渡邊　翔／門脇孝子		

〔印刷　倉敷印刷株式会社〕　　　　　　　　　　　　　　　　　　© Y. Hirano, 2017

落丁・乱丁本はお取替えいたします。

本書の内容の一部あるいは全部を無断で複写 (コピー) することは，法律で認められた場合を除き，著作者および出版社の権利の侵害になります。

ISBN978-4-7813-1267-5　C3047　¥82000E